U0221157

HZ BOOKS

华 章 图 书

一本打开的书，一扇开启的门。
通向科学殿堂的阶梯，托起一流人才的基石。

www.hzbook.com

云计算与虚拟化技术丛书

Public Cloud Containerization
with Tencent TKE

公有云容器化指南

腾讯云TKE实战与应用

邱宝 冯亮亮 著

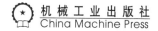

机械工业出版社
China Machine Press

图书在版编目（CIP）数据

公有云容器化指南：腾讯云 TKE 实战与应用 / 邱宝，冯亮亮著 . —北京：机械工业出版社，
2020.11
（云计算与虚拟化技术丛书）

ISBN 978-7-111-66936-4

I. 公… II. ① 邱… ② 冯… III. 云计算 - 指南 IV. TP393.027-62

中国版本图书馆 CIP 数据核字（2020）第 228732 号

公有云容器化指南：腾讯云 TKE 实战与应用

出版发行：机械工业出版社（北京市西城区百万庄大街 22 号 邮政编码：100037）

责任编辑：韩 蕊　　　　　　　　　　　　责任校对：殷 虹
印　　刷：北京瑞德印刷有限公司　　　　　版　　次：2021 年 1 月第 1 版第 1 次印刷
开　　本：186mm×240mm　1/16　　　　　印　　张：28.25
书　　号：ISBN 978-7-111-66936-4　　　　定　　价：109.00 元

客服电话：（010）88361066　88379833　68326294　　　投稿热线：（010）88379604
华章网站：www.hzbook.com　　　　　　　　　　　　　读者信箱：hzit@hzbook.com

本书法律顾问：北京大成律师事务所　韩光 / 邹晓东

为什么要写这本书

这是一个技术井喷的时代，人工智能（AI）、大数据（Big data）、云计算（Cloud）三大方向组成的 ABC 让每一位 IT 人都踔厉风发，一往无前。

近几年，容器技术非常火爆，且日趋成熟，众多企业慢慢开始容器化建设，迈向云原生。此外，公有云也逐渐被各大、中、小企业所接受，大家纷纷选择上云，享受云带来的便利。但是云厂商的产品相对黑盒，有些上云方式和解决方案不容易获取，部分中小客户得不到专业架构师的指导，导致在上云过程中走了很多不必要的弯路。因此，为了加深中小客户对公有云产品的了解，传授给他们更多专业的上云方式，是很有必要的。

我们通过这本书，把公有云容器化的经验总结出来，分享给打算上云或者即将上云的朋友。本书以国内大型公有云——腾讯云 TKE 容器为例，在普及开源容器知识的基础上，结合多种标准上云方式和丰富的案例，全方位讲解上云容器化的一些方法。

读者对象

- ❏ 公有云接口负责人
- ❏ 云技术支持工程师
- ❏ 云研发工程师
- ❏ 云售前、售中架构师
- ❏ 运维工程师、运维开发工程师
- ❏ 高等院校相关专业师生

本书特色

- ❏ 本书是国内第一本专门讲解知名公有云产品标准化使用的书。
- ❏ 通俗地讲解 Docker 和 Kubernetes 技术。
- ❏ 帮助中小企业上云用户学习正确的云上容器化方式。

如何阅读本书

本书共 7 章,每一章都是我们团队云上容器化落地的经验总结。在公有云日渐成熟的今天,云上容器产品也逐渐功能齐全、稳定高效,可以减少相关人员日常繁杂的运维工作,降低 IT 成本。上云是企业当下非常正确的选择。在本书里,我们会从最基本的容器概念讲起,通过讲解 Docker、Kubernetes、腾讯云 TKE、实践案例等内容,带领读者一步步地走进高效、低成本的云上容器世界。

第 1 章　Docker 容器基础

学习容器通常以了解 Docker 为起点。第 1 章从最基本的容器概念讲起,对 Docker 的由来、安装、使用、镜像、存储、网络、API 等知识进行讲解,配合大量的案例实操辅助理解,希望读者能够尝试动手操作完成学习。

第 2 章　Kubernetes 基础

容器技术火了之后,人们一直想找一个平台来有效地管理它。Google 很早就预见到了容器的发展前景,因此迅速将其容器编排引擎开源,取名为 Kubernetes(2015 年发布了 Kubernetes 1.0 版本)。这个开源项目解决了容器资源的管理调度问题,整个 IT 界为之疯狂。不学 Kubernetes,就很可能错失与 IT 技术一起发展的机会。第 2 章和第 1 章一样,将从基础概念讲起,带领读者从使用、搭建、网络、存储、安全等方面全方位学习 Kubernetes。

第 3 章　腾讯云 TKE 产品介绍

若容器业务使用自建的 Kubernetes 系统,首先要对 Kubernetes 和 Docker 进行大量二次开发,其次需要全面考虑容器业务的日志、存储、监控等解决方案。我们既然选择了上云,那么在掌握了开源知识的同时,也要掌握云上产品侧的特性和正确的使用方法,这样才能顺利地使用云上产品快速部署我们的业务。第 3 章将分别从产品架构、功能、优势、成本等方面介绍腾讯云 TKE 产品。

第 4 章　腾讯云 TKE 标准化操作

只有容器标准化做得好,我们才能更好地去管理容器业务,特别是对于大规模复杂的业务场景。第 4 章主要从腾讯云 TKE 容器日志、镜像制作、Dockerfile、平台使用规范等方面讲解容器标准化操作。

第 5 章　腾讯云 TKE 应用案例

第 5 章结合几种典型的工作负载类型和日志应用、监控应用等案例来具体讲解腾讯云 TKE 的使用。

第 6 章　腾讯云 TKE 运维和排障

在生产环境中,容器化应用若出现容器业务故障,轻则影响业务访问,重则影响公司收入和口碑。云上环境也不能保证 100% 稳定,当出现一些常见故障时,我们在等待云服务技术支持的同时,应尽量控制风险,快速定位问题所在,将损失降到最低。第 6 章将介绍常见运维排障方式。

第 7 章　腾讯云 TKE 经典实践案例

按本书介绍的方法一步步运行,就可以对业务进行容器化上云操作。第 7 章将分享几个经典案例，以助力读者完成大规模业务场景的容器化落地。

勘误和支持

由于作者水平有限，编写时间仓促，书中难免会出现一些错误或者不准确的地方，恳请读者批评指正。为此，我们特意创建了一个在线支持 QQ 群，阅读本书的朋友可以加入 QQ 群 578717177 交流探讨。书中的全部配置文件和代码除可以从华章网站 www.hzbook.com 下载外，还可以在本 QQ 群的群文件中下载。各位读者若发现相关错误和有相关建议，也可以在以下在线文档填写：https://docs.qq.com/sheet/DU3R2c1ZhbnFDY0Jw?c=E2A0A0。

勘误反馈表网站详情二维码如下：

致谢

首先感谢以下朋友和同事：马凌鑫、王龙、杨泽华、王涛、安新海、肖华源、黄文才、陈勇、陈鹏、张峻。他们为本书的编写提供了很多帮助，贡献了自己的力量。非常感谢各位技术道上朋友的支持，没有你们支持，本书也不可能顺利完成。

感谢机械工业出版社华章公司的编辑杨福川和韩蕊，他们始终支持着我们，鼓励、帮助、引导我们顺利完成全部书稿。

邱宝

Contents 目　　录

第 1 章 *Chapter 1*

Docker 容器基础

学习容器通常从 Docker 这项技术开始。Docker 技术自诞生以来就非常火热，可以说 Docker 几乎成了容器的代名词。面对一项从未接触过的技术，我们应该从基础知识学起。本章从最基本的概念讲起，逐一介绍 Docker 的安装、使用、镜像、存储、网络、API 等知识，并配合大量的案例实操，希望读者能够跟着一起边操作边学习。

1.1 什么是容器技术

自从有了 KVM、Xen 这样的虚拟化技术，x86 服务器的利用率以及管理得到了质的飞越。但是人们也没有停下继续研究更轻量级虚拟化技术的脚步，容器技术就是 KVM、Xen 之后更优秀的一种虚拟化技术。

1.1.1 什么是容器

提到 "容器" 这个词，我们可能首先想到的是瓶瓶罐罐，如图 1-1 所示。

我们要讲的容器技术是什么呢？其实，容器技术的英文是 Container。Container 有集装箱、容器的含义，容器是被大家广为接受的译法。不过，我们可以形象地将 Container 技术类比作集装箱。我们知道，集装箱是用来运载货物的，它是一种按规格标准化的钢制箱子。集装箱的特色在于规格统一，并可以层层重叠，所以能大量放置在远洋轮船上。早期航运是没有集装箱概念的，那时候货物的摆放杂乱无章，很影响出货和运输效率。有了集装箱，货运公司就可以快捷方便地运输货物。码头集装箱如图 1-2 所示。

后来 IT 领域借鉴了这一理念。早期，大家都认为硬件抽象层基于 hypervisor 虚拟化的方式可以最大限度地提供虚拟化管理的灵活性。各种不同操作系统的虚拟机都能通过虚拟机监视器 hypervisor（KVM、Xen 等）来衍生、运行和销毁。然而，随着时间推移，用户发现使用 hypervisor 越来越多麻烦。为什么？因为对于 hypervisor 环境来说，每个虚拟机都需要运行一个完整的操作系统，其中安装了大量应用程序。但在实际生产开发环境中，我们更关注的是自己部署的应用程序，如果每次发布都需要部署一个完整操作系统和附带的依赖环境，会降低工作效率。

图 1-1　想象中的容器是瓶瓶罐罐

图 1-2　码头集装箱

我们希望将底层多余的操作系统和环境共享和复用，将精力更多地放在应用程序本身。也就是一个服务完成部署后，我们可以较便捷地将它移植到另外一个地方，不用再重新安装一套操作系统和依赖环境。这就像集装箱运载一样，我们把货物——一辆兰博基尼跑车（开发好的应用 App），打包放到集装箱（容器）里，通过货轮可以将它从上海码头（CentOS 7.2 环境）运送到纽约码头（Ubuntu 14.04 环境）。而且运输期间，我的兰博基尼（App）没有受到任何损坏（文件没有丢失），在另外一个码头卸货后，车子启动正常。这一运送过程如图 1-3 所示。

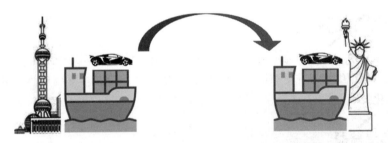

图 1-3　兰博基尼运送过程（App 容器化）示意图

2008 年，Linux Container 容器技术诞生，一举解决了 IT 界"集装箱运输"的问题。Linux Container（简称 LXC）是一种内核轻量级的操作系统层虚拟化技术。Linux Container 主要在 Namespace 和 Cgroup 两大机制保证下实现。那么 Namespace 和 Cgroup 是什么呢？上文我们提到了集装箱，集装箱的作用是对货物进行打包隔离，不让 A 公司的货跟 B 公司的货混在一起，Namespace 就是起到类似隔离的作用。光有隔离还不够，我们还需要对货物进行资源的管理。同样，航运码头要进行管理，例如：货物用什么规格的集装箱装载，需要用多少个集装箱，哪些货物优先运走，遇到极端天气怎么暂停运输服务，是否改航道，等等。类似地，Cgroup 就负责资源管理控制，比如进程组使用 CPU/MEM 的限制、优先级控制、挂起和恢复等。Linux

Container 进程管理如图 1-4 所示。

1.1.2　容器技术的特点

　　下面我们把容器和硬件抽象层虚拟化 hypervisor 技术进行对比，更直观地了解容器的特点。之前提到过，使用传统的虚拟化（虚拟机）技术创建环境和部署应用都很麻烦，而且应用的移植过程很烦琐，比如把 VMware 里的虚拟机迁移到 KVM 里需要转换镜像格式。但是有了容器技术就简单了，容器技术主要有以下 4 个特点。

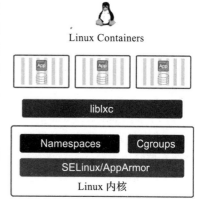

图 1-4　Linux Container 进程管理

　　1）极其轻量：只打包必要的 Bin/Lib。

　　2）秒级部署：根据镜像的不同，容器的部署大概在毫秒与秒之间（比虚拟机强很多）。

　　3）易于移植：一次构建，随处部署。

　　4）弹性伸缩：Kubernetes、Swam、Mesos 这类开源、方便的容器管理平台有着非常强大的弹性管理能力。

　　以上这些容器特性可用图 1-5 形象地表示。

轻量

弹性伸缩

图 1-5　容器特性

1.1.3　容器的标准化

　　当前，Docker 几乎是容器的代名词，很多人以为容器就是 Docker。其实，这是个错误的认识，容器世界里并不是只有 Docker 一家，容器除了 Docker 外还有 CoreOS 等。任何技术出现后都需要一个标准来规范它，不然很容易导致技术厂商开发的产品过于独立化，出现大量的冲突和冗余。因此，在 2015 年，由 Google、Docker、CoreOS、IBM、微软、红帽等厂商联合发起了 OCI（Open Container Initiative）组织，并于 2016 年 4 月推出了第一个开放容器标准。该标准主要包括运行时（Runtime）标准和镜像（Image）标准。这一标准的推出，为容器市场带来稳定性，让企业能更加放心地采用容器技术。用户在打包、部署应用程序后，可以自由选择不同的容器运行时。同时，镜像打包、建立、认证、部署、命名也都能按照统一的规范进行。

　　下面分别对两种标准包含的内容进行介绍。

1. 容器运行时标准（Runtime Spec）

1）creating：使用 create 命令创建容器，这个过程称为创建中。

2）created：容器创建出来，但是还没有运行，表示镜像和配置没有错误，容器能够在当前平台运行。

3）running：容器的运行状态，里面的进程处于 up 状态（打开状态），正在运行用户设定的任务。

4）stopped：容器运行完成，或者运行出错，或者执行 stop 命令之后容器处于暂停状态。这个状态下，容器还有很多信息保存在平台中，并没有完全被删除。

2. 容器镜像标准（Image Spec）

1）文件系统：以层级保存的文件系统，每层保存了与上一层之间有变化的部分，如增加、修改和删除的文件等。

2）config 文件：保存了文件系统的层级信息（每个层级的哈希值、历史信息）以及容器运行时需要的一些信息（如环境变量、工作目录、命令参数、mount 列表），指定了镜像在某个特定平台和系统的配置。比较接近我们使用 docker inspect <image_id> 命令看到的内容。

3）manifest 文件：镜像的 config 文件索引，记录了 layer 信息、额外的 annotation 信息。manifest 文件中保存了很多和当前平台有关的信息。

4）index 文件：可选文件，指向不同平台的 manifest 文件，这个文件能保证镜像跨平台使用，每个平台拥有不同的 manifest 文件，使用 index 作为索引。

1.1.4　容器的主要应用场景

容器技术主要解决了 PaaS 层技术实现的问题，而 OpenStack、CloudStack 这样的技术解决了 IaaS 层的问题。容器技术主要应用在哪些场景呢？下面对目前主流的 4 种应用场景进行介绍。

1. 提高现有应用的安全性和可移植性

许多企业都在使用较旧的应用系统服务客户，随着当前技术的迭代更新，陈旧系统的安全性和移植性都存在很大的问题。通过容器技术可以增强应用的安全性，即使是大规模的单体应用，也可以实现移植，从而降低应用开发和维护成本。容器化之后，这些应用可以扩展额外的服务或者转移到微服务架构之上。

2. 使用自动化部署提升交付速度

现代化开发流程速度快、持续性强且具备自动运行能力，最终目标是开发出更加可靠的软件。通过持续集成（CI）和持续部署（CD），开发人员嵌入代码并通过测试之后，IT 团队将新代码集成。作为开发运维的基础，CI/CD 创造了一种实时反馈回路机制，持续传输小型迭代，从而加速软件迭代、提高发布质量。CI 环境通常是完全自动化的，通过 git 推送命令触发测试，测试成功后自动构建新镜像，然后推送到 Docker 镜像库。通过后续的自动化运行，可以将新镜像的容器部署到预演环境，从而进一步测试。

3. 微服务加速应用架构现代化进程

应用架构正在从采用瀑布模型开发法的单体代码库转变为独立开发和部署的松耦合服务。成千上万个这样的服务相互连接就形成了应用。Docker 允许开发人员选择适合服务的工具或技术栈，通过隔离服务消除彼此潜在的冲突，从而避免"地狱式的矩阵依赖"。这些容器可以独立于应用的其他服务组件，轻松地共享、部署、更新和瞬间扩展。Docker 的端到端安全功能让 IT 团队能够构建和运行最低权限的微服务模型，并创建和访问服务所需的资源（其他应用、涉密信息、计算资源等）。

4. 充分利用基础设施节省资金

Docker 和容器有助于优化 IT 基础设施的利用率和成本。优化不仅仅是指节约成本，还要确保在适当的时间有效地使用适当的资源。容器是一种轻量级的打包和隔离应用工作负载的方法，所以 Docker 允许在同一物理或虚拟服务器上毫不冲突地运行多项工作负载。企业可以整合数据中心，将并购而来的 IT 资源进行整合，从而获得云端的迁移性，同时减少操作系统和服务器的维护工作。

通过本节的学习，我们对容器的特点、运行时标准、应用场景有了大致的了解。使用好容器，可以提升应用交付速度和节省成本，同时还能提高应用安全性和可移植性，总之好处多多。使用好容器的前提，是对容器有深入的了解，接下来我们将详细介绍最主流的容器技术 Docker 的方方面面。

1.2　什么是 Docker

除了 Docker，容器技术还有 Podman、Kata、Rocket 等。Docker 因为社区影响力大，加上本身架构设计简单清晰，因此得到了大众的认可，成为容器技术最典型的代表。学习容器技术，我们可以从 Docker 入手。

1.2.1　Docker 简介

2010 年 PaaS 平台的服务供应商 dotCloud 公司在旧金山成立。2013 年 dotCloud 更名为 Docker，专注开源容器引擎的开发，它们的容器引擎产品就是基于 Go 语言并遵从 Apache2.0 协议的 Docker。图 1-6 所示是 Docker 创建人 Solomon。

1.1 节介绍了容器技术的基本概念，容器技术的底层支持其实就是 LXC 技术。LXC 技术诞生于 Linux 2.6 的 Kernel，设计之初并非是专门为 PaaS 层考虑的，所以 LXC 缺少一些标准化的管理手段，在使用上有一定困难。Docker 研发团队发现了这一问题，然后针对 LXC 做了上层标准管理方面的支持，让 LXC 更加好用。

为什么 dotCloud 公司能发现这个机遇并顺势开发出

图 1-6　Docker 创始人 Solomon

Docker 然后声名大噪呢？就像马云能在中国、在合适的时间创立阿里巴巴，推动国内互联网的发展一样。其实，这都是时代的造就。我们深入分析 IT 架构的发展变革史就能明白其中的道理了。

早期，IT 行业要成功开发出一个产品，需要关心的东西太多了。机房选址、服务器硬件、网络设备、布线、上架、装系统、搭环境、开发、测试……只要是跟 IT 相关的，都要一步步安排好。这个时期是传统 IT 管理与建设的初期，IT 资源成本很高，人力成本也高。

云计算 IaaS 时代，AWS、腾讯云、阿里云的出现化解了传统 IT 管理的痛苦，有了云，用户不再需要面对硬件底层管理的问题，开发和测试都是在云主机上进行的。然而，云主机就是一个个不一样的操作系统，硬件底层管理问题没有了，但是中间件相关的问题依然存在！IT 运维人员要为开发测试人员提供完善、稳定的云主机环境，这个过程也是相当复杂的，因为开发测试人员要求的环境是多种多样的，IT 运维人员需要花费一定的时间和精力去维护和完善。当前大部分公司还是处在这个阶段。虚拟机和容器架构对比如图 1-7 所示。

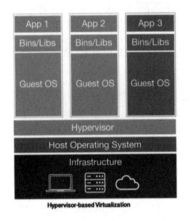
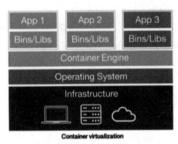

图 1-7　虚拟机和容器架构对比

容器 PaaS 时代已经到来。容器技术的出现就是为了解决上面两个时期遗留的问题。有了容器技术，开发者更加专注程序的开发和测试，开发结束后能快速方便地把开发好的 App 迁移到另外一个容器环境里。简单来说，开发人员只需为应用创建一次运行环境，该应用就可以在任何环境里运行（Build Once，Run Anywhere）。对于 IT 运维人员来说，部署一套 PaaS 平台，供开发使用，就再也不用重复部署不一样的开发环境了，开发人员在使用上因为不会改变底层的 PaaS 系统，所以不用重复维护这些环境（Configure Once，Run Anything）。开发人员使用容器环境，我们可以用 1-8 图形象地表示。

容器的功能如此强大，使用的人也非常多，Docker 公司之所以能占领容器领域先机，就是因为它在这领域有一定的积累。所以，在云计算 PaaS 风口上，Docker 在合适的时

图 1-8　形象地表示开发人员使用容器环境的心情

间通过自己的技术积累发布了这套开源容器管理引擎，想不出名也难了！

1.2.2　Docker 的组成架构

我们把 Docker 的交付运行环境比作海运，CoreOS 如同一个货轮，每一个在 OS 基础上的软件都如同一个集装箱，用户可以通过标准化手段自由组装运行环境，同时集装箱的内容可以由用户自定义，也可以由专业人员制造。这样，交付一个软件，就是一系列标准化组件的集合交付，完成后再写上名字（最终端的标准化组件就是用户的 App）。

Docker 是如何实现这样的集装箱货轮海运功能的呢？我们先从 Docker 的架构说起。图 1-9 所示是 Docker 架构，Docker 主要由以下模块组成。

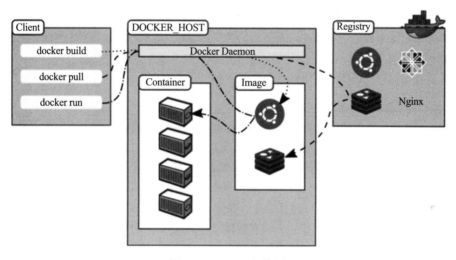

图 1-9　Docker 架构图

1）Client：Docker 客户端。

2）Docker Daemon：Docker 服务器。

3）Image：Docker 镜像。

4）Registry：Docker 仓库。

5）Container：Docker 容器。

Docker 采用的是 C/S 架构模式，使用远程 REST API 来管理和创建 Docker 容器。既然是采用 REST 模式，所以客户端和服务端不用在同一个 host 上，可以分布式管理部署。

1. Docker 客户端：Client

Docker 的客户端分命令和 API 两种类型。一般在系统安装好 Docker 包后就可以使用 Docker 的命令了，Linux 系统下的命令直接是 docker 开头，例如可以用 docker --help 命令查看所有能运行的命令。Docker 命令非常好记，用多了自然就熟练了，而且学习 Docker 最好的方式也是从命令入手。

Docker 的 API 一般用于写脚本或者进行项目开发，而且都是 REST 风格的，用命令交互可以结合 curl 使用。用 API 可以进行创建、删除、修改、查询等一系列操作，结合编程语言使用的话，功能会更强大。

2. Docker 服务器：Docker Daemon

Docker Daemon 是 Docker 的主服务，docker.service。在 Linux 操作系统下，安装好 Docker 后我们就可以使用 systemctl start/status/stop docker.service 命令去操作 Docker 的服务了。这个服务非常重要，如果系统的 docker.service 存在异常，那么 Docker 关联的所有组件都会出错。

3. Docker 镜像：Image

Docker 的镜像很容易理解，我们用 VMware 和 OpenStack 进行类比。VMware 和 OpenStack 都有镜像模板的概念，我们要衍生创建虚拟机，通过镜像模板来快速部署和生成相同类型的 VM。Docker 的镜像也是一个道理，通过不同类型的模板，比如 Redis 镜像、Nginx 镜像来快速创建容器。好比直接复制，只要资源够，想生成多少容器就生成多少容器。我们可以使用生成的新容器，也可以打包成镜像。镜像这个功能为生产提供了很好的打包、迭代、传递方式。

4. Docker 仓库：Registry

Registry 就是仓库的意思，我们上面提到 Docker 有镜像，镜像会因为业务的需要以不同类型的方式存在。所以，这么多类型的镜像如果没有一个很好的机制去管理，肯定会混乱。好比一个生产车间，生产组装过程需要各种各样的螺丝钉、齿轮等配件，如果没有一个专业的仓库管理员对配件进行管理，车间里会乱七八糟。同样地，Docker 镜像也需要标准化管理，这就是 Registry 模块的功能。不过，值得注意的是，Registry 分公有和私有两种。Docker Hub 是默认的 Registry，由 Docker 公司自行维护，上面有数以万计的镜像，用户可以自由下载和使用。不过，使用公有镜像速度会很慢，一般公司内部使用 Docker 都需要搭建私有仓库，不然很影响效率。

5. Docker 容器实例：Container

Container 就是容器实例，可以类比为 KVM 生成的虚拟机。Container 是运行时状态，我们可以通过 docker 命令和 API 去控制和改变 Container 的状态，比如启动、停止。上面所讲的 Client、Daemon、Image 和 Registry 都是为了 Container 运行稳定而服务的。

通过本节的学习，我们对 Docker 底层组件之间的架构有了全面和深入的了解，但是缺少实践，接下来请跟随我们一起在实践中学会使用 Docker。

1.3 安装 Docker

本节我们一起学习如何安装 Docker。

1.3.1 安装的前提条件

这里强烈推荐将 Docker 部署在 CentOS 7 以上的系统，因为如果选择 CentOS 6，需要升级内核版本至 3.10，为了避免不必要的麻烦，尽量用 CentOS 7 以上的系统。

如果是 Ubuntu 系统，需要在 12.04 LTS 以上版本部署 Docker。

如果是 Windows 系统，需要在 Windows 10 Pro、Windows 2016 以上版本部署 Docker。

1.3.2　在 CentOS 7.3 上安装 Docker

下面我们直接采用 yum 的方式进行安装。首先系统里面要配置好 yum 源，默认 CentOS 官方的源或腾讯源里面的 Extras 目录都包含了 Docker 的安装包，图 1-10 所示是 Docker 安装包。

```
createrepo c-libs-0.9.0-1.el7.centos.x86_64.rpm          03-Nov-2015 20:58          87456
docker-1.12.6-48.git0fdc778.el7.centos.x86_64.rpm        08-Sep-2017 05:11        15526488
docker-1.12.6-55.gitc4618fb.el7.centos.x86_64.rpm        22-Sep-2017 06:57        15532168
docker-1.12.6-61.git85d7426.el7.centos.x86_64.rpm        25-Oct-2017 00:38        15544452
docker-1.12.6-68.gitec8512b.el7.centos.x86_64.rpm        12-Dec-2017 01:06        15551636
docker-client-1.12.6-48.git0fdc778.el7.centos.x..>       08-Sep-2017 05:11         3521312
docker-client-1.12.6-55.gitc4618fb.el7.centos.x..>       22-Sep-2017 06:57         3528960
docker-client-1.12.6-61.git85d7426.el7.centos.x..>       25-Oct-2017 00:38         3532120
docker-client-1.12.6-68.gitec8512b.el7.centos.x..>       12-Dec-2017 01:06         3533648
docker-client-latest-1.13.1-21.1.gitcd75c68.el7..>       08-Sep-2017 05:12         3882304
docker-client-latest-1.13.1-23.git28ae36d.el7.c..>       22-Sep-2017 06:57         3882988
docker-client-latest-1.13.1-26.git1faa135.el7.c..>       25-Oct-2017 00:38         3883508
docker-client-latest-1.13.1-36.git9a813fa.el7.c..>       12-Dec-2017 01:06         3887224
docker-common-1.12.6-48.git0fdc778.el7.centos.x..>       08-Sep-2017 05:12           78032
docker-common-1.12.6-55.gitc4618fb.el7.centos.x..>       22-Sep-2017 06:57           80400
docker-common-1.12.6-61.git85d7426.el7.centos.x..>       25-Oct-2017 00:38           82268
docker-common-1.12.6-68.gitec8512b.el7.centos.x..>       12-Dec-2017 01:06           84384
docker-devel-1.3.2-4.el7.centos.x86_64.rpm              11-Dec-2014 03:21          535432
docker-distribution-2.6.2-1.git48294d9.el7.x86..>       09-Sep-2017 04:19         3654340
docker-forward-journald-1.10.3-44.el7.centos.x8..>      24-Jun-2016 23:43          851360
docker-latest-1.13.1-21.1.gitcd75c68.el7.centos..>      08-Sep-2017 05:12        16705772
docker-latest-1.13.1-23.git28ae36d.el7.centos.x..>      22-Sep-2017 06:58        16705400
docker-latest-1.13.1-26.git1faa135.el7.centos.x..>      25-Oct-2017 00:38        16710352
docker-latest-1.13.1-36.git9a813fa.el7.centos.x..>      12-Dec-2017 01:06        16714988
docker-latest-logrotate-1.13.1-21.1.gitcd75c68...>      08-Sep-2017 05:12           68192
docker-latest-logrotate-1.13.1-23.git28ae36d.el..>      22-Sep-2017 06:58           68824
docker-latest-logrotate-1.13.1-26.git1faa135.el..>      25-Oct-2017 00:38           69716
docker-latest-logrotate-1.13.1-36.git9a813fa.el..>      12-Dec-2017 01:06           71888
```

图 1-10　Docker 安装包

执行 yum install 命令即可安装 Docker。

```
$ yum install -y docker
```

一共要安装 24 个左右的依赖包，图 1-11 为 Docker 主要安装包。

```
[root@docker yum.repos.d]# rpm -qa |grep docker
docker-client-1.12.6-68.gitec8512b.el7.centos.x86_64
docker-common-1.12.6-68.gitec8512b.el7.centos.x86_64
docker-1.12.6-68.gitec8512b.el7.centos.x86_64
```

图 1-11　Docker 主要安装包

主要安装包有 3 个：docker-client、docker-common 和 docker-1.12.6-68.gitec8512b.el7.centos.x86_64。

执行 docker -v 命令可以查看安装好的 Docker 是什么版本，如图 1-12 所示。

```
[root@docker ~]# docker -v
Docker version 1.12.6, build ec8512b/1.12.6
```

图 1-12　查看 Docker 版本

Docker 安装好后，启动 Docker 服务。

```
$ systemctl start docker
$ systemctl status docker          # 查看Docker服务状态，active表示状态正常
$ systemctl enable docker
```

这里最好用 enable 命令设置好 Docker 服务，让 Docker 服务随着机器同步启动。

在联网环境下，服务启动后，我们运行一个 hello world 演示程序，如下所示。

```
$ docker run hello-world
```

我们在 1.2 节介绍过，容器的运行需要镜像的支持，docker run 命令后面的 hello-world 是一个镜像，由于我们这个服务器是刚搭建的 Docker 服务，本地没有任何镜像，因此它会从官网下载 hello-world 镜像到本地，这个命令整个运行的过程如图 1-13 所示。

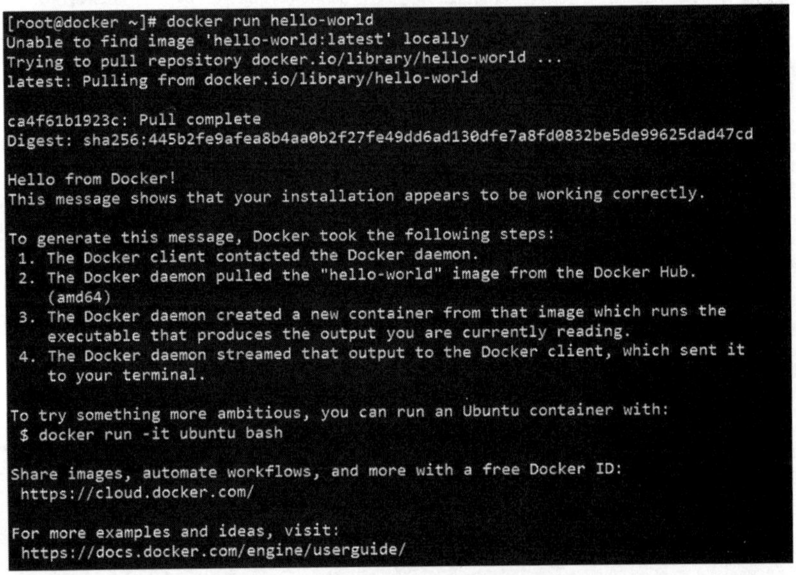

```
[root@docker ~]# docker run hello-world
Unable to find image 'hello-world:latest' locally
Trying to pull repository docker.io/library/hello-world ...
latest: Pulling from docker.io/library/hello-world

ca4f61b1923c: Pull complete
Digest: sha256:445b2fe9afea8b4aa0b2f27fe49dd6ad130dfe7a8fd0832be5de99625dad47cd

Hello from Docker!
This message shows that your installation appears to be working correctly.

To generate this message, Docker took the following steps:
 1. The Docker client contacted the Docker daemon.
 2. The Docker daemon pulled the "hello-world" image from the Docker Hub.
    (amd64)
 3. The Docker daemon created a new container from that image which runs the
    executable that produces the output you are currently reading.
 4. The Docker daemon streamed that output to the Docker client, which sent it
    to your terminal.

To try something more ambitious, you can run an Ubuntu container with:
 $ docker run -it ubuntu bash

Share images, automate workflows, and more with a free Docker ID:
 https://cloud.docker.com/

For more examples and ideas, visit:
 https://docs.docker.com/engine/userguide/
```

图 1-13　docker run 命令运行过程

如果官网没有这个镜像，运行 docker run dasdadqwrefasf（dasdadqwrefasf 是可以自定义的名字）命令，就会出现图 1-14 的情况。

```
[root@docker ~]# docker run dasdadqwrefasf
Unable to find image 'dasdadqwrefasf:latest' locally
Trying to pull repository docker.io/library/dasdadqwrefasf ...
Pulling repository docker.io/library/dasdadqwrefasf
/usr/bin/docker-current: Error: image library/dasdadqwrefasf:latest not found.
See '/usr/bin/docker-current run --help'.
```

图 1-14　提示找不到镜像

系统提示没有 dasdadqwrefasf 这个镜像，所以运行中断了。这里跟大家提前说明一下，想要运行 Docker，要么联网，要么配置好私有镜像仓库。

1.3.3　在 Windows 10 Pro 上安装 Docker

1）先把 Hyper-v 功能安装好，鼠标右键单击桌面开始图标，选择"程序和功能"，该步骤如图 1-15 所示。

2）一直选择 Next，直到选择服务器角色，勾选 Hyper-V，然后单击"添加功能"把相关功能组都选中，该步骤如图 1-16 所示。

图 1-15　选择程序和功能　　　　　图 1-16　安装 Hyper-V

3）在 Docker 官网下载 Docker 安装包：https://download.docker.com/win/stable/docker%20for%20Windows%20Installer.exe。

4）将 Docker for Windows Installer.exe 下载到本地后，鼠标双击安装，一直选择 Next 即可完成安装，该步骤如图 1-17 所示。

Docker 一般运行在 Linux 系统下，目前国内使用 CentOS 操作系统的用户比较多，后续我们将在 CentOS 环境下继续给大家讲解 Docker 方面的知识。目前我们只是安装好了 Docker，运行了一个 hello world 演示程序，并没真正开始使用 Docker。不过，基础环境已经装好了，接下来的学习也就简单了！

图 1-17　下载 Docker for Windows Installer.exe 到本地

1.4　Docker 的基本用法

学会了基本的搭建，接下来我们要学习 Docker 的基本用法，本章我们将运行一些简单的实例。

1.4.1 用容器启动一个 Nginx/MySQL/Redis 服务

1. 用容器启动一个 Nginx 服务

用容器启动应用是一项常规操作，例如运行 Web 服务。容器的好处是轻量、快捷，开发人员如果需要一套容器开发环境，不用再要求运维人员帮忙打包部署，直接使用 docker run 命令启动一个或者多个容器服务就可以了。这些容器服务可根据业务需求组合在一起，为开发人员提供需要的业务环境。我们以 Nginx 服务为例，了解一下 Docker 的基本用法。

（1）Nginx 在虚拟机上启动流程

在传统的虚拟机模式下，要部署一个 Nginx 服务需要做以下操作（假设我们有了 IaaS 层的云计算虚拟化平台）。

❑ 创建一个 Linux/Windows 虚拟机。

❑ 启动虚拟机。

❑ 进入虚拟机系统，然后安装 Nginx 服务。

❑ 运行 Nginx 服务。

❑ 如果要迁移服务，需要把虚拟机导出打包成 qcow2 格式的镜像，然后导入其他云平台。

（2）Nginx 容器方式启动流程

在传统的虚拟机模式下，部署一个服务基本需要经过以上操作。如果是在容器下，部署 Nginx 服务只需要两步（假设我们有了很完善的 PaaS 层的云计算平台）。

先通过 docker run 命令启动。

```
$ docker run --name webserver -d -p 80:80 nginx
```

然后把镜像导出，迁移到目标容器环境。

在容器中，只需要两步，即可进行服务迁移。如果再划分详细步骤，比如配置 IP 和设置存储路径，虚拟机环境下部署的步骤将更复杂，而容器方式依然只有上述两步。

运行 docker run --name webserver -d -p 80:80 nginx 命令后，控制台将显示如图 1-18 所示的内容。

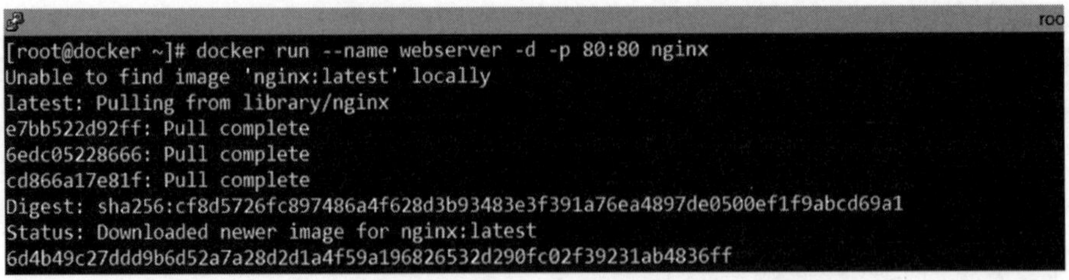

```
[root@docker ~]# docker run --name webserver -d -p 80:80 nginx
Unable to find image 'nginx:latest' locally
latest: Pulling from library/nginx
e7bb522d92ff: Pull complete
6edc05228666: Pull complete
cd866a17e81f: Pull complete
Digest: sha256:cf8d5726fc897486a4f628d3b93483e3f391a76ea4897de0500ef1f9abcd69a1
Status: Downloaded newer image for nginx:latest
6d4b49c27ddd9b6d52a7a28d2d1a4f59a196826532d290fc02f39231ab4836ff
```

图 1-18　docker run 启动容器

分析容器启动过程，如图 1-19 所示。

运行 docker ps 命令查看正在运行的容器，如图 1-20 所示。

类似 Linux 中的 ps -ef 命令，当前运行着一个 Nginx 的容器服务。如果运行命令没反应，就说明容器服务没有运行成功。

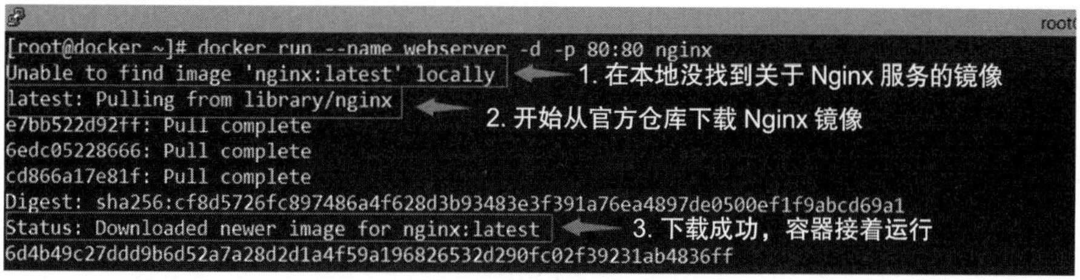

图 1-19　分析启动容器过程

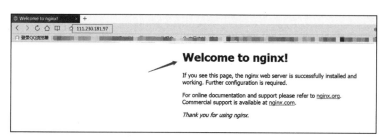

图 1-20　查看正在运行的容器

如果还不确定容器是否真正运行，也可以打开浏览器，输入宿主机的 IP，查看是否有 Nginx 服务的默认页面，如图 1-21 所示。

图 1-21　Nginx 默认首页

搭建一个 Web 服务真的很简单，不需要 yum 安装额外的软件，直接运行一条命令就能构建一个 IT 资源服务。

下面，我们仔细分析刚才那条命令。

```
$ docker run --name webserver -d -p 80:80 nginx
```

- ❏ docker run：运行容器的命令开头是 docker run，这是固定的命令格式，run 就是启动的意思，这个很好理解。
- ❏ --name webserver：这里是给这个容器服务命名，我命名的是 webserver。
- ❏ -d：以守护进程的方式运行（后台运行，如果不加 -d 参数，镜像下载后界面会卡住，如果按 "ctrl+C" 退出进程，容器服务也会停止，所以一般我们要让容器服务在后台运行）。
- ❏ -p 80:80：指定容器服务的端口，这里大家看到有两个端口，左边的是宿主机端口，右边的是容器里面的端口。注意，宿主机如果运行了多个相同的容器服务，端口不要冲突，不然容器会启动失败。

❑ Nginx：这里就是镜像仓库里镜像的名字，我们要运行 Nginx 服务，那么官方仓库里 Nginx 服务的镜像名就是 Nginx。当然这里也可以用 " :tag_num " 的方式指定镜像版本（比如 docker run -t -i ubuntu:15.10 /bin/bash，15.10 就是指定了 ubuntu 这个镜像的 tag 版本），如果不指定就默认下载最新版镜像。

上面就是运行一个 Nginx 服务的方法，有时操作过程中可能会出现一些错误，这里再次强调，我们这个实验要在联网的环境下进行，如果没联网，那么实验肯定会失败。另外，有可能会遇到容器启动后出现警告：WARNING: IPv4 forwarding is disabled. Networking will not work。然后容器启动失败。这是因为宿主机没有打开 IPv4 转发，解决的方法是运行 linux vim 命令 vim /usr/lib/sysctl.d/00-system.conf，修改 00-system.conf 文件，然后添加参数配置 net.ipv4.ip_forward=1，接着重启宿主机，最后运行 sysctl net.ipv4.ip_forward 命令查看配置是否生效，如果返回为 net.ipv4.ip_forward = 1，表示配置成功。

2. 用容器启动一个 MySQL 服务

除了 Nginx 服务，MySQL 数据库服务也是我们经常用到的。那么，如何在容器里运行 MySQL 服务呢？其实运行 MySQL 和运行 Nginx 类似，唯一区别是运行 MySQL 需要指定密码给 MySQL 容器。

```
$ docker run --name mymysql \
-d -p 3306:3306 -e MYSQL\_ROOT\_PASSWORD=123456 mysql:5.6 mysql:5.6
```

运行了上述命令后，结果和运行 Nginx 一样，本地没有 mysql:5.6 版本的镜像，先下载，然后启用 3306 端口，最后在后台运行，如图 1-22 所示。

图 1-22　启动 MySQL 容器

这里命令多了一个参数 -e，是给 MySQL 设置了密码。

MySQL 容器运行成功后，我们通过另外一台电脑（注意要装好 mysql-client，不然无法成功运行 MySQL 命令）运行 mysql -h111.230.181.97 -p123456，即可进入容器里的 MySQL 服务，如图 1-23 所示。

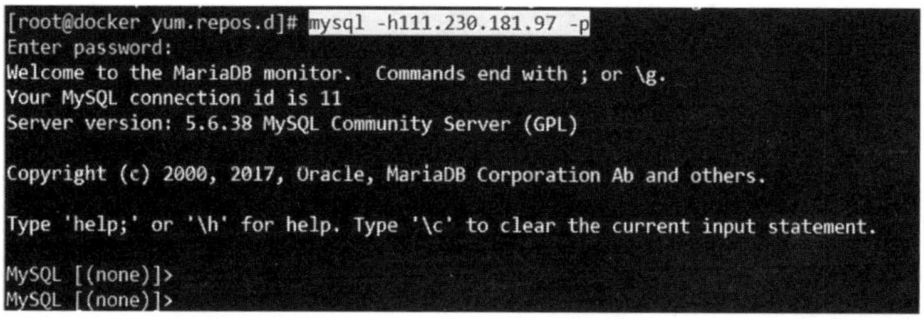

图 1-23　连接 MySQL 容器

3. 用容器启动一个 Redis 服务

最后，我们用容器启动一个 Redis 服务，同样地，直接使用 docker run 命令即可自动到官网下载 Redis 镜像。像 Redis 这样流行的开源软件，官网肯定是有镜像的，如图 1-24 所示。

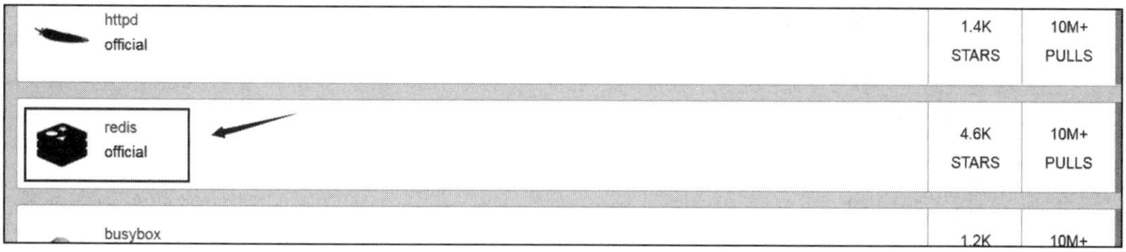

图 1-24　在 Docker hub 官网下载 Redis 容器镜像

接着运行如下命令，启动 Redis 容器，如图 1-25 所示。

```
$ docker run --name myredis -d -p 6379:6379 redis:latest
```

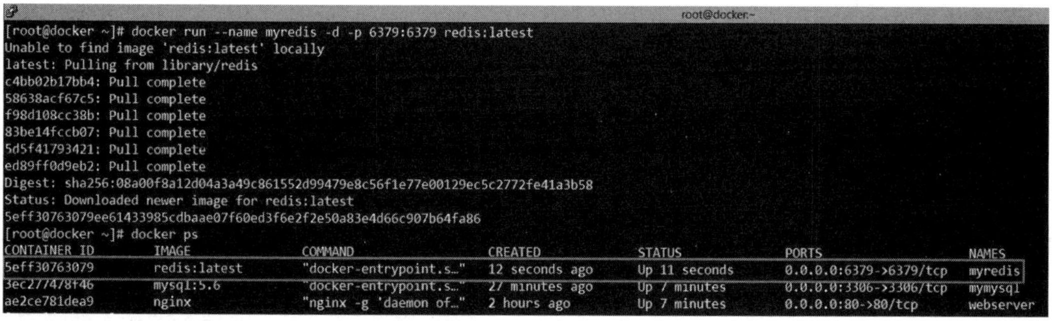

图 1-25　启动 Redis 容器

通过 docker ps 命令可以看到 myredis 已经运行了，输入如下命令检测是否成功运行。

```
$ redis-cli -a redis -h 111.230.181.97 -p 6379
```

结果表明已成功进入容器运行的 Redis 服务里，如图 1-26 所示。

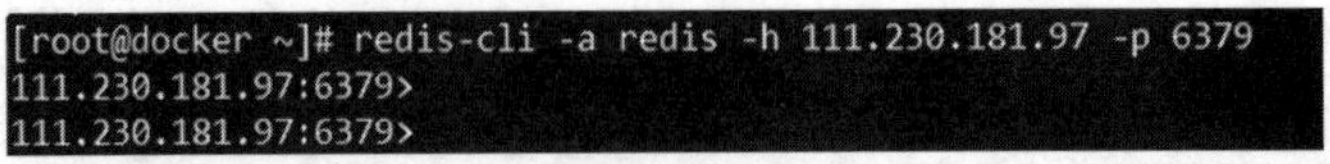

[root@docker ~]# redis-cli -a redis -h 111.230.181.97 -p 6379
111.230.181.97:6379>
111.230.181.97:6379>

图 1-26　查看运行的 Redis 容器

上面运行的 3 种服务只是给大家一个简单的感受。在实际的生产环境中，运行容器服务需要提前规划好，尤其是数据库这样的服务，需要在运用 docker run 命令的时候指定好数据卷路径和配置文件路径。

1.4.2　如何进入容器

前面我们通过添加 -d 参数，直接在后台运行 Docker 服务，并没有进入容器里面去看一看。接下来，我们一起进入容器内部。

在进入容器之前，先要说明容器和虚拟机是不一样的，单个容器归根结底是单个进程。一般来说，一个容器只运行一个服务，我们不能把容器当作虚拟机来使用，不然在管理和部署方面，也会变得复杂。有些容器服务启动后无法进入该容器，比如我们刚才运行的 Nginx 和 Redis 服务，会处于挂起状态，此时不能运行任何命令，如果退出进程，容器会立即停止运行。接下来我们用 ubuntu 系统的容器镜像给大家做个演示。

运行 docker run -d -it ubuntu 命令后，通过 docker ps 命令可以看到 ubuntu 容器已经运行了，查看 ubuntu 容器，如图 1-27 所示。

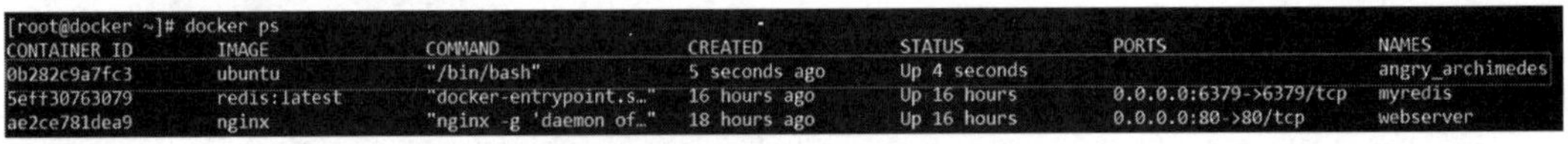

[root@docker ~]# docker ps
CONTAINER ID IMAGE COMMAND CREATED STATUS PORTS NAMES
0b282c9a7fc3 ubuntu "/bin/bash" 5 seconds ago Up 4 seconds angry_archimedes
5eff30763079 redis:latest "docker-entrypoint.s…" 16 hours ago Up 16 hours 0.0.0.0:6379->6379/tcp myredis
ae2ce781dea9 nginx "nginx -g 'daemon of…" 18 hours ago Up 16 hours 0.0.0.0:80->80/tcp webserver

图 1-27　查看运行的 ubuntu 容器

我们可以通过如下两种方式进入 ubuntu 容器。

1. attach 命令

docker attach 命令可以理解为“容器连接”，运行 docker attach + CONTAINER ID 命令可以进入后台正在运行的容器。比如刚才我们运行成功的 ubuntu 容器，ID 是 0b282c9a7fc3，那么我们运行 docker attach 0b282c9a7fc3 命令即可进入 ubuntu，如图 1-28 所示。

[root@docker ~]# docker attach 0b282c9a7fc3
root@0b282c9a7fc3:/#
root@0b282c9a7fc3:/#
root@0b282c9a7fc3:/#
root@0b282c9a7fc3:/#
root@0b282c9a7fc3:/# cat /etc/issue
Ubuntu 16.04.3 LTS \n \l

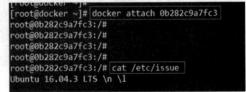

图 1-28　运行 docker attach 命令

不过，需要注意的是，进入容器后如果退出，容器就会停止运行。因此不推荐使用这个 attach 命令的进入方法。

2. exec 命令

docker exec 命令效果和 attach 差不多，不过用 exec 进入容器后，退出容器后容器不会停止运行。运行 docker exec 进入容器，如图 1-29 所示。

```
$ docker exec -it b37f8d63c82d bash
```

```
[root@docker ~]# docker exec -it b37f8d63c82d bash
root@b37f8d63c82d:/#
root@b37f8d63c82d:/#
root@b37f8d63c82d:/# cat /etc/issue
Ubuntu 16.04.3 LTS \n \l
```

图 1-29　运行 docker exec 进入容器

注意，命令最后需要加一个 bash，这样进入容器后就是 /bin/shell 模式了。

1.4.3　如何停止、删除容器

运行 docker ps 命令就可以看到当前正在运行的容器服务，下面 3 个是我们刚才启动的，查看运行中的容器如图 1-30 所示。

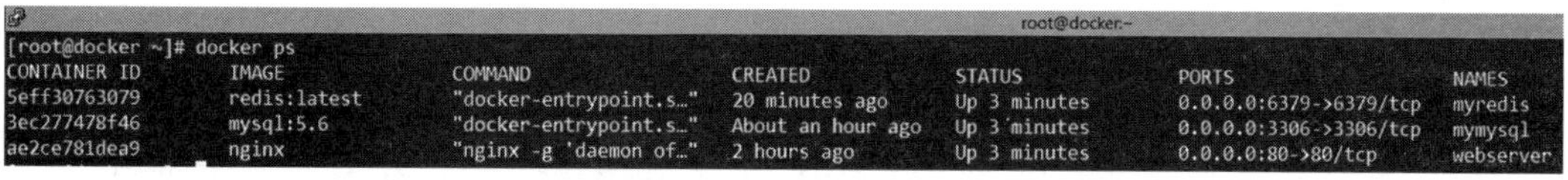

```
[root@docker ~]# docker ps
CONTAINER ID    IMAGE           COMMAND                CREATED          STATUS         PORTS                     NAMES
5eff30763079    redis:latest    "docker-entrypoint.s…" 20 minutes ago   Up 3 minutes   0.0.0.0:6379->6379/tcp    myredis
3ec277478f46    mysql:5.6       "docker-entrypoint.s…" About an hour ago Up 3 minutes   0.0.0.0:3306->3306/tcp    mymysql
ae2ce781dea9    nginx           "nginx -g 'daemon of…" 2 hours ago      Up 3 minutes   0.0.0.0:80->80/tcp        webserver
```

图 1-30　查看运行中的容器

1. 停止容器服务

如果不需要继续运行某个容器，要怎么停止呢？

很简单，直接运行 docker stop +CONTAINER ID（或者容器名）即可，这条命令后边还能添加多个 CONTAINER ID。

比如想停止 Redis 的服务，运行 docker stop 5eff30763079 命令就可以了。运行成功后，再运行 docker ps 命令，就看不到 Redis 容器服务了。运行 docker stop 且查看容器，如图 1-31 所示。

```
[root@docker ~]# docker stop 5eff30763079
5eff30763079
[root@docker ~]# docker ps
CONTAINER ID    IMAGE           COMMAND                CREATED          STATUS         PORTS                     NAMES
3ec277478f46    mysql:5.6       "docker-entrypoint.s…" About an hour ago Up 6 minutes   0.0.0.0:3306->3306/tcp    mymysql
ae2ce781dea9    nginx           "nginx -g 'daemon of…" 2 hours ago      Up 6 minutes   0.0.0.0:80->80/tcp        webserver
```

图 1-31　查看停止的容器

运行如下命令，可以停止全部容器。

```
$ docker stop 5eff30763079 3ec277478f46 ae2ce781dea9
```

这样 3 个容器都停止了，再运行 docker ps 命令就是空的。但是，运行 docker ps -a 可以看到所有的容器服务，即使停止运行的也会列出来。

直接运行如下命令，可以重启容器。

```
$ docker start 5eff30763079 3ec277478f46 ae2ce781dea9
```

2. 删除容器服务

通过如下两步可以删除容器服务。

1）停止想要删除的容器服务。

2）运行 docker rm+CONTAINER ID（跟容器名也可以）命令。

比如我们想删除 MySQL 的容器，只要运行如下命令。

```
$ docker stop mymysql              #mymysql为容器名
$ docker rm mymysql
```

本节简单介绍了 3 种常见的容器服务启动方式，我们都是直接用官方镜像操作，而且启动的时候用的是比较简单的参数。在实际的生产环境里，大家一定要灵活运用相关启动参数（具体参数后面我们还会仔细讲解），这样才能应对千变万化的生产环境。另外，要注意的是容器和虚拟机不一样，容器其实是一个进程，不要总有进容器里做复杂操作的想法。容器的最大作用就是运行好我们想运行的应用，它很单纯。

1.5 Docker 镜像的基本操作

1.4 节讲解了如何简单地运行 Nginx、MySQL、Redis 容器服务。运行的过程很顺利，因为只用了一条命令。实际上，Docker 就是这么简单！Docker 这样方便快捷的原因很大程度是因为它丰富的镜像，镜像相当于一个模板，能快速"衍生、克隆"出我们想要的服务。

1.5.1 获取镜像

想使用镜像，首先要有镜像。就像做饭，光有厨艺但是没有食材就是"巧妇难为无米之炊"了。在 Docker 里获取镜像的方式只有两种：从网上下载或自己动手做。

1. 从网上下载镜像

这种方式适合初学者使用，这也是最方便的获取镜像的方式。推荐大家从 Docker 官方的镜像仓库 Docker Hub 下载镜像，地址：https://hub.docker.com/explore/。

Docker 官方维护了一个公共镜像仓库 Docker Hub，已经有超过 1.5 万个镜像。大部分容器服务需求都可以从 Docker Hub 下载实现，Docker Hub 官方仓库如图 1-32 所示。

在 Docker Hub 除了能获取镜像，还能做自动构建和搭建私有仓库，所以建议各位注册一个账号便于日后使用。

既然知道了镜像的获取地址，那么怎么下载这些镜像呢？安装好 Docker 后，默认会指向这个官方仓库地址。运行 docker run 命令，如果本地没有要运行的镜像，Docker 就会自动从 Docker Hub 下载镜像。

如果只是下载某些镜像，我们可以使用如下命令。

```
docker pull [选项] [docker Registry 地址[:端口号]/]仓库名[:标签]
```

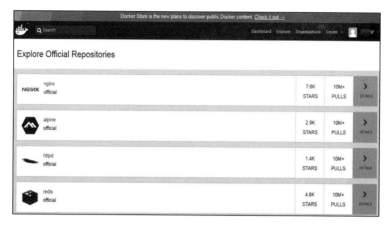

图 1-32　Docker Hub 官方仓库

比如下载 ubuntu 16.04 和 httpd 2.2 的镜像，如果命令中不写冒号 + 版本号，默认会下载最新版镜像，如图 1-33 所示。

```
$ docker pull ubuntu:16.04
$ docker pull httpd:2.2
```

```
[root@docker ~]# docker pull httpd:2.2
2.2: Pulling from library/httpd
f49cf87b52c1: Already exists
24b1e09cbcb7: Pull complete
8a4e0d64e915: Pull complete
bdd03832789f: Pull complete
b4db7239808b: Pull complete
Digest: sha256:0ea41205e59fed7c33a707123fae2778f16b551f75114ab83df5bc0e80a50c62
Status: Downloaded newer image for httpd:2.2
```

图 1-33　下载最新版镜像

我们可以设置一个国内加速器，让 Docker Hub 下载快些。方法是在 /etc/docker/daemon.json 中写入如下内容（如果文件不存在请新建该文件）。

```
{
    "registry-mirrors": [ "https://registry.docker-cn.com" ]
}
```

注意，一定要保证该文件符合 json 规范，否则 Docker 无法启动。

然后运行 systemctl daemon-reload && systemctl restart docker 命令，重启 Docker 服务。

最后运行 docker pull 命令，看看速度是否变快了，如图 1-34 所示。

```
[root@docker docker]# docker pull elasticsearch
Using default tag: latest
latest: Pulling from library/elasticsearch
723254a2c089: Downloading [=>                          ]   1.356MB/45.12MB
abe15a44e12f: Downloading [===========>                ]   2.576MB/11.11MB
409a28e3cc3d: Download complete
a9511c68044a: Downloading [=====>                      ]   97.53kB/852.3kB
9d1b16e30bc8: Waiting
```

图 1-34　再次运行 docker pull 命令

2. 自己做镜像

如果不想去网上下载官方的镜像或者别人的镜像，我们可以自己做镜像。关于制作镜像的具体方法会在 1.6 节中进行详细讲解，这里先不做介绍。

1.5.2 列出镜像

下载了镜像，我们肯定想知道镜像都放在哪儿了，另外也想知道有什么方法可以列出下载好的镜像。

镜像下载后，默认是存在 /var/lib/docker 路径下的。需要注意的是，这个目录有很多结构，大家不要想着镜像就只放在一个目录下，Docker 对于镜像的存储是分层管理的，最主要的目录在 /var/lib/docker/overlay2 下。

1. Docker 镜像的目录结构

这里，我们详细说下 /var/lib/docker 的目录结构。在 CentOS 7 系统中，Docker 版本 17.12.0-ce 下 /var/lib/docker 的目录结构如图 1-35 所示。

（1）builder 目录

builder 就是用来构建的目录，其中的 fscache.db 是用来在构建镜像时缓存数据的，也就是缓存了相关镜像的数据，从而大大提高了创建镜像的速度，可以在底层的基础之上构建更高层的镜像。

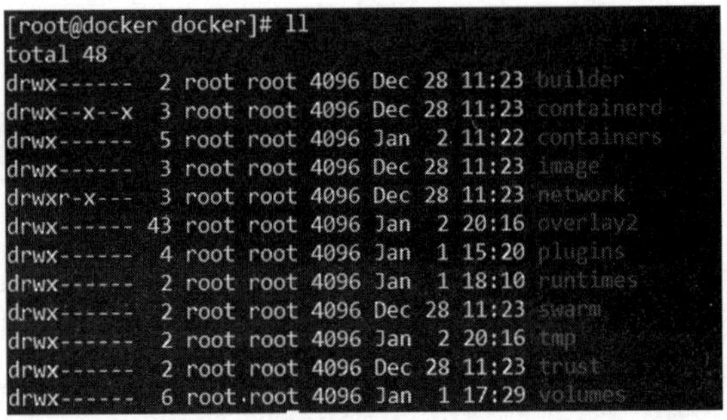

（2）containerd 目录

containerd 的主要职责是镜像管理（镜像、元信息等）、容器运行（调用最终运行时组件运行），该目录存放着 containerd 相关信息。

图 1-35　/var/lib/docker 目录结构

（3）containers 目录

主要用来存储创建容器的内容。我们新建一个容器之后，这里就会多出一个目录，我们创建了 3 个容器，这里就有 3 个目录，如图 1-36 所示。

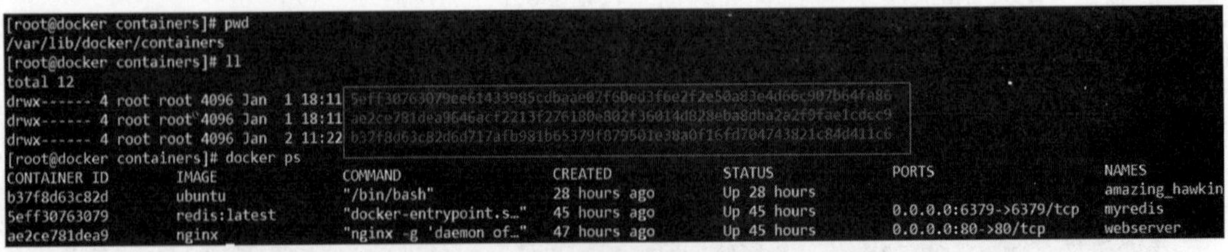

图 1-36　查看创建的容器目录

每个目录都以相应容器特有的 ID 命名，目录里面存着容器的状态日志、hostname、配置等信息。

（4）image 目录

image 目录主要用来存储镜像的相关分配、分布、imagedb、layerdb、repositories 等信息。信息大部分都是 sha256 加密形式的。当我们使用 docker images 命令显示镜像的时候，其实读取的就是这个目录的信息。如果这个目录里没有信息，运行 docker images 命令就会显示空。

（5）network 目录

network 目录主要用来存储网络相关的信息，创建容器的时候，如果用到了网络，就会更新 network 目录的信息。

（6）overlay2 目录

overlay2 是一种存储驱动，从 Docker 1.12 开始推出，相较 overlay 的实现有重大提升。此目录主要用来存储镜像，所有的镜像都会存储在这个位置，包括 base image 或者是在其上的 image。所以我们下载的镜像是存储在 overlay2 目录，这个目录是镜像存储非常重要的目录，如果你的镜像很多，这个文件夹也是会很大的。

（7）plugins 目录

Docker 1.13 开始提供插件化管理，这样能快速利用插件的可扩展性。Docker 的任务是让所有插件都像容器一样被管理和运行，把 Docker Hub 作为集中资源，让插件更好用，从而推动过程标准化。这个目录就是存取相关插件信息的目录。

（8）runtimes 目录

这是 Docker 运行时信息存放目录。

（9）swarm 目录

swarm 是 Docker 的集群管理工具，存放的是 swarm 相关文件的信息，如果没装 swarm，那么 swarm 目录里面是空的。

（10）tmp 目录

Docker 的临时目录。

（11）trust 目录

Docker 的信任目录。

（12）volumes 目录

volumes 目录是 Docker 中数据持久化的最佳方式，默认在主机上会有一个特定的区域（/var/lib/docker/volumes/），该区域用来存放 volume。volume 在生成的时候如果不指定名称，便会随机生成。所以，这个目录下的名字都是随机的 ID。

2. 如何修改 Docker 镜像的存储路径

在 CentOS 7 下 /var/lib/docker 目录是很重要的目录，所以这个目录需要保证充足的空间，否则下载镜像的时候空间不够就会下载失败。如果想更改存储镜像的路径，可以采用软连接的方法。首先，停止 Docker 服务。

```
$ systemctl stop docker
```

然后，把 /var/lib/docker 全部移动到空间足够大的目录里，比如放到 /data/docker 下。接下来再用 ln -s 命令创建一个软连接指向 /var/lib/docker。最后再启动 docker 服务，命令如下。

```
$ mv /var/lib/docker /data/docker
$ ln -s /data/docker /var/lib/docker
$ systemctl start docker
```

这个方法比较简单，如果使用其他的方法，还要修改 Docker 的配置文件，对于原来的配置文件，我们能不修改尽量就不修改。

3. 列出 Docker 镜像的命令

介绍完目录结构，我们再来看如何列出镜像。方法其实很简单，我们只要运行 docker images 命令就可以把下载好的镜像列出来了，如图 1-37 所示。

```
[root@docker ~]# docker images
REPOSITORY          TAG          IMAGE ID          CREATED          SIZE
nginx               latest       3f8a4339aadd      7 days ago       108MB
mysql               5.6          15a5ee56ec55      10 days ago      299MB
ubuntu              latest       00fd29ccc6f1      2 weeks ago      111MB
elasticsearch       latest       99053696a010      3 weeks ago      581MB
redis               latest       1e70071f4af4      3 weeks ago      107MB
httpd               latest       7239615c0645      3 weeks ago      177MB
httpd               2.2          0a7b50c7a922      3 weeks ago      171MB
```

图 1-37　查看本地下载好的 docker 镜像

通过这个命令我们能看到镜像的名称、TAG 版本信息、Image ID、创建时间和镜像大小。

1.5.3　导出 / 导入镜像

假如我们想要把下载好的镜像导出并保存到其他地方或者导入其他容器环境，就要用到 save、load 和 export 命令。

1. docker save 命令

运行如下命令，可以保存 nginx 镜像到本地 /home 路径下。

```
$ docker save 2d04e7c52fc3 > /home/nginx-save-v3.tar
```

2d04e7c52fc3 就是这个 nginx:v3 镜像的 ID，nginx-save-v3.tar 是我们自己命名的 tar 包名，注意，这里只能是 tar 包的格式，不要写成其他的格式。

然后通过 save 命令保存镜像的所有信息，如图 1-38 所示。

```
[root@docker ~]# docker save 2d04e7c52fc3 > /home/nginx-save-v3.tar
[root@docker ~]# cd /home
[root@docker home]# ls
nginx-save-v3.tar
[root@docker home]# du -sh nginx-save-v3.tar
108M    nginx-save-v3.tar
```

图 1-38　运行 docker save 命令保存镜像信息

2. docker load 命令

如果想把保存的镜像导入其他容器环境，只要把导出的 tar 包文件复制到目标容器环境里，比如放到目录容器服务器里的 /root 路径下，然后运行 docker load 命令就可以了。

```
$ docker load < /root/nginx-save-v3.tar
```

加载成功后，运行 docker images 命令发现镜像名称、标签均为 none，所以我们要运行 docker tag 1e70071f4af4 nginx:v3 命令，打上镜像名称和标签名称，方便识别镜像。

3. docker export 命令

介绍完 docker save 和 docker load 命令，我们来学习 docker export 命令。

注意，docker export 命令用于持久化容器，而不是镜像。所以，这个命令是作用于容器的。它的作用就是把当前运行的容器打包成 tar，但是这个 tar 只保存容器当前的状态信息，没有之前的历史信息或者其他镜像分层信息。

运行 docker export <CONTAINER ID> > /home/export.tar 命令即可完成镜像导出操作，如图 1-39 所示。

```
$ docker export 5eff30763079 > /home/redis-save-latest.tar
```

图 1-39　运行 docker export 导出镜像信息

注意这里的 ID 是容器的 ID，不是镜像的 ID。

我们还可以通过 docker import 命令把 tar 导入镜像列表里，如图 1-40 所示。

```
$ docker import /home/redis-save-latest.tar redis/redis:v5
```

图 1-40　运行 docker import 命令导入镜像信息

1.5.4　删除本地镜像

我们需要获取镜像，当然也有可能需要删除镜像。删除镜像的方法很简单，首先要保证当前运行的容器没用到想要删除的镜像。

比如想要删除 ubuntu 镜像，但是 Docker 提示有容器正在使用这个镜像，如图 1-41 所示。

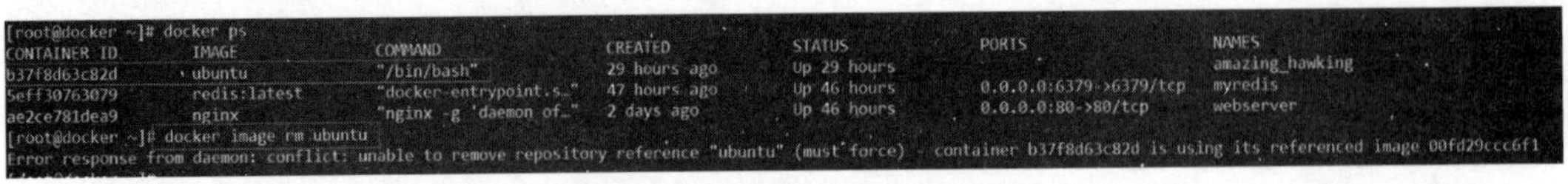

图 1-41　删除 ubuntu 镜像

因此，首先要把这个正在运行的容器停止，然后运行 docker rm 命令删除这个容器，最终才能删除这个镜像。

```
$ docker stop b37f8d63c82d        #停止容器服务
$ docker rm b37f8d63c82d          #删除容器
$ docker image rmi ubuntu         #删除镜像
```

这里要注意的是，假如没有停止容器服务，直接运行 docker image rm -f ubuntu 命令，则 ubuntu 那列会显示 none，镜像其实没有真正删除，如图 1-42 所示。

图 1-42　查看 ubuntu 镜像信息显示为 none

若删除成功，应该是有如图 1-43 所示这样的提示。

图 1-43　删除镜像成功返回结果

1.5.5　使用 commit 构建镜像

commit 英文里有提交的意思。在 Docker 中，使用这个命令提交容器的当前状态，然后形成一个镜像文件。其实它是一种制作镜像的方法，但是这种方法有缺陷，我们不推荐使用。Dockerfile 是做镜像的专业方法，我们会在下一节中讲解。

从 Docker Hub 下载的通用官方镜像如果不能满足个性化需求，可以在其基础上做一些修改，安装或者配置我们需要的设置。前面说过，镜像是一层一层叠加的，像集装箱一样，后面一层都是以前面一层为基础的。

比如上文我们运行的 Nginx 容器，从官网下载运行后，界面是 Nginx 默认的欢迎界面。我们可以进到这个容器里，运行下面命令修改 index.html 文件的内容，修改欢迎界面。

```
$ docker exec -it webserver bash     # 进入nginx容器
$ echo '<h1>Welcome, docker</h1>' > /usr/share/nginx/html/index.html
```

刷新一下浏览器，首页就会改变成 Welcome，docker。

我们还可以运行 docker diff 命令查看都做了哪些操作，如图 1-44 所示。

简简单单地修改一个界面，就多了这么多变更。

想把当前的容器做成镜像（好比虚拟机做快照打包），可以运行 docker commit 命令，语法格式为：

```
docker commit [选项] <容器ID或容器名> [<仓库名>
    [:<标签>]]
```

比如下面这个 commit 命令。

```
$ docker commit --author "bowenqiu" --message
     "修改了默认网页" webserver nginx:v3
```

- --author“bowenqiu”：注明镜像作者。
- --message“修改了默认网页”：注明这个镜像做了什么修改。
- webserver：指定对哪个运行的容器做 commit 操作。
- nginx:v3：生成后的镜像名和版本号。

运行完这个命令后，运行 docker images 命令，可以看到新生成的镜像，如图 1-45 所示。

```
[root@docker ~]# docker diff webserver
C /usr
C /usr/share
C /usr/share/nginx
C /usr/share/nginx/html
C /usr/share/nginx/html/index.html
C /run
A /run/nginx.pid
C /root
A /root/.bash_history
C /var
C /var/cache
C /var/cache/nginx
A /var/cache/nginx/scgi_temp
A /var/cache/nginx/uwsgi_temp
A /var/cache/nginx/client_temp
A /var/cache/nginx/fastcgi_temp
A /var/cache/nginx/proxy_temp
```

图 1-44　运行 docker diff 命令返回结果

```
[root@docker ~]# docker images
REPOSITORY          TAG                 IMAGE ID            CREATED             SIZE
nginx               v3                  2d04e7c52fc3        3 seconds ago       108MB
nginx               v2                  d46e01eacac1        36 seconds ago      108MB
nginx               latest              3f8a4339aadd        7 days ago          108MB
mysql               5.6                 15a5ee56ec55        10 days ago         299MB
elasticsearch       latest              99053696a010        3 weeks ago         581MB
redis               latest              1e70071f4af4        3 weeks ago         107MB
httpd               latest              7239615c0645        3 weeks ago         177MB
httpd               2.2                 0a7b50c7a922        3 weeks ago         171MB
```

图 1-45　查看新生成的镜像

新生成的镜像运行成功，界面显示 Welcome。

使用 docker commit 命令构建镜像，虽然可以比较直观地帮助我们理解镜像分层存储的概念，但是还是提醒大家，真正构建镜像应该用 Dockerfile 方式，因为 commit 方式有很多缺陷。

首先，如果仔细观察刚才运行的 docker diff webserver 的结果，会发现除了真正想要修改的 /usr/share/nginx/html/index.html 文件外，由于命令的运行，还有很多文件被改动或添加。这仅仅是最简单的操作，如果是安装软件包、编译构建镜像，会有大量的无关内容被添加进来，如果不小心清理，会导致镜像极为臃肿。

此外，使用 docker commit 命令意味着所有对镜像的操作都是黑箱操作，生成的镜像也被称为黑箱镜像，换句话说，就是除了制作镜像的人知道运行过什么命令、怎么生成的镜像，别人根本无从得知。而且，即使是制作这个镜像的人，过一段时间后也可能无法记清具体操作。虽然通过 docker diff 命令或许可以得到一些线索，但是远远不到确保生成一致镜像的地步。这种黑箱镜像的维护工作是非常痛苦的。

回顾之前提及的镜像所使用的分层存储概念，除当前层外，之前的每一层都不会发生改变，换句话说，任何修改的结果仅仅是在当前层进行标记、添加、修改，而不会改动上一层。

本节我们使用 docker commit 命令制作镜像，缺点是后期修改的话，每一次修改都会让镜像更加臃肿，所删除的上一层的信息并不会丢失，会一直跟着这个镜像，即使根本无法访问到。所以，构建镜像还是用下一节讲到的 Dockerfile 方式吧。

1.6　用 Dockerfile 专业化定制镜像

1.5 节讲解了 Docker 镜像及其特点和作用，如何比较专业地定制我们需要的镜像呢？本节我们学习用 Dockerfile 定制镜像。

1.6.1　什么是 Dockerfile

大家第一眼看到 Dockerfile 这个名字的时候可能觉得它就是一个文件。没错，它就是一个文本文件，但是它里面的内容对于镜像来说却不简单。这些内容代表着一个镜像如何诞生，好比镜像的"基因"。我们通过下面一段简单的 Dockerfile 代码，大致了解一下文件内容。

```
# This Dockerfile uses the ubuntu image
# VERSION 2 - EDITION 1
# Author: docker_user
# Command format: Instruction [arguments / command] ..

# Base image to use, this must be set as the first line
FROM ubuntu

# Maintainer: docker_user <docker_user at email.com> (@docker_user)
MAINTAINER docker_user docker_user@email.com

# Commands to update the image
RUN echo "deb http://archive.ubuntu.com/ubuntu/ raring main universe" >> /etc/
    apt/sources.list
RUN apt-get update && apt-get install -y nginx
RUN echo "\ndaemon off;" >> /etc/nginx/nginx.conf

# Commands when creating a new container
CMD /usr/sbin/nginx
```

从 # 的注释看起，首先表明这个 Dockerfile 用的是 ubuntu 镜像，然后注明镜像的版本是 EDITION 1，接着说明镜像的作者是 docker_user，最后说明下命令的格式。

上面 4 句注释写完后就开始真正编写 Dockerfile 命令了，FROM ubuntu 的意思是这个镜像是基于 ubuntu 镜像创建的。这个很重要，一般的 Dockerfile 都是基于某个基本镜像构建的，所以开始就会注明镜像的底层来源是什么。我们之前也说过，镜像是一层层叠加的，总有一个初始化镜像在最底层。

下面的 MAINTAINER 是这个镜像的创始人和维护者，方便让大家知道以后有问题可以找谁。

第 4 段内容是 Dockerfile 最重要的内容，镜像的特性就是通过这段代码来实现的。这段代码展示的是镜像生成的时候需要做哪些操作，这些操作一般都是一些命令。比如常见的 shell 命令，你可以把它理解为一段面向过程的脚本。（但是严格意义上来说，它不是脚本。）通过这些命令，就可以一步步实现我们想在镜像中完成的事。注意最前面的关键字 RUN，这是 Dockerfile 里特有的语法标识，前面我们提到的 FROM 和 MAINTAINER 也是 Dockerfile 的语法。后文会详细介绍这些语法。

最后一段内容表示的是镜像做好后变成容器需要运行的命令。这里一般是一个服务的启动命令，比如上面示例中表示的就是启动 nginx 服务。到这一步，大家看这个 Dockerfile 代码估计就应该明白了，前面所有的编写都是为最后这一句 /usr/sbin/nginx 命令启动而做的准备。想要在一个空白的 ubuntu 镜像里运行 nginx 服务，首先得把 ubuntu 的 apt 源配置好，接着是 apt-get install nginx 包安装，最后是配置 nginx.conf 文件。只有完成了这三步，nginx 才能运行起来。以后大家编写 Dockerfile 也是这样的思路，考虑清楚做镜像的目的，然后分解成小步，一层层写 Dockerfile 语句来实现。

1.6.2　常用的 Dockerfile 指令和语法

通过上文对 Dockerfile 的学习，我们基本上有了一个编写的思路。编写 Dockerfile 的前提是掌握 Dockerfile 语法，掌握了语法，再去编写 Dockerfile 就轻车熟路了。

1. RUN 指令

RUN 指令是 Dockerfile 里最常用的指令之一，它的作用就是运行一条命令。类似于 Linux 的 shell 脚本里的命令一样，写一个 RUN，就运行一次后面跟着的命令。

比如 1.6.1 节示例 Dockerfile 里，就有那么一段关于 RUN 命令的集合。

```
# Commands to update the image
RUN echo \
"deb http://archive.ubuntu.com/ubuntu/ raring main universe" >> /etc/apt/sources.list
RUN apt-get update && apt-get install -y nginx
RUN echo "\ndaemon off;" >> /etc/nginx/nginx.conf
```

3 个 RUN 代表运行了 3 步命令操作。第一步是配置 ubuntu 源，第二步是运行 apt-get 更新，第三步是编辑 nginx.conf 文件。RUN 后面的命令看着像是 Linux 的命令，其实就是 Linux 的命令！RUN 后面可以跟 shell 格式的命令，还可以跟 exec 格式的命令，比如 RUN [" 可运行文件 ", " 参数 1", " 参数 2"]，不过这个命令用得比较少。

既然 RUN 后面可以跟 shell 命令，假如要做的镜像需要运行很多个命令才能完成，该怎么做呢？是写多个 RUN 吗？比如像下面这样。

```
RUN apt-get update
RUN apt-get install -y gcc libc6-dev make
RUN wget -O redis.tar.gz "http://download.redis.io/releases/redis-3.2.5.tar.gz"
RUN mkdir -p /usr/src/redis
RUN tar -xzf redis.tar.gz -C /usr/src/redis --strip-components=1
RUN make -C /usr/src/redis
RUN make -C /usr/src/redis install
```

一共 7 行代码，每一行都是 RUN。

这样写语法上没什么错，也能运行成功。但是从优雅和专业角度看，就很不合适。因为每写一个 RUN 命令就等于增加了一层镜像，而 Docker 镜像的层数目前是有限制的，所以尽量只用一个 RUN 命令，让镜像的层数简化。上面这段 Dockerfile 命令，其实可以简化成如下方式。

```
RUN buildDeps='gcc libc6-dev make' \
&& apt-get update \
&& apt-get install -y $buildDeps \
&& wget -O redis.tar.gz "http://download.redis.io/releases/redis-3.2.5.tar.gz" \
&& mkdir -p /usr/src/redis \
&& tar -xzf redis.tar.gz -C /usr/src/redis --strip-components=1 \
&& make -C /usr/src/redis \
&& make -C /usr/src/redis install \
&& rm -rf /var/lib/apt/lists/* \
&& rm redis.tar.gz \
&& rm -r /usr/src/redis \
&& apt-get purge -y --auto-remove $buildDeps
```

我们可以用 && 把多个命令连上。

2. CMD 指令

CMD 指令用于指定启动容器默认的主进程。因为容器其实就是进程，它不像虚拟机那样启动后不运行任何命令也能一直静默。所以，容器需要有主进程一直持续运行，不然就会退出。我们可以这样想象：容器就是包着一个主进程在运行，主进程就是容器的"灵魂"，如果"灵魂"没有了，容器这一"肉身"也会消失。

我们可以用 CMD 指令启动容器的"灵魂"。CMD 指令也有两种格式。

```
shell格式：CMD <命令>
exec格式：CMD ["可运行文件", "参数1", "参数2"...]
```

也就是说，和 RUN 一样，CMD 指令后面也能跟 shell 命令，比如：

```
CMD cat /etc/redhat-release
```

此命令可以查看系统类型版本。

如果换成 exec 格式，上面那条命令就等于 CMD ["sh", "-c", "cat /etc/redhat-release"]。所以，CMD 后面如果跟的是 shell 命令，那么实际底层运行是用 exec 的 sh -c 方式。再比如，CMD 后面写的是 systemctl start mysqld，那么就等于 CMD ["sh", "-c", "systemctl start mysqld"]。

注意，exec 命令格式里的第一小段才是主进程，上面的那两个例子，主进程就是 sh，而不是 cat /etc/redhat-release 和 systemctl start mysqld。cat /etc/redhat-release 和 systemctl start mysqld

这两个 shell 命令有个特点，运行后就会返回结果退出。sh 也会随着退出。因为 sh 主进程退出了，所以容器 "灵魂" 就没有了，容器停止运行。换句话说，"灵魂" 也就持续存在了一两秒。

想要让容器一直运行，CMD 指令最好是用 exec 的命令格式。比如，启动运行 nginx、mysql 等，应该是类似如下格式。

```
CMD ["nginx", "-g", "daemon off;"]
CMD ["/usr/bin/mysqld_safe"]
```

只要容器里主进程能一直运行，容器就不会退出。

这个 CMD 命令一般是在 Dockerfile 最后才写的，Dockerfile 前面的内容都是为配置环境做一些准备，等都做得差不多了，最后一句就是 CMD 启动容器主进程的指令，类似 Docker 的开机启动项。

3. ENTRYPOINT 指令

ENTRYPOINT 一般和 CMD 配合使用，CMD 里的内容可以作为参数传到 ENTRYPOINT 里使用。官网是这么介绍 ENTRYPOINT 指令的：ENTRYPOINT 指令可以让你的容器功能表现得像可运行程序一样。

让容器表现得像可运行程序？这要怎么理解呢？我们先来看下面的例子。

```
FROM centos:7.2
ENTRYPOINT ["/bin/cat"]
```

假如我们写了一个上面这样简单的 Dockerfile，那么这个做成后的镜像运行时将带有 cat 的功能。我们在运行这个镜像的时候写上一个文件路径，那么就会返回输出这个文件内容。

```
$ docker run -it image_test_entrypoint /etc/fstab
```

其中，image_test_entrypoint 是假设做好的镜像名字。

运行这个命令后，结果将是输出 /etc/fstab 文件的内容。

所以，到这里我们应该明白了，ENTRYPOINT 能定义一些初始化命令在里面。

前面提到的，Dockfile 里面还能接收 CMD 的参数内容，比如 Dockfile 这样写：

```
FROM centos:7.2
ENTRYPOINT ["vmstat","3"]
CMD ["5"]
```

ENTRYPOINT 里原本运行的是每隔 3 秒输出 vmstat 监控信息，然后有了 CMD 参数，传入了一个数字 5，表示 vmstat 结果只能输出 5 次。同理，还可以看看下面这个 top 命令的 Dockerfile，道理都差不多。

```
FROM centos:7.2
ENTRYPOINT ["top", "-b"]
CMD ["-c"]
```

上面两个例子执行的是 Linux 命令，ENTRYPOINT 里面还可以附带脚本，比如官方 mysql 5.6 的 Dockerfile 就在 ENTRYPOINT 使用了脚本。

```
...
COPY docker-entrypoint.sh /entrypoint.sh
ENTRYPOINT ["/entrypoint.sh"]

EXPOSE 3306
CMD ["mysqld"]
```

其中 entrypoint.sh 就是自己定义好的 shell 脚本，用来完成一些初始化、逻辑判断的操作，毕竟有时候一些前提操作比较复杂，需要通过脚本才能完成。

总的来说，ENTRYPOINT 可以定义一些初始化的命令、参数甚至脚本，做成的镜像更像一个可运行程序，我们可以把它当作工具反复使用。所以，有些场景如果想把容器做成工具，可以使用 ENTRYPOINT。不过得注意的是，整个 Dockerfile 里 ENTRYPOINT 只能使用一次，如果写了多个，那么生效的是最后一个。

4. COPY 指令

在构建 Docker 镜像的时候，肯定涉及把某个文件、脚本从某个路径复制到另外一个路径的操作。可以用 COPY 命令去完成这一操作，命令格式如下所示。

COPY < 源路径 >... < 目标路径 >

COPY ["< 源路径 1>", ... "< 目标路径 >"]

比如我们复制 install.sh 这个脚本到 /opt/shell 下，就可以这样写：

```
COPY install.sh /opt/shell
```

而且这个命令也支持通配符，比如用 * 和？，跟 Linux 命令一样。

```
COPY install* /opt/shell
COPY install /opt/shell
```

注意，这里的目标路径就是容器里面的目标路径，如果事先没创建也没关系，运行的时候会自动创建。

5. ADD 指令

ADD 指令和 COPY 指令有点儿类似，但是 ADD 指令相对高级些。高级在哪儿呢？高级在 ADD 指令不仅能复制，还能自动解压缩。比如我们想复制一个 mysql.tar.gz 到 /opt 下面，如果使用 COPY 指令就是单纯地把 mysql.tar.gz 复制到 /opt 下。如果使用 ADD 指令，就不仅仅是复制过去了，同时还会解压缩这个 tar 包。

另外，ADD 指令还有下载的功能，如果源地址是一个 URL，那么将下载这个 URL 的目录或者文件到目标路径：ADD http://example.com/foobar.py /opt。

一般在写 Dockerfile 的时候之所以用 ADD 指令，是看中了它的自动解压缩功能，而不是复制功能。如果是单纯地复制，还是建议使用 COPY 指令，这样你的 Dockerfile 才比较直观，ADD 指令有隐藏的高级功能，不建议随意使用。

6. ENV 指令

大家看到 ENV 这个词，应该差不多能猜到它是什么意思了，ENV 就是环境变量（environment

variables）的缩写。在 Dockerfile 里，我们也经常要定义一些环境变量。语法如下：

单个变量：ENV <key> <value>

多个变量：ENV <key1>=<value1> <key2>=<value2>...

我们来看一个例子，比如官方 MySQL 的 Dockerfile 开头就用了 ENV 设置了环境变量。

```
FROM oraclelinux:7-slim
ENV  PACKAGE_URL
https://repo.mysql.com/yum/mysql-8.0-community/docker/x86_64/mysql-community-
    server-minimal-8.0.2-0.1.dmr.el7.x86_64.rpm

# Install server
RUN rpmkeys --import http://repo.mysql.com/RPM-GPG-KEY-mysql \
&& yum install -y $PACKAGE_URL \
&& yum install -y libpwquality \
&& rm -rf /var/cache/yum/*
RUN mkdir /docker-entrypoint-initdb.d
.....
```

这里的 ENV 就指定了 mysql RPM 包的下载路径，然后赋值给了 PACKAGE_URL 这个 Key。后面我们可以看到 RUN 指令里用 $PACKAGE_URL 这样的方式引用了 PACKAGE_URL 这个值。

我们可以把 ENV 想象成编程里的定义全局变量，开头定义好了，后面就可以复用。如果后续参数有变化，只要改前面的 ENV 内容即可，非常方便！

7. ARG 指令

ARG 指令是用来传递变量的，它一般结合 docker build 命令中的 --build-arg 一起使用。也就是说，ARG 是 Dockerfile 里声明的一个变量值，使用 --build-arg 来传递值给 ARG。

ARG 的写法很简单，方式如下：ARG <name> 或者 ARG <name>=<default>。

例如：

```
ARG user1
USER $user1
```

通过使用 --build-arg 指定好 user1 的值是 root 用户。

```
$ docker build --build-arg user1=root ./opt/mysql
```

这里要注意的是，不能在 ARG 里指定密码或机密信息，因为使用 docker history 将显示出所有信息，很不安全；另外，ENV 指令也是用 $ 引用值的，ARG 也是，所以这里会有冲突，如果同时出现，ENV 的值会覆盖 ARG 的值，这样 ARG 就不生效了。所以，在上面的例子中，假如你的代码这样写是会有问题的，运行时 user1 的值一直是 root。

```
ENV user1 root
ARG user1
USER $user1
```

代码的正确写法如下。

```
ARG user1
ENV user1 $user1
USER $user1
```

在 ENV 里，值直接引用 ARG 里的 user1 即可，其实这就是做了一个间接的传递。

在 Docker 里有几个变量是预设好了的，它们都是 proxy 代理的，大家可以直接用 --build-arg 命令使用它们，无须使用 ARG 设置：HTTP_PROXY、http_proxy、HTTPS_PROXY、https_proxy、FTP_PROXY、ftp_proxy、NO_PROXY、no_proxy。

8. LABEL 指令

LABEL 在英文里就是标签的意思，所以它就是给镜像贴标签用的。使用者可以通过 LABEL 鉴别镜像的一些信息。如果公司生产业务有很多类，可以很好地通过 LABEL 将容器分类、分组。LABEL 是有继承效果的，如果上一个镜像里有 LABEL 信息，那么下个镜像引入的时候也会有；另外，如果有重名，LABEL 信息会被覆盖。

LABEL 的用法也很简单，格式如下：

LABEL   <key1>=<value1> <key2>=<value2>...

如果 value 值里有空格，可以通过引号把 value 引起来，以免产生歧义。另外，如果 value 值很长，也可以用 \ 进行换行。大家可以看下面的例子，一起学习 LABEL 的写法。

```
LABEL version="2.0"
LABEL "com.example.vendor"="ACME Incorporated"

LABEL multi.label1="value1" multi.label2="value2" other="value3"
LABEL com.example.label-with-value="foo"

LABEL description="This text illustrates \
that label-values can span multiple lines."

LABEL multi.label1="value1" \
multi.label2="value2" \
other="value3"
```

9. WORKDIR 指令

WORKDIR 也很好理解，就是在 Dockerfile 指定工作路径。RUN、CMD、ENTRYPOINT、COPY 和 ADD 指令都将使用 WORKDIR 定义好的路径值。如果指定的路径不存在，运行时会自动创建。

```
WORKDIR /home/test1
```

例如上面这行代码就指定了 WORKDIR 路径为 /home/test1。

Dockerfile 里可以重复使用 WORKDIR，比如 Dockerfile 开始定义了路径为 /home/test1，那么后面的 WORKDIR 可以写成相对路径，这个相对路径基于最开始的绝对路径，代码如下所示。

```
WORKDIR /home/test1
WORKDIR test2
WORKDIR test3
RUN pwd
```

运行结果将是 /home/test1/test2/test3，不过我们写 Dockerfile 的时候还是要遵循结构清晰、内容易懂、简约优化等准则。

另外，WORKDIR 也能引用 ENV 里的值，代码如下。

```
ENV DIRPATH /home
WORKDIR $DIRPATH/test
RUN pwd
```

运行结果就是 /home/test。

10. VOLUME 指令

VOLUME 指令的作用是指定数据的存储挂载点。有的容器涉及一些数据的持久化，比如 MySQL 这样的容器需要定义一个数据卷路径存储数据文件。下面我们看一下官方 MySQL 的 Dockerfile，里面就有 VOLUME 的定义。

```
FROM oraclelinux:7-slim
ENV  PACKAGE_URL
https://repo.mysql.com/yum/mysql-8.0-community/docker/x86_64/mysql-community-
    server-minimal-8.0.2-0.1.dmr.el7.x86_64.rpm

# Install server
RUN rpmkeys --import http://repo.mysql.com/RPM-GPG-KEY-mysql \
&& yum install -y $PACKAGE_URL \
&& yum install -y libpwquality \
&& rm -rf /var/cache/yum/*
RUN mkdir /docker-entrypoint-initdb.d

VOLUME /var/lib/mysql
...
```

最后一行 VOLUME /var/lib/mysql 就是 VOLUME 的路径。

当然，VOLUME 指令也可以定义多个路径，只要用空格隔开即可。

```
VOLUME /var/lib/mysql /var/log/mysql
```

11. ONBUILD 指令

ONBUILD 指令比较特殊，我们把这个单词拆分就是 on build，意思是"在创建的路上"。但是，不是现在创建。这个怎么理解？既然不是现在创建，那就和当前的镜像没有关系，不会影响当前的环境，而是会在下一个镜像环境里有操作、有影响。

这个指令的作用是以当前镜像为基础，在构建下一个镜像的时候运行一些命令，也就是为下一个镜像做准备。

```
ONBUILD ADD . /app/src
ONBUILD RUN /usr/local/bin/python-build --dir /app/src
```

上面这个例子就是要制作下个镜像的时候，先把当前路径的一些文件复制到 /app/src 目录下，然后再引用 /app/src 内容运行 python-build 命令。

总的来说，ONBUILD 命令就是下个镜像的触发器。但是要注意的是，这个触发器只在"子辈"的镜像里有效果，在"孙辈"的镜像里没效果，隔一代，继承效果就消失了。

12. EXPOSE 指令

EXPOSE 指令的作用是声明容器要使用的端口。注意，这里用的是 "声明" 这个词而不是 "定义"。因此，在容器启动后并不是立即使用 EXPOSE 声明的端口，这个指令只是声明镜像做好后会使用什么端口。

13. USER 指令

USER 指令很简单，就是在 Dockerfile 里设置运行用户。

```
USER root
```

指令虽然很简单，但是要注意的是，使用 USER 指令会影响 RUN、CMD、ENTRYPOINT 等指令，同时也会影响容器中主进程运行的用户。

我们在使用 Dockerfile 指令的时候一定要注意影响范围，处理不好会出现递归式的错误。

学会了上面的指令，就可以自己写 Dockerfile 了。写 Dockerfile 的时候注意遵循结构清晰、内容易懂、简约优化这 3 个原则。下面是完整的官方 MySQL 镜像 Dockerfile 写法。

```
FROM oraclelinux:7-slim
ENV PACKAGE_URL
https://repo.mysql.com/yum/mysql-8.0-community/docker/x86_64/mysql-community-
    server-mini mal-8.0.2-0.1.dmr.el7.x86_64.rpm

# Install server
RUN rpmkeys --import http://repo.mysql.com/RPM-GPG-KEY-mysql \
&& yum install -y $PACKAGE_URL \
&& yum install -y libpwquality \
&& rm -rf /var/cache/yum/*
RUN mkdir /docker-entrypoint-initdb.d

VOLUME /var/lib/mysql

COPY docker-entrypoint.sh /entrypoint.sh
ENTRYPOINT ["/entrypoint.sh"]

EXPOSE 3306 33060
CMD ["mysqld"]
```

大部分指令在这个例子中都用到了。我们可以做个总结，把 Dockerfile 的指令进行归类。

Dockerfile 指令一般分为 5 部分：来源环境配置、维护者信息、镜像操作、配置和容器启动时运行指令，详情如表 1-1 所示。

表 1-1　Dockerfile 指令

类　　别	指　　令
来源环境设置	FROM、ENV、LABEL
维护者信息	MAINTAINER
镜像操作	RUN、COPY、ADD、VOLUME、ONBUILD
配置	EXPOSE、ARG、WORKDIR、USER
容器启动	CMD、ENTRYPOINT

Dockerfile 的指令很多，表格里只展示了其中几个比较常用的、实用的。大家只要在日常工作中多试几次，很快就能写出专业、实用的 Dockerfile。随着 Docker 的发展，未来肯定会出一些新的指令，但是目前的指令基本上是够用了。

1.7　镜像仓库

前面我们介绍了镜像的制作，知道了镜像是怎么生成的。但是镜像制作好后，要怎么管理呢？它们存放在哪里呢？通过本节的讲解，大家就会清楚了。

先来看如图 1-46 所示的 Docker 架构。

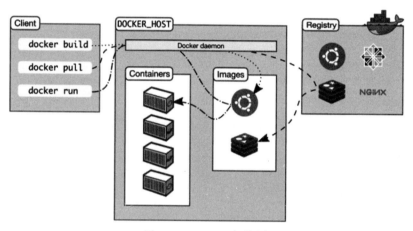

图 1-46　Docker 架构图

注意右边有个 Registry，这就是镜像仓库。镜像仓库在 Docker 架构里是很重要的一部分。镜像会因为业务的需要以不同类型的方式存在。所以，这么多类型的镜像如果没有一个很好的机制去管理，肯定会乱套。Docker 镜像需要标准化管理，Registry 就是负责这个功能的模块。

Docker 仓库分为共有仓库和私有仓库，接下来我们分别介绍这两种仓库的功能和特点。

1.7.1　共有仓库

Docker Hub 就是共有镜像仓库，由 Docker 公司自己维护，上面有数以万计的镜像供用户下载和使用。接下来介绍共有镜像仓库的特点和使用方法。

1. 共有仓库 Docker Hub 的特点

（1）官方、权威

Docker Hub 是运营多年、用户口碑很好的镜像仓库。里面的镜像都是官方推出的，由 Docker 公司维护，所以自然也是权威的。一些比较流行的开源软件都会先在官方仓库发布。

（2）数量大、种类多

共有仓库经过多年运营，聚集了众多全世界容器爱好者以及相关公司制作的镜像。大家有最新、最好的镜像一般都会先在共有仓库里发布，所以共有仓库镜像数量大、种类多。比较流行的镜像在这里基本都能找到。

（3）稳定、可靠、干净

正因为 Docker Hub 的官方权威性，所以上面的镜像都是经得住考验的，稳定性和可靠性都有保证。

（4）仓库名称前没有命名空间

这是 Docker Hub 独有的特点，因为 Docker Hub 是镜像仓库的发源地，是所有镜像仓库的"根"，加上它是放在公网上的，所以仓库名称前面不存在命名空间。

2. 共有仓库的使用方式

（1）命令方式

我们可以通过 login、docker search、pull 和 push 等命令操作 Docker Hub 服务。

一般运行 docker login 命令就默认登录 Docker Hub 官方仓库，当然也可以带一些参数，比如带上用户名和密码（一般不推荐）。

```
$ docker login -u 用户名 -p 密码
```

如果想登录其他仓库，只要在 docker login 命令后边加上仓库的地址名就可以了。

```
$ docker login registry.tencent.com
$ docker login localhost:8080
```

运行如下命令即可退出当前仓库。

```
$ docker logout
```

登录仓库后，我们就可以运行命令对镜像进行操作了，比如 docker search 加镜像名是搜索镜像的命令，docker pull 是下载镜像的命令，docker push 是上传镜像的命令。

（2）Web 界面方式

用 Web 界面的方式也可以操作 Docker Hub 或者其他官方仓库，只要输入仓库地址、注册账号，即可登录镜像仓库，根据界面的提示进行操作。图 1-47 所示就是使用 Web 界面方式登录 Docker Hub 官网，在这里可以创建仓库、创建组织、浏览提供的镜像列表、构建镜像、共享镜像等。

图 1-47　使用 Web 界面方式登录 Docker Hub 官网

（3）API 方式

现在的平台架构都讲究 REST 风格，所以都提供给用户 API 接口，便于用户进行一些自动化或者二次开发的操作。表 1-2 所示是 API 接口分类，供读者参考。

表 1-2　API 接口分类

方　法	路　径	分　类	描　述
GET	/v2/	Base	检查 Docker 服务是否支持 2.0 接口
GET	/v2/<image>/tags/list	Tags	获取镜像的标签列表
GET	/v2/<image>/manifests/<referevce>	Manifest	获取镜像的主要信息
PUT	/v2/<image>/manifests/<referevce>	Manifest	修改镜像的主要信息
DELETE	/v2/<image>/manifests/<reference>	Manifest	删除镜像的主要信息
GET	/v2/<image>/blobs/<digest>	Blob	获得镜像层
DELETE	/v2/<image>/blobs/<digest>	Blob	删除镜像层
POST	/v2/<image>/blobs/uploads/	Initiate Blob Upload	开始分块上传镜像
GET	/v2/<image>/blobs/uploads/<uuid>	Blob Upload	获得分块上传的速度
PATCH	/v2/<image>/blobs/uploads/<uuid>	Blob Upload	分块上传数据
PUT	/v2/<image>/blobs/uploads/<uuid>	Blob Upload	完成镜像上传
DELETE	/v2/<image>/blobs/uploads/<uuid>	Blob Upload	取消镜像上传
GET	/v2/_catalog	Catalog	获得镜像列表

详细的 API 介绍见官方说明文档：https://docs.docker.com/registry/spec/api/。

3. 比较好用的共有仓库推荐

官方的 Docker Hub 仓库是首推的仓库站点，但是有时候访问国外的仓库比较慢，我们可以看看国内的一些 Docker 镜像仓库。这里向大家推荐几个比较好用的。

（1）腾讯镜像仓库

购买腾讯云的 CVM 就能免费使用腾讯的 TKE 容器服务，TKE 容器产品里面有免费的镜像仓库。

（2）DaoCloud

DaoCloud 是国内比较早的 Docker Hub 加速器提供商，注意加速器 2.0 需要使用 DaoCloud 自己的云服务器，官方称会继续支持加速器 1.0。

网址：https://dashboard.daocloud.io/mirror。

（3）阿里云 Docker 仓库

阿里云技术在国内推行得比较早，容器方面也是早有涉及，在国内也有很多人用它的镜像仓库，可以参考学习。

1.7.2　私有仓库

共有仓库的特点有很多，也非常好用。但是，共有仓库也有不能满足的地方，比如公司企业级的私有镜像，这些镜像涉及机密数据和软件，私密性比较强，就不太适合放在共有仓库里。另外，假如我们的服务器环境不允许上外网，那么也无法下载共有仓库的镜像。为了解决这两大问题，我们需要搭建私有仓库，存储自己的私有镜像。

1. 私有仓库的特点

（1）私密性好、安全性高

这个不难理解，共有仓库放在公网，都是第三方维护的，所以无法保障镜像的私密性和安全性。如果是私有仓库，就可以与外网进行隔离，加上有些镜像涉及公司机密，还是放在自家的仓库里放心。

（2）访问速度快

私有仓库一般是放在公司内网的，不受外网访问的限制，可以保证快速访问。

（3）可自主控制、可维护性高

共有仓库终究是别人搭建的仓库，使用方式、管理方式都要按照别人设定的规则进行，当我们需要添加存储空间、做一些额外定制化功能的时候，就受到制约了。如果是自己搭建的仓库，自主性、可维护性都比较高。

2. 私有仓库的搭建

如何搭建私有仓库呢？这时我们就要用到 Docker 提供的镜像分发工具 Registry 了。

Registry 是 Docker 公司发布的一个用于打包、传输、存储和分发镜像的工具集，它是镜像仓库的核心。

接下来我们具体了解如何搭建私有仓库，其实很简单，几步操作即可完成。

（1）下载 Registry 镜像

```
$ docker pull registry
```

一般安装好 Docker，就会有 Registry，如果没有，才需要运行上面这条命令。Registry 虽然是工具集，但是 Docker 也把它打包成镜像了，用 docker pull 命令即可下载 Registry 工具集。

（2）规划好镜像仓库服务的存储分配

因为镜像是占存储空间的，所以需要在服务器上预留一个路径专门存储镜像文件。一般我们会专门用一个服务器作为 Docker 的仓库。这里我们把 /data/docker_images 路径作为本地存储镜像的地址。在 Registry 镜像内部也要定义路径存储镜像：/var/lib/registry/images。最后我们映射这两个路径。

（3）启动 Registry 镜像，启动仓库服务

Registry 就是一个镜像，所以只要运行 docker run 命令就能启动它，仓库里面所有的功能都通过这个镜像提供，不需要再做额外配置，因为 Registry 本身就是容器。

```
$ docker run -d --name private-registry \
 --restart=always -hostname \
localhost -p 5000:5000  -v /data/docker_images:/var/lib/registry/images registry:2
```

上面的代码乍一看好像比较复杂，其实仔细看也很好理解。private-registry 是私有仓库的名

字；--restart=always 的意思是永久启动，不会关闭或被轻易删除；localhost 是设置本地路径为仓库服务地址；5000:5000 是给仓库设置的端口，一般都是 5000 端口，也可以设置成其他的，注意打开服务器里防火墙的端口；后面的路径是本地路径和容器内部路径的映射；最后标明使用 Registry 的版本，现在是版本 2。

3. 配置 HTTPS，让仓库更安全

通过前面两步，私有仓库就搭建好了。我们可以运行 docker push localhost:5000/test/centos:latest 命令上传制作好的镜像。但是在实际生产环境中，直接暴露 5000 端口是不安全的，内网仓库还好，如果仓库要放到公网就更不安全了，所以我们需要设置 HTTPS，增加仓库安全性。

设置 HTTPS 的方法有很多，结合 OpenSSL 和 Nginx 做反向代理即可。

1.8　存储基本配置

通过前面的学习，现在我们可以自己运行容器、打包制作镜像了。但是要真正在生产上运用 Docker，还要学习数据卷的配置和 Docker 网络配置。

前面学习容器的时候，运行的是一些没有持久化数据存储的容器。也就是说，我们运行的容器能提供服务，但是服务生成的数据没有存到硬盘里。我们知道，有些服务是必须要有持久化功能的，比如数据库，用 Docker 运行一个 MySQL 的容器并且提供服务，那么数据需要有个地方存储，图 1-48 所示为给 MySQL 容器挂载数据卷（volume）。所以，我们要学习如何给容器挂载一块"硬盘"，让容器产生的数据有存储的地方。

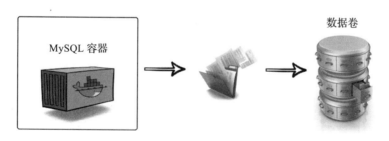

图 1-48　给 MySQL 容器挂载数据卷

如何给容器添加一块存放数据的"硬盘"呢？这就要用到容器的数据卷服务了。接下来我们从什么是数据卷、创建 / 挂载数据卷、共享和同步数据卷、备份和还原数据卷这 4 个方面进行讲解，帮助大家学习如何给容器挂载数据卷，让数据持久化。

1.8.1　什么是数据卷

1. 为什么要用数据卷

数据卷的意义上面我们已经介绍了，就是为了让容器有持久化数据的功能，如果没有数据卷，就无法存储容器服务产生的数据。

2. 数据卷的特点

我们一定要了解数据卷的特点，这样在日后的使用中才能灵活运用它。

1）在 Dockerfile 里可以指定数据卷（1.6.2 节介绍过 VOLUME 指令）。

2）数据卷随着容器的启动开始初始化，如果镜像里面数据卷挂载点有数据，那么会通过 COPY ON WRITE（写时复制）命令写到数据卷里。

3）数据卷里的内容可以直接修改，无论是在容器内操作还是在容器外操作，都会立即生效。

4）数据卷可以在容器之间共享和重用。也就是说，多个不同的容器可以同时使用一个数据卷（类似 NFS 共享）。

5）数据卷、容器、镜像都能独立存在。

6）挂载数据卷的容器如果被删除，数据卷还会存在，不会跟着容器一起删除。

1.8.2 创建、挂载数据卷

上面介绍了数据卷的作用和特点，接下来学习如何使用数据卷。给容器挂载数据卷的方法很简单，主要有 3 种：第一种是用 docker volume 命令创建并挂载；第二种是通过 docker run 命令里 -v 参数指定数据卷挂载路径；第三种就是我们之前讲过的，做镜像的时候在 Dockerfile 里用 VOLUME 指令设置好数据卷路径。

1. docker volume 方式

通过 docker volume 命令可以创建、删除、罗列、查看数据卷。

首先创建一个数据卷。

```
$ docker volume create
```

运行命令后会在 /var/lib/docker/volumes 路径下创建一个随机命名的数据卷，如图 1-49 所示。

```
[root@docker ~]# docker volume create
3389524f60ce8640c067b9e9557bab2531257ad2d1821a5da417b094518d4c65          随机命名的数据卷
[root@docker ~]# cd /var/lib/docker/volumes/
[root@docker volumes]# ll
总用量 24
drwxr-xr-x 3 root root     19 2月   27 00:51 3389524f60ce8640c067b9e9557bab2531257ad2d1821a5da417b094518d4c65
-rw------- 1 root root 32768 2月   27 00:51 metadata.db
```

图 1-49　创建随机命名的数据卷

当然，我们也可以给数据卷指定一个名字，只要在命令后面加一个 --name 即可，比如创建一个名为 test 的数据卷，如图 1-50 所示。

```
[root@docker volumes]# docker volume create --name test
test
[root@docker volumes]# ll
总用量 24
drwxr-xr-x 3 root root     19 2月   27 00:51 3389524f60ce8640c067b9e9557bab2531257ad2d1821a5da417b094518d4c65
-rw------- 1 root root 32768 2月   27 00:52 metadata.db          指定的数据卷名字为 test
drwxr-xr-x 3 root root     19 2月   27 00:52 test
```

图 1-50　创建名为 test 的数据卷

注意，创建好的数据卷其实就是一个文件夹。

创建好数据卷后，怎么给容器挂载呢？用 -v 参数即可做挂载操作。比如运行如下命令，把刚才创建的名为 test 的数据卷挂载到一个 ubuntu 容器里。

```
$ docker run -d -v test:/data ubuntu /bin/bash
```

这样创建好的 test 数据卷就挂载映射到容器的 /data 目录下了。如果想删除数据卷，直接运行 docker volume rm + 数据卷的名字或者 ID 即可。注意，这个数据卷在没有容器使用或占用时才能被成功删除。

如果想罗列出所有创建好的数据卷，直接运行 docker volume ls 命令即可，如图 1-51 所示。

```
[root@docker volumes]# docker volume ls
DRIVER              VOLUME NAME
local               3389524f60ce8640c067b9e9557bab2531257ad2d1821a5da417b094518d4c65
local               test
```

图 1-51　列出创建好的数据卷

如果想查看创建好的某个数据卷信息，直接运行 docker volume inspect + 数据卷的名字或者 ID 即可，如图 1-52 所示。

```
[root@docker volumes]# docker volume inspect test
[
    {
        "Name": "test",
        "Driver": "local",
        "Mountpoint": "/var/lib/docker/volumes/test/_data",
        "Labels": {},
        "Scope": "local"
    }
]
```

图 1-52　查看数据卷信息

2. docker run -v 方式

-v 参数可以跳过 docker volume 命令直接使用，命令格式如下。

```
docker run -v 宿主机里绝对路径:容器里绝对路径 -it 镜像名 /bin/bash
```

示例如下。

```
$ docker run -d \
-v /docker_volume/volume_01:/data -it hub.tecent.com/library/centos /bin/bash
```

1）-v：指定映射关系的参数。

2）/docker_volume/volume_01：宿主机里给容器存储数据设置的绝对路径，如果宿主机里不存在这个路径，运行命令后会自动创建一个。

3）/data：容器中存储数据的路径。通过这条命令让 /data 目录与 /docker_volume/volume_01 目录做映射，表面看数据是存放在 /data 下面，其实是存在 /docker_volume/volume_01 里，并且这里用的也是宿主机硬盘的 IO。

运行上例中的 docker run -v 命令后，在容器里 /data 目录下创建一个 test.txt 文件存放数据。退出容器后，进入 /docker_volume/volume_01，可以看到刚才在容器里创建的 test.txt 文件，它们是实时同步的。

3. 用 Dockerfile VOLUME 命令指定数据卷路径

如果容器中事先用 VOLUME 命令指定好了挂载数据卷的路径，那么用这个镜像生成的容器就会自动挂载数据卷。容器里的路径就是 VOLUME 命令设置的那个路径，然后宿主机里会默认主机上有一个特定的区域（/var/lib/docker/volumes 路径下）是用来存放数据卷的。在生成数据卷的时候如果不指定名称，便会随机命名。所以，这个目录下的名字都是随机的 ID，类似于：

```
"/var/lib/docker/volumes/4ae9914bc4bd127e669b89ee6b703a0c9cc91f18c8dfe5034dbb838
    de2ca8062/_data"
```

这里要注意，如果用同一个镜像生成了两个容器，那么 /var/lib/docker/volumes/ 路径下会随机生成两个不同的路径，分别对应这两个容器，也就是说不同的容器会对应不同的路径。

1.8.3 共享、同步数据卷

通过上文的学习，我们知道了如何挂载一个本地路径给容器使用。但是有种情况需要考虑到，那就是多个容器之间要共用一个路径以达到数据共享。多个容器挂载同一数据卷目录，如图 1-53 所示。

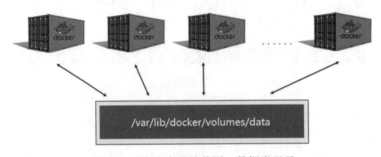

图 1-53　多个容器挂载同一数据卷目录

我们可以通过 --volumes-from 参数实现共享数据卷，命令格式如下所示。

```
docker run --volumes-from 容器名
```

示例如下。

```
$ docker run -d -it --name docker2 --volumes-from docker1 ubuntu /bin/bash
```

命令说明如下。

1）docker2：要创建的容器名。

2）--volumes-from：指定数据卷的源 Docker 容器名，注意这里必须是容器名。

3）docker1：假设的已经创建好的容器，里面做好了数据卷的挂载。

如果有一个 docker3 容器也想使用 docker1 里的数据卷，运行同样的命令即可。

```
$ docker run -d -it --name docker3 --volumes-from docker1 ubuntu /bin/bash
```

这样 docker2 和 docker3 都使用 docker1 的数据卷了。

由此我们可以知道，数据卷共享其实是通过容器实现的，而不是在宿主机里创建目录，把数据卷同时挂载给多个容器。

必须通过一个容器作桥梁以共享数据卷，这个容器我们一般称为"数据卷容器"。因此，我们做数据卷共享时，要提前规划并生成共享数据卷容器。这个容器先挂载好数据卷，然后其他容器用 --volumes-from 参数来共享数据卷，执行如下三步运行。

```
$ docker run --name docker1 -v /data ubuntu echo "share data volume container"
$ docker run -d -it --name docker2 --volumes-from docker1 ubuntu /bin/bash
$ docker run -d -it --name docker3 --volumes-from docker1 ubuntu /bin/bash
```

注意，我们先给 docker1 映射好数据卷 /data，接下来的 docker2 和 docker3 就直接使用 docker1 里的 /data 目录了，抽象出来如图 1-54 所示。

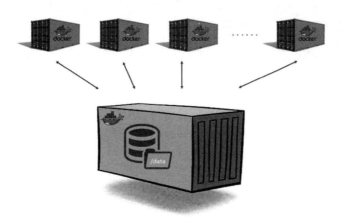

图 1-54　多个容器抽象使用同一目录

1.8.4　备份、还原数据卷

前面我们讲解了创建、挂载、删除、查看数据卷的方法，接下来学习另两个很重要的操作，那就是数据卷的备份和还原。我们知道，数据是 IT 生产环境里非常重要的一部分，绝大多数的服务都是围绕着数据进行操作，数据就是核心！所以容器数据的备份和还原是非常重要的。

1. 备份数据卷

我们同样用 --volumes-from 参数备份数据卷，然后结合数据卷容器就能达到备份数据卷的目的。推荐用这样的方式去备份数据卷，因为要备份的数据卷在这个数据卷容器里，所以我们针对这个数据卷容器操作即可。

我们引用上边创建好的 docker1，通过下面的命令，备份套用即可。

```
$ docker run -it --volumes-from docker1 \
 -v /var/lib/docker/volumes/test:/backup --name docker_backup \
 --rm ubuntu tar cvf /backup/backup.tar /data
```

命令说明如下。

1）首先我们通过 --volumes-from docker1 指定了 docker1 的数据卷，这个命令的运行效果是创建一个临时容器 docker_backup。

2）docker_backup 容器同时挂载了两个数据卷，一个是来自 docker1 的共享数据卷（注意这个共享的数据卷就是我们要备份的 /data 目录），另外一个是挂载映射了宿主机的 /var/lib/docker/volumes/test，容器内部是 /backup 目录。

3）docker_backup 容器创建成功后，会将 docker1 的共享数据卷（也就是需要备份的 /data 目录）打成 tar 包备份到宿主机的 /backup/backup.tar 下。

4）注意命令里带了 --rm 参数，所以最后备份好数据就会删除这个 docker_backup 容器。

命令运行效果如图 1-55 所示。

图 1-55　备份数据卷

如图 1-55 所示，我们在 /var/lib/docker/volumes/test 下能直接看到备份好的 backup.tar。

有些读者可能会有疑问，这里为什么还要运行一个容器再做备份操作呢？虽然看上去有些麻烦，但这是最专业的备份数据卷方式。容器就是一个进程，运行一个容器就是运行一个备份进程，不会占用太多资源。

2. 恢复数据卷

恢复数据卷也是通过 --volumes-from 命令实现的，创建一个临时容器就能恢复刚才备份好的 backup.tar 了。

我们参照下面的命令做恢复操作即可。

```
$ docker run -it --name docker_recover -v /data ubuntu /bin/bash
$ docker run --rm --volumes-from docker_recover \
 -v /var/lib/docker/volumes/test:/backup ubuntu tar xvf /backup/backup.tar -C /data
```

命令说明如下。

1）我们创建一个数据卷容器 docker_recover，设置内部容器卷目录为 /data。目的是把之前备份好的 backup.tar 数据恢复到 docker_recover 容器里。

2）临时创建一个容器，执行 --volumes-from 命令，这个临时容器挂载了 docker_recover 里的 /data 目录。

3）宿主机里的 /var/lib/docker/volumes/test 目录容器内部的目录 /backup 做映射，注意 /var/

lib/docker/volumes/test 目录下有之前备份的 backup.tar，所以这里一定要映射这个目录，这样这个临时容器的 /backup 目录里才有 backup.tar。

4）容器里直接解压 /backup 下的 backup.tar，并且把数据解压指定到容器里的 /data 目录下。注意，这个 /data 目录也是 docker_recover 容器里的数据卷。我们把文件解压到 /data，那么 docker_recover 自然也有了要恢复的数据。

本节讲解了容器数据卷，它在一些需要持久化的容器服务里经常用到。这里我们着重了解数据卷的共享、备份和恢复操作。备份和恢复操作有点难度，大家最好动手实际操作一下，便于理解。

1.9　网络基本配置

1.8 节介绍了 Docker 的存储配置，本节我们一起学习 Docker 的网络配置。通过本节的学习，我们就能知道容器如何连接互通了。

传统 IT 领域里的系统工程师和网络工程师各司其职，关联不多，但是云时代把他们结合在了一起。有些人因为没有太多网络技术基础，学习云计算虚拟化技术就比较吃力，加上网络虚拟化技术本身更迭速度就快，这让学习者更加头疼了。Docker 作为轻量级的虚拟化技术，也离不开网络，特别是后期生产结合 Kubernetes 创建 PaaS 平台，不深入理解网络的话可能会遇到很多困难。

1.9.1　网络模型

1. Libnetwork 项目

为了能更好地支持网络的各种功能，在 Docker 1.7 版本发布后，Docker 官方创建了一个 Libnetwork 项目，通过这个项目统一容器的网络层标准。

2. CNM 模型

Libnetwork 项目是一个网络代码库，实现模型是 CNM（Container Network Model）。CNM 提供了用于开发的多种网络驱动，其架构如图 1-56 所示。

从图 1-56 中可以看出，Libnetwork 作为一个网络代码库，向上对 Docker Daemon 守护进程提供了 API 接口，向下也提供了各种网络模式类型的接口和驱动，而这些具体的实现都是通过 CNM 完成的。

3. CNM 的组成

CNM 主要由 3 部分组成：沙盒（Sandbox）、接入端点（Endpoint）和网络（Network）。

（1）沙盒

沙盒可以有多个接入端点和网络。一个沙盒可以代表一个容器，里面包含了容器网络栈的所有信息，底层的技术实现就是 Linux 的 Network Namespace。

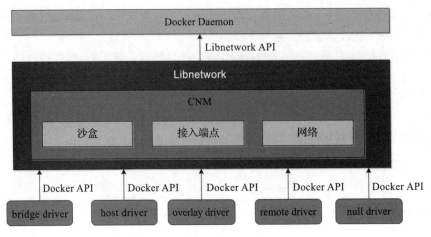

图 1-56　CNM 架构

（2）接入端点

一个接入端点可以对接一个沙盒和一个网络，通过 veth pair、ovs 内部端口实现。一个接入端点只能存在于一个沙盒中，不能同时存在于多个沙盒中，其实就像交换机的接口，不能同时存在两个不同的交换机里。所以，我们给不同沙盒添加不同的接入端点，让沙盒接入不同的网络。

（3）网络

网络由一组互相连通的接入端点组成，技术实现可以是 Linux bridge、vlan、vxlan 等，一个网络可以包含多个接入端点。

CNM 的组成及实现如图 1-57 所示。

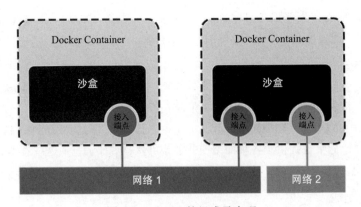

图 1-57　CNM 的组成及实现

4. CNM 的具体实现流程

首先，在网络控制器里注册 CNM 驱动，控制器根据类型创建网络；然后，网络控制器在创建好的网络上创建接入端点；最后，把容器连接到接入端点。如果是删除或销毁网络，以上步骤顺序反过来执行即可：首先把容器从接入端点拔出，然后删除接入端点，最后删除网络。

CNM 的出现让容器的网络使用更加简单，我们不需要关心底层的具体实现。第三方网络插件要接入容器里，只需要提供网络和接入端点就能连通容器。有了 CNM，容器本身和网络就解耦了，灵活性大大增强。

1.9.2　Docker 原生的网络驱动

下面我们认识一下目前 Docker Libnetwork 原生的几种网络驱动模式。

1. 网桥模式（bridge）

这是 Docker 默认的网络驱动模式。安装好 Docker 后，我们会发现自动创建了一个名为 docker0 的网桥，创建好的容器会默认使用这个网桥。单机环境可以直接使用网桥模式，如果容器要与外界通信，就要用到 NAT 转发。

2. 主机模式（host）

该模式下容器与主机共享同一网络命名空间，里面的网络协议栈、路由表、iptables 规则、网卡、IP、端口等都是共享的，容器跟宿主机在同一网络视图下。这个模式很好地解决了容器与外界通信地址转换的问题，可以直接使用宿主机的 IP 进行通信，这里的网络流量和压力都是经过宿主机的网卡，性能会比较高。不过这种模式有一定风险，因为容器跟宿主机共享一套网络机制，没有隔离，可能会引起网络资源与宿主机的竞争和冲突。规模小的场景可以使用这种模式。

3. overlay 模式

这是 Docker 提供的跨主机多子网的原生网络驱动方案，实现机制是 vxlan 和 Linux bridge，不过使用这种模式需要安装 etcd、consul、zookeeper 这样的键值，对数据存储系统提供信息同步支持。有了这个模式，Docker 容器就能实现跨主机多子网互联了。

4. macvlan 模式

macvlan 模式和 overlay 模式一样，也是跨主机互联的网络驱动方案。macvlan 本身是 Linux 内核模块，原理是在宿主机物理网卡上虚拟创建出多个子网卡（同一物理网卡上配置多个 MAC 地址，即多个接口），通过不同的 MAC 地址在数据链路层（Data Link Layer）进行网络数据转发，它是比较新的网络虚拟化技术，需要较新的内核支持（3.9～3.19 和 4.0 以上）。

macvlan 模式最大的优点是性能极好，macvlan 模式不需要创建 Linux bridge，而是直接通过以太接口连接到物理网络。另外，macvlan 模式还支持 802.1q trunk 等更为复杂的网络拓扑结构。这里也要注意两点：第一，macvlan 模式会独占主机的网卡，也就是说一个网卡只能创建一个 macvlan 网络，否则会报错；第二，同一个 macvlan 模式下的网络能通信，不同的 macvlan 网络之间不能通信。

总之，macvlan 模式的连通性和隔离性完全依赖 vlan、IP、subnet 和路由，Docker 本身不做任何限制，用户可以像管理传统 vlan 网络那样管理 macvlan 网络。

5. none 模式

这是 Docker 提供的最简单的网络驱动模式。容器内的网络配置是空的，容器单独享用一个 Network 命名空间，因此是一个封闭的网络环境。容器启动后无任何网络连接，我们看到的是一个环回接口（loopback）。如果想让容器与外界互联，需要手动给容器配置网络接口、IP 和路由。该模式灵活性最强。

以上 5 种网络驱动模式都是 Docker 原生的，如果都不能满足你的要求，那么可以接入第三方的驱动模式，比如 flannel、pipework、Weave 和 Calico 等，Docker 是支持的。

1.9.3 Docker 网络操作的基本命令

下面介绍几个比较基础的 Docker 网络操作命令。

```
$ docker network ls List networks                                       # 查看容器网络列表
$ docker network create Create a network                                # 创建网桥模型网络
$ docker network connect Connect a container to a network               # 让容器连接到指定网络
$ docker network disconnect Disconnect a container from a network       # 让容器从某个网络中断开
$ docker network inspect Display detailed information on one or more networks
                                                                        # 查看网络的详细信息
$ docker network prune Remove all unused networks                       # 一键清理无用的网络列表
$ docker network rm Remove one or more networks                         # 删除网络
```

1. 查看网络列表命令

我们直接执行 docker network ls 命令即可查看网络列表，如图 1-58 所示。

```
[root@docker ~]# docker network ls
NETWORK ID          NAME                DRIVER              SCOPE
3d8ae2a7e33a        bridge              bridge              local
84c6c7b47993        host                host                local
9ce48c157306        none                null                local
```

图 1-58　查看 Docker 网络

2. 创建网桥模型网络

执行 docker network create network-name 命令可以创建一个新的网桥模型网络，如图 1-59 所示。

```
[root@docker ~]# docker network create test-network
842a5a8ed4a085becfe9532c551b708d68297585aa99e7f7620a5be6a6294763
[root@docker ~]# docker network ls
NETWORK ID          NAME                DRIVER              SCOPE
3d8ae2a7e33a        bridge              bridge              local
84c6c7b47993        host                host                local
9ce48c157306        none                null                local
842a5a8ed4a0        test-network        bridge              local
```

图 1-59　创建网桥模型网络

执行 ifconfig 命令可以查看网桥，如图 1-60 所示，图中 br-842a5a8ed4a0 就是新建的网桥，IP 是 172.18.0.1。

```
[root@docker ~]# ifconfig
br-842a5a8ed4a0: flags=4099<UP,BROADCAST,MULTICAST>  mtu 1500
        inet 172.18.0.1  netmask 255.255.0.0  broadcast 172.18.255.255
        ether 02:42:9a:47:4d:67  txqueuelen 0  (Ethernet)
        RX packets 327029  bytes 19655889 (18.7 MiB)
        RX errors 0  dropped 0  overruns 0  frame 0
        TX packets 630  bytes 100117 (97.7 KiB)
        TX errors 0  dropped 0 overruns 0  carrier 0  collisions 0

docker0: flags=4099<UP,BROADCAST,MULTICAST>  mtu 1500
        inet 172.17.0.1  netmask 255.255.0.0  broadcast 172.17.255.255
        ether 02:42:37:64:0f:30  txqueuelen 0  (Ethernet)
        RX packets 0  bytes 0 (0.0 B)
        RX errors 0  dropped 0  overruns 0  frame 0
        TX packets 0  bytes 0 (0.0 B)
        TX errors 0  dropped 0 overruns 0  carrier 0  collisions 0
```

图 1-60　查看网桥

如果想创建一个其他类型的网络，比如 overlay，命令前加 -d 参数及类型即可。

```
$ docker network create -d overlay test-overlay-network
```

不过创建 overlay 类型的网络时要先准备好，比如搭建 etcd kv 的存储。

3. 让容器连接到指定网络

前面创建好了网络，怎么让容器连接到这个网络呢？这里就要用到 docker network connect 命令了。我们通过一个实验来讲解这个命令。

先创建两个容器 docker1 和 docker2。

```
$ docker run -itd --name=docker1 busybox
$ docker run -itd --name=docker2 busybox
```

命令运行后的返回结果如图 1-61 所示。

```
[root@docker ~]# docker ps
CONTAINER ID        IMAGE               COMMAND             CREATED             STATUS              PORTS               NAMES
7701281e6ae1        busybox             "sh"                13 seconds ago      Up 12 seconds                           docker2
38e9cc5deae7        busybox             "sh"                16 seconds ago      Up 14 seconds                           docker1
```

图 1-61　查看创建的容器

创建一个名为 mynet 的网络，网段是 172.19.0.0/16。

```
$ docker network create -d bridge --subnet 172.19.0.0/16 mynet
```

命令运行后的返回结果如图 1-62 所示。

```
[root@docker ~]# docker network create -d bridge --subnet 172.19.0.0/16 mynet
2107f5802215b4dcb5d79095a48aeaa0e7217f8f9cebdbd23b1771deb1215121
[root@docker ~]# docker network ls
NETWORK ID          NAME                DRIVER              SCOPE
3d8ae2a7e33a        bridge              bridge              local
84c6c7b47993        host                host                local
2107f5802215        mynet               bridge              local
9ce48c157306        none                null                local
842a5a8ed4a0        test-network        bridge              local
```

图 1-62　创建并查看网络 mynet

将容器 docker2 连接到网络 mynet。

```
$ docker network connect mynet docker2
```

命令运行后的返回结果如图 1-63 所示。

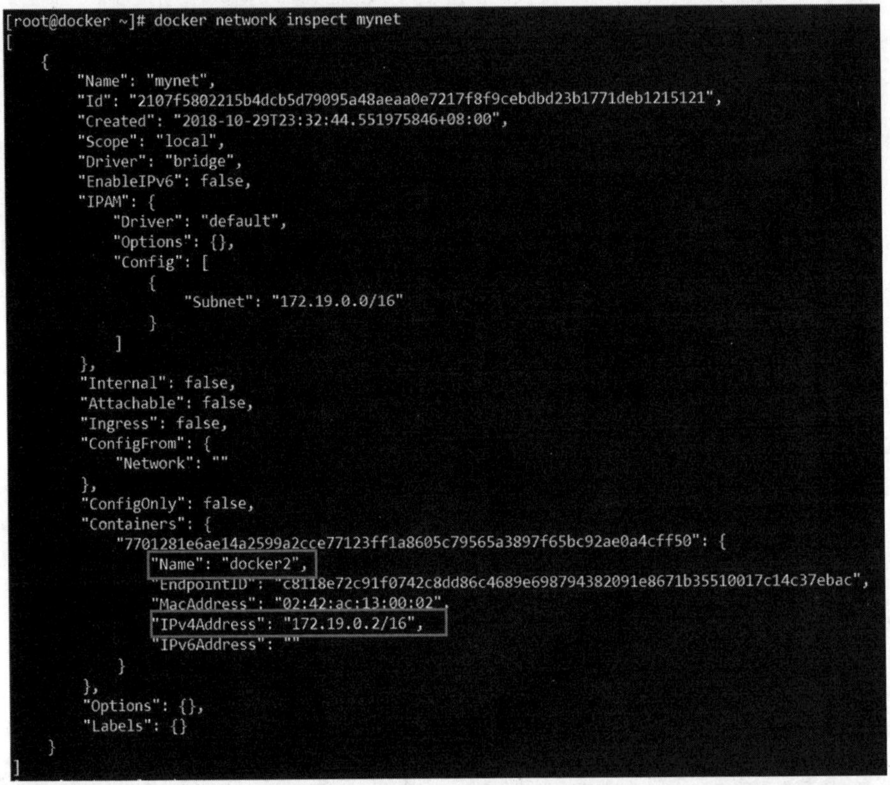

```
[root@docker ~]# docker network inspect mynet
[
    {
        "Name": "mynet",
        "Id": "2107f5802215b4dcb5d79095a48aeaa0e7217f8f9cebdbd23b1771deb1215121",
        "Created": "2018-10-29T23:32:44.551975846+08:00",
        "Scope": "local",
        "Driver": "bridge",
        "EnableIPv6": false,
        "IPAM": {
            "Driver": "default",
            "Options": {},
            "Config": [
                {
                    "Subnet": "172.19.0.0/16"
                }
            ]
        },
        "Internal": false,
        "Attachable": false,
        "Ingress": false,
        "ConfigFrom": {
            "Network": ""
        },
        "ConfigOnly": false,
        "Containers": {
            "7701281e6ae14a2599a2cce77123ff1a8605c79565a3897f65bc92ae0a4cff50": {
                "Name": "docker2",
                "EndpointID": "c8118e72c91f0742c8dd86c4689e698794382091e8671b35510017c14c37ebac",
                "MacAddress": "02:42:ac:13:00:02",
                "IPv4Address": "172.19.0.2/16",
                "IPv6Address": ""
            }
        },
        "Options": {},
        "Labels": {}
    }
]
```

图 1-63　docker2 连接到 mynet 网络

我们用 docker network inspect mynet 命令查看 mynet 网络，可以看到 docker2 在这个 mynet 网络下面了，IP 是 172.19.0.2。

创建最后一个容器 docker3，连接的网络也是 mynet。

```
$ docker run --net=mynet --ip=172.19.0.3 -itd --name=docker3 busybox
```

我们发现 docker3 的 IP 也在 mynet 里面了，并且 docker2 和 docker3 能相互通信，具体查看 mynet 详细信息，如图 1-64 所示。

4. 让容器从某个网络中断开

执行 docker network disconnect 命令可以让容器从某个网络断开。

接着上面的实验环境，我们把 docker3 从 mynet 断开试试，只需要运行如下命令。

```
$ docker network disconnect mynet docker3
```

```
    Network :
},
"ConfigOnly": false,
"Containers": {
    "6ac6f2c731469c59f96b511b9d5fbbade5a68074679c0d198aef7543f7d1d54b": {
        "Name": "docker3"
        "EndpointID": "8c7ef758e9c8db18c201c03be42d2c8f7e03df36d4fb055350e8164f3ed6f271",
        "MacAddress": "02:42:ac:13:00:03",
        "IPv4Address": "172.19.0.3/16",
        "IPv6Address": ""
    },
    "7701281e6ae14a2599a2cce77123ff1a8605c79565a3897f65bc92ae0a4cff50": {
        "Name": "docker2",
        "EndpointID": "c8118e72c91f0742c8dd86c4689e698794382091e8671b35510017c14c37ebac",
        "MacAddress": "02:42:ac:13:00:02",
        "IPv4Address": "172.19.0.2/16",
        "IPv6Address": ""
```

图 1-64　docker3 在 mynet 网络中的信息

命令运行后的返回结果如图 1-65 所示。

```
[root@docker ~]# docker network disconnect mynet docker3
[root@docker ~]# docker network inspect mynet
[
    {
        "Name": "mynet",
        "Id": "2107f5802215b4dcb5d79095a48aeaa0e7217f8f9cebdbd23b1771deb1215121",
        "Created": "2018-10-29T23:32:44.551975846+08:00",
        "Scope": "local",
        "Driver": "bridge",
        "EnableIPv6": false,
        "IPAM": {
            "Driver": "default",
            "Options": {},
            "Config": [
                {
                    "Subnet": "172.19.0.0/16"
                }
            ]
        },
        "Internal": false,
        "Attachable": false,
        "Ingress": false,
        "ConfigFrom": {
            "Network": ""
        },
        "ConfigOnly": false,
        "Containers": {
            "7701281e6ae14a2599a2cce77123ff1a8605c79565a3897f65bc92ae0a4cff50": {
                "Name": "docker2",
                "EndpointID": "c8118e72c91f0742c8dd86c4689e698794382091e8671b35510017c14c37ebac",
                "MacAddress": "02:42:ac:13:00:02",
                "IPv4Address": "172.19.0.2/16",
                "IPv6Address": ""
            }
        },
        "Options": {},
        "Labels": {}
    }
]
```

图 1-65　docker3 从 mynet 网络中断开

我们发现 mynet 里面已经没有 docker3 了，只剩下 docker2。

5. 查看网络的详细信息

通过 docker network inspect + 网络名即可查看网络的详细信息，比如查看 mynet 的详细信息，如图 1-66 所示。

```
[root@docker ~]# docker network inspect mynet
[
    {
        "Name": "mynet",
        "Id": "2107f5802215b4dcb5d79095a48aeaa0e7217f8f9cebdbd23b1771deb1215121",
        "Created": "2018-10-29T23:32:44.551975846+08:00",
        "Scope": "local",
        "Driver": "bridge",
        "EnableIPv6": false,
        "IPAM": {
            "Driver": "default",
            "Options": {},
            "Config": [
                {
                    "Subnet": "172.19.0.0/16"
                }
            ]
        },
        "Internal": false,
        "Attachable": false,
        "Ingress": false,
        "ConfigFrom": {
            "Network": ""
        },
        "ConfigOnly": false,
        "Containers": {
            "7701281e6ae14a2599a2cce77123ff1a8605c79565a3897f65bc92ae0a4cff50": {
                "Name": "docker2",
                "EndpointID": "c8118e72c91f0742c8dd86c4689e698794382091e8671b35510017c14c37ebac",
                "MacAddress": "02:42:ac:13:00:02",
                "IPv4Address": "172.19.0.2/16",
                "IPv6Address": ""
            }
        },
        "Options": {},
        "Labels": {}
    }
]
```

图 1-66　查看 mynet 网络详细信息

6. 一键清理无用的网络列表

这里我们先用 docker network create 命令创建 3 个网络——test1、test2 和 test3，这 3 个网络都不挂载任何容器实例，如图 1-67 所示。

```
[root@docker ~]# docker network create test1
ff3e2a09963562dc12f529b6d1298f16c218eac4d7abc8ab7655821685327b80
[root@docker ~]# docker network create test2
684b2be1a73e14d5f2a68e8a9e18a47136b599d6a1342ab77ef8f2b6c8a78116
[root@docker ~]# docker network create test3
067568cf1a9b1e0e0f90c4a052f1dc5b35d034d810bc2c6453409e18d24b6cca
[root@docker ~]# docker network ls
NETWORK ID      NAME            DRIVER      SCOPE
3d8ae2a7e33a    bridge          bridge      local
84c6c7b47993    host            host        local
2107f5802215    mynet           bridge      local
9ce48c157306    none            null        local
842a5a8ed4a0    test-network    bridge      local
ff3e2a099635    test1           bridge      local
684b2be1a73e    test2           bridge      local
067568cf1a9b    test3           bridge      local
```

图 1-67　创建 test1、test2、test3 网络

接着我们使用 docker network prune 命令一键清理这 3 个网络，看看是否能全部清除。

执行命令时发现有一个提示，问我们是否清除空闲的所有网络。我们输入 y，然后就清理了这 3 个网络。该步骤如图 1-68 所示。

```
[root@docker ~]# docker network prune
WARNING! This will remove all networks not used by at least one container.
Are you sure you want to continue? [y/N] y
Deleted Networks:
test1
test2
test3
test-network
```

图 1-68　清除空闲的网络

我们再执行 docker network ls 命令，发现 test1、test2、test3 以及之前创建的 test-network 都被清理了，如图 1-69 所示。

```
[root@docker ~]# docker network ls
NETWORK ID       NAME        DRIVER       SCOPE
3d8ae2a7e33a     bridge      bridge       local
84c6c7b47993     host        host         local
2107f5802215     mynet       bridge       local
9ce48c157306     none        null         local
```

图 1-69　查看网络信息

7. 删除网络

如果只想删除某个网络，执行 docker network rm + 网络名即可。

建议删除之前确认一下这个网络是否有容器正在使用，如果有，可以先切断网络连接，然后再删除。

以上就是 Docker 网络的基本介绍，都是一些比较基础的概念，很容易掌握。容器网络离不开虚拟化网络技术，大家可以从容器网络启动过程、访问控制、flannel、Weave、OVS 等方向再深入研究。了解清楚 Docker 相关概念，再学习 Kubernetes 网络，这样以后进行网络生产实践就会顺利许多。

1.10　Docker API 的基本介绍和使用方式

在 IT 自动化盛行的今天，要想让运维工作更加高效，必须了解 API，为我们后续做二次开发和封装打下基础。

1.10.1　什么是 API

1. API 是什么

API 这个词在维基百科中的解释是这样的：应用程序接口（Application Programming Interface），

又称为应用编程接口，是衔接软件系统不同组成部分的约定。看完这个解释可能还是有点迷惑，没关系，下面我们通过一个例子来介绍什么是 API。

手机没电了，我们需要找充电器来充电，但是我们肯定不会用安卓的充电器去为苹果手机充电，因为苹果手机是 Lightning 接口，安卓手机是 micro 接口。这就是对接口最直接的解释。

程序的接口也是如此。每个程序都有固定的接口标准，这个接口由程序的开发者定义，想要连接它们，就要遵循它们的接口标准。

2. REST 是什么

学习 API 时我们经常会看到一个词 REST（Representational State Transfer），这个词是 Apache 基金会主席 Roy Fielding 博士提出来的，可译为"表现层状态转化"。我们从下面几个方面来具体了解它。

（1）表现层

这里的表现层指的是资源的表现层。所谓资源，就是网络上的信息，一个文本、一部电影、一个服务都可以算作一个资源。这些资源用 URI 来确定和表现，比如我们下载一部电影，肯定有对应的 URI 地址；我们看一部网络小说，也有对应的 URI 地址。这个 URI 地址是唯一的，是独一无二的。资源通过 URI 标识，我们可以理解为这个资源已经"表现"在网络上了。所以说回这里，表现层的意思就是把资源具体呈现出来的形式。

（2）状态转化

要改变一个物体的状态，肯定需要经过一些操作和手段。网络上的资源也是如此，我们从网络下载一部电影资源，下载和获取操作都需要遵循 HTTP 协议，HTTP 协议包括 4 个基本的操作方式：获取（GET）、新建（POST）、更新（PUT）和删除（DELETE）。通过这 4 种操作可以对网络上的资源进行状态转化。

1.10.2 Docker API 的种类

Docker API 也遵循 REST 风格，我们了解了表现层和状态转化后，就可以开始学习 Docker API 的相关知识了。

首先，我们把 Docker 当作一种资源，通过 API 可以对 Docker 进行操作，操作的方法同 HTTP 协议。

其次，我们要了解 Docker 有哪些对外可使用的 API，这里 Docker 官方主要有三大对外 API。

1. Docker Registry API

这是 Docker 镜像仓库的 API，通过操作这套 API，可以自由地管理镜像仓库。

2. Docker Hub API

Docker Hub API 是用户管理操作的 API，Docker Hub 使用校验和公共命名空间的方式来存储账户信息、认证账户和账户授权。API 同时也允许操作相关的用户仓库和 library 仓库。

3. Docker Remote API

这套 API 用于控制主机 Docker 服务端的 API，等价于 Docker 命令行客户端。有了它，我们就能远程操作 Docker 容器，更重要的是我们可以通过程序自动化运维 Docker 进程。

1.10.3　API 使用前的准备

前面我们说过，操作 REST API 用的就是 HTTP 的 4 种方法。那么具体怎么使用这些方法呢？这里我们提供几种通用的操作方式来调用 Docker API。在体验之前，我们需要开启 Docker REST API，开启方法如下所示。

```
$ vim /usr/lib/systemd/system/docker.service
-H tcp://0.0.0.0:8088 -H unix:///var/run/docker.sock
    # 在ExecStart=/usr/bin/dockerd后面直接添加，注意端口8088是自定义的，不和当前的冲突即可
```

接着重启 Docker 服务。

```
$ systemctl daemon-reload
$ systemctl restart docker
```

重启完成后，我们运行 curl 127.0.0.1:8088/info | python -mjson.tool 命令即可查看 Docker 的状态。（数据会以 json 的格式展现，借用 python -mjson.tool 这个工具可以让 json 格式化，便于阅读。）

启用 Docker API 后，在哪里查询 Docker 现有的 API 以及详细的 API 地址呢？有查询镜像的 API 吗？有删除镜像的 API 吗？

我们可以通过 API 官方手册查看 API（https://docs.docker.com/engine/api/v1.38/），把最后的 v1.38 替换成目标版本号即可。

这里要注意的是，官方不建议使用 API v1.12 之前的版本，建议使用 v1.24 或更高版本的 API。

执行 docker version 命令可以查看本地 Docker API 版本，如图 1-70 所示。

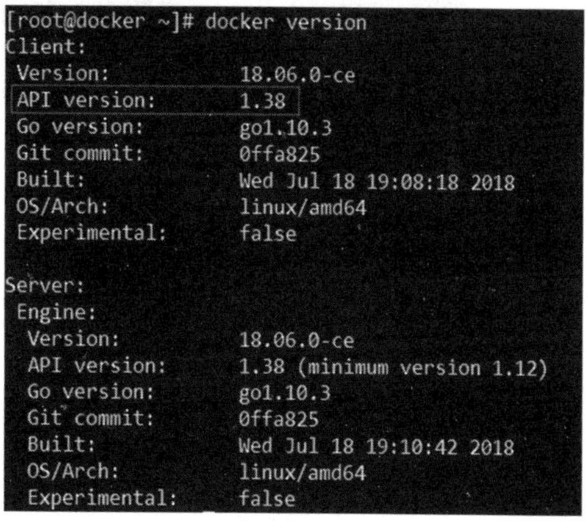

图 1-70　查看本地 Docker API 版本

1.10.4　操作 Docker API

1. curl 方式

curl 命令是最简单的操作 Docker API 的方式。

```
$ curl -X GET http://127.0.0.1:8088/images/json
```

直接运行如上命令的返回结果比较乱，我们可以在命令后面加 python -mjson.tool 进行格式化。

```
$ curl -X GET http://127.0.0.1:8088/images/json | python -mjson.tool
```

这样返回的结果格式就比较标准了，也便于阅读，如图 1-71 所示。

```
[root@docker ~]# curl http://127.0.0.1:8088/images/json | python -mjson.tool
  % Total    % Received % Xferd  Average Speed   Time    Time     Time  Current
                                 Dload  Upload   Total   Spent    Left  Speed
100   656  100   656    0     0   425k      0 --:--:-- --:--:-- --:--:--  640k
[
    {
        "Containers": -1,
        "Created": 1542330745,
        "Id": "sha256:f991c20cb5087fdd01fa7a2181f0a123a54d697681cf3723370bf50566d2e7cf",
        "Labels": null,
        "ParentId": "",
        "RepoDigests": [
            "mysql@sha256:b7f7479f0a2e7a3f4ce008329572f3497075dc000d8b89bac3134b0fb0288de8"
        ],
        "RepoTags": [
            "mysql:latest"
        ],
        "SharedSize": -1,
        "Size": 485505863,
        "VirtualSize": 485505863
    },
    {
        "Containers": -1,
        "Created": 1538500774,
        "Id": "sha256:59788edf1f3e78cd0ebe6ce1446e9d10788225db3dedcfd1a59f764bad2b2690",
        "Labels": null,
        "ParentId": "",
        "RepoDigests": [
            "busybox@sha256:2a03a6059f21e150ae84b0973863609494aad70f0a80eaeb64bddd8d92465812"
        ],
        "RepoTags": [
            "busybox:latest"
        ],
        "SharedSize": -1,
        "Size": 1154353,
        "VirtualSize": 1154353
    }
]
```

图 1-71　curl 请求 Docker API

查看所有容器的命令如下所示。

```
$ curl -X GET http://127.0.0.1:8088/containers/json | python -mjson.tool
```

这里创建一个 MariaDB 数据库的容器，密码设置为 123456，监听端口为 3306。

```
$ curl -X POST -H "Content-Type: application/json" -d '{
    "Image": "mariadb",
    "Env": ["MYSQL_ROOT_PASSWORD=123456"],
    "ExposedPorts": {
        "3306/tcp": {}
    },
    "HostConfig": {
        "PortBindings": {
            "3306/tcp": [{"HostIp": "","HostPort": "3306"}]
        }
    },
    "NetworkSettings": {
        "Ports": {
            "5000/tcp": [{"HostIp": "0.0.0.0","HostPort": "3306"}]
        }
    }
}' http://127.0.0.1:8088/containers/create
```

启动 / 停止 / 重启一个容器的命令如下所示。(注意这里是 POST 方法。)

```
$ curl -X POST http://127.0.0.1:8088/containers/{id}/start
$ curl -X POST http://127.0.0.1:8088/containers/{id}/stop
$ curl -X POST http://127.0.0.1:8088/containers/{id}/restart
```

2. Python 程序脚本方式

Python 语言非常强大，现在很多自动化场景都是通过 Python 加载第三方库，并用 Python 编写业务逻辑实现自动化运维的。Docker 给 Python 也提供了一个非常强大的库，名字就叫作 Docker。我们可以登录官方的 Python SDK 地址学习 Python 如何具体操作 Docker：https://docker-py. readthedocs. io/en/stable/。

首先安装 Docker Python 库。

```
$ pip install docker
```

开始使用 Docker Python 库，代码如下。

```
import docker
client = docker.dockerClient(base_url='unix://var/run/docker.sock', version="auto")
client.containers.run("ubuntu", "echo hello world")
```

这是一个很简单的使用例子，分析如下。

1）第一行代码表示引入第三方库 Docker。

2）第二行代码配置 Docker 服务端的基本信息，包含了 base_url（Docker 服务端的地址）以及版本（version，auto 可以自动检查 Docker 的版本）。

3）第三行代码相当于执行 docker run ubuntu echo hello world 命令。

更复杂一点儿的例子如下。

```
import docker
client = docker.dockerClient(base_url="tcp://ip:port")
client.images.list()                    # 类似docker images命令，显示镜像的信息列表
client.containers.list()                 # 类似docker ps命令
client.containers.list(all=True)         # 类似docker ps -a命令
container = client.containers.get(container_id)
                                         # 获取daodocker容器，这里container_id需要输入具体容器id
container.start()                        # 类似docker start命令，传入具体的容器id，开启容器
```

本节我们介绍了 Docker API 的入门知识，要想完全掌握 Docker API 的使用，还需要具备一些编程知识。现在很多企业都已经步入自动化运维甚至智能运维时代，所以掌握 API 的运用技巧和法则是非常有必要的。

第 2 章

Kubernetes 基础

容器技术火了之后，人们一直想找一个平台来有效管理它。在 Docker 火爆两年后，Google 看到了容器技术的前景，把自己的内部容器技术开源了，并且取名为 Kubernetes。Kubernetes 很好地解决了容器的管理调度问题。IT 行业是按照"标准化→虚拟化→容器化→微服务化→云原生化"这条路线发展的，如今云原生时代，我们很依赖 Kubernetes 这样的平台。本章将从基础概念讲起，全方位介绍 Kubernetes 的搭建、网络、存储、安全等知识。

2.1 什么是容器云

在第 1 章我们学习了 Docker 的一些知识，从本章开始，我们将一起学习 Kubernetes 的系列知识。Kubernetes 的出现让 Docker 实例得以规范地管理和调度，让容器云的实现迈出了重要的一步。

2.1.1 当前云计算的发展

关于当前云计算的发展，网上有很多文章做了足够详细的阐述。我列出了 3 篇较新、较全的文章，大家可以看看。阅读完之后，我想你对当前云计算的发展历史和态势都会有很清晰的认识："2018 云计算行业现状及 2020 年云计算发展趋势"（https://www.sohu.com/a/270709930_100299669）、"2018 年中国云计算行业发展现状分析及未来发展趋势预测"（https://www.chyxx.com/industry/201803/619747.html）和"2018 年全球云计算行业现状与发展前景分析"（https://www.qianzhan.com/analyst/detail/220/180420-3395a414.html）。

从云计算的发展历程来看，国内和国外有一点不同。云计算的概念在 2000 年起源于美国，2007 年被引入国内。国外的云计算基本是由企业牵头来做推广普及的，我国引入云计算概念后，基本是从政府、政策两大方面来驱动的。2017 年的政府工作报告中，也提出了把发展智能制造作为主攻方向，推动"中国制造 2025"战略落地，云计算是其中最基础最重要的核心技术之一。

从技术层面来看，云计算基本是按照"虚拟化、网络化、分布式技术成熟稳定→IaaS 成熟稳定→PaaS 成熟稳定→SaaS 成熟稳定"这条路线发展的。每个阶段都有业界开源或者非开源的技术为代表，比如最开始的虚拟化阶段，典型的代表是 Xen、vSphere、KVM 等技术，IaaS 层是 OpenStack，PaaS 层是 Kubernetes，SaaS 层开源界还没有典型的代表。

随着未来物联网、5G、IPv6 的全面实行，量子计算等技术的全面发展和普及，云计算将是最底层的核心支撑技术。而这些技术的发展，必然也会带动和升级云计算。对于个人来说，这是一门值得 IT 从业者关注和学习的技术。

2.1.2　什么是 IaaS、PaaS 和 SaaS

上文我们提到了 IaaS、PaaS 和 SaaS 这几个词，只要你关注过云计算，对这几个词就不会陌生。那么什么是 IaaS、PaaS 和 SaaS 呢？

我们知道 TCP/IP 有 7 层协议，协议的出现和规定就是为了统一标准，这样无论是开发者、使用者还是网络设备厂商，都能按照公认的协议来学习和生产。

云计算虽然没有类似 TCP/IP 这样的协议，但是公认把云计算分为 3 个层级，这 3 个层级就是 IaaS、PaaS 和 SaaS。下面结合维基百科的定义对这 3 个层级进行讲解。

1. 基础架构即服务（IaaS）

提供在线的高级 API 服务，底层基础架构细节都不会向上体现，比如服务器位置，网络布线，数据分区、扩展、备份、安全性等。底层的计算、网络、存储等资源都将通过虚拟化技术实现整体管理和配置，这些虚拟化技术有 Xen、KVM、VMware ESX/ ESXi、Hyper-V、Ceph、SDN 等。

IaaS 是将传统的计算、网络、存储资源全部虚拟化，之前用户需要直接管理服务器、交换机、存储，虚拟化之后用户只需要在电脑上操作虚拟化管理平台，管理这些硬件虚拟出来的 VM、虚拟交换机、路由器和存储池。

2. 平台即服务或应用程序平台即服务（PaaS）

这是云计算服务的一种，它提供了一个平台，允许用户在这个平台上开发、运行和管理应用程序，无须考虑应用程序的构建和维护工作。

PaaS 是建立在完善的 IaaS 之上的，用户只关心如何使用平台给予的资源，完全不用考虑这些资源的创建和维护。

3. 软件即服务（SaaS）

这是一种软件交付模式，在这种交付模式下，云端集中式托管软件及其相关的数据，用户无须安装，使用精简客户端通过一个网页浏览器便可使用软件。

　　传统的软件，无论是 BS 架构还是 CS 架构，SaaS 供应商都能够提供，比如腾讯的 Web QQ 也算是一种 SaaS 级服务。用户只需要使用 SaaS 提供的成熟级的软件应用，数据存储、软件维护、安全等其他一切事情都交给云厂商处理和负责。

　　上面是关于 IaaS、PaaS 和 SaaS 概念的讲解，下面我们通过图 2-1 来进一步加深理解。

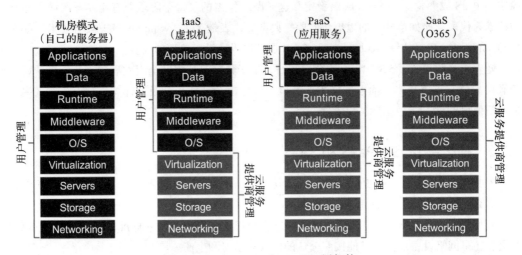

图 2-1　IaaS、PaaS 和 SaaS 三层架构

　　图中深色的部分代表 IT 人员需要关心的部分，浅色部分是云计算层级负责的部分（IaaS、PaaS、SaaS 分别包含的领域）。自下往上看，Networking 即网络、Storage 即存储、Servers 即服务器、Virtualization 即虚拟化、O/S（Operation System）即操作系统、Middleware 即中间件、Runtime 即运行时、Data 即数据、Applications 即应用。

　　从左至右的第一张图，是云计算出现之前 IT 建设需要负责的部分。下到机房选址、服务器上架、网络布线，上到系统安装、应用部署、数据维护，通通需要 IT 负责，这是一个原始的 IT 管理时代。

　　第二张图，随着虚拟化、云计算的出现，底层计算、网络、存储硬件层的工作全部"封装"交由云厂商负责（如果是自建私有云，此处可以理解为交给云管理平台完成封装）。

　　第三张图，随着 IaaS 层的稳定和完善，用户也不用费心虚拟机、中间件、运行时等工作的管理，这些也打包交给云厂商或者某云管理平台负责。

　　第四张图，云计算的终极形态，云厂商负责一切 IT 事物，用户能放心大胆地通过互联网随意调用想用的 IT 服务。

　　当然，如果你对上面的讲解还不明白，可以看看图 2-2，其中用"做包子"为例讲解了 IaaS、PaaS 和 SaaS。

　　假如有个创业者想开一家包子店，如果他用第一种方式，最底层的燃气管道、煤气灶、锅等都要自己准备；如果不想那么麻烦，可以试试第二种，只有面粉、捏包子的工作需要自己完成；如果还嫌麻烦，可以加入某品牌连锁店，大量购入做好的速冻包子（没那么新鲜）；最后一种，总店每天早上供应最新鲜的包子，创业者只管卖包子就好。

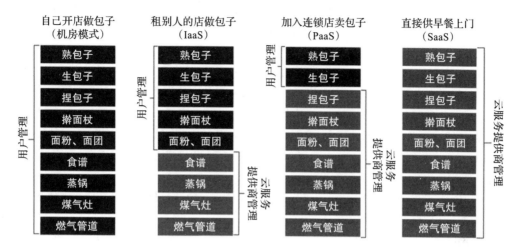

图 2-2 做包子模型（IaaS、PaaS、SaaS）

2.1.3 容器云介绍

上面的长篇大论是为了引出本章的正题——Kubernetes，它是 PaaS 层级的典型代表。我们先来了解相关知识背景，以便更好地理解和使用这项技术。

1. 容器技术为什么会火

自 2007 年国内引进云计算概念至今，在这 13 年中，兴起众多云厂商。而前面 6 年都是在做 IaaS 层的建设，概念宣传、私有云落地、企业上公有云，每一年都突飞猛进。6 年过去了，IaaS 建设还在不断完善，与此同时 PaaS 层技术概念逐渐兴起。2010 年国外 Cloud Foundry、Coreos 和 Docker 容器技术纷纷落地，给云计算指明了一个新方向。随后两三年，国内开始引进这些技术，IT 从业者也在不断学习，寻找比 IaaS 更完美的云计算管理方案。

2016 年开始，Docker、Kubernetes 等技术越来越火。之前 IaaS 层的建设大部分都是运维人员参与，开发人员只负责写代码，并不参与底层运维管理。随着容器技术的出现，开发人员和运维人员很自然地走到了一起，有了融合。这也是 Docker 和 Kubernetes 受欢迎的原因之一，支撑 PaaS 层级的人员比支撑 IaaS 的至少增加了一倍（甚至更多）。

2. 容器云时代是否来临

我们可以把容器云理解为云上的容器技术服务，这个概念的终极体现就是 PaaS 层的云交付模式。前面谈到，Docker、Kubernetes 的应用推动着云计算 PaaS 层的完善和普及。站在云厂商的角度，前几年客户不断来上云、用云，其实就是在体验 IaaS。随着技术的革新，自然会考虑云厂商的 PaaS、SaaS 层级产品。所以，如果问容器云时代是否来临，答案是在 2017 年已经到来。

3. 容器云是否会取代传统云

互联网技术人员大多都会关注 Gartner 公司发布的数据。这是一家做信息技术研究和分析的公司，他们发布的 IT 技术信息报告和数据分析都非常权威可信。所以，参考 Gartner 提供的相关分析报告，可以了解一项热门技术的发展趋势。

Gartner 公司已列出了 2019 年及以后平台即服务（PaaS）技术和平台架构的四大趋势。其中前面两个趋势很明确地体现出 PaaS 市场的发展势头和重要程度，我们单独看看这两个趋势。

（1）第一个趋势：蓬勃发展的 PaaS 市场

截至 2019 年，PaaS 市场已包含 360 多家供应商，提供涉及 21 个类别的 550 多种云平台服务。Gartner 预计，到 2022 年，PaaS 市场规模将翻番，PaaS 将成为未来的主流平台交付模式。

（2）第二个趋势：云平台连续体

IaaS、PaaS 和 SaaS 服务共同构成了云平台连续体，在全部云服务当中寻找和确认基于平台的创新机会，这种模式将很快成为云战略的一部分[一]。

回到正题，传统云可以理解为单纯提供 IaaS 技术层面服务的云，所以使用 PaaS 肯定比 IaaS 方便。

通过本节的学习，我们对云计算的发展状态及 3 层架构有了更加深入的了解，同时对容器云平台也有了更加深刻的认识。如今 PaaS 平台已经很普及了，Kubernetes 已是 PaaS 技术的主流，接下来我们一起学习 Kubernetes。

2.2　什么是 Kubernetes

在 2.1 节我们了解了什么是容器云，那么我们用什么技术手段来实现容器云呢？简单来说，Docker + Kubernetes 就是当前最流行的实现容器云的组合方式。

2.2.1　Kubernetes 的基本介绍

维基百科对 Kubernetes 的解释是：Kubernetes（常简称为 K8s）是用于自动部署、扩展和管理容器化应用程序的开源系统。该系统由 Google 设计并捐赠给云原生基金会（Cloud Native Computing Foundation，简称 CNCF，现在隶属于 Linux 基金会）使用。

如果你之前了解过 OpenStack，应该知道可以用 OpenStack 管理虚拟机资源。那么管理容器是否有对应的开源平台呢？有的，就是 Kubernetes。当然，Kubernetes 火爆之前也出现过其他管理平台，比如 Docker 推出的 Swarm、Apache 推出的 Mesos。这和 OpenStack 推出的时候情况相似，当时与 OpenStack 竞争市场的有 CloudStack、OpenNebula、EasyStack 等。不过，最终还是 OpenStack 胜出了。Kubernetes 也是如此，虽然晚推出一步，但是在 Google 的支持下发展得很快。

㊀　参考链接：https://www.gartner.com/en/newsroom/press-releases/2019-04-29-gartner-identifies-key-trends-in-paas-and-platform-ar。

1. Kubernetes 的诞生历史

Kubernetes 的 Logo 是一个蓝色的船舵，如图 2-3 所示。希腊语 Kubernetes 的意思是"舵手"或"驾驶员"。

早在 2000 年左右，Google 内部就开始了容器技术的管理，当时算是 Google 内部的顶级技术和机密技术。随着近几年容器技术的飞速发展，Google 开源了沉淀十几年的技术，顺势成为容器编排领域的龙头。

Google 内部的这项容器技术名叫 Borg。未开源时，Kubernetes 的代号是 Seven，即《星际迷航》中的 Borg（博格人，该系列剧中最大的反派，通过"同化"来繁衍）。

选择 Kubernetes 这个名字的原因之一是船舵有 7 个轮辐，代表着这个项目最初的名称"Project Seven of Nine"。

图 2-3　Kubernetes 的 Logo

以下是 Kubernetes 各版本的发行时间。

- ❑ 2015 年 06 月 11 日，Kubernetes 1.0 发布
- ❑ 2015 年 09 月 26 日，Kubernetes 1.1 发布
- ❑ 2016 年 05 月 17 日，Kubernetes 1.2 发布
- ❑ 2016 年 06 月 02 日，Kubernetes 1.3 发布
- ❑ 2016 年 09 月 27 日，Kubernetes 1.4 发布
- ❑ 2016 年 11 月 13 日，Kubernetes 1.5 发布
- ❑ 2017 年 05 月 29 日，Kubernetes 1.6 发布
- ❑ 2017 年 06 月 29 日，Kubernetes 1.7 发布
- ❑ 2017 年 09 月 28 日，Kubernetes 1.8 发布
- ❑ 2017 年 12 月 15 日，Kubernetes 1.9 发布
- ❑ 2018 年 03 月 26 日，Kubernetes 1.10 发布
- ❑ 2018 年 06 月 27 日，Kubernetes 1.11 发布
- ❑ 2018 年 09 月 27 日，Kubernetes 1.12 发布
- ❑ 2018 年 12 月 03 日，Kubernetes 1.13 发布
- ❑ 2019 年 03 月 26 日，Kubernetes 1.14 发布
- ❑ 2019 年 06 月 20 日，Kubernetes 1.15 发布
- ❑ 2019 年 09 月 19 日，Kubernetes 1.16 发布
- ❑ 2019 年 11 月 10 日，Kubernetes 1.17 发布
- ❑ 2020 年 03 月 26 日，Kubernetes 1.18 发布
- ❑ 2020 年 08 月 27 日，Kubernetes 1.19 发布

我们可以看到最新的 Kubernetes 版本是 1.19，从 1.10 版开始，基本上是每三四个月更新一次。

2. Kubernetes 的生态发展

CNCF 于 2017 年宣布了首批 Kubernetes 认证服务提供商（KCSP），包含 IBM、华为、Mirantis、 inwinSTACK 等，如图 2-4 所示。

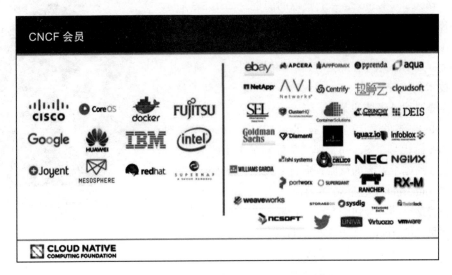

图 2-4　CNCF Kubernetes 认证服务提供商

这些都是国内外知名 IT 科技公司，以前对 Swarm 很依赖的公司后来也纷纷投向 Kubernetes，下面的技术新闻也说明了 Kubernetes 日益受欢迎。

1）化敌为友，Docker 宣布拥抱 Kubernetes。

2）Twitter 宣布抛弃 Mesos，全面转向 Kubernetes。

3）eBay 宣布拥抱容器，将全面整合 Kubernetes 和 OpenStack。

4）红帽与三大云巨头合作打造 Kubernetes Operators 中心。

5）Mirantis 推出基于 OpenStack 和 Kubernetes 的边缘计算平台。

如今 CNCF 每年都会举办云原生技术盛会（KubeCon + CloudNativeCon）。每年都吸引众多参与者，众多技术大佬和开发者都会在大会上分享最新的容器、区块链、AI、IoT 等技术动态。这个大会目前是分区域举办的，国内大会去年和今年都在上海举行。

2.2.2　Kubernetes 的技术架构

1. Kubernetes 的基本组成

Kubernetes 是分布式架构，由多个组件组成。我们还需要了解这些组件之间的关联，这一点非常重要。

（1）Pod

Pod 这个单词有"豆荚"之意，可以把它联想成一个微型的小空间。前面我们提到过 Kubernetes 是容器资源管理调度平台，它本身不会创建运行时容器（真正创建容器的是 Docker），只负责管理容器资源。那么管理容器资源，总要在最底层有个归纳收整容器的机制（把容器想象成豆子，Pod 就是包住它们的豆荚）。这个 Pod 就是 Kubernetes 里最小的管理单元，里面存放着一组有关联关系的容器，这组容器一起共用相同的网络和存储资源。

（2）node

node 就是节点的意思，因为 Kubernetes 是分布式架构，所以 Kubernetes 一样有主节点（master）和从节点（slave）。主节点可以理解为 Kubernetes 的核心大脑，里面运行着 API Server、Scheduler、Replication Controller 等关键服务。Kubernetes 的从节点一般叫作 work 节点，里面运行着一个或者多个 Pod、kubelet、kube-proxy。如果接触过 OpenStack，就更容易理解 Kubernetes 中 node 的角色了，在 OpenStack 里有控制节点和计算节点，控制节点对应主节点，计算节点对应从节点。

（3）Cluster

Cluster 就是集群的意思，分布式系统必然少不了集群的概念。一个或多个 master + 一个或多个 slave 就组成了集群。集群是一个逻辑概念，一般会根据资源、地域、业务等几个维度进行划分。

（4）Etcd

集群运行当中必然会产生一些数据，比如 Kubernetes 的一些状态信息。这些状态信息需要持久化存储在一个数据库中，Etcd 就提供了这个功能。Etcd 是一个开源的、分布式的键值对数据存储系统，同时它提供共享配置和服务的注册发现功能。

（5）API Server

API Server 运行在主节点里面，它提供了 Kubernetes 各类资源对象的 CURD 及 HTTP REST 接口，我们可以把它理解为 Kubernetes 的神经系统。集群内部组件需要通过它进行交互通信，然后它会把交互的信息持久化到 Etcd 里。假如我们要命令或者自己开发程序操作 Kubernetes，就需要跟 API Server 打交道。

（6）Scheduler

Scheduler 英文直译就是调度的意思。在分布式计算系统里面，调度是非常重要的，因为我们要合理地划分有限的资源池。学习调度可以从两方面入手，我们可以简单地了解它的规则、流程，或者深入学习它的算法。

学习 Kubernetes 先要了解它的调度规则和流程，总体来讲有两点，一个是预选调度过程，另外一个是确定最优节点。预选调度过程是遍历所有目标节点，筛选出符合要求的候选节点。Kubernetes 内置了多种预选策略供用户选择。确定最优节点是在预选调度过程的基础上，采用优选策略计算出每个候选节点的积分，积分最高者胜出。后续我们会详细讲解 Scheduler 的策略，以帮助我们对资源进行规划和把控。

（7）Replication Controller

Replication Controller 简称 RC，是 Kubernetes 里非常重要的一个概念，使用 Kubernetes 时

经常会用到。Replication 是复制、副本的意思，Controller 是控制器，连起来就是"副本控制器"。在 Kubernetes 里，我们对 Pod 进行创建、控制、管理等操作都不是直接进行的（不像管理虚拟机那样）。我们要通过各种控制器来实现操作，其中 RC 就是控制器的一种（还有后面将提到的 ReplicaSet）。

那么，这里说的控制器到底是控制 Pod 什么呢？一般来说，我们可以通过 RC 来控制 Pod 的数量，确保 Pod 以指定的副本数运行。比如 RC 里设置 Pod 的运行数量是 4 个，那么如果集群里只有 3 个，RC 会自动创建出一个 Pod 来；如果集群里有 5 个 Pod，多了一个，RC 也会把多余的一个 Pod 回收；除此之外，假如 4 个 Pod 当中有一个容器因为异常而退出，RC 也会自动创建出一个正常的容器。确保 Pod 的数量、健康、弹性伸缩、平滑升级是 RC 的主要功能。RC 机制是 Kubernetes 里一个重要的设计理念，有了它才能实现 Kubernetes 的高可用、自愈、弹性伸缩等强大功能。

（8）ReplicaSet

ReplicaSet 简称 RS，可译为副本集。在新版本的 Kubernetes 里，官方建议使用 ReplicaSet 替代 Replication Controller。RS 跟 RC 都属于控制器，没有本质区别，可以理解为 RS 是 RC 的升级版，唯一的区别在于 RS 支持集合式标签选择器，而 RC 只支持等式标签选择器（集合式就是标签可以有多个值，等式就只能选择一个值或者不选）。

（9）Deployment

现在我们已经知道 RC 和 RS 控制器的作用了，那么如何操作它们呢？答案是通过 Deployment，Deployment 的中文意思为部署、调度，通过 Deployment 我们能操作 RC 和 RS，你可以简单地理解为它是一种通过 yml 文件的声明，在 Deployment 文件里可以定义 Pod 的数量、更新方式、使用的镜像、资源限制等。但需要注意的是，一定要编写正确格式的 Deployment yml 文件，不然部署会失败。

（10）Label

Label 就是标签，标签有什么作用呢？很简单，标签用来区分某种事物。在 Kubernetes 里，资源对象分很多种，前面提到的 Pod、node、RC 都可以用 Label 来打上标签。打上标签后，用户就可以更好地区分和使用这些资源了。另外，Label 是以 key/values（键 / 值对）的形式存在的。用户可以对某项资源（比如一个 Pod）打上多个 Label，另外，一个 Label 也可以同时添加到多个资源上。

（11）Selector

Selector 是标签选择器。前面讲 Label 的时候我们提到 Kubernetes 里面有很多资源，而且各种资源都能打上标签。所以一个集群里，会有很多标签。标签一多，必然要有一种机制进行管理和筛选，Selector 就是起这个作用的。通过标签筛选，我们能快速找到想要的资源对象。

（12）Kubelet

Kubelet 运行在 work 节点上，它是 work 节点的关键服务，负责与 master 节点沟通。master 里的 apiserver 会发送 Pod 的一些配置信息到 work 节点里，由 Kubelet 负责接收。同时，Kubelet 还会定期向 master 汇报 work 节点的使用情况，比如节点的资源使用情况、容器的状态等。

（13）Kube-proxy

Kube-proxy 也运行在 work 节点上，因为带有 proxy 字眼，我们可以很快联想到它跟代理、转发、规则等方面有关。是的，它的作用就是生成 iptables 和 ipvs 规则，处理一些访问流量相关的转发。

（14）Service

Service 在 Kubernetes 里是后端服务的一种体现。我们前面提到过，Pod 是一个或者多个有关联关系的容器，这些容器生成的服务就是通过 Service 对外提供的。举个例子，假如 A 服务运行 3 个 Pod，B 服务怎么访问 A 服务的 Pod 呢？通过 IP 肯定不行，因为 Pod 的 IP 重启之后会改变。这时候只要通过 Selector 把 Service 跟 A 服务的 Pod 绑定就可以了，无论 A 服务的 Pod 如何变化，对 B 服务来说只要访问 Service 即可。另外，前面提到的 Kube-proxy 主要是负责 Service 的实现。

（15）KubeDNS

看到 DNS 你就应该知道这个组件是做什么用的。是的，KubeDNS 就是 Kubernetes 内部的域名解析器。Kubernetes 内部有域名需要解析吗？是的，有。我们简单地将 DNS 解析理解为把域名和实际的 IP 对应上，那么在 Kubernetes 里 KubeDNS 的作用就是把 Service 和 IP 对应上，我们直接使用服务名来做交互，而不用关心它的实际 IP 地址。

（16）Ingress

Ingress 直译为中文是"入口"。很明显，Kubernetes 创造这个机制是为了让外部能很好地访问 Kubernetes 所提供的服务。可是上面的 Service 不就是提供服务的吗？为何还要用 Ingress？这个问题问得好！Ingress 是从 Kubernetes 的 1.1 版本开始添加的，你可以理解为它就是一种"转发规则"，而且 Ingress 的后端是一个或者多个 Service。前面提到过，Service 的后端是一组 Pod，假如 Pod A 提供 Service A，Pod B 提供 Service B，这两个 Service 又是由同一组业务支撑的，如果没有 Ingress，Service A 和 Service B 就只能单独直接暴露给外部，并且做不了业务关联。有了 Ingress，就能提供一个全局的负载均衡器，站在多个 Service 的前端，扮演"智能路由"的角色，把不同的 HTTP/HTTPS 请求转发到对应的 Service 上。

（17）Ingress controller

Ingress 是一种规则，由 Ingress controller 控制和使用，主要作用就是解析 Ingress 的转发规则。一旦 Ingress 里面的规则有改动，Ingress controller 也会及时更新，然后根据这些最新的规则把请求转发到指定的 Service 上。

（18）Kubectl

一套集群做相关管理和操作，我们能想到的最基本的方式就是命令。Kubectl 是运行 Kubernetes 集群命令的管理工具。想运维操作集群，直接执行 Kubectl --help 命令就可以了。

（19）Dashboard

这是 Kubernetes 的控制面板 Web UI 界面。它是一个独立的组件，集合了所有命令行可以操作的命令。搭建好 Kubernetes 后，可以选择安装或不安装 Dashboard。

2. Kubernetes 架构组件的关联关系

上面我们分别讲解了 Kubernetes 各个组件的作用和概念，这里用图 2-5 来更加形象地表示各个组件的关系。

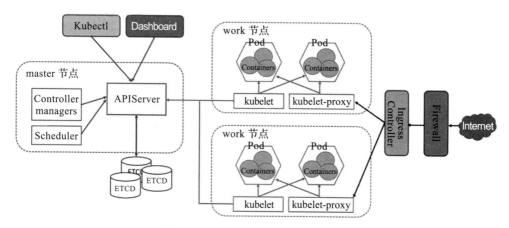

图 2-5　Kubernetes 组件的关联关系

1）外网进入 Kubernetes 集群要先通过一道防火墙。

2）紧接着通过 Ingress controller，它负责运行 Ingress 的转发规则，让请求转发到对应的 Service 上（图里直接到 Kubelet-proxy），前面提到过 Service 的实现靠的是 Kubelet-proxy。

3）接着 Kubelet-proxy 把流量分发在对应的 Pod 上。

4）每个 work 节点里面都运行着关键的 Kubelet 服务，它负责与 master 节点的沟通，把 work 节点的资源使用情况、容器状态同步给 APIServer。

5）master 节点的 APIServer 是很重要的服务，从图 2-5 中我们可以看到控制器、调度、ETCD 等都需要跟 APIServer 交互。由此可见，我们在运维 Kubernetes 集群的时候，APIServer 服务的稳定性要加固保障，保证 APIServer 服务的高可用性。

2.2.3　Kubernetes 解决了什么

1. 技术角度

Kubernetes 无疑让 PaaS 平台更加完善，它与 Docker 相配合让容器云落地更容易。同时，Kubernetes 也推动了云原生、SOA 等技术理念和架构的演进。

从 Kubernetes 运用这方面来说，它可以达成以下目标。

1）跨多台主机进行容器编排（容器资源集中式管理）。

2）更加充分地利用硬件，最大限度地运用企业现有的 IT 资源（成本最大化）。

3）有效管理和控制应用的部署与更新，并实现自动化操作（CICD，蓝绿发布快捷高效）。

4）挂载和增加存储，用于运行有状态的应用。

5）快速、按需扩展容器化应用及其资源（易操作）。

6）对服务进行声明式管理，保证所部署的应用始终按照部署的方式运行（易管理）。

7）利用自动布局、自动重启、自动复制以及自动扩展功能，对应用实施状况进行检查和自我修复（自愈能力非常强）。

2. 商业角度

技术的更新必然会带动 IT 生产力的提高。Kubernetes 出现后，各种 PaaS 云平台、创业公司和产品相继出现，各大云厂商相继推出基于 Kubernetes 的容器云产品。Kubernetes 是趋势，自然能直接或者间接地带来很大的商业价值。

本节我们一起了解了 Kubernetes 的基本概念及发展现状，对 Kubernetes 整体架构组件有了一定的认识。Kubernetes 是容器云平台，其平台涉及系统、网络、存储等各方面的知识，在下一节我们将详细介绍新手需要掌握的知识点。

2.3 Kubernetes 的基础知识

通过上一节的学习，我们对 Kubernetes 有了初步的了解，本节我们来了解 Kubernetes 的一些必备基础知识。

1. 系统运维基础

支撑 Kubernetes 集群的操作系统是 Linux 和 Windows（Kubernetes 1.14 开始支持 Windows 系统），而且 Linux 内核版本要在 3.8 以上（建议 3.10 以上），因此，会使用 Linux 非常重要。仅具备初级 Linux 操作水平还不够，至少要有 2～3 年的 Linux 系统运维经验，这样在出现系统层问题的时候才能做好定位和排障。虽然 Kubernetes 支持多种 Linux 发行版本，个人建议还是使用 CentOS。理论上来说，在服务器领域，CentOS 的稳定性会比 Ubuntu 高很多，毕竟 CentOS 基于 Red Hat，有 Red Hat 这么强大的开源技术公司做后盾，总比社区背景的 Ubuntu 可靠些。

没有 Linux 系统运维经验的人如果想学习 Kubernetes 会有点困难，建议先加强对 Linux 的学习。目前网上也有很多 Linux 的学习视频，学习路线图也很清晰，建议从 Linux 7.x 版本开始学习。

2. 网络运维基础

除了系统层面的维护，我们也需要了解 Kubernetes 集群网络运维。根据我多年的运维经验，网络层面出现问题的情况一般比系统层面要多一些。另外，Kubernetes 的底层是虚拟化技术，包含网络虚拟化。网络本身就很抽象，网络虚拟化就更加抽象了。这里不仅需要我们懂传统的网络知识，同时也需要我们掌握网络虚拟层的连接通信。网络技术能力如果比较弱，不影响 Kubernetes 入门学习。但是网络虚拟层连接通信在 Kubernetes 集群维护、网络排障和网络调优环节中是必不可少的，因为 Kubernetes 的底层网络用了大量的网络虚拟化。如果你想加强学习网络运维，建议按照"传统网络技术→虚拟化技术→网络虚拟化 SDN 技术"这样的路线逐步深入学习。

网络虚拟化技术的学习周期会比较长，这是云计算运维中一个单独的领域。学习 Kubernetes 不必非常精通网络虚拟化技术，但是它的基本概念和知识点还是需要掌握的。

3. 存储运维基础

Kubernetes 集群底层存储也需要用到网络虚拟化技术（排除有些公司直接用商业的集中式存储），这里通常会用到开源的 Ceph 技术。存储虚拟化运维相对网络虚拟化运维会简单一些，但是它的重要性非常高（毕竟数据无价）。通常 Kubernetes 集群设计方案会运行在稳定的 IaaS 层之上，IaaS 层会采用 OpenStack、VMware vSphere 等平台建设。IaaS 层本身就会用到成熟的存储和网络虚拟化技术，因此 Kubernetes 可以直接复用。不过在一家体量不大的公司里，IaaS 层也是需要维护的，毕竟 PaaS 层会受到 IaaS 层的影响。

学习 Kubernetes 需要一定的存储运维经验。保证数据的稳定性是对运维人员最基本的要求。

4. 安全技术基础

安全这个话题比较大，云时代的来临让信息安全更加受到重视。用户在云平台里大规模使用云主机，如果安全没有保障，运行在云上的应用很容易受到攻击。Kubernetes 提供了 PaaS 层的解决方案，那么如何保证 PaaS 层的安全呢？这也是个很值得研究的问题。图 2-6 所示是来自 CNCF 的一个统计数据，表示用户在使用 Kubernetes 的时候，哪一技术领域最让用户担心。

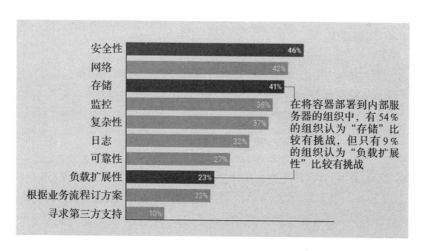

图 2-6 安全性是 Kubernetes 面临的最大挑战

很明显，安全问题是用户最为关注的，其次才是网络、存储、监控。安全问题常常是"道高一尺，魔高一丈"，有时候并不是完全靠技术就能解决的，要通过技术＋流程＋意识＋法律等多方面手段配合。另外要注意一点，容器技术本身在安全性上就有一定的问题，它的隔离性一直饱受诟病。不过，最新推出的 Kata 还有 Podman 都在尝试解决这些问题。

安全领域是一个方向，它并不影响我们学习 Kubernetes，而是像一个套在 Kubernetes 外层的护盾。但是在日后维护中如果没有安全方面的意识，搭建的平台将有很高的风险。Kubernetes 之前也经常被爆出有安全漏洞，这些安全信息我们需要及时了解，然后快速找到有效的补丁进行处理。

5. 开发编程基础

前几年自动化运维让各种脚本语言大火，特别是 Python 语言。作为运维工程师，如果不会一门编程语言，很难有竞争力。当前很多平台本身环境就复杂，重复做的事情很多，整理归纳后进行自动化处理可以在一定程度上减轻运维工程师的工作量。Kubernetes 集群的维护也少不了自动化处理，如底层的部署、配置修改、资源管理等。Kubernetes 是用 Go 语言编写的，这门语言具有高并发性能，学习和使用 Go 语言都很简单。如果要深入了解 Kubernetes，源码的阅读是少不了的。

不管是 Python 语言还是 Go 语言，会一门开发语言都能帮助我们完成一些手工无法完成的事。Kubernetes 本身的一些使用方法、设计模式都具有深刻的运维开发思维，也就是大家常说的 DevOps。想要"高大上"地做运维工作，必须具有开发能力！

6. 容器技术基础

Kubernetes 是容器资源管理平台，它不仅支持 Docker，也支持其他的容器技术，比如 CoreOS 的 Rocket，以及最新的 Podman。类似地，OpenStack 不仅可以管理 KVM，也可以管理 Xen 和 VMware。学习 OpenStack 我们要先了解 KVM 虚拟化技术，同理，学习 Kubernetes 必然要学会 Docker、Rocket 等容器技术。

7. 配置管理基础

这里再强调下 YAML 的学习。Kubernetes 里面使用了大量的 YAML 文件，通过定义 YAML 文件可以达到配置和管理各种资源的目的。我们前面学过 Kubernetes 里面有多种控制器，这些控制器就是通过 YAML 文件操作资源的（比如 Pod）。用户在 YAML 文件里定义各种参数，然后让控制器去运行。

另外，除了 YAML 的学习，我们也需要掌握一些优秀的配置管理思维。Kubernetes 能助力 CI/CD，一些版本控制、变更发布都需要有一套完善的标准化体系。面对大型的 PaaS 资源平台，除了运维能力的要求，一些配置流程的管理工作也需要做到位。运维能力决定了平台的稳定性，配置管理决定的是平台的标准化和流程化。我们经常听说一些过往的大事故是因为自动化配置出错导致的，所以要格外注意。

8. 云原生概念

随着容器微服务的发展，经常可以见到云原生（Cloud Native）这个词。Red Hat 对云原生是这么定义的：云原生落地依靠云原生应用，云原生应用就是独立的小规模、松散耦合服务的集合，旨在提供被业界认可的业务价值，例如快速融合用户反馈和需求，以实现持续改进。简而言之，通过开发云原生应用，我们可以快速构建新应用，优化现有应用并将这些应用组合在一起，用最快的速度满足用户需求。云原生的结构如图 2-7 所示。

我们可以把 Cloud Native 拆开来理解。Cloud 就是云计算、上云。Native 是"原生方法"。原生方法主要由 DevOps、微服务、容器、持续交付 4 种理论和方法来实现。

图 2-7 中，CI/CD 即持续集成与交付，Microservices 即微服务，Containers 即容器，DevOps 目前还没有权威的定义，更多强调的是团队协作、加速软件交付。云原生里包含的 CI/CD、微服务、容器技术都直接跟 Docker 和 Kubernetes 有关系。所以，学好 Kubernetes 也是为掌握新一代的架构方法打基础。未来用到 Kubernetes 的地方会越来越多，云原生直接给出了一个 IT 技术发展的大方向，具有很强的指导意义。

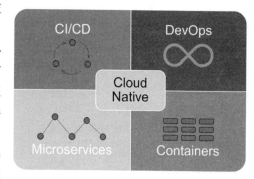

图 2-7　云原生的结构

本节介绍学习 Kubernetes 需要掌握的基础知识，包括系统基础、网络基础、存储基础、安全基础、容器基础等 8 个方面。读者可以根据对基础知识的掌握程度，有重点地进行学习。

2.4　深入理解 Pod

从本节开始，我们将具体学习 Kubernetes 的各个组件。

2.4.1　什么是 Pod

2.2 节对 Pod 有过简单的解释。我们可以把它想象成一个"豆荚"，里面包着一组有关联关系的"豆子"（容器），如图 2-8 所示。

同一个豆荚里的豆子吸取着同一个源头的养分，Pod 也是如此，里面的容器共用同一组资源。Kubernetes 官方文档对 Pod 的描述是这样的：Pod 是 Kubernetes 的基本构建模块，是你在 Kubernetes 集群里能创建或部署的最小、最简单元。

刚学习 Kubernetes 的人一般会认为 Docker 是 Kubernetes 里的最小单元，其实 Pod 才是。我们将 Kubernetes 和 OpenStack 做个对比，如表 2-1 所示。

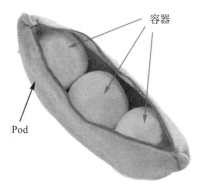

图 2-8　容器"豆荚"

表 2-1　Kubernetes 和 OpenStack 最小单元对比

Kubernetes	OpenStack
Pod	VM
Docker	应用、进程

　　OpenStack 管理的 VM 可以说是 OpenStack 里的最小单元，我们知道虚拟机有隔离性，里面部署的应用只在虚拟机中运行，它们共享这个 VM 的 CPU、MEM、网络和存储资源。Pod 也是如此，Pod 里面的容器共享着 Pod 的 CPU、MEM、网络和存储资源。那么 Pod 是如何做到这一点的呢？我们接着学习。

　　注意，Kubernetes 集群的最小单元是 Pod，而不是容器；Kubernetes 直接管理的也是 Pod，而不是容器。Pod 里可以运行一个或多个容器。

　　如果 Pod 里只运行一个容器，那就是 one-container-per-Pod 模式。当然也可以把一组有关联关系的容器放在一个 Pod 里面，这些容器共享着同一组网络命名空间和存储卷。比如 Kubernetes 官方文档里就举了这样一个例子，把一个 Web Server 的容器跟 File Puller 的容器放在一起（Web Server 对外提供 Web 服务，File Puller 负责内容的存储和提供），然后它们就形成了一个 Pod，构成了一个统一的服务单元。

2.4.2　Pod 的内部机制

1. Pod 的实现原理

　　我们在学习容器的时候就了解到，因为 Linux 提供了 Namespace 和 Cgroup 两种机制，容器技术的出现才有了可能。Namespace 由 Hostname、PID、Network、IPC 组成，用于隔离进程；Cgroup 用于控制进程资源的使用。在 Kubernetes 里，Pod 的生成也是基于 Namespace 和 Cgroup 的，图 2-9 是 Pod 的内部架构示意图。

　　图中的 IPC 即进程中通信、Network 即网络访问（包括接口）、PID 即容器 PID、Hostname 即容器主机名，那这些要素是通过什么机制组合在一起的呢？这是通过一个叫 Pause 的容器完成的。Kubernetes 在初始化 Pod 的时候会先启动容器 Pause，然后再启动用户自定义的业务容器。Pause 容器可以算作一个"根容器"，它主要有两方面的作用。

　　1）扮演 PID 1 的角色，处理僵尸进程。

　　2）在 Pod 里协助其他容器共享 Linux Name-space。

　　首先，我们了解一下 Linux 系统下 PID 为 1 的进程。在 Linux 里，PID 为 1 的进程叫作超

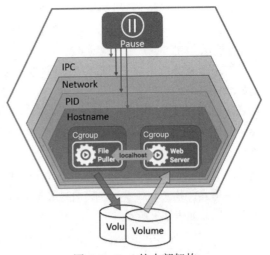

图 2-9　Pod 的内部架构

级进程，也叫作根进程，它是系统的第一个进程，是其他进程的父进程，所有的进程都会被挂载到这个进程下。如果一个子进程的父进程退出了，那么这个子进程会被挂到 PID 1 下面。

其次，我们知道容器本身就是一个进程。在同一个 Namespace 下，Pause 作为 PID 为 1 的进程存在于一个 Pod 里，其他的业务容器都挂载在这个 Pause 进程下面。这样，同一个 Namespace 下的进程就会以 Pause 作为根，呈树状的结构存在一个 Pod 下。

最后，Pause 还有个功能是处理僵尸进程。一个进程使用 fork 函数创建子进程，如果子进程退出，而父进程并没有来得及调用 wait 或 waitpid 获取其子进程的状态信息，那么这个子进程的描述符仍然保存在系统中，其进程号会一直被占用（而系统的进程号是有限的），这种进程被称为僵尸进程（Z 开头）。

Pause 容器的代码是用 C 语言编写的，如下所示。Pause 的代码里有个无限循环的 for(;;) 函数，函数里面运行的是 pause() 函数，pause() 函数本身是睡眠状态的，直到被信号（signal）中断。正是因为这个机制，Pause 容器会一直等待信号，一旦有了信号（进程终止或者停止时会发出这种信号），Pause 就会启动 sigreap 方法，sigreap 方法调用 waitpid 获取其子进程的状态信息，如此一来自然就不会在 Pod 里产生僵尸进程了。

```
## Pause代码static void sigdown(int signo) {
    psignal(signo, "Shutting down, got signal");
    exit(0);}
static void sigreap(int signo) {
    while (waitpid(-1, NULL, WNOHANG) > 0);}
int main() {
    if (getpid() != 1)
        /* Not an error because pause sees use outside of infra containers. */
        fprintf(stderr, "Warning: pause should be the first process\n");

    if (sigaction(SIGINT, &(struct sigaction){.sa_handler = sigdown}, NULL) < 0)
        return 1;
    if (sigaction(SIGTERM, &(struct sigaction){.sa_handler = sigdown}, NULL) < 0)
        return 2;
    if (sigaction(SIGCHLD, &(struct sigaction){.sa_handler = sigreap,
                                        .sa_flags = SA_NOCLDSTOP},
            NULL) < 0)
        return 3;

## 关注下面的for循环代码
    for (;;)
        pause();
    fprintf(stderr, "Error: infinite loop terminated\n");
    return 42;}
```

2. Pod 的生命周期

下面我们来分析 Pod 的生命周期。

（1）Pod 所处阶段

Pod 所处阶段是用 PodStatus 对象里的 phase 字段表示的，phase 字段包含的值如表 2-2 所示。

表 2-2　Phase 取值

阶　段　名	描　　述
Pending	Kubernetes 集群里已经发起创建 Pod 请求，里面的 Pod 还没有容器。这个阶段一般发生在 Pod 被调度之前或者 Pod 里的镜像正在下载时
Running	Pod 已经调度在了一个节点里，并且里面的容器已经创建好了，至少有一个容器处于运行、启动或者重新启动的状态
Succeeded	Pod 里面的所有容器成功运行，也没发生重启等行为
Failed	Pod 里面的所有容器终止运行，至少有一个容器以失败方式终止。也就是说，这个容器要么以非 0 状态退出，要么被系统终止
Unknown	由于一些原因无法获取 Pod 的状态，通常是与 Pod 通信时有问题导致

（2）Pod Conditions

PodStatus 对象里除了有 phase 字段，还有 Pod Conditions 数组，里面包含的属性如表 2-3 所示。

表 2-3　Pod Conditions

字　段	描　　述
lastProbeTime	最后一次探测 Pod Conditions 的时间戳
lastTransitionTime	上一次 Condition 从一种状态转换到另一种状态的时间
message	上一次 Condition 状态转换的详细描述
reason	Condition 最后一次转换的原因
status	Condition 状态类型，可以为"True""False"或"Unknown"
type	Condition 有如下类型： • PodScheduled（Pod 已经被调度到其他节点里）； • Ready（Pod 能够提供服务请求，可以被添加到所有可匹配服务的负载平衡池中）； • Initialized（所有的 init containers 已经成功启动）； • Unschedulable（例如由于缺乏资源或其他限制，调度程序现在无法调度 Pod）； • ContainersReady（Pod 里的所有容器都是 Ready 状态）

（3）Container probes

probes 中文就是探针的意思，所以 Container probes 翻译成中文就是容器探针，这是 Kubernetes 中的一种诊断容器状态的机制。我们知道节点里会运行 Kubelet 进程，通过 Container probes 可以收集容器的状态，然后汇报给 master 节点。那么 Kubelet 是怎么知道节点里容器状态信息的呢？主要是通过 Kubelet 调用容器提供的三种处理程序实现的。

1）ExecAction：在容器内运行指定的命令。如果命令以状态代码 0 退出，则认为诊断成功，容器是健康的。

2）TCPSocketAction：通过容器的 IP 地址和端口号运行 TCP 检查。如果端口存在，则认为诊断成功，容器是健康的。

3）HTTPGetAction：通过容器的 IP 地址、端口号及路径调用 HTTP GET 方法，如果响应的状态码大于等于 200 且小于 400，则认为容器健康。

每个 Container probes 都会获得 3 种结果。

1）成功：容器通过了诊断。

2）失败：容器未通过诊断。

3）未知：诊断失败，不应采取任何措施。

另外，Kubelet 在运行的容器里有两种探针方式。

1）livenessProbe：存活探针，用来表明容器是否正在运行，服务是否正常。如果 livenessProbe 探测到容器不健康，Kubelet 会中断容器，并且根据容器的重启策略来重启容器。如果容器未提供 livenessProbe，则默认状态为 Success。

2）readinessProbe：就绪探针，用来表明容器是否已准备好提供服务（是否启动成功）。如果 readinessProbe 探测失败，则容器的 Ready 将为 False，控制器将此 Pod 的 Endpoint 从对应服务的 Endpoint 列表中移除，从此不再将任何请求调度至此 Pod 上，直到下次探测成功。如果容器未提供 readinessProbe，则默认状态为 Success。

为什么会有这两种探针机制呢？这是因为 Pod 的生命周期会受环境条件的影响，比如 Pod 内部各个容器的状态、容器依赖的上游或者周边服务的状态。所以需要有一个机制，它能根据容器的不同状态判断 Pod 是否健康，这就是 liveness 和 readiness 探测存在的意义。

下面我们来介绍这两种探针的工作方式。

比如通过 livenessProbe 探测发现某 Pod 无法再提供服务了，那么 livenessProbe 会根据容器重启策略判断它是否重启。策略通过后，运行新 Pod 替代之前的旧 Pod，livenessProbe 机制如图 2-10 所示。

有时候应用需要一段时间来预热和启动，比如一个后端项目需要先启动消息队列或者数据库等才能提供服务，遇到这样的情况，使用就绪探针比较合适。readinessProbe 机制如图 2-11 所示。

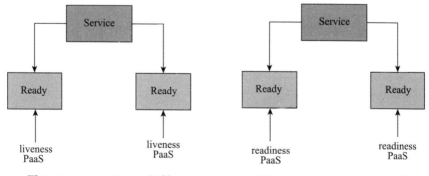

图 2-10　livenessProbe 机制　　　　图 2-11　readinessProbe 机制

在具体的生产环境实践中，如何使用这两种探针呢？这里总结了一些经验，以供参考。

1）livenessProbe 和 readinessProbe 都应直接探测程序。

2）livenessProbe 探测的程序里不要执行其他逻辑，它很简单，就是探测服务是否运行正常。如果主线程运行正常，直接返回 200，不正常就返回 5*xx*。如果有其他逻辑存在，livenessProbe 探测程序会把握不准。

3）readinessProbe 探测的程序里可以有相关的处理逻辑。readinessProbe 主要是探测判断容器是否已经准备好对外提供服务。因此，实现一些逻辑来检查目标程序后端所有依赖组件的可用性非常重要。readinessProbe 探测前，需要清楚地知道所探测的程序依赖哪些功能、这些功能什么时候准备好。如果应用程序需要先建立与数据库的连接才能提供服务，那么 readinessProbe 的处理程序必须已与数据库建立连接才能确认程序是否就绪。

4）readinessProbe 不能嵌套使用。

livenessProbe 和 readinessProbe 的 YAML 配置语法是一样的，同样的 YAML 配置文件，把 livenessProbe 设置成 readinessProbe 即可切换探针。

（4）容器状态

一旦 Pod 落地、节点被创建，Kubelet 就会在 Pod 里创建容器。容器在 Kubernetes 里有 3 种状态：Waiting、Running 和 Terminated。我们可以使用 kubectl describe pod [POD_NAME] 命令检查容器的状态，这个命令会显示该 Pod 里每个容器的状态。另外，Kubernetes 在创建资源对象时，可以使用 lifecycle 来管理容器在运行前和关闭前的一些动作。lifecycle 有如下两种回调函数。

1）postStart：容器创建成功后，运行前的任务用于资源部署、环境准备。

2）preStop：容器被终止前的任务用于优雅关闭应用程序、通知其他系统。

Waiting 是容器的默认状态。如果容器没在运行或已终止运行，就是 Waiting 状态。处于 Waiting 状态的容器仍然可以拉取镜像、获取密钥。在这个状态下，Reason 字段将显示容器处于 Waiting 状态的原因。

```
...
   State:          Waiting
    Reason:        ErrImagePull
   ...
```

Running 表示容器正在运行。一旦容器进入 Running 状态，如果有 postStart 函数，则处理运行前的任务。另外，Started 字段会显示容器启动的具体时间。

```
...
   State:          Running
    Started:       Wed, 30 Jan 2019 16:46:38 +0530
...
```

Terminated 表示容器已终止运行。容器在成功完成运行或由于某种原因运行失败就会变为此状态。同时，容器终止运行的原因、退出代码以及容器的开始和结束时间都会一起显示出来（如以下示例所示）。另外在容器进入 Terminated 状态之前，如果有 preStop，则运行。

```
...
   State:          Terminated
     Reason:        Completed
     Exit Code:     0
     Started:       Wed, 30 Jan 2019 11:45:26 +0530
     Finished:      Wed, 30 Jan 2019 11:45:26 +0530
...
```

（5）Pod 的生命周期控制方法

一般情况下，Pod 如果不被人为干预或被某个控制器删除，是不会消失的。不过，也有例外情况，就是 Pod 处于 Succeeded 或者 Failed 状态超过一定的时间，terminated-pod-gc-threshold 的设定值就会被垃圾回收机制清除。

注：terminate-pod-gc-threshold 在 master 节点里，它的作用是设置 gcTerminated 的阈值，默认是 12500s。

以下是 3 种控制 Pod 生命周期的控制器。

1）Job：适用于一次性任务，如批量计算。任务结束后 Pod 会被此控制器清除。Job 的重启策略只能是 OnFailure 或者 Never。

2）ReplicationController、ReplicaSet 或 Deployment：此类控制器希望 Pod 一直运行下去，它们的重启策略只能是 Always。

3）DaemonSet：每个节点有一个 Pod，很明显此类控制器的重启策略应该是 Always。

2.4.3　Pod 的资源使用机制

我们前面提到过，Pod 好比一个虚拟机。虚拟机能分配固定的 CPU、Mem、Disk 和网络资源。Pod 也是如此，那么 Pod 是如何使用和控制这些资源的呢？首先，我们先了解 CPU 资源的分配模式。

计算机里 CPU 的资源是按时间片的方式分配给请求的，系统里的每一个操作都需要 CPU 处理，我们知道 CPU 的单位是 Hz、GHz（1Hz= 次 / 秒，即在单位时间内完成振动的次数，1GHz=1 000 000 000Hz=1 000 000 000 次 / 秒），频率越大，单位时间内完成的处理次数就越多。所以，任务申请的 CPU 时间片越多，它得到的 CPU 资源就越多。

我们再来了解 Cgroup 里资源的换算单位，CPU 换算单位如下所示。

1）1CPU=1000millicpu（1core=1000m）

2）0.5CPU=500millicpu（0.5core=500m）

这里 m 是毫核的意思，Kubernetes 集群中的每一个节点都可以通过操作系统的命令确认本节点的 CPU 内核数量，然后将这个数量乘以 1000，得到的就是节点 CPU 总毫数。比如一个节点有 4 核，那么该节点的 CPU 总毫数为 4000m。

Kubernetes 是通过以下两个参数来限制和请求 CPU 的资源的。

1）spec.containers[].resources.limits.cpu：CPU 上限值，短暂超出上限值，容器不会被停止。

2）spec.containers[].resources.requests.cpu：CPU 请求值，是 Kubernetes 调度算法里的依据值，可以超出。

这里需要说明一点，如果 resources.requests.cpu 设置的值大于集群里每个节点的最大 CPU 核心数，那么这个 Pod 将无法调度（没有节点能满足它）。

我们在 YAML 里定义一个容器 CPU 资源如下。

```
resources:
    requests:
        memory: 50Mi
        cpu: 50m
    limits:
        memory: 100Mi
        cpu: 100m
```

这里，CPU 我们给的是 50m，也就是 0.05core，这 0.05core 占了 1 CPU 里 5% 的资源时间。

另外，我们还要知道，Kubernetes CPU 是一个可压缩的资源。如果容器达到了 CPU 的设定值，就会开始限制 CPU 的资源，容器性能也会随之下降，但是不会终止和退出。

最后我们了解一下 MEM 的资源控制。

单位换算方法：1 MiB=1024KiB，注意 MiB≠MB，MB 是十进制单位，MiB 是二进制，很多人以为 1MB=1024KB，其实 1MB=1000KB，1MiB=1024KiB。

在 Kubernetes 里，内存单位一般用的是 MiB，当然你也可以根据具体的业务需求和资源容量使用 KiB、GiB 甚至 PiB 为单位。

这里要注意的是，内存是可压缩资源，容器使用的内存资源到达了上限会造成内存溢出，容器就会终止运行并退出。

2.4.4 Pod 的基本操作命令

下面介绍 Pod 的基本操作命令，如表 2-4 所示。

表 2-4 Pod 的基本操作命令

说　　明	基本操作命令
创建	kubectl create -f xxx.yaml
查询	kubectl get pod PodName / kubectl describe pod PodName
删除	kubectl delete pod PodName
更新	kubectl replace /path/to/newPodName.yaml（当然也可以加 --force 强制替换）
查看 logs 输出	kubectl logs PodName

命令要多用才能熟练，大多数命令离不开 create、get、delete 这些关键词，当然，还有 --help。

如何用 Kubernetes Pod 容器化部署 LAMP 环境呢？我们先来了解下面的两个知识点。

1. Pod 里的容器共用相同的网络和存储资源

在 Kubernetes 里，每个 Pod 会被分配唯一的 IP 地址，然后里面的容器都会共享这个网络空间，这个网络空间包含了 IP 地址和网络端口。Pod 容器内部通信用的是 localhost，如果要和外部通信，就需要用到共享的 IP 和端口。

Pod 可以指定共享的存储数据卷，Pod 里的所有容器都有权限访问这个数据卷。数据卷只用于持久化数据，重启 Pod 不会影响数据卷里的数据。

2. Pod 里的容器共用相同的依赖关系

前面提到有关联关系的容器可以放在同一个 Pod 里，那么这里的关联关系是什么呢？通常，我们会把有紧耦合的服务部署在一个 Pod 里，比如 LAMP 应用栈。这样做的目的是便于调度和协调管理。所以，没有关联的容器最好不要放在同一个 Pod 里，没有规则地乱放，将无法体会到 Kubernetes 的强大特性——编排。

LAMP 容器化可用图 2-12 表示。

现在我们对 Pod 进行了较深入的学习，包括内部实现机制、资源使用机制、基本操作命令。如果我们在 Kubernetes 平台部署一个 Pod，就需要用到 YAML 文件，接下来我们学习一下 YAML 文件的编写语法及参数。

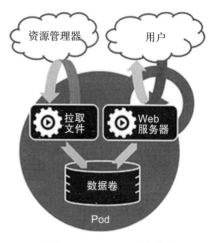

图 2-12　LAMP 容器化

2.5　如何编写 Pod YAML 文件

刚学习 Kubernetes 的人会接触到非常多的概念，见得最多的就是 YAML 文件配置了。网络上讲解 Kubernetes 的文章都只选取一小段 YAML 配置文件做一个简单的示意，初学者通常对 YAML 没有整体的认识，还处于迷惑状态。下面我们对 Pod YAML 文件的编写和配置进行整体讲解。

2.5.1　什么是 YAML 文件

前面我们了解到，Kubernetes 配置文件都是 YAML 文件格式的，那么什么是 YAML 文件？它的编写语法是什么呢？

1. YAML 的特点

YAML（Yet Another Markup Language）结合了我们之前接触过的 properties、XML、JSON 等数据格式标记语言的特性，具有以下特点。

- ❏ 层次分明、结构清晰。
- ❏ 使用简单、上手容易。
- ❏ 语义丰富。
- ❏ 大小写敏感。
- ❏ 禁止使用 Tab 键缩进，只能使用空格键缩进。

2. YAML 的语法

我们通过一个例子快速了解 YAML 的语法。

```
# 前面是key，后面是value，表示如下：
name: nginx

# 表示metadata.name=nginx：
metadata:
    name: nginx
# 表达数组，即表示containers为[name,image,port]用-就可以了

containers:
    - nginx
    - nginx
    - 80

# 常量、布尔、字符串定义
version: 1.1          # 定义一个数值1.1
rich: true            # 定义一个Boolean值
say: 'hello world'    # 定义一个字符串
```

掌握了上面的语法，基本就能看懂和编写 Kubernetes 的 YAML 了。Kubernetes 里的 YAML 用不到其他高级的语法格式。

2.5.2 Pod YAML 的参数定义

Pod 是 Kubernetes 的最小单元，它的信息都记录在一个 YAML 文件里。那么这个 YAML 文件应该怎么写呢？里面有哪些参数？如何修改 YAML 文件？带着这几个问题，我们来深入了解 YAML 文件。

初学者看到 Kubernetes 的 YAML 配置文件会觉得又长又没规律。其实，我们可以从两个方面对其进行梳理：第一是找出必选参数，第二是找出主要参数对象。

1. 必选参数

注意，对于 YAML 文件，下面几个参数是必须要声明的，不然运行绝对会出错，YAML 文件参数、字段类型及说明如表 2-5 所示。

表 2-5　YAML 必选参数

参 数 名	字段类型	说　明
version	String	Kubernetes API 的版本，目前基本上是 1 版；可以用 kubectl api-versions 命令查询
kind	String	YAML 文件定义的资源类型和角色，比如 Pod
metadata	Object	元数据对象，固定写作 metadata
metadata.name	String	元数据对象的名字，可自定义，比如命名 Pod 的名字
metadata.namespace	String	元数据对象的命名空间，可自定义
Spec	Object	详细定义对象，固定写作 Spec
spec.containers[]	List	Spec 对象的容器列表定义
spec.containers[].name	String	定义容器的名字
spec.containers[].image	String	定义要用到的镜像名称

以上这些都是编写 YAML 文件的必选参数，每个 YAML 文件都包含它们。

2. 主要参数对象

上文说的都是必选参数，其他功能的参数，虽然不是必选项，但是可以让 YAML 定义得更详细、功能更丰富。接下来的参数都是 Spec 对象下面的，主要分为 spec.containers 和 spec.volumes。

（1）spec.containers

spec.containers 是一个 List 数组，它用来描述 container 容器方面的参数，所以包含的参数非常多，如表 2-6 所示。

表 2-6　spec.containers 参数

参　数　名	字段类型	说　　明
spec.containers[].name	String	定义容器的名字
spec.containers[].image	String	定义要用到的镜像名称
spec.containers[].imagePullPolicy	String	定义镜像拉取策略，有 3 个值可选：（1）Always，每次都尝试重新拉取镜像；（2）Never，仅使用本地镜像；（3）IfNotPresent，如果本地有镜像就使用本地镜像，没有就拉取在线镜像。如果上面 3 个值都没有设置，则默认是 Always
spec.containers[].command[]	List	指定容器启动命令，因为是数组形式，所以可以指定多个启动命令，不指定则使用镜像打包时的启动命令
spec.containers[].args[]	List	指定容器启动命令参数，因为是数组形式，所以可以指定多个参数
spec.containers[].workingDir	String	指定容器的工作目录
spec.containers[].volumeMounts[]	List	指定容器内部的存储卷配置
spec.containers[].volumeMounts[].name	String	指定可以被容器挂载的存储卷的名称
spec.containers[].volumeMounts[].mountPath	String	指定可以被容器挂载的存储卷的路径
spec.containers[].volumeMounts[].readOnly	String	设置存储卷路径的读写模式，true 或者 false，默认为读写模式
spec.containers[].ports[]	List	指定容器需要用到的端口列表
spec.containers[].ports[].name	String	指定端口名称
spec.containers[].ports[].containerPort	String	指定容器需要监听的端口号
spec.containers[].ports[].hostPort	String	指定容器所在主机需要监听的端口号，默认和 spec.containers[].ports[].containerPort 相同。注意，设置了 hostPort，则同一台主机无法启动该容器的相同副本（主机的端口号不能相同，若相同，会引发冲突）
spec.containers[].ports[].protocol	String	指定端口协议，支持 TCP 和 UDP，默认值为 TCP
spec.containers[].env[]	List	指定容器运行前需要设置的环境变量列表
spec.containers[].env[].name	String	指定环境变量名称
spec.containers[].env[].value	String	指定环境变量值

（续）

参　数　名	字段类型	说　　明
spec.containers[].resources	Object	指定资源限制和资源请求的值（这里开始就是设置容器的资源上限）
spec.containers[].resources.limits	Object	指定设置容器运行时资源的运行上限
spec.containers[].resources.limits.cpu	String	指定 CPU 的限制，单位为 core，是用于运行 docker run --cpu-shares 命令的参数
spec.containers[].resources.limits.memory	String	指定 MEM 内存的限制，单位为 MiB 或 GiB
spec.containers[].resources.requests	Object	指定容器启动和调度时的限制
spec.containers[].resources.requests.cpu	String	CPU 请求，单位为 core，容器启动时初始化可用数量
spec.containers[].resources.requests.memory	String	内存请求，单位为 MiB 或 GiB，容器启动的初始化可用数量

（2）spec.volumes

spec.volumes 是一个 list 数组，很明显，看名字就知道它是用于定义同步存储的参数，包含的参数非常多，如表 2-7 所示。

表 2-7　spec.volumes 参数

参　数　名	字段类型	说　　明
spec.volumes[].name	String	定义 Pod 共享存储卷的名称，容器定义部分 spec.containers[].volumeMounts[].name 的值和这里是一样的
spec.volumes[].emptyDir	Object	指定 Pod 的临时目录，值为一个空对象：emptyDir:{}
spec.volumes[].hostPath	Object	指定挂载 Pod 所在宿主机的目录
spec.volumes[].hostPath.path	String	指定 Pod 所在主机的目录，将被用于容器中 mount 的目录
spec.volumes[].secret	Object	指定类型为 secret 的存储卷，secret 意为私密、秘密，这很容易理解，它存储一些密码、密钥等敏感安全文件。挂载集群预定义的 secret 对象到容器内部
spec.volumes[].configMap	Object	指定类型为 configMap 的存储卷，表示挂载集群预定义的 configMap 对象到容器内部
spec.volumes[].livenessProbe	Object	指定 Pod 内容器健康检查的设置，当探测几次无响应后，系统将自动重启该容器。参数可以设置为 exec、httpGet、tcpSocket
spec.volumes[].livenessProbe.exec	Object	指定 Pod 内容器健康检查的设置，确定是 exec 方式
spec.volumes[].livenessProbe.exec.command[]	String	指定 exec 方式后用这个参数设置需要指定的命令或者脚本
spec.volumes[].livenessProbe.httpGet	Object	指定 Pod 内容器健康检查的设置，确定是 httpGet 方式
spec.volumes[].livenessProbe.tcpSocket	Object	指定 Pod 内容器健康检查的设置，确定是 tcpSocket 方式
spec.volumes[].livenessProbe.initialDelaySeconds	Number	容器启动完成后手册探测的时间设置，单位为秒
spec.volumes[].livenessProbe.timeoutSeconds	Number	容器健康检查的探测等待时间单位为秒，默认为 1 秒。若超过该时间，则认为容器不健康，重启该容器
spec.volumes[].livenessProbe.periodSeconds	Number	对容器健康检查的定期探测时间设置，单位为秒，默认每 10 秒探测一次

（3）额外的参数对象

除了上面介绍的 spec.containers 和 spec.volumes 两个主要参数，还有几个额外的参数对象，如表 2-8 所示。

表 2-8　额外参数对象

参　数　名	字段类型	说　明
spec.restartPolicy	String	定义 Pod 的重启策略，可选值为 Always、OnFailure，默认值为 Always。（1）Always，Pod 一旦终止运行，无论容器是如何终止的，kubelet 服务都将重启它；（2）OnFailure，只有 Pod 以非零退出码终止时，kubelet 才会重启该容器。如果容器正常结束（退出码为 0），则 kubelet 将不会重启它；（3）Never，Pod 终止后，kubelet 将退出码报告给 master，不会重启该 Pod
spec.nodeSelector	Object	定义节点的过滤标签（以 key:value 格式指定）
spec.imagePullSecrets	Object	定义拉取镜像时使用 secret 名称（以 name:secretkey 格式指定）
spec.hostNetwork	Boolean	定义是否使用主机网络模式，默认值为 false。设置 true 表示使用宿主机网络，不使用 Docker 网桥，同时设置了 true 将无法在同一台宿主机上启动第二个副本

上面的几张表格我们不用死记硬背，可以把这些表格当作字典，用到的时候再查看。话说回来，如果参数不那么丰富，那么 Kubernetes 的功能定义将大幅下降。

另外，YAML 里的这些参数其实是 Kubernetes 声明式的一种体现，我们可以简单地把它理解为用户操作 Kubernetes 的一个接口。YAML 里设置的参数数值，最终都会持久化到 ETCD 里。

2.6　如何理解编排

自从容器技术变为热门，我们总能看到编排这个词。到底什么是编排系统？它跟 Kubernetes 有什么关系呢？本节我们来一起讨论并研究编排。

2.6.1　通俗地理解编排

1. 编排是什么

编排这个词，如果用 Google 翻译，搜索的结果是单词 Orchestration。但是 Orchestration 的中文却是管弦乐编曲。在管弦乐演奏中，肯定需要通过某种方式完成多种乐器之间的协调配合，这种方法也叫作编排。有编排的场景存在多种组件事务，而且这些组件事务具有一定的独立性。个人理解，编排就是按照某种机制让各种组件自动化配合运作，然后得到我们想要的结果，如图 2-13 所示。

2. 编排与自动化

初学者经常会把编排理解为自动化，其实这两个概念是有区别的。编排更注重组建配合产生良好的结果，而自动化更注重组件运行的方式和效率。但是在 IT 世界里，编排是离不开自动化的，没有实现自动化的编排只是一种工作流，有了自动化，编排才能运行。好比在生产车间里，每个环节如果都靠人力来运作，虽然每个工人一丝不苟、按部就班，但是这仅仅体现了工作流的机械性，没有体现出高效性，这样的编排没有灵魂。

图 2-13　Orchestration 乐队配合

编排贯穿整个 IT 环境，横穿 Web 服务器、数据库、中间件、负载均衡器等。这里涉及多个层次，不同的技术领域，IT 管理者需要站在一个高纬度去认识生产系统，设计出一套复杂的编排机制。

3. 编排的意义

有些人或许会产生疑问，编排的意义在哪里？它能带来什么收益？

我们可以把编排理解为一种 IT 工作流，它能把 IT 系统都串接起来，然后自动化运作。那这样不是一劳永逸吗？在输入和输出要求都不变的情况下或许真的能一劳永逸，但是现实的情况往往不是这样。公司的业务更新迭代，IT 支撑环境也会不停更新迭代，没有一种 IT 环境能一直保持不变。但是，编排的思想却贯彻整个 IT 发展，每一个发展阶段都有不一样的编排思路。

在物理机时代，人力运维"编排"（搬、挪）物理机；在虚拟机时代，人们用脚本、CMDB、OpenStack heat 等"编排"虚拟机；在如今的容器时代，人们用 Kubernetes、微服务编排容器。

套用网上的一句话：编排旨在简化并优化重复性的频发流程，以确保准确、快速地完成软件部署。产品上市速度越快，成功概率越大，只要流程是重复性的，便可通过自动运行相关任务来优化流程，消除重复操作。编排流程可用图 2-14 表示。

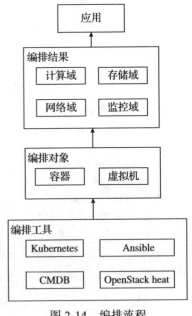

图 2-14　编排流程

2.6.2　Kubernetes 与编排

Kubernetes 是容器资源管理、调度平台，换句话说，它就是容器资源的编排系统。那么容器编排都有哪些动作和流程呢？总的来说有以下六大部分。

- ❏ 资源调度
- ❏ 资源管理
- ❏ 服务发现
- ❏ 健康检查
- ❏ 自动伸缩
- ❏ 更新升级

1. 资源调度

在分布式系统里，资源调度是非常重要的，Kubernetes 通过 Scheduler 组件对 Pod 进行调度。Scheduler 调度器作为 Kubernetes 的三大核心组件之一，承载着整个集群资源的调度功能，根据特定调度算法和策略，将 Pod 调度到最优工作节点上，从而更合理和充分地利用集群计算资源，使资源更好地服务于业务的需求。资源调度是一套分布式系统最基本的核心指标。设想一下，如果连资源都不能调度好，上层的服务还如何正常使用。

2. 资源管理

资源一般分为计算资源、网络资源、存储资源。计算资源通常是 CPU、MEM（当然现在还有 GPU 资源），Kubernetes 通过可压缩和不可压缩的机制来区分计算资源，这里 CPU 资源是可压缩的，MEM 资源是不可压缩的。Kubernetes 主要是通过 requests 和 limits 参数来灵活控制 Pod 对资源的使用。

3. 服务发现

所有资源的分配、支撑都是为了运行服务。因为 Pod 的 IP 不是固定的，所以外部的程序或者内部的程序想要访问 Kubernetes 里面的某个 Pod，肯定需要一种固定的访问方式，这种方式叫作 Service。创建的服务只有能轻松简单地被发现、被访问，调用才能更加高效。

4. 健康检查

计算机世界里没有哪种服务能一直保持正常运行。总有各种内在、外在因素影响服务的稳定运行。那么监控检测服务是否能正常运行就尤为重要，在 Kubernetes 里一般用 liveness 和 readiness 探针机制来做健康检查（2.4 节也有提到探针的用法）。

5. 自动伸缩

在运维环境里，资源的扩容和管理是一件令人头疼的事。工程师很难精确把握业务需要多少资源，多了少了都会影响成本和平台的稳定性。所以，假如有一套机制能根据当前负载的状态，动态、精准地扩容资源，对工程师来说是一个福音。虚拟机时代之前，这是非常难实现的，因为涉及环境的快速迁移和复制。容器化时代很自然地解决了这个问题，Kubernetes 里使用 Horizontal Pod Autoscaling（Pod 横向扩容机制）来保证资源能按需扩容。

6. 更新升级

程序会随着业务发展不断迭代，我们可以架设一套完整的 CI/CD 来完善程序的发布、更新机制。Kubernetes 目前在 CI/CD 里占据很重要的地位，如图 2-15 所示。另外，Kubernetes 的内部控制器 ReplicationController 与 Deployment 也为服务的滚动和平滑升级提供了很好的机制。

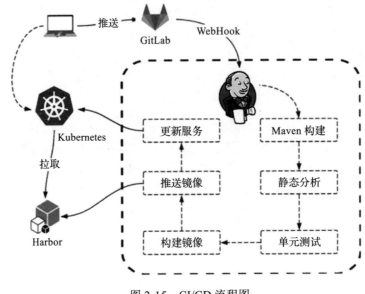

图 2-15　CI/CD 流程图

编排其实是一直存在的，从最初的物理机时代，到如今的 Kubernetes 自编排，这些工具和系统在解放人力的同时也节省了成本。

2.7　五种 Kubernetes 控制器

Kubernetes 控制器是非常重要的存在，不同的控制器负责处理不同的任务，它们主要用来控制 Pod 的状态和行为。

2.7.1　为什么要有控制器

Kubernetes 是容器资源管理和调度平台，容器在 Pod 里运行，Pod 是 Kubernetes 的最小单元。我们要操作 Pod 的状态和生命周期，就需要用到控制器。

有一个比较通俗的公式：应用＝网络＋载体＋存储。应用组成可以用图 2-16 表示。

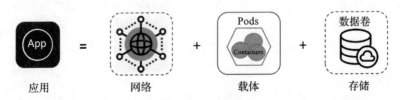

图 2-16　应用组成

这里的应用一般分为无状态应用、有状态应用、守护型应用和批处理应用 4 种。

1. 无状态应用

应用实例不涉及事务交互，不产生持久化数据，并且多个应用实例对于同一个请求响应的结果是完全一致的，例如 Nginx、Tomcat。

2. 有状态应用

有状态应用需要数据存储功能的服务或多线程类型的服务、队列等支持，例如 MySQL 数据库、Kafka、Redis、ZooKeeper。

3. 守护型应用

守护进程保持长期运行，监听持续提供服务，例如 Ceph、Logstash、Fluentd。

4. 批处理应用

工作任务型的应用通常是一次性的，例如运行一个批量改文件夹名字的脚本。

以上这些类型的应用如果是安装在传统的物理机或者虚拟机上，我们一般会通过手动或自动化工具的方式去管理编排。但是这些应用一旦容器化运行在 Pod 里，就应该按照 Kubernetes 的控制方式来管理。在 2.6 节中，我们讲到了编排，Kubernetes 是通过什么工具具体操作编排的呢？答案就是控制器。

2.7.2　Kubernetes 有哪些控制器

既然应用的类型分为无状态和有状态，那么 Kubernetes 肯定要实现一些控制器来专门处理对应类型的应用。总体来说，Kubernetes 有 5 种控制器，分别对应处理无状态应用、有状态应用、守护型应用和批处理应用。

1. Deployment

Deployment 的中文意思为部署、调度，我们可以简单地将其理解为一种通过 YAML 文件的声明，在 Deployment 文件里可以定义 Pod 数量、更新方式、使用的镜像、资源限制等，通过 Deployment 我们能操作 RS（ReplicaSet）。无状态应用都用 Deployment 创建。

```
apiVersion: extensions/v1beta1kind: Deployment    # 定义是Deploymentmetadata:
    name: nginx-deploymentspec:
    replicas: 2
    template:
        metadata:
            labels:
                app: nginx
        spec:
            containers:
            - name: nginx
                image: nginx:1.8.0
                ports:
                - containerPort: 80
```

2. StatefulSet

StatefulSet 的出现使 Kubernetes 实现了"有状态"应用落地，Stateful 这个单词本身就是"有状态"的意思。之前大家一直怀疑有状态应用落地 Kubernetes 的可行性，StatefulSet 有效解决了这个问题。有状态应用一般都需要具备一致性，它们有固定的网络标记、持久化存储、顺序部署和扩展、顺序滚动更新。

StatefulSet 通过以下几个方面实现 Pod 的稳定、有序。

1）给 Pod 一个唯一和持久的标识（如 Pod 名称）。

2）给 Pod 一份持久化存储。

3）部署 Pod 都是顺序性的，0～N-1。

4）扩容 Pod 时，前面的 Pod 必须还存在着。

5）终止 Pod 时，后面 Pod 也一并终止。

举个例子：创建 3 个 Pod，分别是 zk01、zk02、zk03，如果要扩容 zk04，那么前面 zk01、zk02、zk03 必须存在，否则扩容不成功；如果删除了 zk02，那么 zk03 也会被删除。

3. DaemonSet

Daemon 本身就是守护进程的意思，那么很显然，DaemonSet 就是 Kubernetes 里实现守护进程机制的控制器。比如我们需要在每个节点里部署 Fluentd 采集容器日志，就可以采用 DaemonSet 机制部署，它的作用就是确保全部节点（或者指定的节点数）里运行一个 Fluentd Pod 副本。当有节点加入集群时，也会新增一个 Pod；当有节点从集群移除时，这些 Pod 也会被回收；删除 DaemonSet 将会删除它创建的所有 Pod。

所以，DaemonSet 特别适合运行那些静默在后台运行的应用，而且是连带性质的，非常方便。

4. Job

Job 就是任务，我们时常批处理运行一些自动化脚本或者 Ansible，在 Kubernetes 里我们用 Job 运行批处理任务。

5. CronJob

在 IT 环境里，经常遇到一些需要定时启动任务。传统的 Linux 里我们运行定义 crontab 即可，在 Kubernetes 里用 CronJob 控制器定时启动任务。其实 CronJob 就是上面 Job 的加强版，带时间定点运行功能。

例子：每一分钟输出一句"2019-08-25 08:08:08 Hello Kubernetes！"

```
apiVersion: batch/v1beta1
kind: CronJob                  # 定义CronJob类型
metadata:
    name: hello
spec:
    schedule: "*/1 * * * *"    # 定义定时任务运行
    jobTemplate:
        spec:
            template:
                spec:
```

```
containers:
- name: hello
  image: busybox
  args:
  - /bin/sh
  - -c
  - date; echo Hello Kubernetes!
restartPolicy: OnFailure
```

以上就是对 Kubernetes 的 5 种控制器的介绍，这 5 种控制器对应 4 种类型应用的编排处理。这 5 种控制器到底怎么用呢？很简单，还是通过编写、运行 YAML 文件来操作。网上有很多控制器运行的例子，我们只要参考样例自己部署一个，其他的类型也就会了。

2.8　Kubernetes 的网络

前面介绍了很多 Kubernetes 的概念以及架构方面的知识，本节我们学习 Kubernetes 的网络。云计算领域的网络向来是复杂的，因为牵扯到硬件网络和虚拟网络的交互。尤其是虚拟网络比较抽象，如果理解不清，许多问题排障将寸步难行。

2.8.1　虚拟化网络基础

我们知道计算有虚拟化，这是因为现在的 CPU 有 VT-X 技术，存储也可以虚拟化，比如 Ceph 技术。那么同样的，网络也有虚拟化，我们一般称之为 SDN 技术（Software Defined Network，软件定义网络）。

传统硬件网络里有网线、网口、交换机、路由器、防火墙等概念，虚拟化网络里同样也有对应的概念。因为虚拟环境的模型参考现实环境的模型来设计，这有利于架构的对接和理解，节约相关成本。

同时，虚拟网络底层也需要物理网络来支撑，中间通过网络虚拟化平台把物理层网络软件定义成了虚拟组网，如图 2-17 所示。网络虚拟化的出现，促进了云计算的发展，毕竟每一种 IT 资源都要具备弹性的优点。

那么网络虚拟化平台是通过哪些技术手段让物理网络变成虚拟网络的呢？当然这里面有很多复杂的技术，就不展开介绍了，我们对照表 2-9 就能了解其中一些要点。

表 2-9　物理层设备虚拟化实现

物理层设备	虚拟层设备	实现技术原理
网线	veth pair	Linux net/veth.c 驱动
网卡网口	vNIC	Linux TAP 驱动
交换机	Linux Bridge/MACVTAP/Open vSwitch	Linux 网络驱动 /OVS-DPDK
路由器	iptables NAT	Linux Netfilter 内核组件
防火墙	iptables	Linux Netfilter 内核组件

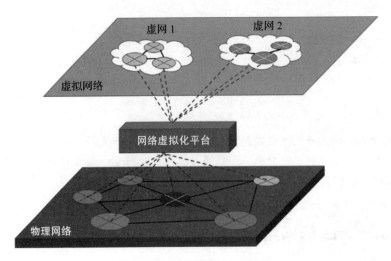

图 2-17　网络虚拟化示意图

表 2-9 中很多虚拟层的技术都是 Linux 本身提供的，这也很容易理解，毕竟"万物基于 Linux"。当然，有些高并发场景直接用 Linux 自带的实现技术，是达不到性能要求的，因此产生了很多其他开源项目，比如 Open vSwitch、DPDK、NFV。

2.8.2　Docker 的网络

在物理机环境下，传统网络机制的接入和理解都相对简单，因为网线、网卡还有交换机这样的设备都是实实在在看得到的。而在虚拟环境下，虚拟机模式和容器模式相对难理解一些，因为它们比较抽象，而且虚拟机模式和容器模式本来也不太一样。

2.8.3　Kubernetes 网络详解

Kubernetes 的技术架构是由 master+node 组成的。节点里面运行着 Pod，而 Pod 又是 Kubernetes 里最小的控制单元。因此，我们学习 Kubernetes 的网络可以从 Pod、节点、Service、外界这几个对象间的网络连接关系入手。

我们先通过图 2-18 对 Pod、节点和 Service 之间的关系有个大概的认识。

图 2-18 中 Pod1 和 Pod2 在不同的节点上，它们都在 Service1 里，内部之间存在网络连接；Pod3 在 Service2 里，Service2 与 Pod1 连接；Pod4 和 Pod5 同在一个节点里，且内部连通，同时 Pod2 和 Service3 又存在连接；最后，Service1 又与外部 LB 存在着连接。其实图 2-18 就是一个 Kubernetes 基本的网络连接图，涵盖了通用的网络连接情况，下面我们具体说说每种连接具体的实现机制。

1. Pod 里容器的互通

Pod 内部的容器共享一份网络和存储资源，因此内部的容器能一起享受和使用 Kubernetes 给 Pod 分配的 IP 地址和网络端口。

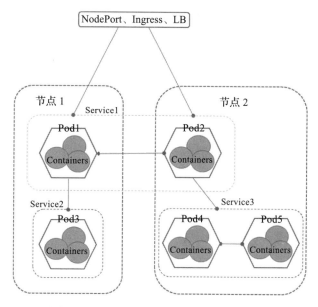

图 2-18　Pod、节点和 Service 之间的关系

我们知道 Linux 除了有 eth0 这样的网口，还有本地环路接口（lo），这个 lo 其实就是 localhost 的缩写，在 Linux 系统里进程之间就是通过本地环路接口相互发包通信的。

同样的道理，Pod 内部的容器是通过本地环路接口容器用到的端口互通的。

我们可以用图 2-19 表示 Pod 里容器互通。

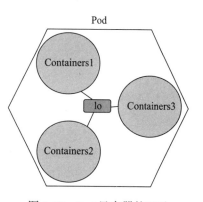

图 2-19　Pod 里容器的互通

2. Pod 之间的互通

Pod 之间存在两种形式的互通：一种是同一个节点里 Pod 间的互通，另外一种是不同节点里的 Pod 之间相互连通。

（1）同一节点，Pod 之间的互通

安装部署了 Kubernetes 的节点如果使用了 Docker 作为运行时，默认会创建一个叫作 Docker0 的网桥，这个 Docker0 就是 Linux Bridge 模式。每个 Pod 都会分配一个固定的 IP，这个 IP 跟这个 Docker0 是同一个网段，而且每个 Pod 都会通过 veth-pair 方式连接到这个 Docker0 上。可以把每个 Pod 想象成一个 VM 虚拟机，然后每个虚拟机连接在这个 Docker0 的二层交换机上，如图 2-20 所示。

（2）不同节点、Pod 之间的互通

Pod A 要跟另外一节点的 Pod B 通信，那么很显然这两个节点之间首先要网络互通，这是先决条件。其次，每个 Pod 的数据要确保能从每个节点的网卡出去。最后，从整个 Kubernetes 集群来看，每个 Pod 的 IP 不能有冲突。所以，这种互通情况总结起来有 3 点需要注意。

❑ 节点之间网络需要保证互通。

❑ Pod 数据包能通过本节点的网卡发送出去。

❑ Kubernetes 集群里每个 Pod 分配的 IP 不能有冲突。

不同节点、Pod 之间的互通可用图 2-21 表示。

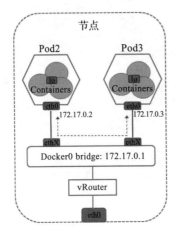

图 2-20　同节点上的 Pod 之间互通　　图 2-21　不同节点、Pod 之间的互通

通常需要一些网络插件来保证 Kubernetes 集群的网络规划有条理又不失性能。上面这个例子中是两个节点和 3 个 Pod 之间的互联关系，如果是 N 个节点和 N 个 Pod，再加上业务场景，网络的关系就复杂了，需要一种更为专业的管理软件来主导。下面会提到 Kubernetes 的一些专业网络插件。

3. Pod 与 Service 之间的互通

我们知道 Kubernetes 里 Pod 是不稳定的，随着业务量的增加或减少，必然会有扩容和缩容，因此随时可以创建或销毁 Pod。Pod 销毁了，它上面的 IP 肯定会变，因此通过访问 Pod 的 IP 来获取服务资源肯定是不行的。

我们介绍 Kubernetes Service 的概念时，将 Service 理解为 Pod 的前端，标签 Selector 可以把 Service 和 Pod 绑定，这样无论 Pod 如何变化，需要访问其服务的客户端都不受影响，客户端只要访问确定的 Service 就行了。

Service 也是一个抽象的实体概念，分配给 Service 的都是虚拟 IP，Client 对其访问的请求转发都是靠 kube-proxy 来实现的。所以，Pod 跟 Service 之间的互通，真正的操作者是 kube-proxy，那么 kube-proxy 都是通过哪些方式做请求转发的呢？总的来说有 3 种模式：userspace、iptables 和 ipvs。

（1）userspace 模式

在这种模式下，kube-proxy 会实时监控 Service 和 Endpoints 的添加和删除操作，如果发现有创建 Service 的操作，kube-proxy 会随机开发一个代理端口，然后为其新建一个对应的 iptables 规则，这个 iptables 就会对 Service 的 <IP：端口> 与代理端口之间的流量进行转发，最后再从 Endpoints 里选择后端的一个 Pod，把代理端口的流量转给这个 Pod。

（2）iptables 模式

在这个模式下，创建 Service 的时候会同时建立两个 iptables 规则，一个给 Service，另一个给 Endpoints。给 Service 的 iptables 规则是为了转发流量给后端的，给 Endpoints 的 iptables 规则是为了选择 Pod。

（3）ipvs 模式

ipvs（IP Virtual Server，IP 虚拟服务器）模式下，节点必须安装好 ipvs 内核模块，不然默认使用 iptables 模式。ipvs 模式调用 netlink 接口创建相应的 ipvs 规则，同时会定期跟 Service 和 Endpoints 同步 ipvs 规则，以保证状态一致。流量访问 Service 后会重新定向到后端某一个 Pod 里，ipvs 模式下有多种算法可以实现这个重定向过程（算法有轮询调度算法、最少连接数调度算法、目的地址散列调度算法、源地址散列调度算法），因此 ipvs 模式的效率和性能都很高。

下面我们总结这 3 种模式的优劣，如表 2-10 所示。

表 2-10　kube-proxy 三种请求转发模式对比

模式名称	性　　能	Pod 选择机制	适用场景
userspace	缓慢、差	依次循环	测试学习
iptables	稳定较好	采用 readiness probes 探测器	生产，Pod 数 <1000
ipvs	性能高	重定向选择，并且结合多种负载均衡算法	生产，Pod 数 >1000

从表 2-10 可以看出，生产环境应该采用 ipvs 或者 iptables 模式，那么这两种模式该如何区分呢？我们可以看下它们之间的性能测试对比，可以参考这篇文章：

https://www.projectcalico.org/comparing-kube-proxy-modes-iptables-or-ipvs/

4. Service 与外部的互通

Pod 作为后端，提供资源服务给外界使用，这些资源都是通过 Service 来访问的。如果是集群内部访问，直接访问 Service 的 ClusterIP 即可；如果是外部访问，将通过 Kubernetes Ingress 组件结合一些 LB（负载均衡器）做服务的外部暴露。另外还有 NodePort 模式，外界能通过节点的外部端口直接访问服务。总结起来有下面 4 种访问方式。

1）ClusterIP：通过内部 IP 地址暴露服务的方式，只能用于集群内访问，这也是默认类型。

2）NodePort：通过 <NodeIP>:<NodePort> 在集群外访问 Service。

3）LoadBalancer：结合负载均衡器，给服务分配一个固定的外部地址。目前很多云厂商用这个方式访问资源服务。

4）ExternalName：结合 kube-dns 将相关资源映射成域名的形式，然后相互之间通过域名访问。

5. Kubernetes CNI

前面学习 Docker 的时候提到过，Docker 为了规范网络提出了 CNM 模型，CNM 提供了用于开发的多种网络驱动。模型里面定义很多标准的接口，供开发者使用。Kubernetes 的 CNI 也是类似的效果和作用。CNI（Container Network Interface）的推出让 Kubernetes 更加关注自己内部原生机制的实现，而外部的一些网络规范设计和开发交给专业的网络厂商和开源社区去做，CNI 只提供一套标准的接口。Kubernetes CNI 可用图 2-22 表示。

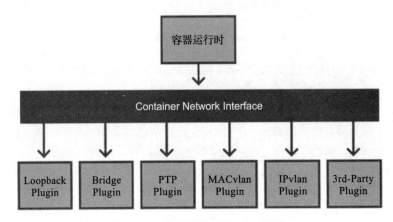

图 2-22　容器网络接口 CNI 驱动

Kubernetes CNI 中，有如下几个常见的插件。

1）Loopback Plugin：用于创建一个回环接口（lo）。

2）Bridge Plugin：创建虚拟网桥，并添加容器到该虚拟网桥上。

3）PTP Plugin：用于创建 veth 对，在容器和主机之间建立通道。

4）MACvlan Plugin：使用 macvlan 技术，从物理网卡虚拟出多个网卡，虚拟网卡 IP 和 mac 地址具有唯一性。

5）IPvlan Plugin：在容器中添加一个 ipvlan 接口，虚拟网卡有着相同的 mac 地址。

除了以上几个常见插件，CNI 还有很多种流行的插件，下面分别进行介绍。

（1）Flannel

Flannel 是 CoreOS 公司开源的 CNI 网络插件，它的功能是让 Kubernetes 集群中的不同节点创建的容器都具有全集群唯一的虚拟 IP 地址。Flannel 基于 Linux TUN/TAP，使用 UDP 封装 IP 包来创建 overlay 网络，IP 分配信息会存于 ETCD 中。我们上面提到不同节点和 Pod 间的互通的时候就提到过节点间的 Pod 如何通信，设计 Flannel 的目的就是为了更好地解决这个问题，它使不同节点上的 Pod 能够获得同属一个内网且不重复的 IP 地址。

Flannel 也是目前生产中用的比较多的插件之一，简单而且性能稳定。

（2）Calico

Calico 这个插件也是比较常用的，功能丰富且性能稳定。在大型 Kubernetes 集群里，Calico 会采用最新的技术和过去积累的经验持续优化 Kubernetes 网络，它是一个主打三层 BGP 路由的解决方案，路由模式不需要封包解包，而 Flannel 是隧道模式，需要封包解包。

（3）Canal

Canal 不是某个组件的名称，而是 Tigera 跟 CoreOS 一起合作的项目，它将 Flannel 的性能和 Calico 的网络策略管理功能进行结合。但是 Calico 和 Flannel 都在不断完善和更新，目前

Calico 的性能已经很不错了，Canal 的优势不再明显。不过如果有需求，比如想同时用 Flannel 和 Calico，就可以选择 Canal。

（4）Cilium

Cilium 也是开源的软件，它是 BPF 的内核技术。BPF 这项技术可以保证 API 和进程的安全性，以保护容器或 Pod 内的通信。

（5）WeaveNet

WeaveNet 在安全性方面能够提供企业级的服务，通常应用于金融银行领域。采用了 WeaveNet 的网络加密模式，安全性能会得到很大的保证，但是性能方面会降低很多，后面会有相关的数据测试对比，大家可以参考。

这些 CNI 插件各有优劣，目前用的比较多的是 Calico 和 Flannel。那么它们的性能到底如何？如图 2-23 所示是 CNI 插件性能对比，大家可以参考。

CNI	TCP	UDP	HTTP	FTP	SCP
Calico	😐	😊	😊	😊	😐
Canal	😊	😊	😊	😊	😊
Cilium	😊	😊	😊	😊	😊
Flannel	😊	😊	😊	😊	😊
Kube-router	😊	😊	😊	😊	😊
WeaveNet	😄	😄	☹️	☹️	😊
Cilium encrypted	☹️	☹️	☹️	☹️	☹️
WeaveNet encrypted	☹️	☹️	☹️	☹️	☹️

图 2-23　CNI 插件连接方式性能对比

除了最关键的性能，我们也要考虑资源消耗（毕竟消耗意味着成本），图 2-24 所示是内存和 CPU 两种资源消耗情况对比。第一条是裸金属环境条件（用作基准对比），第二条是没用任何 CNI 插件的数据（也是用于基准测试对比）资源消耗测试对比。

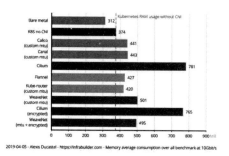
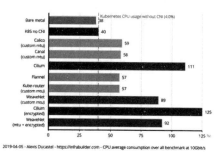

图 2-24　CNI 插件资源消耗测试对比

从图 2-24 中我们可以看出，消耗内存最少的是 Flannel，为 427MB（排除 kube-router），Calico 表现也还不错，消耗 441MB；在 CPU 占用这项，Flannel 和 Calico 不相上下，Flannel 占 5.7%，Calico 占 5.9%。

从性能和资源消耗来看，Flannel 和 Calico 选择哪个都可以。Flannel 的优势就是精简，但是不支持 NetworkPolicies（网络策略），Calico 功能相对齐全，但是不支持自动设置 MTU 值（MTU 值对网络性能影响还是很大的）。

如果你的环境对于安全要求非常高，不在乎性能和资源消耗，可以选择 Cilium 和 WeaveNet 插件，它们都有加密模式。相比于 Cilium，WeaveNet 的资源消耗少一些。

上面的测试结果都来自 ITNEXT 的文章 "Benchmark results of Kubernetes network plugins (CNI) over 10Gbit/s network (Updated: April 2019)"，这篇文章做了专业的压测分析（测试时间是 2019 年 4 月）。

本节从基本的网络虚拟化概念讲起，依次介绍了 Kubernetes 的网络实现方式和 CNI 网络插件。网络虚拟化是云计算领域的一个难点，较为复杂，有兴趣的读者可以找相关主题图书深入研究。

2.9　Kubernetes 的存储

数据存储在存储介质中，了解清楚底层的存储实现方式对于数据的使用、保护以及 IO 性能的优化有很大的帮助。本节将介绍 Kubernetes 的存储实现机制。

2.9.1　存储虚拟化介绍

一个好的虚拟化解决方案就像游历一个虚拟现实的主题公园。当游客想象自己正在城市上空滑翔时，传感器就会把相应的感觉传递给游客，同时隐藏真实的力学环境。这好比电影《黑客帝国》中，虚拟世界的人完全感受不到自己是在虚拟的环境中。存储的虚拟化与此类似，上层用户完全不了解底层硬盘、磁带，屏蔽掉底层复杂的物理设备后，把零散的硬件存储资源抽象成一个"存储池"，这个"存储池"能灵活分配给用户。存储池虚拟化如图 2-25 所示。

SNIA（存储网络工业协会，非营利行业组织）对存储虚拟化的定义：通过对存储（子）系统或存储服务的内部功能进行抽象、隐藏或隔离，对应用、服务器、网络等资源进行分离，从而实现这些资源的独立管理。目前这个定义是相对权威和中立的，这里说的"抽象"可以理解为对底层硬件存储资源的共同属性的整合，把所有存储资源抽象成一个虚拟的存储池；"隐藏"的

逻辑表现

Object

虚拟化控制层

物理设备

图 2-25　存储池虚拟化

意思是对于上层用户需要屏蔽掉底层的硬件，用户无须关心底层；"隔离"的意思是虚拟的存储池资源需要根据上层用户的需求划分成小块，块与块之间相互独立、相互不影响。

抽象→隐藏→隔离，这三步是存储虚拟化机制要达到的最基本要求，通过这三步能实现设备使用效率提升，实现统一数据管理、设备构件化、数据跨设备流动，提高可扩展性、降低数据管理难度等目的。

1. 存储 I/O 虚拟化

I/O 虚拟化是存储虚拟化的基石，I/O 虚拟化的质量将直接影响整体存储虚拟化方案的效果。I/O 虚拟化和 CPU 虚拟化一样经历全虚拟、半虚拟、硬件辅助虚拟的过程。全虚拟化模式，全部处理请求要经过 VMM，这就让 I/O 路径变得很长，造成的影响就是性能大大降低。所以，后面出现了半虚拟化 I/O 技术 virtio（Virtual I/O Device）。

virtio 是前后端架构，相关请求路径减少了很多，但还是需要经过 VMM 和 Kernel 的，因此性能或多或少还是会有损耗。直到英特尔推出了硬件辅助式的 VT-D 技术，这项技术极大减少了 VMM 在 I/O 请求操作中的参与度，让路径变为最短，而且还提供了专门的内存空间处理 I/O 请求，性能得到了非常大的提升。

2. 当前主流存储虚拟化方式

目前存储虚拟化方式主要有 3 种，分别是基于主机的存储虚拟化、基于网络的存储虚拟化和基于存储设备的存储虚拟化。表 2-11 所示是这 3 种存储虚拟化方式优劣对比。

表 2-11　3 种主流存储虚拟化方式对比

名　称	定　义	实现方式	优　势	劣　势
基于主机	安装在一个或多个主机上，实现存储虚拟化的控制和管理	一般是由操作系统下的逻辑卷管理软件实现，不同操作系统下，逻辑卷管理软件也不同	支持不同架构的存储系统	占用主机资源、可扩充性较差、性能不是很好、存在操作系统和存储管理应用不兼容的问题、需要复杂的数据迁移过程，影响业务连续性
基于网络	基于网络的虚拟化方法是在网络设备之间实现存储虚拟化功能	通过在存储网络（一般是 SAN 网络）中添加虚拟化引擎实现	与主机无关，不占用主机资源；支持不同主机、不同存储设备；有统一的管理平台、扩展性好	厂商之间不同存储虚拟化产品性能和功能参差不齐，好的产品成本高、价格贵
基于存储设备	基于存储设备的存储虚拟化方法依赖于提供相关功能的存储模块	在存储控制器上添加虚拟化功能	与主机无关，不占用主机资源；数据管理功能丰富	不同厂商间的数据管理功能不兼容；多套存储设备需要多套数据管理软件，成本高

3. 存储虚拟化的价值

据统计，存储的需求量年增长率为 50%～60%。面对新的技术应用以及不断增加的存储容量，企业用户需要虚拟化技术来降低管理的复杂性，同时提高效率。

据有关报告显示，采用存储虚拟化技术能节省一半的 IT 成本。但是，从企业对存储掌握的情况来看，很多企业遇到了问题，总结起来有三点：一是存储数据的成本在不断增加；二是数据存储容量爆炸性增长；三是越来越复杂的网络环境使得存储的数据不便管理。

存储虚拟化首先要解决的难题就是不同架构平台的数据管理问题。数据管理没有有效便捷的方法，处理不当会对数据的安全产生很大的威胁。在当前云时代背景下，大部分客户已选择上云（公有云或私有云），这也是让存储走向虚拟化的一个表现。云环境下，公有云厂商有自己很强的存储虚拟化技术体系来支撑用户需求，当前私有云的 Ceph 和 GlusterFS 技术也能很好地解决上述问题。

2.9.2 Kubernetes 存储机制设计

前面有提到过，企业选择虚拟化技术能大大降低 IT 成本。Kubernetes 是容器资源调度管理平台，因此它也是虚拟化资源的管理平台。下面我们介绍存储虚拟化资源在 Kubernetes 下是如何运作和管理的。

在传统虚拟机模式下，我们可以分配块存储、文件存储挂载到 VM 里。同理，在容器 Kubernetes 模式下，Pod 也需要存储资源来实现数据的持久化。在 Kubernetes 里，存储资源以数据卷的形式与 Pod 绑定。底层通过块存储和分布式文件系统来提供数据卷，而块存储和分布式文件系统在 2.9.1 节提到过，这些需要更底层的存储虚拟化机制来实现，如图 2-26 所示。

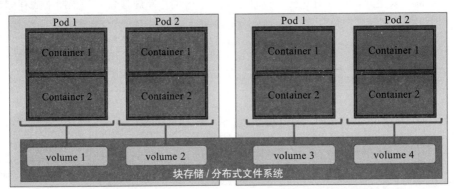

图 2-26 Kubernetes 存储虚拟化机制

那么，Kubernetes 到底是通过什么机制把底层块存储或分布式文件系统做成一份份的数据卷给 Pod 使用的呢？接下来我们通过 PV、PVC、StorageClass 等概念进行说明。

1. PV

PV（Persistent Volume，持久化的数据卷）是对底层共享存储资源的抽象，它能对接多种类型的存储实现，主要有 Ceph、GlusterFS、NFS、vSphereVolume（VMware 存储系统）、Local（本地存储设备）、HostPath（宿主机目录）、iSCSI、FC（光纤存储设备）、AWSElasticBlockStore（AWS 弹性块设备）、AzureDisk（微软云 Disk）、AzureFile（微软云 File）、GCEPersistentDisk（谷歌云永久磁盘）。PV 是 Kubernetes 存储能力、访问模式、存储类型、回收策略、后端存储类型等机制的体现，下面我们定义一个 PV。

```
apiVersion: v1
kind: PersistentVolume
metadata:
name: pv0003                              # 定义PV的名字
spec:
capacity:
    storage: 5Gi                         # 定义了PV为5Gi
volumeMode: Filesystem                   # 定义volume模式类型
accessModes:
    - ReadWriteOnce                      # 定义读写权限，并且只能被单个节点挂载
persistentVolumeReclaimPolicy: Recycle   # 定义回收策略
storageClassName: slow                   # 定义storageClass名字
mountOptions:
    - hard                               # 定义NFS挂载模式，硬挂载
    - nfsvers=4.1                        # 定义NFS的版本号
nfs:
    path: /tmp                           # 定义NFS挂载目录
    server: 172.17.0.2                   # 定义NFS服务地址
```

第一次写 PV 的 YAML 可能不清楚到底有哪些关键参数，表 2-12 整理了 PV 的关键配置参数供大家参考。

表 2-12　PV YAML 参数

类　　型	参数名	说　　明
存储能力	Capacity	描述存储设备具备的能力，目前仅支持对存储空间进行设置（storage=xx），未来可能加入 IOPS、吞吐率等指标的设置
存储卷模式	Volume Mode	Kubernetes 从 1.13 版本开始引入存储卷类型的设置（volumeMode=xxx），可选项包括 Filesystem（文件系统）和 Block（块设备），默认值为 Filesystem
访问模式	Access Modes	对 PV 进行访问模式的设置，用于描述用户的应用对存储资源的访问权限 ReadWriteOnce（RWO）：读写权限，并且只能被单个节点挂载 ReadOnlyMany（ROX）：只读权限，允许被多个节点挂载 ReadWriteMany（RWX）：读写权限，允许被多个节点挂载 这里要注意，不同的存储类型，访问模式是不同的
存储类别	Class	PV 可以设定其存储的类别，通过 storageClassName 参数指定一个 StorageClass 资源对象的名称（StorageClass 会预先创建好，指定一个名字），具有特定类别的 PV 只能与请求了该类别的 PVC 进行绑定。未设定类别的 PV 则只能与不请求任何类别的 PVC 进行绑定
回收策略	Reclaim Policy	通过 PV 定义中的 persistentVolumeReclaimPolicy 字段进行设置 Retain（保留）：保留数据，需要手工处理 Recycle（回收空间）：简单清除文件的操作（例如执行 rm -rf /thevolume/* 命令） Delete（删除）：与 PV 相连的后端存储完成 volume 的删除操作 目前，只有 NFS 和 HostPath 两种类型的存储支持 Recycle 策略；AWS EBS、GCE PD、Azure Disk 和 Cinder volumes 支持 Delete 策略
挂载参数	Mount Options	在将 PV 挂载到一个节点上时，根据后端存储的特点，可能需要设置额外的挂载参数，可以根据 PV 定义中的 mountOptions 字段进行设置
节点亲和性	Node Affinity	可以设置节点亲和性来限制只能让某些节点访问 volume，可以在 PV 定义中的 nodeAffinity 字段进行设置，使用这些 volume 的 Pod 将被调度到满足条件的节点上

每种存储类型支持的访问模式是不同的，如表 2-13 所示，通过"depends on the driver"后边的信息可以看到不支持的访问模式，这取决于具体的驱动能力。

表 2-13　多存储类型的访问模式

Volume Plugin	ReadWriteOnce	ReadOnlyMany	ReadWriteMany
AWSElasticBlockStore	✓	-	-
AzureFile	✓	✓	✓
AzureDisk	✓	-	-
CephFS	✓	✓	✓
Cinder	✓	-	-
CSI	depends on the driver	depends on the driver	depends on the driver
FC	✓	✓	-
FlexVolume	✓	✓	depends on the driver
Flocker	✓	-	-
GCEPersistentDisk	✓	✓	-
Glusterfs	✓	✓	✓
HostPath	✓	-	-
iSCSI	✓	✓	-
Quobyte	✓	✓	✓
NFS	✓	✓	✓
RBD	✓	✓	-
VsphereVolume	✓	-	- (works when Pods are collocated)
PortworxVolume	✓	-	✓
ScaleIO	✓	✓	-
StorageOS	✓	-	-

另外，也需要关注 PV 的生命周期，可用于问题排障，查看相关 PV 的状态，如表 2-14 所示。

表 2-14　PV 状态

状态名	描　　述
Available	可用状态，还未与某个 PVC 绑定
Bound	已与某个 PVC 绑定
Released	绑定的 PVC 已删除，资源已释放，但没有被集群回收
Failed	自动资源回收失败

2. PVC

PVC（Persistent Volume Claim）相比 PV 多了一个 Claim（声明、索要、申请）。PVC 是在 PV 基础上进行资源申请。那么有了 PV 为何还要用 PVC 呢？因为 PV 一般是由运维人员设定和维护的，PVC 则是由上层 Kubernetes 用户根据存储需求向 PV 侧申请的，我们可以联想 Linux 下的 LVM，Kubernetes 里的 PV 好比 LVM 的物理卷，Kubernetes 里的 PVC 好比 LVM 里的逻辑卷。LVM 逻辑架构如图 2-27 所示。

PV 与 PVC 的逻辑关系如图 2-28 所示。

PVC 的申请也是配置 YAML，举例如下。

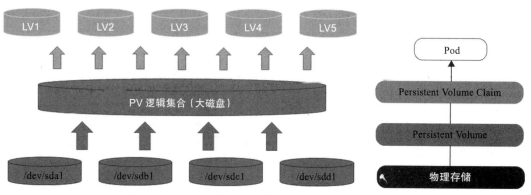

图 2-27　LVM 逻辑架构　　　　　图 2-28　PV 与 PVC 的逻辑关系

```
apiVersion: v1
kind: PersistentVolumeClaim
metadata:
    name: myclaim                    # 设置PVC的名字
spec:
    accessModes:
        - ReadWriteOnce              # 设置访问模式
    volumeMode: Filesystem           # 定义volume模式类型
    resources:
        requests:
            storage: 8Gi             # 设置PVC的空间大小
    storageClassName: slow           # 设置存储类别为slow,注意PVC这里一般和storageClass结合
    selector:
        matchLabels:
            release: "stable"        # 匹配标签stable
        matchExpressions:
            -{key: environment, operator: In, values: [dev]}
            #同时包含environment环境有[dev]的标签
```

　　PVC 是用户设置存储空间、访问模式、PV 选择、存储类别等信息的机制,它的 YAML 关键参数如表 2-15 所示。

表 2-15　PVC YAML 关键参数

类　型	参数名	说　明
资源申请	Resources	描述对存储资源的请求,申请资源空间的大小,目前仅支持 request storage 的设置
访问模式	Access Modes	设置访问模式,用于设置 App 对存储资源的访问权限: ReadWriteOnce（RWO）:读写权限 ReadOnlyMany（ROX）:只读权限 ReadWriteMany（RWX）:读写权限
存储卷模式	Volume Modes	PVC 也可以设置存储卷模式,用于描述希望使用的 PV 存储模式,有两种选择:文件系统 Filesystem 和块设备 Block
PV 选择条件	Selector	通过对 Label Selector 的设置,可使 PVC 对于系统中已存在的各种 PV 进行过滤筛选。目前有两种方式:matchLabels（该卷必须带有此值的标签）；matchExpressions（通过指定 key,值列表以及与键和值的运算符得出的要求列表,运算符包括 In、NotIn、Exists 和 DidNotExist）

（续）

类　型	参数名	说　明
存储类别	Class	通过设置 storageClassName 指定 StorageClass 的名称来请求特定的 StorageClass。只能将请求类的 PV（具有与 PVC 相同的 storageClassName 的 PV）绑定到 PVC
未启用 DefaultStorageClass	storageClassName	等效于 PVC 设置 storageClassName 的值为空（storageClassName=""），即只能选择未设定 Class 的 PV 与之匹配和绑定
启用 DefaultStorageClass	DefaultStorageClass	要求集群管理员已定义默认的 StorageClass，如果在系统中不存在默认的 StorageClass，则等效于不启用 DefaultStorageClass。如果存在默认的 StorageClass，则系统将自动为 PVC 创建一个 PV（使用默认 StorageClass 的后端存储），并将它们进行绑定，集群管理员通过在 StorageClass 的定义中添加一个 annotation"storageclass kubernetes. io/is-default-class=true" 设置默认 StorageClass 的方法。如果管理员将多个 StorageClass 都定义为默认，则由于 StorageClass 不唯一，系统将无法为 PVC 创建相应的 PV

PVC 目前一般会跟 StorageClass 结合使用，关于 StorageClass 的功能，具体请看下面的介绍。

3. StorageClass

在 Kubernetes 里，存储资源的供给分为两种模式：静态模式和动态模式。静态模式是 Kubernetes 集群管理员（一般是运维人员）手工创建和设置好后端存储特性的 PV，然后 PVC 再申请使用。动态模式下集群管理员无须手工创建和设置 PV，集群管理将定义好不同类型的 StorageClass，StorageClass 及时与后端存储类型做关联；待用户创建 PVC 后，系统将自动完成 PV 的创建和 PVC 的绑定。

在自动化发展日趋成熟的今天，人工操作逐渐被自动化手段替代，静态模式可以应用在集群规模小、架构简单的测试环境中，但是面对规模宏大、架构复杂的环境，就需要采用动态的管理方式。

下面定义一个 StorageClass 的 YAML 文件。

```
apiVersion: storage.Kubernetes.io/v1
kind: StorageClass
metadata:
    name: standard                  # 定义StorageClass的名字为standard
provisioner: kubernetes.io/aws-ebs  # 定义后端存储驱动，这里用的是AWS的ebs盘
parameters:
    type: gp2                       # aws的磁盘有5种类型，gp2是其中一种，这里定义的类型是gp2
reclaimPolicy: Retain               # 设置PV的数据回收策略，默认DELETE，这里设置的是
                                    #   Retain（保留，Kubernetes 1.8版以后才支持）
allowVolumeExpansion: true          # 设置只有从StorageClass中创建的PVC才允许使用卷扩展
mountOptions:
    - debug
volumeBindingMode: Immediate        # 设置何时进行卷绑定和动态预配置
```

集群管理员预先定义好 StorageClass，后面创建 PVC 的时候，有符合条件的 StorageClass 将自动创建好 PV 与 PVC 绑定使用。StorageClass 的 YAML 关键参数是 Provisioner 和 Parameters。

Provisioner 是 Kubernetes 底层存储资源的提供者，其实就是后端存储的类型。定义的时候需要以 kubernetes.io 开头，后面接上存储类型。Parameters 是后端存储类型的具体参数设置，不同的存储类型参数是不一样的。

StorageClass YAML 文件 Parameters 参数的定义比较复杂，想清楚了解具体怎么设置，比如 GlusterFS、Ceph RBD、OpenStack Cinder 的 StorageClass 是怎样的，可以参考官方文档的 YAML 例子。

4. PV、PVC、StorageClass 之间关系

前面我们详细了解了 PV、PVC、StorageClass 的相关信息，下面通过几张图从高维度来整体认识三者之间的关系。

首先，我们可以通过图 2-29 清晰地了解它们之间相互依赖的关系。

然后，我们通过图 2-30 来进一步直观地理解它们总体的架构层次关系。

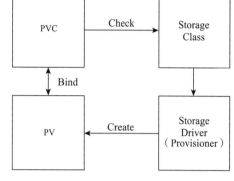

图 2-29　PV、PVC、StorageClass 逻辑关系

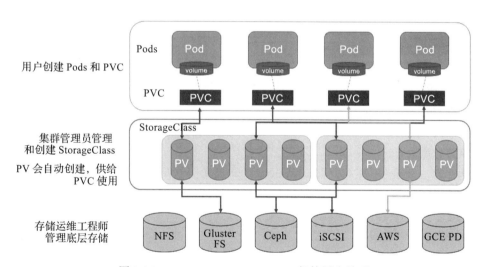

图 2-30　PV、PVC、StorageClass 架构层次关系

最后是它们的生命周期，如图 2-31 所示，管理员创建 StorageClass 后会去寻找合适的 PV，接着 PVC 会与 PV 绑定，分配给 Pod 使用。如果 Pod 不再使用，会释放 PVC，最终删除 PVC，PV 解绑回归待绑定闲时状态。

只要掌握了 StorageClass、PVC、PV 的定义和设置，清楚它们之间的内在关系和生命周期，对于 Kubernetes 存储的知识就有了基本的了解。当然，对于一些性能上的优化，具体还要看底层存储的能力。当前云环境下，底层存储各具特色，各大云厂商都有自己的实现机制和性能特

色；私有云下，在完善底层硬件性能的同时，通常 IaaS 层都会采用 Ceph 来做分布式存储，进而再给 PaaS 层使用。

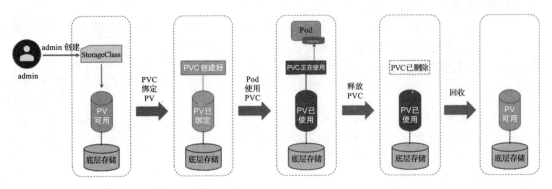

图 2-31　PV 生命周期

2.9.3　Kubernetes CSI

2.8 节我们学习 Kubernetes 网络的时候了解过 CNI，那么在存储方面，Kubernetes 也有一套接口管理规范机制，也就是 CSI（Container Storage Interface，容器存储接口）。CNI 是用来统一网络规范接口的，CSI 自然是想统一标准化存储方面的接口，方便管理。

1. 为什么要发展 CSI

CSI 1.0 版本是在 2017 年 12 月发布的。在没有 CSI 之前，Kubernetes 已经提供了功能强大的卷插件机制（In-tree Volume Plugin 和 Out-of-tree Provisioner），但由于 In-tree 模式的代码主要是 Kubernetes 维护，意味着插件的代码是 Kubernetes 核心代码的一部分，并会随核心 Kubernetes 二进制文件一起发布。

此外，第三方插件代码在核心 Kubernetes 二进制文件中可能会引起可靠性和安全性的问题，由于代码的审核和测试是 Kubernetes 侧人员做的，有些错误是很难发现的。因此，CSI 的出现非常有必要。CSI 的设计目的是定义一个行业标准，该标准将使第三方存储提供商能够自己实现、维护和部署他们的存储插件。

借助 CSI，第三方存储提供商无须接触 Kubernetes 的核心代码，这为 Kubernetes 用户提供了更多的存储选项，并使系统更加安全可靠。

Kubernetes 集群在没有 CSI 的标准下，架构如图 2-32 所示。

2. CSI 架构

CSI 目前包括三部分：Identity、Controller 和 node。

- ❑ CSI Identity 的主要功能是认证插件的状态信息。
- ❑ CSI Controller 的主要功能是对存储资源和存储卷进行管理和操作。
- ❑ CSI node 的主要功能是对节点上的 volume 进行管理和操作。

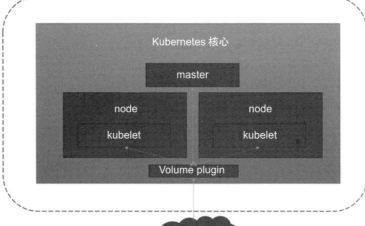

外部存储（AWS EBS、GCE PD 等）

图 2-32　没有 CSI 标准的 Kubernetes 集群架构

Kubernetes 与 CSI 的关系如图 2-33 所示。

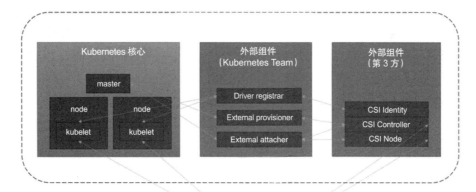

外部存储（AWS EBS、GCE PD 等）

图 2-33　Kubernetes 与 CSI 的关系

3. CSI 新特性

CSI 的 GA 版本正式发布了，有如下几个功能的改进。

1）Kubernetes 当前最新版本与 CSI 1.0 和 0.3 版本兼容。CSI 0.1 到 3.0 之间有重大变化，但是 Kubernetes 1.13 同时支持两个版本，因此其中任何一个版本都可以与 Kubernetes 1.13 一起使用。请注意，随着 CSI 01.0 API 的发布，Kubernetes 不再支持 0.3 及以下版本的 CSI API 驱动程序，Kubernetes 1.15 后则完全不支持了；CSI 0.2 和 0.3 之间没有重大变化，因此 0.2 驱动程序可以和 Kubernetes 1.10.0 以上版本联合使用。另外，在使用 Kubernetes 1.10.0 之前的版本时，必须将老版本的 CSI 0.1 驱动程序更新为至少兼容 CSI 0.2。

2）Kubernetes VolumeAttachment 对象已添加到 storage v1 group v1.13 中。

3）Kubernetes CSIPersistentVolumeSource 卷类型已提升为 GA。

4）"kubelet 设备插件注册机制"（发现新的 CSI 驱动程序机制方法），已在 Kubernetes 1.13 的 GA 中。

本节主要介绍了 Kubernetes 存储机制和 Kubernetes CSI，存储不管是在哪个 IT 时代都需要得到高度重视，只有重视存储才能让数据得到更好的输入和读取，当然，数据的安全性也是需要高度重视的。

2.10 Kubernetes 的安全机制

许多公司发生过这样的安全事故：因为后台的一个口令弱，黑客趁机获取了一台机器的权限，从而得到了公司内网其他机器的权限，干扰业务运转，给公司的经济带来严重的影响。安全问题更多的是人的意识问题，不要等安全事故发生了，再亡羊补牢。在关注平台本身性能和稳定性的时候，安全问题也不容忽视，接下来我们着重介绍 Kubernetes 的安全机制。

我们将传统的 IT 环境迁移至容器云后，容器安全是必须要考虑的问题，我们需要从多个维度去考虑容器云平台安全，例如容器安全、网络安全、存储安全等。在访问容器业务时，我们的请求会经过节点最终到达容器。这里将安全归为 3 大类，分别是节点侧安全、Docker 侧安全和 Kubernetes 侧安全。

2.10.1 节点侧安全

节点是容器的载体，我们的容器运行在节点上，所以节点侧安全是整体容器安全的第一道防线。

1. 节点登录认证

master 节点上运行着 Kubernetes 的核心应用，建议只让管理员拥有 master 节点登录权限，并将节点设置为强密码或者密钥的登录方式，且只有管理员才拥有 root 权限，非管理员只拥有普通账号及权限。该普通账号只对自身根目录有写权限，对其他目录仅有读权限。

同时建议设置登录节点需要经过跳板机。不建议使用默认的 22 端口作为节点的登录端口。我们可以通过 ssh 配置文件修改端口设置。

```
$ vim /etc/ssh/sshd_config
#Port 22
```

2. 限制对节点上容器资源的访问权限

非管理员账号只能远程通过 kubectl 客户端运行 kubectl exec 命令方式访问容器，不开放登录权限。

```
$ curl -LO
https://storage.googleapis.com/kubernetes-release/release/v1.8.13/bin/linux/amd64/kubectl
$ chmod +x ./kubectl
$ sudo mv ./kubectl /usr/local/bin/kubectl
$ --kubeconfig=本地集群访问凭证
$ source <(kubectl completion bash)
```

3. 节点安全组配置

只要业务在云主机中，就会涉及安全组概念。不应将节点侧安全组配置全部设置为开放，而是应根据自身业务，设置可开放访问的内网网段或者 IP，确保云主机的安全。

4. 节点开启 selinux

对于高级别的生产容器应用，我们可打开系统 selinux 功能，并配置合理的权限。由于 selinux 权限设置较为复杂，若是 Linux 系统的初级用户，一般不建议开启 selinux。

```
$ vim /etc/selinux/config
SELINUX=disabled
```

5. 购买防火墙或者 DDOS 防护

容器游戏业务更容易受到 DDOS 攻击（分布式拒绝服务攻击，若容器业务所在云主机受到 DDOS 攻击，我们可以针对云主机购买防火墙或采取 DDOS 防护功能，确保容器业务对外访问不受影响。

6. 编写检查脚本或工具

我们可针对云主机层自行编写检查脚本或者工具，定期自动检测扫描系统，检查系统安全，提高系统健壮性。

7. 更新安全补丁

及时更新系统安全补丁，防止安全事故的发生。

```
$ yum install yum-security          # 安装yum插件
$ yum --security check-update       # 检查安全更新
$ yum update --security            # 只安装安全更新
$ yum list-security software_name  # 检查特定软件有无安全更新
$ yum info-security software_name  # 列出更新的详细信息
```

以上 7 点是从主机或云主机层的节点侧去考虑安全。

2.10.2　Docker 侧安全

Docker 是运行在主机或云主机之上的，下面我们讲解 Docker 侧安全。

1. 镜像制作

在制作 Docker 镜像时，应该尽量小而精简，不要安装多余的第三方软件，防止软件漏洞影响容器业务。我们在后面的 4.3 节会介绍镜像制作标准化，大家可以参考。

2. 镜像漏洞更新

容器部署是基于 Docker 镜像的，我们在制作 Docker 镜像时，要确保镜像没有漏洞。若运行有漏洞的 Docker 镜像，黑客可能利用该漏洞提权，入侵我们的系统，轻则影响生产环境使用，重则破坏生产环境。所以我们要关注 Docker 漏洞发布，并定期更新 Docker 镜像。

我们可以使用第三方工具检测 Docker 镜像是否有漏洞。发现漏洞后，及时更新补丁。大家可以在网上找到一些扫描工具，例如 Docker Bench、Trivy、Clair、Cilium、Anchhore、Dagda 等。

3. 镜像内网授权访问

我们在部署容器应用时，不要下载第三方网站的 Docker 镜像，因为第三方镜像可能存在漏洞。应该通过内网访问镜像，且只能访问有授权的镜像。

4. 镜像启动运行级别

在制作 Docker 镜像时，如果没有特殊要求，尽量不设置 root 用户启动应用。

例如在 Dockfile 里设置普通用户 nginx：

```
USER nginx
ENTRYPOINT ["/usr/sbin/nginx","-g", "daemon off;"]
```

2.10.3 Kubernetes 侧安全

接下来我们介绍 Kubernetes 侧安全机制。Kubernetes 是管理 Docker 的编排工具，且内部存放着较为复杂的认证机制，当前很多企业用户对于 Kubernetes 的安全性还有一些怀疑。了解 Kubernetes 的内部安全机制是提升安全性的有效途径。本节我们分别从内部安全和平台安全层学习 Kubernetes 安全机制。

1. Kubernetes 内部认证流程

Kubernetes API-Server 是集群访问入口，客户端所有的请求都要先经过 API-Server，我们可通过 API-Server 对资源进行管理，对 Kubernetes 层资源（Service、RS、Pod 等）进行增、删、改、查，流程如图 2-34 所示。

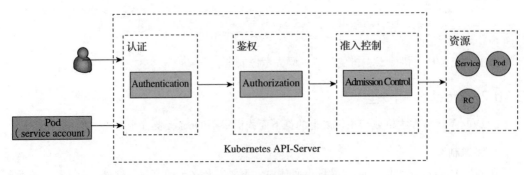

图 2-34　API-Server 认证流程

下面详细介绍 API-Server 认证流程。

客户端访问 Kubernetes API-Server 需要经过 3 个安全关卡：认证（Authentication）→鉴权（Authorization）→准入控制（Admission Control）。

（1）认证

如表 2-16 所示是常见的 8 种 Kubernetes 认证方式。

表 2-16　Kubernetes 认证类型

认 证 方 式	类　　型
Authenticating Proxy	代理
X509 Client File	Token
Static Password File	密码
Static Token File	Token
Service Account Tokens	证书
BootStrap Tokens	Token
OpenID Connect Tokens	证书
WebHook Token Authentication	Token

可以将 Kubernetes 认证过程理解为用户向 API-Server 发送请求，API-Server 识别该用户的身份是否正确并且存在。API-Server 支持多种认证方式，只要通过其中一种，API-Server 就认为认证成功。

在表 2-15 提到的 8 种认证方式中，较为常用的是 X509 Client Certs 和 Service Accout Tokens，2.14.1 节会详细介绍基于 X509 Client Certs 的认证方式。

（2）鉴权

表 2-17 所示是常见的 6 种 Kubernetes 鉴权方式。

表 2-17　Kubernetes 鉴权方式

鉴 权 方 式	说　　明
RBAC	基于角色的访问控制
ABAC	基于属性的访问控制
Node	节点认证
WebHook	通过调用外部 rest 服务对用户授权
AlwaysAllow	允许所有请求，Kubernetes 默认策略
AlwaysDeny	拒绝所有请求，用于测试

鉴权即资源授权，在第一道关卡中，我们通过了用户认证，这里可以通过鉴权确认用户对 Kubernetes 资源（Service、RS、Pod 等）的访问权限。最常用的是 RBAC 和 node 鉴权方式，在 2.10.3 节会介绍基于 RBAC 的鉴权方式。

（3）准入控制

在经过认证和鉴权两道关卡后，还要经过第三道关卡——准入控制，表 2-18 所示是几种常见的 Kubernetes 准入控制。

表 2-18　Kubernetes 准入控制

控 制 器	说　　明
AlwaysAdmint	允许所有请求
AlwaysPullImages	在新建 Pod 时，修改拉取镜像策略为 Always
AlwaysDeny	禁止所有请求
DenyEscalatingExec	拦截所有 exec 和 attach 到特权 Pod 上的请求
ImagePolicyWebhook	允许后端的 WebHook 程序完成准入控制的功能
ServiceAccount	实现 ServiceAccount 身份认证自动化
SecurityContextDeny	让 Pod 定义的 SecurityContext 失效，禁用容器设置的非安全访问权限
ResourceQuota	拦截会造成命名空间超标的请求
LimitRanger	限制命名空间中所有 Pod 请求的资源数量
NamespaceLifecycle	禁止在不存在的命名空间中创建资源，删除命名空间会级联删除底下的所有 Pod、Service
DefaultStorageClass	给未指定 StorageClass 或 PV 的 PVC 匹配默认 StorageClass
DefaultTolerationSeconds	给 Pod 设置默认容忍时间
PodSecurityPolicy	根据可用的 PodSecuirityPolicy 和 Pod 的 Security Context 来进行安全控制

准入控制会对用户 API 请求进行拦截，对请求 API 资源对象进行修改（对象的主体内容）和校验（校验 API 对象内容并决定是否接受请求）。

表 2-17 列举了部分准入控制器自带的插件，同时用户可以自定义 WebHook Admission，接入自己的准入控制器。

2. Kubernetes TLS 认证

TLS 认证流程如下：

1）客户端发送 hello 数据包消息给服务端；

2）服务端回复 hello 数据包消息和 CA 证书（公钥）给客户端；

3）客户端检查证书的合法性，然后根据双方发送的消息生成 Premaster Key，最后用户服务端 CA 证书内的公钥加密 Premaster Key，并发送给服务端；

4）服务端通过私钥解密得到 Premaster Key，然后双方通过交换算法和数据生成 Session Key，并回复客户端表明消息结束，后续发送的消息会以协商的对称密钥加密。

3. Kubernetes RBAC 鉴权

Kubernetes RBAC 授权流程如图 2-35 所示。

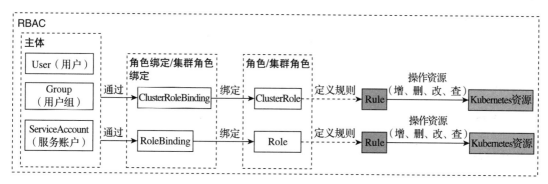

图 2-35　基于 RBAC 的授权流程

下面详细介绍 Kubernetes RBAC 的授权机制原理。

1）主体：包括 User、Group、ServiceAccount。其中 User 是外部账号，不受 Kubernetes 管理，用户可自行创建外部账号；Group 是用户组，一个组内可以有多个 User；ServiceAccount 是内部账号，该账号通常用于访问 API-Server。

2）角色 / 集群角色：包括 Role 和 ClusterRole。其中 Role 是角色，主体可通过 RoleBinding 绑定 Role；ClusterRole 是集群角色，主体可通过 ClusterRoleBinding 绑定 ClusterRole。

3）角色绑定 / 集群角色绑定：包括 RoleBinding 和 ClusterRoleBinding。RoleBinding 用于关联 User 和 Role；ClusterRoleBinding 用于关联 User 和 ClusterRole。

4）Rule：对 Kubernetes 资源操作的规则。

5）Kubernetes 资源：Kubernetes 的集群资源，例如 Pod、Service、configmap 等。

下面介绍 RBAC 的授权机制原理。

1）角色（Role）中已定义好对应的 Kubernetes 资源操作规则（Rule）。

2）用户（User）通过角色绑定（RoleBinding）关联角色（Role）。

3）当用户（User）拥有了角色（Role）权限后，可直接对 Kubernetes 资源进行操作。

2.10.4　Kubernetes 安全策略

我们也需要了解 Kubernetes 自身的一些安全策略，下面将从多个方面进行介绍。

1. 容器运行时限制

1）容器中指定固定的用户：

spec.containers.securityContext.runAsUser: uid

2）容器内不允许 root 用户：

spec.container.securityContext.runAsNonRoot:true

3）使用特权模式运行容器：

spec.containers.securityContext.privileged:true

4）为容器添加固定的内核功能：

spec.containers.securityContext.capabilities.add:ADD_TIME（修改系统时间）

5）在容器中禁用内核：

spec.containers.securityContext.capabilities.drop:ADD_TIME

6）阻止对容器根目录的写入操作：

spec.containers.securityContext.readOnlyRootFilesystem:true

2. 容器资源限制访问

通过 Kubernetes 鉴权策略，可限制用户访问特定命名空间下的容器资源。特别是针对多用户单一集群业务场景，设置 Kubernetes 资源层的鉴权是很有必要的。

下例中集群角色和角色绑定允许 user-1 拥有对 user-1-namespace 命名空间中的角色运行 admin、edit 和 view 的操作权限。

```
apiVersion: rbac.authorization.Kubernetes.io/v1
kind: ClusterRole
metadata:
  name: role-grantor
rules:
- apiGroups: ["rbac.authorization.Kubernetes.io"]
  resources: ["rolebindings"]
  verbs: ["create"]
- apiGroups: ["rbac.authorization.Kubernetes.io"]
  resources: ["clusterroles"]
  verbs: ["bind"]
  resourceNames: ["admin","edit","view"]
---
apiVersion: rbac.authorization.Kubernetes.io/v1
kind: RoleBinding
metadata:
  name: role-grantor-binding
  namespace: user-1-namespace
roleRef:
  apiGroup: rbac.authorization.Kubernetes.io
  kind: ClusterRole
  name: role-grantor
subjects:
- apiGroup: rbac.authorization.Kubernetes.io
  kind: User
  name: user-1
```

3. 配额限制

针对容器业务需要设置 request 和 limit 配额限制，以防止发生安全事故。若在部署容器应用时没有设置合理的 request 和 limit，则会无限制地使用主机或云主机 CPU 和内存资源，轻则影响其他容器业务，重则导致主机或云主机宕机。

```
resources:
    limits:
        cpu: 500m
        memory: 1Gi
    requests:
        cpu: 250m
        memory: 256Mi
```

4. 容器网络分段

若所有的容器都配置同一网段，当集群中某个容器被入侵后，攻击者可直接访问同一网段中的所有容器，安全风险大大提升，所以对容器和网络要进行分段处理。也就是同一个集群中，需要配置多个容器网段，以限制同一集群中容器层的安全访问。例如对 B 网段中的 B 容器配置为只接收来自 A 网段中 A 容器的请求，这样可减少安全事故的发生。

下面的代码展示了只允许前端（frontend）Pod 访问后端（backend）Pod 的网络策略。

```
POST /apis/net.alpha.kubernetes.io/v1alpha1/namespaces/tenant-a/networkpolicys/
{
    "kind": "NetworkPolicy",
    "metadata": {
        "name": "pol1"
    },
    "spec": {
        "allowIncoming": {
            "from": [
                {
                    "pods": {
                        "segment": "frontend"
                    }
                }
            ],
            "toPorts": [
                {
                    "port": 80,
                    "protocol": "TCP"
                }
            ]
        },
        "podSelector": {
            "segment": "backend"
        }
    }
}
```

5. 容器业务配置

若容器业务应用程序配置错误或低版本配置存在漏洞，攻击者可能利用漏洞进入容器，获取业务配置文件及密钥。用户在进行容器业务部署时，应确保程序配置正确，且应用程序及框架版本不要过低。业务侧关注漏洞发布，及时更新补丁，例如 WordPress 框架漏洞发布，大家可以关注 WordPress 官网及补丁。

6. Pod 之间会话安全

被侵入容器尝试与宿主机或其他主机上正在运行的 Pod 连接，可发现漏洞或发起攻击。黑客将对被侵入的容器进行会话探测，被探测的 Pod 会通过 7 层网络筛选来检测对可信 IP 地址的攻击。

7. 只使用授权镜像

Kubernetes 镜像授权插件的开发工作已经完成（预计随 Kubernetes 1.4 发布），该插件允许阻止分发未授权镜像。

8. Kubernetes 漏洞更新

关注 Kubernetes 漏洞及发布，及时更新 Kubernetes 漏洞，防止发生安全事故。

9. 安全日志审计

通过在节点上部署 Fluentd，收集容器日志，将日志推送至 Elasticsearch 消费，通过 Kibana 展示。我们在 5.10 节会介绍 ELK 部署。

2.10.5　更安全的 Kata Containers

上面的手段都是从策略上规避安全风险的。我们知道一台主机可以运行多个容器，多个容器共用一套 Linux 内核，但是共用 Linux 内核说明隔离性和安全性会比较差。

有没有这样一款容器，能在运行时既保证 VM 隔离和安全性，又集成容器本身的优点？有的，Kata Containers 就可以。

Kata Containers 是由 OpenStack 基金会管理，但独立于 OpenStack 项目之外的容器项目。Kata Containers 创建的不同容器运行在一个个不同的虚拟机（kernel）上，相比传统容器，Kata Containers 提供了更好的隔离性和安全性，同时继承了容器快速启动和快速部署的优点。

Kata Containers 整合 Intel 的 Clear Containers 和 Hyper.sh 的 runV，支持不同平台的硬件（例如 ARM、x86_64 等），Kata Containers 符合 OCI 规范，兼容 Kubernetes CRI 接口。

图 2-36 所示是 Kata Containers 架构图。

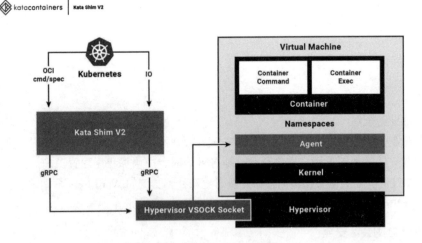

图 2-36　Kata Containers 架构

这里暂不介绍组件的具体功能，感兴趣的读者可以登录 Kata Containers 官网查看。

目前很多金融行业的容器云平台底层运行时都选择 Kata Containers。如果你的业务对安全有相当高的要求，可以尝试 Kata+Kubernetes 的组合，而不是 Docker+Kubernetes。当然除了 Kata，Red Hat RHEL8 目前也在大力推广用 Podman 取代默认的 Docker。Podman 也拥有出色的安全隔离性，在未来的容器云环境里，运行时将会有更多选择。

2.10.6　容器云平台安全的未来

本节我们从节点、Docker、Kubernetcs 二大层面考虑容器云平台安全，着重介绍 Kubernetes 认证机制及安全配置。采用 Docker 部署业务虽然加速了研发流程，但是也存在一定的安全弊端，显然 Docker 对安全隔离的支持并不完美，很多安全事故都要靠第三方工具规避。Docker 本身对安全隔离的支持比较薄弱，只能暂时把一些安全漏洞从外部补上，无法从根本解决问题。为解决 Docker 安全隔离的问题，Kata 和 Podman 应运而生。未来，公有云和私有云都可以根据自己的业务安全级别选择合适的容器运行时环境。

2.11　Kubernetes 监控

运维工程师如果没有监控工具，就好比军队作战没有雷达。在复杂的 IT 环境下，要做到及时发现故障、及时修补漏洞，部署完善的监控机制必不可少。同样，监控在容器化环境里非常重要，本节将介绍 Kubernetes 的一些重要的监控指标。

2.11.1　Pod 的实时状态数据

Docker 自身提供了一种内存监控方式，可以通过 docker stats 命令对容器内存进行监控。该方式实际上是通过对 Cgroup 中相关数据进行取值并计算得到的，所以 docker stats 在 /sys/fs/cgroup 文件夹下获取容器监控的数据。

我们知道在 CentOS 7 系统中，systemd 默认挂载 Cgroup 系统，systemd 提供了 Cgroup 的使用和管理接口。容器被 Kubernetes Pod 管理，对应的资源监控目录如下。

- ❏ CPU：/sys/fs/cgroup/cpuset/kubepods/burstable。
- ❏ 内存：/sys/fs/cgroup/memory/kubepods/burstable。

1. 查看容器 ID

```
$ docker ps                        # 查看容器ID为94b10337ea00
```

命令运行返回的结果如图 2-37 所示。

图 2-37　查看容器 ID

2. 查看容器的完整 ID

```
$ docker ps -a --no-trunc | grep 94b10337ea00
```

命令运行返回的结果如图 2-38 所示。

```
[root@VM_1_10_centos ~]# docker ps -a --no-trunc | grep 94b10337ea00
94b10337ea0050b99a7790fbb5f224855c87ebb215ae0f637f96627928f7070c        sha256:7f6d46ed86ab4c0474ae1dbbe2c9d648dcdbdeb8215
                                "sleep 36000"
1a70cbcf-6f0c-11ea-a317-a2c13c62e2d4_0                                                   2 minutes ago          Up 2 minutes
[root@VM_1_10_centos ~]#
```

图 2-38　查看容器的完整 ID

我们这里可得到容器的完整 ID：

94b10337ea0050b99a7790fbb5f224855c87ebb215ae0f637f96627928f7070c

3. 在 systemd 中查看容器 ID

```
$ systemd-cgls | grep 94b10337ea00
```

命令运行返回的结果如图 2-39、图 2-40 所示。

```
[root@VM_1_10_centos ~]# systemd-cgls | grep 94b10337ea00
      └─94b10337ea0050b99a7790fbb5f224855c87ebb215ae0f637f96627928f7070c
      └─2187053 grep --color=auto 94b10337ea00
[root@VM_1_10_centos ~]#
[root@VM_1_10_centos ~]#
```

图 2-39　在 systemd 中查找容器 ID

```
  ├─ 15614 docker-containerd-shim -namespace moby -workdir /var/lib/docker/containerd/daemon/io.containerd.runtime.v1.linux/moby/b55b7b6fab26e3be/ace2dd
  ├─ 15766 docker-containerd-shim -namespace moby -workdir /var/lib/docker/containerd/daemon/io.containerd.runtime.v1.linux/moby/d8de056061d2c91b6449771
  ├─ 15868 docker-containerd-shim -namespace moby -workdir /var/lib/docker/containerd/daemon/io.containerd.runtime.v1.linux/moby/81708e6c35c934cbc5151cc
  ├─ 16040 docker-containerd-shim -namespace moby -workdir /var/lib/docker/containerd/daemon/io.containerd.runtime.v1.linux/moby/3e39dc804394c028917cc44
  ├─ 20142 docker-containerd-shim -namespace moby -workdir /var/lib/docker/containerd/daemon/io.containerd.runtime.v1.linux/moby/c5d35ee76d68b6a4db21424
  ├─ 20261 docker-containerd-shim -namespace moby -workdir /var/lib/docker/containerd/daemon/io.containerd.runtime.v1.linux/moby/127a07d9ea15cfb55915c42
  ├─ 20397 docker-containerd-shim -namespace moby -workdir /var/lib/docker/containerd/daemon/io.containerd.runtime.v1.linux/moby/48066be0dab55ff150c17f3
  ├─ 20631 docker-containerd-shim -namespace moby -workdir /var/lib/docker/containerd/daemon/io.containerd.runtime.v1.linux/moby/df37e1dca09c30ecf3cbe37
  ├─ 20926 docker-containerd-shim -namespace moby -workdir /var/lib/docker/containerd/daemon/io.containerd.runtime.v1.linux/moby/ecff6c022e5924ce8c280ed
  ├─ 21180 docker-containerd-shim -namespace moby -workdir /var/lib/docker/containerd/daemon/io.containerd.runtime.v1.linux/moby/f260453ea05b2f6cf7bb3f7
  ├─2182312 docker-containerd-shim -namespace moby -workdir /var/lib/docker/containerd/daemon/io.containerd.runtime.v1.linux/moby/b26eb7b36240298c6ba086b
  ├─2185821 docker-containerd-shim -namespace moby -workdir /var/lib/docker/containerd/daemon/io.containerd.runtime.v1.linux/moby/141dbb3cfd5b530e198e989
  ├─2185907 docker-containerd-shim -namespace moby -workdir /var/lib/docker/containerd/daemon/io.containerd.runtime.v1.linux/moby/94b10337ea0050b99a77901
─container_cluster_agent.service
  └─2800 /usr/local/qcloud/qdocker_agent/bin/container_cluster_agent
```

图 2-40　在 systemd 中查看容器的完整 ID

可以看到，该容器被 systemd 管理。

4. 通过容器 ID 查找 Pod 实时数据存放目录

通过以下命令可以查找 Pod 实时数据存放的目录。

```
$ find / -name "94b10337ea00*"
```

命令运行返回的结果如图 2-41 所示。

```
[root@VM_1_10_centos ~]# find / -name "94b10337ea00*"
/sys/fs/cgroup/cpuset/kubepods/burstable/pod1a70cbcf-6f0c-11ea-a317-a2c13c62e2d4/94b10337ea0050b99a7790fbb5f224855c87ebb21
/sys/fs/cgroup/pids/kubepods/burstable/pod1a70cbcf-6f0c-11ea-a317-a2c13c62e2d4/94b10337ea0050b99a7790fbb5f224855c87ebb215a
/sys/fs/cgroup/memory/kubepods/burstable/pod1a70cbcf-6f0c-11ea-a317-a2c13c62e2d4/94b10337ea0050b99a7790fbb5f224855c87ebb21
/sys/fs/cgroup/net_cls,net_prio/kubepods/burstable/pod1a70cbcf-6f0c-11ea-a317-a2c13c62e2d4/94b10337ea0050b99a7790fbb5f2248
/sys/fs/cgroup/cpu,cpuacct/kubepods/burstable/pod1a70cbcf-6f0c-11ea-a317-a2c13c62e2d4/94b10337ea0050b99a7790fbb5f224855c87
/sys/fs/cgroup/blkio/kubepods/burstable/pod1a70cbcf-6f0c-11ea-a317-a2c13c62e2d4/94b10337ea0050b99a7790fbb5f224855c87ebb
/sys/fs/cgroup/freezer/kubepods/burstable/pod1a70cbcf-6f0c-11ea-a317-a2c13c62e2d4/94b10337ea0050b99a7790fbb5f224855c87ebb2
/sys/fs/cgroup/hugetlb/kubepods/burstable/pod1a70cbcf-6f0c-11ea-a317-a2c13c62e2d4/94b10337ea0050b99a7790fbb5f224855c87ebb
/sys/fs/cgroup/perf_event/kubepods/burstable/pod1a70cbcf-6f0c-11ea-a317-a2c13c62e2d4/94b10337ea0050b99a7790fbb5f224855c87e
/sys/fs/cgroup/devices/kubepods/burstable/pod1a70cbcf-6f0c-11ea-a317-a2c13c62e2d4/94b10337ea0050b99a7790fbb5f224855c87ebb2
/sys/fs/cgroup/systemd/kubepods/burstable/pod1a70cbcf-6f0c-11ea-a317-a2c13c62e2d4/94b10337ea0050b99a7790fbb5f224855c87ebb
```

图 2-41　查找 Pod 实时数据目录

这里可得 Pod CPU 数据的存储目录如下。

```
/sys/fs/cgroup/cpu, cpuacct/kubepods/burstable/pod1a70cbcf-6f0c-11ea-a317-a2c13c
    62e2d4/94b10337ea0050b99a7790fbb5f224855c87ebb215ae0f637f96627928f7070c
```

Pod 内存数据的存储目录如下。

```
/sys/fs/cgroup/memory/kubepods/burstable/pod1a70cbcf-6f0c-11ea-a317-a2c13c62e2d4
    /94b10337ea0050b99a7790fbb5f224855c87ebb215ae0f637f96627928f7070c
```

5. 获取 Pod CPU 和内存数据

通过如下命令获取 Pod CPU 限制值。

```
$ cat \
/sys/fs/cgroup/cpu, cpuacct/kubepods/burstable/pod1a70cbcf-6f0c-11ea-a317-a2c13c
    62e2d4/94b10337ea0050b99a7790fbb5f224855c87ebb215ae0f637f96627928f7070c/cpu.
    cfs_quota_us
20000
$ cat \
/sys/fs/cgroup/cpu, cpuacct/kubepods/burstable/pod1a70cbcf-6f0c-11ea-a317-a2c13c
    62e2d4/94b10337ea0050b99a7790fbb5f224855c87ebb215ae0f637f96627928f7070c/cpu.
    cfs_period_us
100000
```

说明：

1）cpu.cfs_quota_us 负责 CPU 带宽限制，需要与 cpu.cfs_period_us 搭配使用；

2）cpu.cfs_quota_us 值为 20000，cpu.cfs_period_us 值为 100000。若节点 CPU 为 1 核，20000÷100000=0.2，说明该容器最多可使用 20% 的 CPU 资源。

通过如下命令获取 Pod 内存限制。

```
$cat \
/sys/fs/cgroup/memory/kubepods/burstable/pod1a70cbcf-6f0c-11ea-a317-a2c13c62e2d
    4/94b10337ea0050b99a7790fbb5f224855c87ebb215ae0f637f96627928f7070c/memory.
    limit_in_bytes
268435456
```

说明：

这里内存限制的单位为字节，根据单位换算 268435456÷1024÷1024=256，可得 Pod 最大内存限制为 256MiB。

2.11.2 Pod 的业务监控实现

我们知道容器实时数据会通过 Cgroup，Cadvisor 已集成在 Kubelet 里作为默认启动项，Cadvisor 利用 Linux 的 Cgroup 获取容器的资源使用信息。

1. 获取 Cadvisor metrics 地址

```
$ kubectl proxy --port=8080 &
$ curl 127.0.0.1:8080
```

命令运行返回的结果如图 2-42 所示。

```
        "/apis/scheduling.k8s.io/v1beta1",
        "/apis/storage.k8s.io",
        "/apis/storage.k8s.io/v1",
        "/apis/storage.k8s.io/v1beta1",
        "/healthz",
        "/healthz/autoregister-completion",
        "/healthz/etcd",
        "/healthz/log",
        "/healthz/ping",
        "/healthz/poststarthook/apiservice-openapi-controller",
        "/healthz/poststarthook/apiservice-registration-controller",
        "/healthz/poststarthook/apiservice-status-available-controller",
        "/healthz/poststarthook/bootstrap-controller",
        "/healthz/poststarthook/ca-registration",
        "/healthz/poststarthook/crd-informer-synced",
        "/healthz/poststarthook/generic-apiserver-start-informers",
        "/healthz/poststarthook/kube-apiserver-autoregistration",
        "/healthz/poststarthook/rbac/bootstrap-roles",
        "/healthz/poststarthook/scheduling/bootstrap-system-priority-classes",
        "/healthz/poststarthook/start-apiextensions-controllers",
        "/healthz/poststarthook/start-apiextensions-informers",
        "/healthz/poststarthook/start-kube-aggregator-informers",
        "/healthz/poststarthook/start-kube-apiserver-admission-initializer",
        "/logs",
        "/metrics",
        "/openapi/v2",
        "/version"
    ]
```

图 2-42　获取 Cadvisor metrics 地址

这里获取 Cadvisor 地址为 127.0.0.1:8080/metrics。

2. Pod 监控的实现

如图 2-43 所示，第三方监控软件（如 Prometheus）可以获取 Cadvisor 暴露给它的数据，以进行监控告警配置，Pod 数据源可最终展示在 Grafana 界面中。

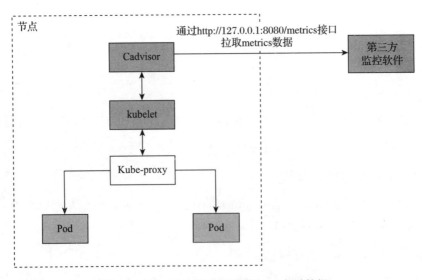

图 2-43　第三方监控软件获取 Pod 实时数据

我们可采用第三方软件监控 Pod 层。若是针对整个容器云平台及业务，需要考虑 IaaS 层，对于物理机、云主机进行基础指标（CPU、内存、流量）监控；针对 Kubernetes 层，需要对核心组件（etcd、API-Server、kubelet）和资源层（Pod、容器、命名空间）进行监控。

2.12　Kubernetes 单点搭建

我们可以手动搭建一个简单的环境，快速体验 Kubernetes，例如使用社区目前推出的 Kubeadm 方式部署的环境并直接应用在生产环境中。Kubeadm 提供了 kubeadm init 和 kubeadm join 命令，用于快速创建 Kubernetes 集群。本节将介绍使用 Kubeadm 工具安装单点 Kubernetes。单点的意思是 master 和 node 分别只部署一台机器。另外，我们录制了搭建视频，读者可以在本书勘误反馈表（链接见前言）获取视频下载地址。

2.12.1　安装环境

1. 云服务器配置

表 2-19 所示是安装环境云服务器配置详情。

表 2-19　云服务器配置

操作系统	IP 地址	节点角色	CPU	内　存
CentOS 7.6	10.0.1.9	master 和 etcd	≥2 核	≥2G
CentOS 7.6	10.0.1.5	node	≥2 核	≥2G

说明：本实验使用的是腾讯云服务器（当然也可以选择本地物理机或者其他虚拟环境），云主机镜像为公有镜像，每台机器配置双核 CPU、4G 内存、50GB 系统盘，读者可根据自己的资源情况，按照表 2-19 给出的建议最低值进行创建。

2. 软件版本

表 2-20 所示是安装环境云服务的软件配置详情，本次我们采用 Kubernetes 1.19.3 版本。

表 2-20　软件版本

Kubernetes	Docker	Kubeadm	kubectl	kubelet
1.19.3 版	19.03.8-ce	1.19.3 版	1.19.3 版	1.19.3 版

2.12.2　初始化操作

设置主机名。

```
$ hostnamectl set-hostname master    # 在master节点上运行，设置主机名为master
$ hostnamectl set-hostname node1     # 在节点上运行，设置主机名为node1
```

修改 host 文件。

```
$ vim /etc/hosts                     # 添加如下内容
    10.0.1.9 master
    10.0.1.5 node1
```

关闭 selinux。

```
$ setenforce 0                                                    # 临时关闭selinux
$ sed -i 's/SELINUX=enforcing/SELINUX=disabled/' /etc/selinux/config  # 设置永久关闭selinux
```

关闭交换分区。

```
$ swapoff -a                                                      # 临时关闭交换分区
$ sed -i '/ swap / s/^/#/' /etc/fstab                            # 设置永久关闭交换分区
```

添加内核参数配置文件。

```
$ vim   /etc/sysctl.d/Kubernetes.conf                            # 添加如下内容
net.bridge.bridge-nf-call-ip6tables = 1
net.bridge.bridge-nf-call-iptables = 1
net.ipv4.ip_forward = 1
vm.swappiness=0
$ sysctl -p /etc/sysctl.d/Kubernetes.conf                        # 使添加的内核参数生效
```

配置 yum 源。

```
$ wget -O
/etc/yum.repos.d/docker-ce.repo
http://download.docker.com/linux/centos/docker-ce.repo
$ sed -i
's+download.docker.com+mirrors.cloud.tencent.com/docker-ce+'/etc/yum.repos.d/docker-ce.repo
$ yum makecache                                                  # 更新yum缓存
```

安装并启动 Docker。

```
$ yum list docker-ce --showduplicates|sort -r                   # 展示Docker版本列表
$ yum install -y docker-ce                                       # 默认安装最新版，也
                                                                   可以指定版本

$ systemctl start docker                                         # 启动Docker
$ systemctl enable docker                                        # 设置Docker开机启动
```

设置使用腾讯镜像加速器，方便拉取官方 Docker Hub 的镜像。

```
$ vim /etc/docker/daemon.json                                    # 添加如下内容
{
"exec-opts": ["native.cgroupdriver=systemd"],
"registry-mirrors": ["https://mirror.ccs.tencentyun.com"]
}
$ systemctl daemon-reload                                        # 重载Docker配置
$ systemctl restart docker                                       # 重启Docker
```

配置 Kubernetes 资源的下载地址。

```
$ cat <<EOF > /etc/yum.repos.d/kubernetes.repo
    [kubernetes]
    name=Kubernetes
    baseurl=https://mirrors.cloud.tencent.com/kubernetes/yum/repos/kubernetes-el7-x86_64
    enabled=1
    gpgcheck=0
    repo_gpgcheck=0
    EOF
```

安装 kubelet、kubeadm、kubectl，并设置 kubelet 开机启动。

```
$ yum install -y kubelet kubeadm kubectl
$ systemctl enable kubelet.service
```

2.12.3　master 节点初始化操作

创建初始化配置文件。

```
$ kubeadm config print init-defaults > kubeadm-config.yaml
```

根据部署环境修改配置文件。

```
apiVersion: kubeadm.Kubernetes.io/v1beta2
bootstrapTokens:
- groups:
    - system:bootstrappers:kubeadm:default-node-token
    token: abcdef.0123456789abcdef
    ttl: 24h0m0s
    usages:
    - signing
    - authentication
kind: InitConfiguration
localAPIEndpoint:
    advertiseAddress: 10.0.1.9
    bindPort: 6443
nodeRegistration:
    criSocket: /var/run/dockershim.sock
    name: Kubernetes1
    taints:
    - effect: NoSchedule
        key: node-role.kubernetes.io/master
---
apiServer:
    timeoutForControlPlane: 4m0s
apiVersion: kubeadm.Kubernetes.io/v1beta2
certificatesDir: /etc/kubernetes/pki
clusterName: kubernetes
controllerManager: {}
dns:
    type: CoreDNS
etcd:
    local:
        dataDir: /var/lib/etcd
imageRepository: gcr.azKubernetes.cn/google-containers
kind: ClusterConfiguration
kubernetesVersion: v1.17.3
networking:
    dnsDomain: cluster.local
    podSubnet: "192.168.0.0/16"
    serviceSubnet: 10.96.0.0/12
scheduler: {}
```

配置说明如下。

1）imageRepository：指定为业务所需的镜像仓库地址。

2）podSubnet：指定的 IP 地址段与后续部署的网络插件相匹配（部署 flannel 插件，配置为

10.244.0.0/16；部署 calico 插件，配置为 192.168.0.0/16）。

master 节点运行 kubeadm init 命令，确认版本信息。

```
$ kubeadm init --config=kubeadm-config.yaml    # 运行初始化
```

当出现类似如下代码，说明 master 节点安装成功。

```
$ kubeadm join 10.0.1.9:6443 --token abcdef.0123456789abcdef  \
--discovery-token-ca-cert-hash
sha256:b617794af7644843a3dd1104d717686fb31b9c295c7636c2b664b253e0fa6128
```

运行安装成功提示的命令行。

```
$ mkdir -p $HOME/.kube
$ sudo cp -i /etc/kubernetes/admin.conf $HOME/.kube/config
$ sudo chown $(id -u):$(id -g) $HOME/.kube/config
```

2.12.4　加入节点

运行 kubeadm join 命令，将节点加入 Kubernetes 集群中。

```
$ kubeadm join 10.0.1.9:6443 --token abcdef.0123456789abcdef  \
--discovery-token-ca-cert-hash \
sha256:b617794af7644843a3dd1104d717686fb31b9c295c7636c2b664b253e0fa6128
```

当出现类似如下代码，说明节点成功加入集群。

```
This node has joined the cluster:
* Certificate signing request was sent to apiserver and a response was received.
* The kubelet was informed of the new secure connection details
```

2.12.5　master 节点安装进度

运行 kubectl get cs 命令，如果显示如下内容，说明 master 节点安装成功。

```
$ kubectl get cs
NAME                    STATUS       MESSAGE              ERROR
scheduler               Healthy          ok
controller-manager      Healthy          ok
etcd-0                  Healthy      {"health": "true"}
```

查看 Pod 状态（下面只是部分 Pod 内容）。

```
$ kubectl get pod -n kube-system
NAME                              READY   STATUS      RESTARTS    AGE
coredns-86c58d9df4-j9g8d          1/1     Running     0           128m
coredns-86c58d9df4-pg45w          1/1     Running     0           128m
etcd-Kubernetes1                  1/1     Running     0           127m
kube-apiserver-Kubernetes1        1/1     Running     0           127m
kube-controller-manager-Kubernetes1 1/1   Running     0           127m
```

查看节点状态（刚开始还未初始化，显示为 NoReady，原因是尚未配置集群网络插件）。

```
$ kubectl get node
NAME       STATUS      ROLES       AGE      VERSION
```

```
master    NoReady    master     131m    v1.19.3
node1     NoReady    <none>     93m     v1.19.3
```

2.12.6　安装 flannel 网络插件

获取 flannel 网络插件配置 YAML 文件。

```
$ wget \
https://raw.githubusercontent.com/coreos/flannel/master/Documentation/kube-flannel.yml
```

如果云服务器为多网卡机器，在启动命令中添加如下代码。

```
...
    command:
    - /opt/bin/flanneld
    args:
    - --ip-masq
    - --kube-subnet-mgr
    - --iface=eth0                    # 指定使用的相应网卡
    ...
```

部署 flannel 网络插件。

```
$ kubectl apply -f kube-flannel.yml
```

安装成功后查看 Pod，全部为 Running 则表示安装成功。

```
$ kubectl get pod -n kube-system
NAME                                    READY    STATUS     RESTARTS    AGE
coredns-86c58d9df4-j9g8d                1/1      Running    0           128m
coredns-86c58d9df4-pg45w                1/1      Running    0           128m
etcd-Kubernetes1                        1/1      Running    0           127m
kube-apiserver-Kubernetes1              1/1      Running    0           127m
kube-controller-manager-Kubernetes1     1/1      Running    0           127m
kube-flannel-ds-amd64-7bt1w             1/1      Running    0           91m
kube-flannel-ds-amd64-9vq42             1/1      Running    0           106m
kube-flannel-ds-amd64-kdf42             1/1      Running    0           90m
kube-proxy-dtmfs                        1/1      Running    0           128m
kube-proxy-p76tc                        1/1      Running    0           90m
kube-proxy-xgw28                        1/1      Running    0           91m
kube-scheduler-Kubernetes1              1/1      Running    0           128m
```

测试应用的 yaml 文件如下。

```
apiVersion: apps/v1
kind: Deployment
metadata:
    name: nginx-deployment
    labels:
        app: nginx
spec:
    replicas: 1
    selector:
        matchLabels:
```

```
                app: nginx
      template:
          metadata:
              labels:
                  app: nginx
          spec:
              containers:
              - name: nginx
                image: nginx:1.12.2
                ports:
                - containerPort: 80
---
kind: Service
apiVersion: v1
metadata:
    name: nginx
spec:
    selector:
        app: nginx
    type: ClusterIP
    ports:
    - name: http
      port: 80
      targetPort: 80
---
apiVersion: apps/v1
kind: Deployment
metadata:
    name: busybox
    labels:
        app: busybox
spec:
    replicas: 1
    selector:
        matchLabels:
            app: busybox
    template:
        metadata:
            labels:
                app: busybox
        spec:
            containers:
            - name: busybox
              image: busybox:1.28.3
              command:
                  - sleep
                  - "3600"
```

测试结果如图 2-44 所示。

测试结果说明：

1）master 节点能通过 ping 命令连通节点上的测试 pod busybox；

2）节点的 pod busybox 能通过 ping 命令连通外网 qq.com；

3）节点的 pod busybox 能通过 ping 命令连通另一个 pod nginx。

图 2-44　flannel 网络连通性测试结果

2.12.7　安装 calico 网络插件

获取 calico 网络插件配置 YAML 文件并部署。

```
$ wget https://docs.projectcalico.org/manifests/calico.yaml
$ kubectl apply -f calico.yaml
```

安装成功后查看 Pod，全部为 Running 则表示安装成功。

```
$ kubectl get pod -n kube-system
```

测试应用的 YAML 文件如下。

```
apiVersion: apps/v1
kind: Deployment
metadata:
    name: nginx-deployment
    labels:
        app: nginx
spec:
    replicas: 1
    selector:
        matchLabels:
            app: nginx
    template:
```

```
        metadata:
            labels:
                app: nginx
        spec:
            containers:
            - name: nginx
              image: nginx:1.12.2
              ports:
              - containerPort: 80
---
kind: Service
apiVersion: v1
metadata:
    name: nginx
spec:
    selector:
        app: nginx
    type: ClusterIP
    ports:
    - name: http
      port: 80
      targetPort: 80
---
apiVersion: apps/v1
kind: Deployment
metadata:
    name: busybox
    labels:
        app: busybox
spec:
    replicas: 1
    selector:
        matchLabels:
            app: busybox
    template:
        metadata:
            labels:
                app: busybox
        spec:
            containers:
            - name: busybox
              image: busybox:1.28.3
              command:
                    - sleep
                    - "3600"
```

测试结果如图 2-45 所示。

测试结果说明：

1）master 节点能通过 ping 命令连通节点上的测试 pod busybox；

2）节点的 pod busybox 能通过 ping 命令连通外网 qq.com；

3）节点的 pod busybox 能通过 ping 命令连通另一个 pod nginx。

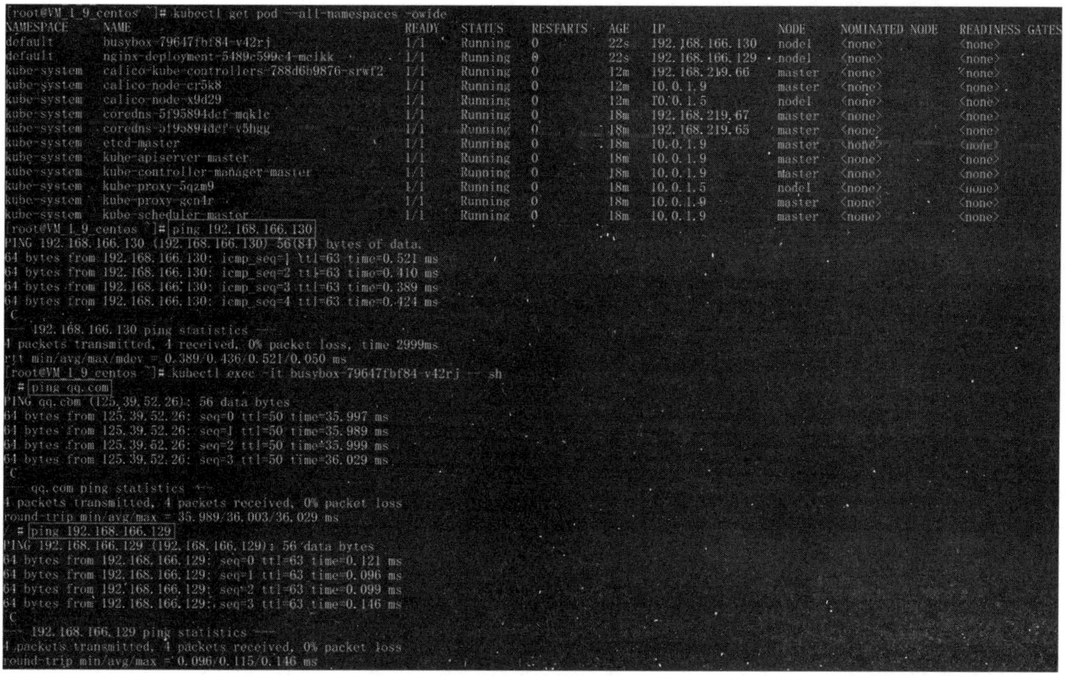

图 2-45　calico 网络连通性测试结果

2.12.8　搭建总结

1. master 节点配置及认证文件

部署文件如下所示。

```
etcd: /etc/kubernetes/manifests/etcd.yaml
api-server: /etc/kubernetes/manifests/kube-apiserver.yaml
kube-scheduler: /etc/kubernetes/manifests/kube-scheduler.yaml
kube-controller-manager:
/etc/kubernetes/manifests/kube-controller-manager.yaml
flannel:
https://raw.githubusercontent.com/coreos/flannel/master/Documentation/kube-flannel.yml
caclico:
https://docs.projectcalico.org/manifests/calico.yaml
```

kubelet、scheduler 等认证文件路径如下：

```
/etc/kubernetes/*.conf
```

CA、API-server 等证书路径如下所示。

```
/etc/kubernetes/pki
```

etcd 证书路径如下所示。

```
/etc/kubernetes/pki/etcd
```

2. 节点配置及认证文件

kubelet 认证路径如下所示。

```
/etc/kubernetes/kubelet.conf
```

CA 证书路径如下所示。

```
/etc/kubernetes/pki/ca.crt
```

3. 集群组件部署

API-Server、etcd、calico 等组件均在 kube-system 命名空间下，采用 Pod 方式部署。

2.13 Kubernetes 高可用搭建

2.12 节主要介绍了使用 Kubeadm 工具安装单点 Kubernetes。本节将介绍使用 Kubeadm 工具安装多 master 节点的 Kubernetes 集群。Kubeadm 方式目前官方已经 GA，可用于生产环境的部署。在生产环境集群中，最好部署 3 台 master 节点，以保证业务在线的高可用。

2.13.1 安装环境

1. 云服务器配置

为了方便演示，我们的部署安装是基于腾讯云 CVM 的，读者也可以直接在物理机或者其他虚拟化环境下测试部署。安装环境云服务器配置详情如表 2-21 所示。

表 2-21 云服务器配置

操作系统	IP 地址	节点角色	CPU	Memory
CentOS 7.6	10.0.1.9	master 和 etcd	≥2 核	≥2G
CentOS 7.6	10.0.1.3	master 和 etcd	≥2 核	≥2G
CentOS 7.6	10.0.1.4	master 和 etcd	≥2 核	≥2G
CentOS 7.6	10.0.1.5	node	≥2 核	≥2G

说明：本实验使用的是腾讯云 CentOS 7.6_x64 位公有镜像，每台机器配置双核 CPU、4G 内存、50GB 系统盘，读者可以根据自己的资源情况，按照表 2-21 给的建议最低值创建。

2. 软件版本

表 2-22 所示是部署软件详情。

表 2-22 软件版本

Kubernetes	Docker	Kubeadm	kubectl	kubelet
1.19.3 版	19.03.8-ce	1.19.3 版	1.19.3 版	1.19.3 版

3. 负载均衡器

表 2-23 所示是负载均衡器配置详情，这里我们用的是腾讯云的 CLB 产品，因为搭建高可用环境必须用到负载均衡器，除了云上的 CLB 产品以外，读者也可以选择开源的 Keepalive 或者 HAProxy。

表 2-23　负载均衡器配置

负载均衡器类型	网络类型	网络带宽	IP 地址
应用型负载均衡	内网	1MB	10.0.1.11

2.13.2　初始化操作

设置主机名。

```
$ hostnamectl set-hostname master01    # 在10.0.1.9节点上运行，设置主机名为master01
$ hostnamectl set-hostname master01    # 在10.0.1.3节点上运行，设置主机名为master02
$ hostnamectl set-hostname master01    # 在10.0.1.4节点上运行，设置主机名为master03
$ hostnamectl set-hostname node1       # 在节点上运行，设置主机名为node1
```

修改 host 文件。

```
$ vim /etc/hosts                       # 添加如下内容
10.0.1.9 master01
10.0.1.3 master01
10.0.1.4 master01
10.0.1.5 node1
```

关闭 selinux。

```
$ setenforce 0                         # 临时关闭selinux
$ sed -i 's/SELINUX=enforcing/SELINUX=disabled/' /etc/selinux/config
                                       # 设置永久关闭selinux*/
```

关闭交换分区。

```
$ swapoff -a                           # 临时关闭交换分区
$ sed -i '/ swap / s/^/#/' /etc/fstab  # 设置永久关闭交换分区
```

添加内核参数配置文件。

```
$ vim  /etc/sysctl.d/Kubernetes.conf   # 添加如下内容
net.bridge.bridge-nf-call-ip6tables = 1
net.bridge.bridge-nf-call-iptables = 1
net.ipv4.ip_forward = 1
vm.swappiness=0
$ sysctl -p /etc/sysctl.d/Kubernetes.conf    # 使添加的内核参数生效
```

配置 yum 源。

```
$ wget -O
/etc/yum.repos.d/docker-ce.repo http://download.docker.com/linux/centos/docker-ce.repo
$ sed -i
's+download.docker.com+mirrors.cloud.tencent.com/docker-ce+' /etc/yum.repos.d/docker-ce.repo
$ yum makecache                        # 更新yum缓存
```

安装并启动 Docker。

```
$ yum list docker-ce --showduplicates|sort -r   # 展示Docker版本列表
$ yum install -y docker-ce              # 默认安装最新版，也可以指定版本下载
$ systemctl start docker                # 启动Docker
$ systemctl enable docker               # 设置Docker开机启动
```

设置使用腾讯镜像加速器，方便拉取官方镜像。

```
$ vim /etc/docker/daemon.json  # 添加如下内容
{
    "exec-opts": ["native.cgroupdriver=systemd"],
    "registry-mirrors": ["https://mirror.ccs.tencentyun.com"]
}
$ systemctl daemon-reload        # 重载Docker配置
$ systemctl restart docker       # 重启Docker
```

配置 Kubernetes 资源的下载地址。

```
$ cat <<EOF > /etc/yum.repos.d/kubernetes.repo
[kubernetes]
name=Kubernetes
baseurl=https://mirrors.cloud.tencent.com/kubernetes/yum/repos/kubernetes-el7-x86_64
enabled=1
gpgcheck=0
repo_gpgcheck=0
EOF
```

安装 kubelet、kubeadm、kubectl，并设置 kubelet 为开机启动。

```
$ yum install -y kubelet kubeadm kubectl
$ systemctl enable kubelet.service
```

2.13.3　master 节点初始化操作

创建初始化配置文件。

```
$ kubeadm config print init-defaults > kubeadm-config.yaml
```

根据各自部署环境修改配置文件。

```
apiVersion: kubeadm.Kubernetes.io/v1beta2
bootstrapTokens:
- groups:
    - system:bootstrappers:kubeadm:default-node-token
    token: abcdef.0123456789abcdef
    ttl: 24h0m0s
    usages:
    - signing
    - authentication
kind: InitConfiguration
localAPIEndpoint:
    advertiseAddress: 10.0.1.9
    bindPort: 6443
nodeRegistration:
    criSocket: /var/run/dockershim.sock
    name: Kubernetes1
    taints:
    - effect: NoSchedule
      key: node-role.kubernetes.io/master
---
apiServer:
    timeoutForControlPlane: 4m0s
```

```
apiVersion: kubeadm.Kubernetes.io/v1beta2
certificatesDir: /etc/kubernetes/pki
clusterName: kubernetes
ControlPlaneEndpoint:"mycluster:6443"
controllcrManager: {}
dns:
    type: CoreDNS
etcd:
    local:
        dataDir: /var/lib/etcd
imageRepository: gcr.azKubernetes.cn/google-containers
kind: ClusterConfiguration
kubernetesVersion: v1.17.3
networking:
    dnsDomain: cluster.local
    podSubnet: "10.244.0.0/16"
    serviceSubnet: 10.96.0.0/12
scheduler: {}
```

配置说明如下。

1）controlPlaneEndpoint：用来设置 clb 地址和监听端口 6443。

2）imageRepository：用来指定业务所需的镜像仓库地址。

3）podSubnet：指定的 IP 地址段与后续部署的网络插件相匹配（部署 flannel 插件，配置为 10.244.0.0/16；部署 calico 插件，配置为 192.168.0.0/16）。

master 节点运行 kubeadm init 命令。

```
$ kubeadm init --config=kubeadm-config.yaml --upload-certs    # 运行初始化
```

出现类似如下代码，说明 master 节点安装成功。

```
Your Kubernetes control-plane has initialized successfully!
To start using your cluster, you need to run the following as a regular user:
mkdir -p $HOME/.kube
    sudo cp -i /etc/kubernetes/admin.conf $HOME/.kube/config
    sudo chown $(id -u):$(id -g) $HOME/.kube/config
```

运行安装成功提示的命令行。

```
$ mkdir -p $HOME/.kube
$ sudo cp -i /etc/kubernetes/admin.conf $HOME/.kube/config
$ sudo chown $(id -u):$(id -g) $HOME/.kube/config
```

注意，为了避免公有云负载均衡设计机制导致 master 节点初始化进程失败，需要暂时在本地将 mycluster 解析为 master1 的 IP，以通过初始化过程中的健康检查。

2.13.4　加入其他 master 节点

如下所示是 master 节点安装成功后的 kubeadm join 命令。

```
You can now join any number of the control-plane node running the following
    command on each as root:
kubeadm join mycluster:6443 --token abcdef.0123456789abcdef --discovery-token-ca-
    cert-hash
```

```
sha256:38405167e19a1717991ca83df94843529e3e37d035a043ea955a83d040d272da
--control-plane  --certificate-key
9e8e7d087cdb2db5bacf6dfbadc7e9a227741bbfc4a8cdcf621cd6449c55ca02
```

出现类似如下代码，说明 master 节点成功加入集群。

```
This node has joined the cluster and a new control plane instance was created:
* Certificate signing request was sent to apiserver and approval was received.
* The kubelet was informed of the new secure connection details.
* Control plane (master) label and taint were applied to the new node.
* The Kubernetes control plane instances scaled up.
* A new etcd member was added to the local/stacked etcd cluster.

To start administering your cluster from this node, you need to run the following
    as a regular user:

    mkdir -p $HOME/.kube
    sudo cp -i /etc/kubernetes/admin.conf $HOME/.kube/config
    sudo chown $(id -u):$(id -g) $HOME/.kube/config
    Run 'kubectl get nodes' to see this node join the cluster.
```

这里同样需要暂时在本地将 mycluster 解析为 master1 的 IP，以通过初始化过程中的健康检查。

2.13.5　加入节点

如下所示是运行 kubeadm join 命令，将节点加入 Kubernetes 集群中。

```
$ kubeadm join 10.0.1.9:6443 --token abcdef.0123456789abcdef \
--discovery-token-ca-cert-hash \
sha256:b617794af7644843a3dd1104d717686fb31b9c295c7636c2b664b253e0fa6128
```

出现如下代码，说明节点成功加入集群。

```
This node has joined the cluster:
* Certificate signing request was sent to apiserver and a response was received.
* The kubelet was informed of the new secure connection details.
```

暂时在本地将 mycluster 解析为 master1 的 IP，以通过初始化过程中的健康检查。

2.13.6　master 节点安装进度

运行 kubectl get cs 命令，显示内容如下则说明 master 安装成功。

```
# kubectl get cs
NAME                 STATUS     MESSAGE              ERROR
scheduler            Healthy    ok
controller-manager   Healthy    ok
etcd-0               Healthy    {"health": "true"}
```

查看 Pod 状态（下面只是部分 Pod 内容）。

```
$ kubectl get pod -n kube-system
NAME                        READY    STATUS     RESTARTS    AGE
coredns-5f95894dcf-6jxr2    0/1      Pending    0           22m
coredns-5f95894dcf-hk46p    0/1      Pending    0           22m
etcd-master1                1/1      Running    0           22m
```

```
etcd-master2                            1/1    Running   0    5m21s
etcd-master3                            1/1    Running   0    2m40s
kube-apiserver-master1                  1/1    Running   0    22m
kube-apiserver-master2                  1/1    Running   0    5m30s
kube-apiserver-master3                  1/1    Running   0    2m41s
kube-controller-manager-master1         1/1    Running   1    22m
kubc-controller-manager-master2         1/1    Running   0    5m29s
kube-controller-manager-master3         1/1    Running   0    2m41s
kube-proxy-25vkg                        1/1    Running   0    5m30s
kube-proxy-6h4qz                        1/1    Running   0    95s
kube-proxy-jznf9                        1/1    Running   0    22m
kube-proxy-1f126                        1/1    Running   0    2m42s
kube-scheduler-master1                  1/1    Running   1    22m
kube-scheduler-master2                  1/1    Running   0    5m29s
kube-scheduler-master3                  1/1    Running   0    2m41s
```

查看节点状态。

```
$ kubectl get node
NAME      STATUS     ROLES     AGE    VERSION
master1   NotReady   master    21m    v1.19.3
master2   NotReady   master    4m5s   v1.19.3
master3   NotReady   master    77s    v1.19.3
node1     NotReady   <none>    10s    v1.19.3
```

2.13.7　master 节点安装 flannel 网络插件

获取 flannel 网络插件，配置 YAML 文件。

```
$ wget \
https://raw.githubusercontent.com/coreos/flannel/master/Documentation/kube-flannel.yml
```

如果云服务器为多网卡机器，在启动命令中添加如下代码。

```
...
    command:
    - /opt/bin/flanneld
    args:
    - --ip-masq
    - --kube-subnet-mgr
    - --iface=eth0                # 指定使用的相应网卡
    ...
```

部署 flannel 网络插件。

```
$ kubectl apply -f kube-flannel.yml
```

安装成功后查看 Pod，全部为 Running 则表示安装成功。

```
$ kubectl get pod -n kube-system
NAME                         READY   STATUS    RESTARTS   AGE
coredns-5f95894dcf-6jxr2     1/1     Running   0          27m
coredns-5f95894dcf-hk46p     1/1     Running   0          27m
etcd-master1                 1/1     Running   0          27m
etcd-master2                 1/1     Running   0          10m
etcd-master3                 1/1     Running   0          7m40s
```

```
kube-apiserver-master1                  1/1    Running    0    27m
kube-apiserver-master2                  1/1    Running    0    10m
kube-apiserver-master3                  1/1    Running    0    7m41s
kube-controller-manager-master1         1/1    Running    1    27m
kube-controller-manager-master2         1/1    Running    0    10m
kube-controller-manager-master3         1/1    Running    0    7m41s
kube-flannel-ds-amd64-2cd5x             1/1    Running    0    26s
kube-flannel-ds-amd64-ptdlp             1/1    Running    0    26s
kube-flannel-ds-amd64-rv9sd             1/1    Running    0    26s
kube-flannel-ds-amd64-s57t9             1/1    Running    0    26s
kube-proxy-25vkg                        1/1    Running    0    10m
kube-proxy-6h4qz                        1/1    Running    0    6m35s
kube-proxy-jznf9                        1/1    Running    0    27m
kube-proxy-1f126                        1/1    Running    0    7m42s
kube-scheduler-master1                  1/1    Running    1    27m
kube-scheduler-master2                  1/1    Running    0    10m
kube-scheduler-master3                  1/1    Running    0    7m41s
```

测试应用的 YAML 文件如下。

```
apiVersion: apps/v1
kind: Deployment
metadata:
    name: nginx-deployment
    labels:
        app: nginx
spec:
    replicas: 1
    selector:
        matchLabels:
            app: nginx
    template:
        metadata:
            labels:
                app: nginx
        spec:
            containers:
            - name: nginx
              image: nginx:1.12.2
              ports:
              - containerPort: 80

---
kind: Service
apiVersion: v1
metadata:
    name: nginx
spec:
    selector:
        app: nginx
    type: ClusterIP
    ports:
    - name: http
      port: 80
      targetPort: 80
---
apiVersion: apps/v1
```

```
kind: Deployment
metadata:
    name: busybox
    labels:
        app: busybox
spec:
    replicas: 1
    selector:
        matchLabels:
            app: busybox
    template:
        metadata:
            labels:
                app: busybox
        spec:
            containers:
            - name: busybox
              image: busybox:1.28.3
              command:
                    - sleep
                    - "3600"
```

测试结果如图 2-46 所示。

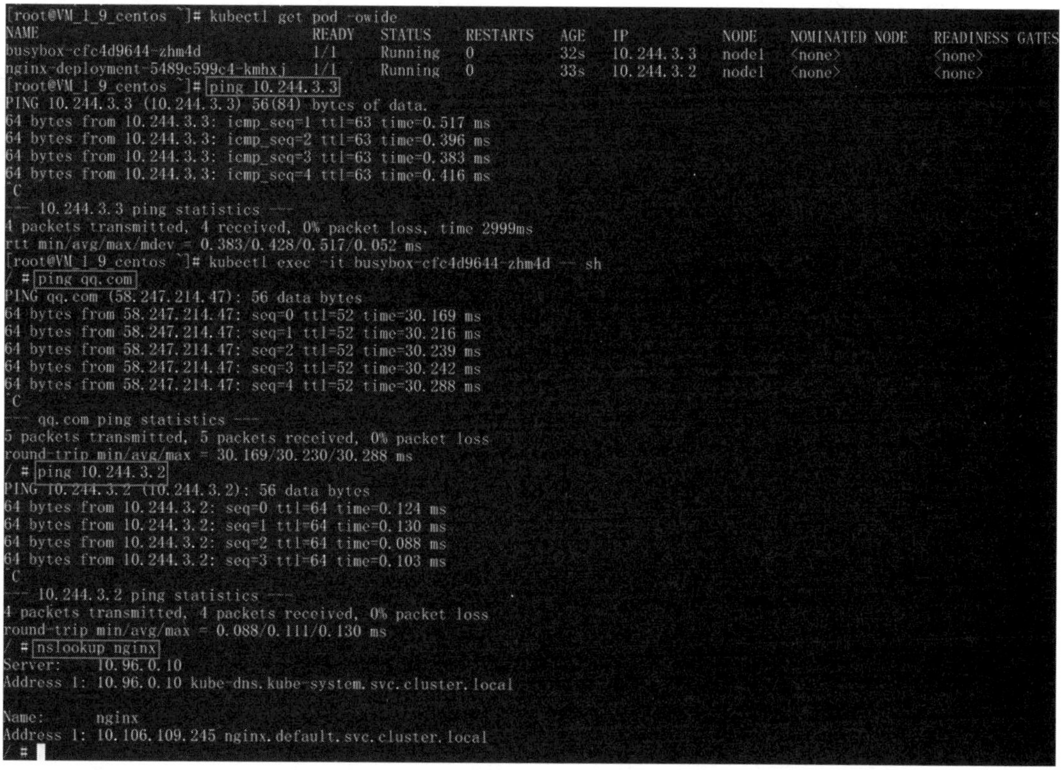

图 2-46　flannel 网络连通性测试结果

测试结果说明：

1）master 节点能通过 ping 命令连通节点上的测试 pod busybox；

2）节点的 pod busybox 能通过 ping 命令连通外网 qq.com；

3）节点的 pod busybox 能通过 ping 命令连通另一个 pod nginx。

2.13.8　master 节点安装 calico 网络插件

获取 calico 网络插件配置 YAML 文件并部署。

```
$ wget https://docs.projectcalico.org/manifests/calico.yaml
$ kubectl apply -f calico.yaml
```

安装成功后查看 Pod，全部为 Running 则表示安装成功。

```
$ kubectl get pod -n kube-system
NAME                                          READY   STATUS    RESTARTS   AGE
calico-kube-controllers-788d6b9876-vjbss      1/1     Running   0          2m11s
calico-node-29z74                             1/1     Running   0          2m11s
calico-node-9vqpn                             1/1     Running   0          2m11s
calico-node-gj9g2                             1/1     Running   0          2m11s
calico-node-kcjg4                             1/1     Running   0          2m11s
coredns-5f95894dcf-sqlc2                      1/1     Running   0          7m33s
coredns-5f95894dcf-zckld                      1/1     Running   0          7m33s
etcd-master1                                  1/1     Running   0          7m28s
etcd-master2                                  1/1     Running   0          6m6s
etcd-master3                                  1/1     Running   0          3m28s
kube-apiserver-master1                        1/1     Running   0          7m28s
kube-apiserver-master2                        1/1     Running   0          6m6s
kube-apiserver-master3                        1/1     Running   0          3m30s
kube-controller-manager-master1               1/1     Running   1          7m28s
kube-controller-manager-master2               1/1     Running   0          6m6s
kube-controller-manager-master3               1/1     Running   0          3m29s
kube-proxy-79tnd                              1/1     Running   0          2m57s
kube-proxy-k5g9x                              1/1     Running   0          6m7s
kube-proxy-qhdh9                              1/1     Running   0          3m31s
kube-proxy-zlmh2                              1/1     Running   0          7m33s
kube-scheduler-master1                        1/1     Running   1          7m28s
kube-scheduler-master2                        1/1     Running   0          6m7s
kube-scheduler-master3                        1/1     Running   0          3m29s
```

测试应用的 YAML 文件如下。

```
apiVersion: apps/v1
kind: Deployment
metadata:
    name: nginx-deployment
    labels:
        app: nginx
spec:
    replicas: 1
    selector:
        matchLabels:
            app: nginx
    template:
```

```
        metadata:
            labels:
                app: nginx
        spec:
            containers:
            - name: nginx
              image: nginx:1.12.2
              ports:
              - containerPort: 80
---
kind: Service
apiVersion: v1
metadata:
    name: nginx
spec:
    selector:
        app: nginx
    type: ClusterIP
    ports:
    - name: http
      port: 80
      targetPort: 80
---
apiVersion: apps/v1
kind: Deployment
metadata:
    name: busybox
    labels:
        app: busybox
spec:
    replicas: 1
    selector:
        matchLabels:
            app: busybox
    template:
        metadata:
            labels:
                app: busybox
        spec:
            containers:
            - name: busybox
              image: busybox:1.28.3
              command:
                    - sleep
                    - "3600"
```

测试结果如图 2-47 所示。

测试结果说明：

1）master 节点能通过 ping 命令连通节点上的测试 pod busybox；

2）节点的 pod busybox 能通过 ping 命令连通外网 qq.com；

3）节点的 pod busybox 能通过 ping 命令连通另一个 pod nginx。

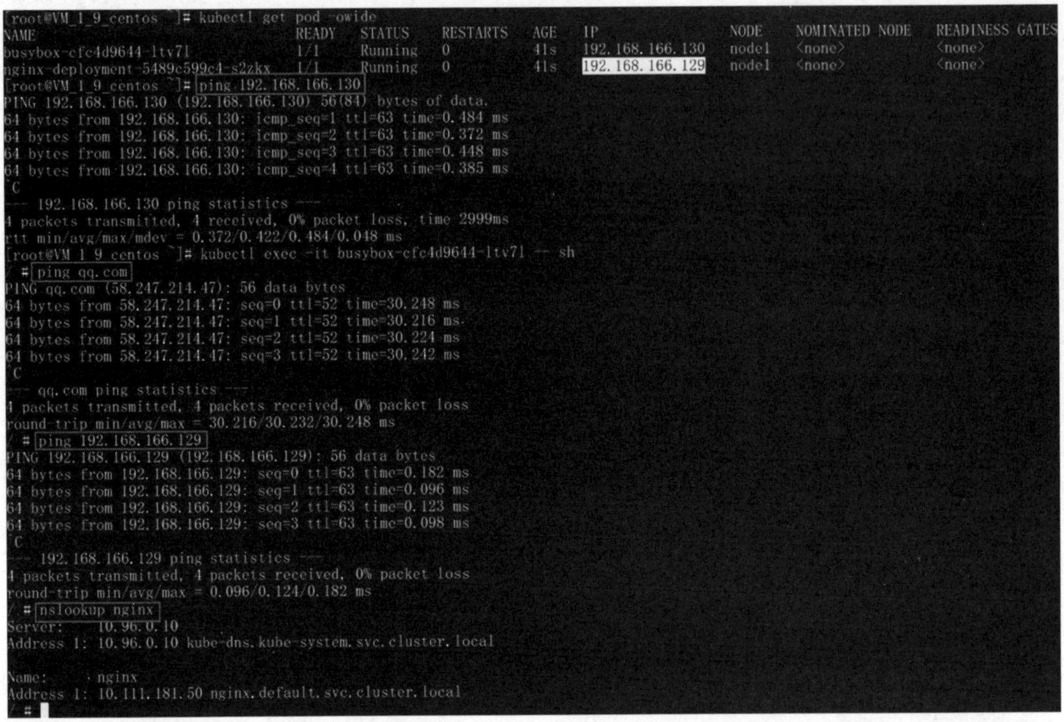

图 2-47　calico 网络连通性测试结果

2.13.9　搭建总结

1. master 配置及认证文件

```
etcd: /etc/kubernetes/manifests/etcd.yaml
api-server: /etc/kubernetes/manifests/kube-apiserver.yaml
kube-scheduler: /etc/kubernetes/manifests/kube-scheduler.yaml
kube-controller-manager:
  /etc/kubernetes/manifests/kube-controller-manager.yaml
flannel:
  https://raw.githubusercontent.com/coreos/flannel/master/Documentation/kube-flannel.yml
caclico:
  https://docs.projectcalico.org/manifests/calico.yaml
```

kubelet、scheduler 等认证文件路径如下：

```
/etc/kubernetes/*.conf
```

CA、API-Server 等证书路径如下所示。

```
/etc/kubernetes/pki
```

etcd 证书路径如下所示。

```
/etc/kubernetes/pki/etcd
```

2. node 配置及认证文件

kubelet 认证路径：

```
/etc/kubernetes/kubelet.conf
```

CA 证书路径：

```
/etc/kubernetes/pki/ca.crt
```

3. 集群组件部署

API-Server、etcd、calico 等组件均在 kube-system 命名空间下，采用 Pod 方式部署。

2.14　Kubernetes 仪表板可视化

前面介绍了部署 Kubernetes 的网络、存储、集群及组件，本节将主要介绍安装部署 Kubernetes 仪表板，利用仪表板对 Kubernetes 资源进行可视化展示。

2.14.1　私钥、证书签名和 secret 生成

利用 openssl 生成私钥，命令如下。

```
$ openssl genrsa -des3 -passout pass:x -out dashboard.pass.key 2048
Generating RSA private key, 2048 bit long modulus
................................................................................
...................................+++
................................................................................
.................+++
e is 65537 (0x10001)
$ openssl rsa -passin pass:x -in dashboard.pass.key -out dashboard.key
# Writing RSA key
$ rm dashboard.pass.key
$ openssl req -new -key dashboard.key -out dashboard.csr
You are about to be asked to enter information that will be incorporated
into your certificate request.
What you are about to enter is what is called a Distinguished Name or a DN.
There are quite a few fields but you can leave some blank
For some fields there will be a default value,
If you enter '.', the field will be left blank.
-----
Country Name (2 letter code) [XX]:
State or Province Name (full name) []:
Locality Name (eg, city) [Default City]:
Organization Name (eg, company) [Default Company Ltd]:
Organizational Unit Name (eg, section) []:
Common Name (eg, your name or your server's hostname) []:
Email Address []:

Please enter the following 'extra' attributes
to be sent with your certificate request
A challenge password []:
An optional company name []:
```

生成 SSL 证书命令如下。

```
$ openssl x509 -req -sha256 -days 365 -in dashboard.csr -signkey dashboard.key \
-out dashboard.crt
Signature ok
subject=/C=XX/L=Default City/O=Default Company Ltd
Getting Private key
$ ls
dashboard.crt    dashboard.csr    dashboard.key
```

创建 secret 命令如下。

```
$ kubectl create secret generic kubernetes-dashboard-certs \
--from-file=$HOME/certs -n kube-system
secret "kubernetes-dashboard-certs" created
```

将以下内容保存为 dashboard-secret.yaml 文件并执行部署操作。

```
apiVersion: v1
kind: ServiceAccount
metadata:
    name: admin-user
    namespace: kube-system
---
apiVersion: rbac.authorization.Kubernetes.io/v1beta1
kind: ClusterRoleBinding
metadata:
    name: admin-user
roleRef:
    apiGroup: rbac.authorization.Kubernetes.io
    kind: ClusterRole
    name: cluster-admin
subjects:
- kind: ServiceAccount
  name: admin-user
  namespace: kube-system
```

部署仪表板 secret 命令如下。

```
$ kubectl apply -f dashboard-secret.yaml
serviceaccount/admin-user created
clusterrolebinding.rbac.authorization.Kubernetes.io/admin-user created
```

2.14.2 部署仪表板

读者可以从 GitLab 官网下载 kubernetes-dashboard yaml 文件，这里我们将官方的仪表板服务访问类型修改为 LoadBalancer，dashboard yaml 内容如下所示。

```
# ------------------- Dashboard Secret ------------------- #

apiVersion: v1
kind: Secret
metadata:
    labels:
        Kubernetes-app: kubernetes-dashboard
```

```yaml
    name: kubernetes-dashboard-certs
    namespace: kube-system
type: Opaque

---
# ------------------ Dashboard Service Account ------------------ #

apiVersion: v1
kind: ServiceAccount
metadata:
    labels:
        Kubernetes-app: kubernetes-dashboard
    name: kubernetes-dashboard
    namespace: kube-system

---
# ------------------ Dashboard Role & Role Binding ------------------ #

kind: Role
apiVersion: rbac.authorization.Kubernetes.io/v1
metadata:
    name: kubernetes-dashboard-minimal
    namespace: kube-system
rules:
    # Allow Dashboard to create 'kubernetes-dashboard-key-holder' secret.
- apiGroups: [""]
  resources: ["secrets"]
  verbs: ["create"]
    # Allow Dashboard to create 'kubernetes-dashboard-settings' config map.
- apiGroups: [""]
  resources: ["configmaps"]
  verbs: ["create"]
    # Allow Dashboard to get, update and delete Dashboard exclusive secrets.
- apiGroups: [""]
  resources: ["secrets"]
  resourceNames: ["kubernetes-dashboard-key-holder", "kubernetes-dashboard-certs"]
    verbs: ["get", "update", "delete"]
    # Allow Dashboard to get and update 'kubernetes-dashboard-settings' config map.
- apiGroups: [""]
  resources: ["configmaps"]
  resourceNames: ["kubernetes-dashboard-settings"]
  verbs: ["get", "update"]
    # Allow Dashboard to get metrics from heapster.
- apiGroups: [""]
  resources: ["services"]
  resourceNames: ["heapster"]
  verbs: ["proxy"]
- apiGroups: [""]
  resources: ["services/proxy"]
  resourceNames: ["heapster", "http:heapster:", "https:heapster:"]
  verbs: ["get"]

---
apiVersion: rbac.authorization.Kubernetes.io/v1
kind: RoleBinding
metadata:
```

```
        name: kubernetes-dashboard-minimal
        namespace: kube-system
roleRef:
        apiGroup: rbac.authorization.Kubernetes.io
        kind: Role
        name: kubernetes-dashboard-minimal
subjects:
- kind: ServiceAccount
  name: kubernetes-dashboard
  namespace: kube-system


---
# ------------------- Dashboard Deployment ------------------- #

kind: Deployment
apiVersion: apps/v1beta2
metadata:
        labels:
                Kubernetes-app: kubernetes-dashboard
        name: kubernetes-dashboard
        namespace: kube-system
spec:
        replicas: 1
        revisionHistoryLimit: 10
        selector:
                matchLabels:
                        Kubernetes-app: kubernetes-dashboard
        template:
                metadata:
                        labels:
                                Kubernetes-app: kubernetes-dashboard
                spec:
                        containers:
                        - name: kubernetes-dashboard
                          image: hub.tencentyun.com/malingxin/kubernetes-dashboard-amd64:v1.10.0
                          ports:
                          - containerPort: 8443
                                protocol: TCP
                          args:
                                - --auto-generate-certificates
                                # Uncomment the following line to manually specify Kubernetes
                                  API server Host
                                # If not specified, Dashboard will attempt to auto discover
                                  the API server and connect
                                # to it. Uncomment only if the default does not work.
                                # - --apiserver-host=http://my-address:port
                          volumeMounts:
                          - name: kubernetes-dashboard-certs
                            mountPath: /certs
                            # Create on-disk volume to store exec logs
                          - mountPath: /tmp
                            name: tmp-volume
                          livenessProbe:
                                httpGet:
                                        scheme: HTTPS
                                        path: /
```

```
                        port: 8443
                    initialDelaySeconds: 30
                    timeoutSeconds: 30
            volumes:
            - name: kubernetes-dashboard-certs
              secret:
                    secretName: kubernetes-dashboard-certs
            - name: tmp-volume
              emptyDir: {}
            serviceAccountName: kubernetes-dashboard
            # Comment the following tolerations if Dashboard must not be deployed
              on master
            tolerations:
            - key: node-role.kubernetes.io/master
              effect: NoSchedule


---
# ------------------ Dashboard Service ------------------ #

kind: Service
apiVersion: v1
metadata:
    labels:
        Kubernetes-app: kubernetes-dashboard
    name: kubernetes-dashboard
    namespace: kube-system
spec:
    ports:
    - name: tcp-80-80-om7tn
      port: 443
      protocol: TCP
      targetPort: 8443
    selector: {}
    type: LoadBalancer                      # 这里是LoadBalancer类型
    selector:
        Kubernetes-app: kubernetes-dashboard
```

部署仪表板负载均衡器，代码如下所示。

```
$ kubectl create -f  kubernetes-dashboard-LoadBalancer.yaml
serviceaccount "kubernetes-dashboard" created
role.rbac.authorization.Kubernetes.io "kubernetes-dashboard-minimal" created
rolebinding.rbac.authorization.Kubernetes.io "kubernetes-dashboard-minimal" created
deployment.apps "kubernetes-dashboard" created
service "kubernetes-dashboard" created
```

查看仪表板 IP 代码如下。

```
$ kubectl get -n kube-system  pod -l Kubernetes-app=kubernetes-dashboard
NAME                            READY    STATUS      RESTARTS     AGE
kubernetes-dashboard-78c46b977d-tckf5    1/1     Running      0         33s
$ kubectl get -n kube-system svc -l Kubernetes-app=kubernetes-dashboard
NAME            TYPE        CLUSTER-IP     EXTERNAL-IP      PORT(S)      AGE
kubernetes-dashboard    LoadBalancer   192.168.255.19 106.52.161.254   443:31734/TCP  1m
```

这里可知仪表板 IP 为 106.52.161.254，访问端口是 HTTPS 443。

2.14.3　登录仪表板

查看仪表板令牌名称的命令如下。

```
$ kubectl get secret -n kube-system | grep admin-user
admin-user-token-sgpl8    kubernetes.io/service-account-token    3        3m23s
```

根据仪表板令牌名称查看令牌内容的命令如下。

```
$ kubectl describe secret admin-user-token-sgpl8 -n kube-system | grep 'token:'
token:
eyJhbGciOiJSUzI1NiIsImtpZCI6IiJ9.eyJpc3MiOiJrdWJlcm5ldGVzL3NlcnZpY2VhY2NvdW50I
    iwia3ViZXJuZXRlcy5pby9zZXJ2aWNlYWNjb3VudC9uYW1lc3BhY2UiOiJrdWJlLXN5c3RlbSI
    sImt1YmVybmV0ZXMuaW8vc2VydmljZWFjY291bnQvc2VjcmV0Lm5hbWUiOiJhZG1pbi11c2VyL
    XRva2VuLXNncGw4Iiwia3ViZXJuZXRlcy5pby9zZXJ2aWNlYWNjb3VudC9zZXJ2aWNlLWFjY29
    1bnQubmFtZSI6ImFkbWluLXVzZXIiLCJrdWJlcm5ldGVzLmlvL3NlcnZpY2VhY2NvdW50L3Nlc
    nZpY2UtYWNjb3VudC51aWQiOiI3ZjRkZGU2OS03MDBiLTExZWEtYjAzYy0wZTQ0ZDhkMjAxODg
    iLCJzdWIiOiJzeXN0ZW06c2VydmljZWFjY291bnQ6a3ViZS1zeXN0ZW06YWRtaW4tdXNlciJ9.
    ITdCYTHn1NTSSa_OHorvL2tQoUqVRkgVCwcxOkNTgkkdrKw9X5z6DhyiY1Z3T4yX345Gl7E-
    DcDYLZG30ks7O2DthRlA-8t5mZux1Ncye5ecaaIRua0oUtNrV9XdtWLOMYsTsSPBKyK8MRmoq8DH
    ju06Je9UXIOTvnp9A_HR7EHRiC2sqfqyjXS12RCVrKlwLGg6K9gQSZ7rb99pjUDXU1v_WqeqhubH
    QgzSvNIWHke1OFerFhyYTFLqXJA6b1uljVA1kbRDuOAFfP-ClKQyQ5zgmPoFVdzMT-5_k8ZxZUhf
    SsWt51WfLdOQy7A4c2oYX0eykvJfuWrEs3BRyI_VBw
```

我们登录浏览器访问 https://106.52.161.254，如图 2-48 所示，选择令牌，输入令牌内容，点击"登录"，可以看到图 2-49 所示画面。

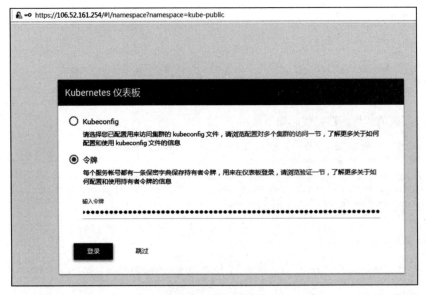

图 2-48　输入令牌

本节我们学习了如何搭建 Kubernetes 仪表板，通过仪表板以可视化的形式管理 Kubernetes 和 Docker 资源，在一定程度上提升了自运维效率。

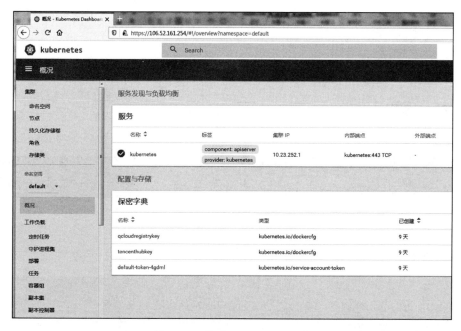

图 2-49 登录 Kubernetes 后台

2.15 Kubernetes 的 API 与源码

本节将在源码层面解读 kube-apiserver 的功能，分析 kube-apiserver 三个基本功能的代码组织及逻辑实现，解读 kube-apiserver 服务路由的配置方式，解读 kube-apiserver 服务请求访问控制模式，如 RBAC 访问模式、bootstrapToken 鉴权模式等的实现方式，并介绍 kube-apiserver 服务中数据落地 etcd 的实现模式。

2.15.1 Kubernetes 的版本环境

表 2-24 所示是安装 Kubernetes 软件版本详情。

表 2-24 软件版本

Kubernetes	Go 语言版本
1.17.0 版	1.13.4 版

2.15.2 认证方式

Kubernetes 提供了 3 种客户端认证方式。

1）HTTPS 证书认证：基于 CA 根证书签名的双向数字证书认证方式，是最严格的认证方式。

2）HTTP Token 认证：通过 Token 识别每个合法的用户。

3）HTTP Basic 认证：官方不建议在实践中使用这种认证方式，这里不做介绍。

2.15.3 访问测试

先按照 2.13 节的介绍搭建集群环境。

1. HTTPS 证书认证

证书目录为 /etc/kubernetes/pki，包含的证书如图 2-50 所示。

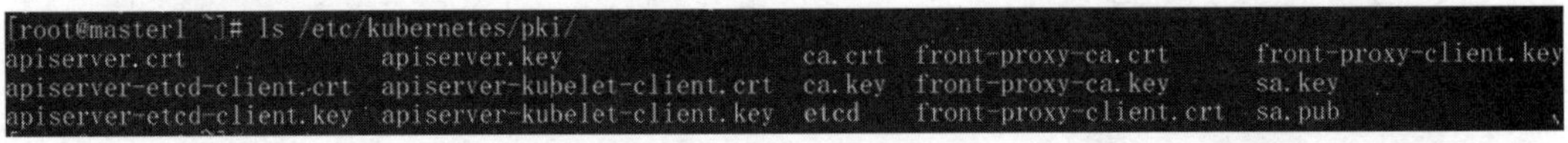

图 2-50　Kubernetes 证书

在测试机器上使用证书认证方式访问集群 API，如图 2-51 所示。

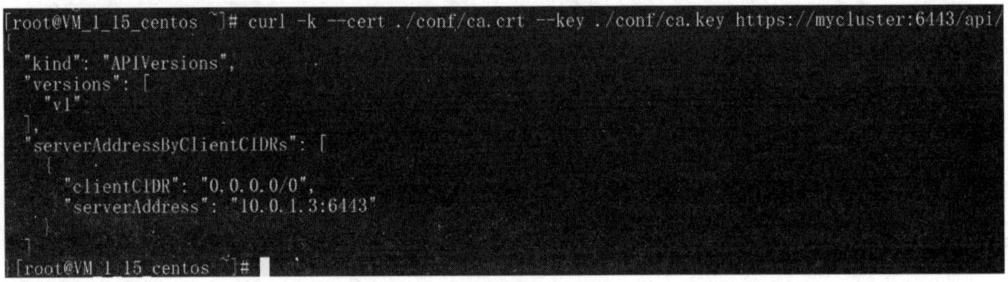

图 2-51　证书认证访问集群 API

2. HTTPS Token 认证

我们创建一个名为 testor 的 ServiceAccount 用于测试，这里绑定集群最大权限角色 cluster-admin，样例如下。

```
apiVersion: v1
kind: ServiceAccount
metadata:
    name: testor
    namespace: default

---
apiVersion: rbac.authorization.Kubernetes.io/v1
kind: ClusterRoleBinding
metadata:
    name: testor
roleRef:
    apiGroup: rbac.authorization.Kubernetes.io
    kind: ClusterRole
    name: cluster-admin
subjects:
- kind: ServiceAccount
```

```
    name: testor
    namespace: default
```

创建成功后我们可以在集群中获得对应的 Token，首先查看创建的测试 ServiceAccount 的 Token 位置。

```
# kubectl get sa testor -o yaml
apiVersion: v1
kind: ServiceAccount
metadata:
    creationTimestamp: "2020-03-17T08:59:59Z"
    name: testor
    namespace: default
    resourceVersion: "164230"
    selfLink: /api/v1/namespaces/default/serviceaccounts/testor
    uid: 74bc6104-1dee-4983-b22e-235869a04ffa
secrets:
- name: testor-token-glvfj    #这里可以看出对应的Token在testor-token-glvfj这个secret中
```

获取 base64 解密后的 Token 值。

```
$ kubectl get secret testor-token-glvfj -ojsonpath={.data.token} | base64 -d
```
eyJhbGciOiJSUzI1NiIsImtpZCI6InVuUkhzWTMyTmxTR0ltX082QTNqeUZ3U0g4Y1NmTkZqb1dTZ
    E96N29MZWcifQ.eyJpc3MiOiJrdWJlcm5ldGVzL3NlcnZpY2VhY2NvdW50Iiwia3ViZXJuZXR
    lcy5pby9zZXJ2aWNlYWNjb3VudC9uYW1lc3BhY2UiOiJkZWZhdWx0Iiwia3ViZXJuZXRlcy5p
    by9zZXJ2aWNlYWNjb3VudC9zZWNyZXQubmFtZSI6InRlc3Rvci10b2tlbi1nbHZmaiIsImt1Y
    mVybmV0ZXMuaW8vc2VydmljZWFjY291bnQvc2VydmljZS1hY2NvdW50Lm5hbWUiOiJ0ZXN0b3
    IiLCJrdWJlcm5ldGVzLmlvL3NlcnZpY2VhY2NvdW50L3NlcnZpY2UtYWNjb3VudC51aWQiOiI
    3NGJjNjNjEwNC0xZGVlLTQ5ODMtYjIyZS0yMzU4NjlhMDRmZmEiLCJzdWIiOiJzeXN0ZW06c2Vy
    dmljZWFjY291bnQ6ZGVmYXVsdDp0ZXN0b3IifQ.zYtPABfpe-y_Eruv3uv5m0kjgI8ySH51O-
    VcU5uNbFc1TIpdCy1GrXmHxO5IEKoG_ju3e4Z8QUjWD11OEnm1Yf6Ozjqs5vXPiNSoiMkr
    pH2wm76ank3C7CkCGrEQxV4aIOYG7zsGUv_77oy0N0H47_uDSacmjjWi_Yxy0So2zXG8L3
    8WdelMoT6jFeFSgTYa04xfpo-q6TRgMuIaTxG3QMZXKrj0Ie3k-wlXWJISJlcE4RgPX7b_
    TXve5qLKbKjxHsa4ubB9o_nlm_wk90QH6thQH5WdvLCFGilwUpOoaIvfvy8X2P4pjYBxJBxLchrN
    Ldj1IeVEDKlyuMOHv6hCSA

最后在测试机器上使用 Token 认证方式访问集群 API，如图 2-52 所示。

图 2-52　Token 认证方式访问集群 API

2.15.4　API 示例

Kubernetes 的 API 分为 5 个层次。

1）WORKLOADS APIS：包含 Deployment、DaemonSet 等负载的 API 类。

2）SERVICE APIS：包含 Service、Ingress 等服务相关的 API 类。

3）CONFIG AND STORAGE APIS：包含 ConfigMap、Secret 等配置和存储相关的 API 类。

4）METADATA APIS：包含 Event、PodSecurityPolicy 等元数据相关的 API 类。

5）CLUSTER APIS：包含 Namespace、node 等集群层面资源相关的 API 类。

下面以 Deployment 为例演示如何通过 KubernetesAPI 操作集群。这里使用 HTTP Token 认证方式。

1. create

表 2-25 所示是 API create 详情。

表 2-25　API create

API 路径	Group	版本	访问方式
/apis/apps/v1/namespaces/{namespace}/deployments	apps	1	POST

具体样例如下所示。

```
$ curl -k -X POST -H 'Content-Type: application/yaml' -H "Authorization: Bearer
    $TOKEN" --data'
apiVersion: apps/v1
kind: Deployment
metadata:
    name: nginx-example
    labels:
        app: nginx
spec:
    replicas: 3
    selector:
        matchLabels:
            app: nginx
    template:
        metadata:
            labels:
                app: nginx
        spec:
            containers:
            - name: nginx
              image: nginx:1.12.2
              ports:
              - containerPort: 80
https://mycluster:6443/apis/apps/v1/namespaces/default/deployments
```

可以看到我们的请求已可以正常访问，访问返回结果如下所示。

```
{
    "kind": "Deployment",
    "apiVersion": "apps/v1",
    "metadata": {
        "name": "nginx-example",
        "namespace": "default",
```

```
        "selfLink": "/apis/apps/v1/namespaces/default/deployments/nginx-example",
        "uid": "83c27a93-cead-49f8-93f4-86899122cc16",
        "resourceVersion": "1361353",
        "generation": 1,
        "creationTimestamp": "2020-03-22T12:34:04Z",
        "labels": {
            "app": "nginx"
        }
    },
    "spec": {
        "replicas": 3,
        "selector": {
            "matchLabels": {
                "app": "nginx"
            }
        },
        "template": {
            "metadata": {
                "creationTimestamp": null,
                "labels": {
                    "app": "nginx"
                }
            },
            "spec": {
                "containers": [
                    {
                        "name": "nginx",
                        "image": "nginx:1.12.2",
                        "ports": [
                            {
                                "containerPort": 80,
                                "protocol": "TCP"
                            }
                        ],
                        "resources": {

                        },
                        "terminationMessagePath": "/dev/termination-log",
                        "terminationMessagePolicy": "File",
                        "imagePullPolicy": "IfNotPresent"
                    }
                ],
                "restartPolicy": "Always",
                "terminationGracePeriodSeconds": 30,
                "dnsPolicy": "ClusterFirst",
                "securityContext": {

                },
                "schedulerName": "default-scheduler"
            }
        },
        "strategy": {
            "type": "RollingUpdate",
            "rollingUpdate": {
                "maxUnavailable": "25%",
                "maxSurge": "25%"
```

```
            }
        },
        "revisionHistoryLimit": 10,
        "progressDeadlineSeconds": 600
    },
    "status": {

    }
}
```

可以看到，我们已经在集群中创建了期望的 Deployment，集群验证如图 2-53 所示。

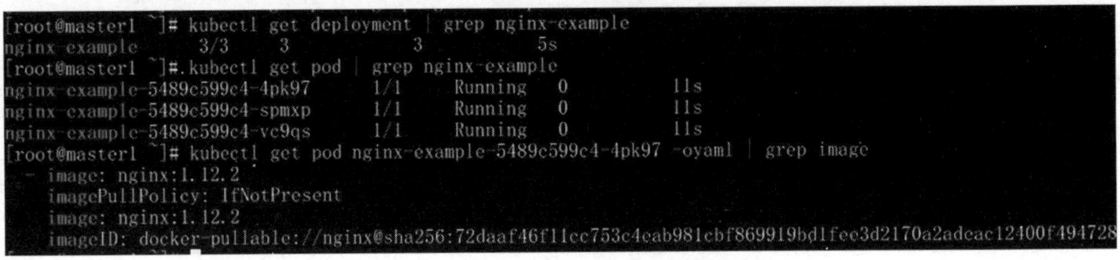

```
[root@master1 ~]# kubectl get deployment | grep nginx-example
nginx-example      3/3      3            3            5s
[root@master1 ~]#.kubectl get pod | grep nginx-example
nginx-example-5489c599c4-4pk97    1/1      Running    0        11s
nginx-example-5489c599c4-spmxp    1/1      Running    0        11s
nginx-example-5489c599c4-vc9qs    1/1      Running    0        11s
[root@master1 ~]# kubectl get pod nginx-example-5489c599c4-4pk97 -oyaml | grep image
 - image: nginx:1.12.2
   imagePullPolicy: IfNotPresent
   image: nginx:1.12.2
   imageID: docker-pullable://nginx@sha256:72daaf46f1lcc753c4eab981cbf869919bd1fee3d2170a2adeac12400f494728
```

图 2-53　创建出期望的 Deployment

2. PATCH

表 2-26 所示是 API PATCH 详情。

表 2-26　API PATCH

API 路径	Group	版本	访问方式
/apis/apps/v1/namespaces/{namespace}/deployments/{name}	apps	1	PATCH

具体样例如下。

```
$ curl -k -X PATCH -H 'Content-Type: application/strategic-merge-patch+json' \
-H "Authorization: Bearer $TOKEN" --date \
'{"spec":{"template":{"spec":{"containers":[{"name":"nginx","image":"nginx:1.11"}]}}}}'
 \ https://mycluster:6443/apis/apps/v1/namespaces/default/deployments/nginx-example
```

可以看到请求已正常访问，访问返回结果如下。

```
{
    "kind": "Deployment",
    "apiVersion": "apps/v1",
    "metadata": {
        "name": "nginx-example",
        "namespace": "default",
        "selfLink": "/apis/apps/v1/namespaces/default/deployments/nginx-example",
        "uid": "83c27a93-cead-49f8-93f4-86899122cc16",
        "resourceVersion": "1363365",
        "generation": 2,
        "creationTimestamp": "2020-03-22T12:34:04Z",
        "labels": {
```

```
                "app": "nginx"
            },
            "annotations": {
                "deployment.kubernetes.io/revision": "1"
            }
        }
    },
    "spec": {
        "replicas": 3,
        "selector": {
            "matchLabels": {
                "app": "nginx"
            }
        },
        "template": {
            "metadata": {
                "creationTimestamp": null,
                "labels": {
                    "app": "nginx"
                }
            },
            "spec": {
                "containers": [
                    {
                        "name": "nginx",
                        "image": "nginx:1.11",
                        "ports": [
                            {
                                "containerPort": 80,
                                "protocol": "TCP"
                            }
                        ],
                        "resources": {

                        },
                        "terminationMessagePath": "/dev/termination-log",
                        "terminationMessagePolicy": "File",
                        "imagePullPolicy": "IfNotPresent"
                    }
                ],
                "restartPolicy": "Always",
                "terminationGracePeriodSeconds": 30,
                "dnsPolicy": "ClusterFirst",
                "securityContext": {

                },
                "schedulerName": "default-scheduler"
            }
        },
        "strategy": {
            "type": "RollingUpdate",
            "rollingUpdate": {
                "maxUnavailable": "25%",
                "maxSurge": "25%"
            }
        },
```

```
            "revisionHistoryLimit": 10,
            "progressDeadlineSeconds": 600
    },
    "status": {
        "observedGeneration": 1,
        "replicas": 3,
        "updatedReplicas": 3,
        "readyReplicas": 3,
        "availableReplicas": 3,
        "conditions": [
            {
                "type": "Available",
                "status": "True",
                "lastUpdateTime": "2020-03-22T12:34:06Z",
                "lastTransitionTime": "2020-03-22T12:34:06Z",
                "reason": "MinimumReplicasAvailable",
                "message": "Deployment has minimum availability."
            },
            {
                "type": "Progressing",
                "status": "True",
                "lastUpdateTime": "2020-03-22T12:34:06Z",
                "lastTransitionTime": "2020-03-22T12:34:04Z",
                "reason": "NewReplicaSetAvailable",
                "message": "ReplicaSet \"nginx-example-5489c599c4\" has successfully
progressed."
            }
        ]
    }
}
```

可以看到对应的 Deployment 镜像版本已被更改，集群验证如图 2-54 所示。

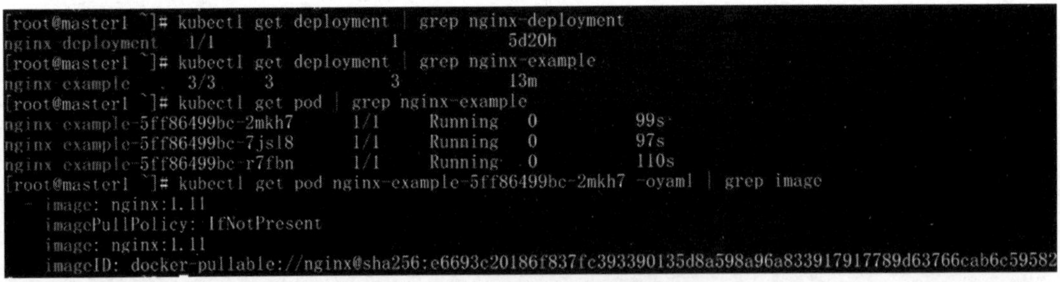

图 2-54　Deployment 镜像版本已更改

3. DELETE

表 2-27 所示是 API DELETE 详情。

表 2-27　API DELETE

API 路径	Group	版本	访问方式
/apis/apps/v1/namespaces/{namespace}/deployments/{name}	apps	1	DELETE

具体样例如下。

```
$ curl -k -X DELETE -H 'Content-Type: application/yaml' \
 -H "Authorization: Bearer $TOKEN"  \
--data 'gracePeriodSeconds: 0 orphanDependents: false' \
https://mycluster:6443/apis/apps/v1/namespaces/default/deployments/nginx-example
```

可以看到我们的请求已正常访问，访问返回结果如下。

```
{
    "kind": "Status",
    "apiVersion": "v1",
    "metadata": {

    },
    "status": "Success",
    "details": {
        "name": "nginx-example",
        "group": "apps",
        "kind": "deployments",
        "uid": "83c27a93-cead-49f8-93f4-86899122cc16"
    }
}
```

可以看到集群中对应的 Deployment 已成功删除，集群验证如图 2-55 所示。

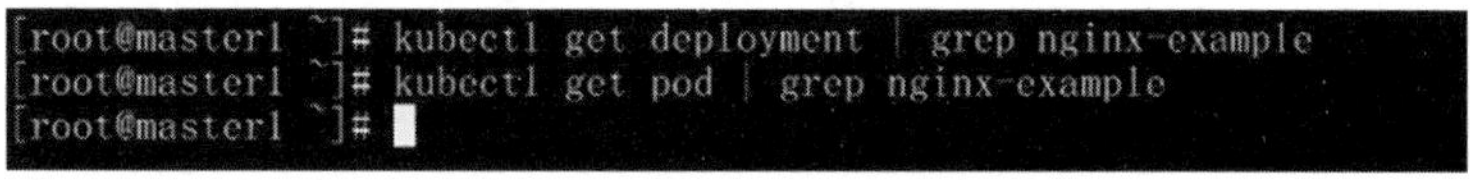

图 2-55   Deployment 已删除

2.15.5 代码解析

1. apiserver 的功能设计

kube-apiserver 的设计目的是成为一台相对简单的服务器，对外提供规范的 Kubernetes API，不仅提供了外部访问集群 API 的渠道，也达到了解耦集群内各组件的目的。

kube-apiserver 的主要功能是处理其他业务的 REST 请求，对其进行验证及鉴权，请求成功后将结果更新到后端存储的 etcd（以后可能是其他存储）中。

kube-apiserver 的源码主要围绕 3 个关键点展开：配置服务路由、访问权限以及同数据库（etcd）的交互。

2. 几个重要的结构体

（1）ServerRunOptions

位于 Kubernetes.io/kubernetes/cmd/kube-apiserver/app/options/options.go，是 kube-apiserver 的启动参数结构体，涵盖了启动 kube-apiserver 需要的所有参数，包括代码设计中抽象出来的通用服务结构体 GenericServer 的配置参数、操作后端 etcd 存储的配置参数、集群访问控制配置参数、集群操作鉴权配置。kube-apiserver 启动参数及含义可参考官方文档，代码如下所示。

```
type ServerRunOptions struct {
    // kube-apiserver系列服务基础配置项
    GenericServerRunOptions *genericoptions.ServerRunOptions
    // 后端存储etcd的配置项
    Etcd                    *genericoptions.EtcdOptions
    SecureServing           *genericoptions.SecureServingOptionsWithLoopback
    InsecureServing         *genericoptions.DeprecatedInsecureServingOptionsWithLoopback
    Audit                   *genericoptions.AuditOptions
    Features                *genericoptions.FeatureOptions
    Admission               *kubeoptions.AdmissionOptions
    // 集群验证配置项
    Authentication          *kubeoptions.BuiltInAuthenticationOptions
    // 集群操作鉴权配置项
    Authorization           *kubeoptions.BuiltInAuthorizationOptions
    CloudProvider           *kubeoptions.CloudProviderOptions
    APIEnablement           *genericoptions.APIEnablementOptions
    EgressSelector          *genericoptions.EgressSelectorOptions
    ...
}
```

（2）Config

位于 Kubernetes.io/apiserver/pkg/server/config.go，是 kube-apiserver 系列服务的通用 GenericServer 配置结构体。Config 包含了服务 ExtensionsServer、KubeAPIServer、AggregatorServer 的公有配置部分，涵盖了一个 Server 所需的基本配置信息。通用 GenericServer 与各服务对应的额外配置组合构成对应服务的配置结构体，代码如下所示。

```
type Config struct {
    // https服务配置项
    SecureServing *SecureServingInfo
    // 服务验证配置
    Authentication AuthenticationInfo
    // 服务鉴权配置
    Authorization AuthorizationInfo
    LoopbackClientConfig *restclient.Config
    EgressSelector *egressselector.EgressSelector
    RuleResolver authorizer.RuleResolver
    AdmissionControl      admission.Interface
    AuditBackend audit.Backend
    // 服务路由配置
    BuildHandlerChainFunc func(apiHandler http.Handler, c *Config) (secure http.Handler)
    RESTOptionsGetter genericregistry.RESTOptionsGetter
    ...
}
```

（3）APIGroupInfo

位于 Kubernetes.io/apiserver/pkg/server/generaticapiserver.go，定义了一个 API 组的相关信息。

以 customresourcedefinitions 资源为例，对应的 API 组名称为 apiextensions.Kubernetes.io，API 组支持 v1 和 v1beta1 两个版本的 PrioritizedVersions。版本、资源、后端 CRUD 结构体的映射关系如下。

```
map[v1beta1][customresourcedefinitions]customresourcedefinitionsStorage
```

代码如下所示。

```
type APIGroupInfo struct {
    PrioritizedVersions []schema.GroupVersion
    // map[version][resource]storage
    VersionedResourcesStorageMap map[string]map[string]rest.Storage
    OptionsExternalVersion *schema.GroupVersion
    MetaGroupVersion *schema.GroupVersion
    Scheme *runtime.Scheme
    NegotiatedSerializer runtime.NegotiatedSerializer
    ParameterCodec runtime.ParameterCodec
    StaticOpenAPISpec *spec.Swagger
}
```

（4）Authorization

位于 Kubernetes.io/apiserver/pkg/authorization/authorizer/interface.go，Attributes 接口从 request 请求中获取信息提供给 Authorizer 参考，Authorizer 接口根据 request 中的认证信息做出合理的回应，代码如下所示。

```
type Attributes interface {
    GetUser() user.Info
    GetVerb() string
    IsReadOnly() bool
    GetNamespace() string
    GetResource() string
    GetSubresource() string
    GetName() string
    GetAPIGroup() string
    GetAPIVersion() string
    IsResourceRequest() bool
    GetPath() string
}

type Authorizer interface {
    Authorize(ctx context.Context, a Attributes) (authorized Decision, reason string, err error)
}
```

（5）Authentication

位于 Kubernetes.io/apiserver/pkg/authentication/authenticator/interface.go，每个接口分别对应不同的鉴权方式，代码如下所示。

```
type Token interface {
    AuthenticateToken(ctx context.Context, token string) (*Response, bool, error)
}

type Request interface {
    AuthenticateRequest(req *http.Request) (*Response, bool, error)
}

type Password interface {
    AuthenticatePassword(ctx context.Context, user, password string) (*Response, bool, error)
}
```

（6）Store

位于 Kubernetes.io/apiserver/pkg/registry/generic/registry/store.go，是前端具体资源与后端 ETCD 交互的结构体，包含 new、list、search 等一系列操作，代码如下所示。

```
type Store struct {
    NewFunc func() runtime.Object
    NewListFunc func() runtime.Object
    DefaultQualifiedResource schema.GroupResource
    KeyRootFunc func(ctx context.Context) string
    KeyFunc func(ctx context.Context, name string) (string, error)
    ObjectNameFunc func(obj runtime.Object) (string, error)
    TTLFunc func(obj runtime.Object, existing uint64, update bool) (uint64, error)
    PredicateFunc func(label labels.Selector, field fields.Selector) storage.SelectionPredicate
    EnableGarbageCollection bool
    DeleteCollectionWorkers int
    Decorator ObjectFunc
    CreateStrategy rest.RESTCreateStrategy
    AfterCreate ObjectFunc
    UpdateStrategy rest.RESTUpdateStrategy
    AfterUpdate ObjectFunc
    DeleteStrategy rest.RESTDeleteStrategy
    AfterDelete ObjectFunc
    ReturnDeletedObject bool
    ShouldDeleteDuringUpdate func(ctx context.Context, key string, obj, existing
        runtime.Object) bool
    ExportStrategy rest.RESTExportStrategy
    TableConvertor rest.TableConvertor
    Storage DryRunnableStorage
    StorageVersioner runtime.GroupVersioner
    DestroyFunc func()
}
```

2.15.6 主要功能介绍

1. 配置服务路由

kube-apiserver 中配置路由的代码完全遵循 go-restful 的设计模式，先将处理方法注册到对应的 Route 中，同一个根路径下的 Route 注册到 WebService 中，最后将所有的 WebService 注册到 Container 中，由 Container 负责分发流量。访问的过程为 Container→WebService→Route。

kube-apiserver 完整的 API 流程如图 2-56 所示。

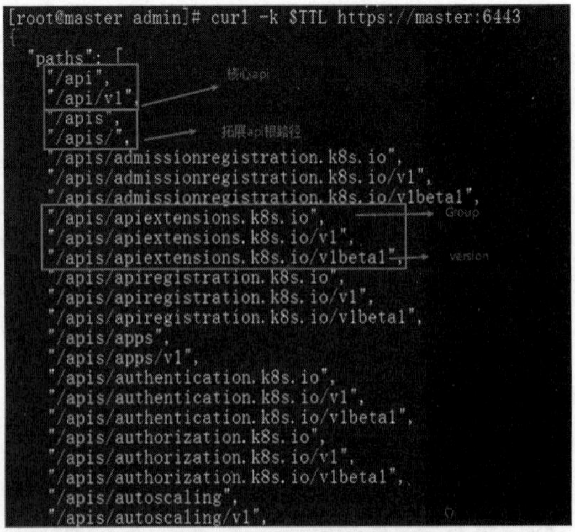

2. main

入口函数，这里使用 cobra 命令行构建工具库来构建 API-Server，代码逻辑放在 app. NewAPIServer Command() 里，代码如下所示。

图 2-56　kube-apiserver 详情

```
func main() {
    rand.Seed(time.Now().UnixNano())
    command := app.NewAPIServerCommand()
    logs.InitLogs()
    defer logs.FlushLogs()
    if err := command.Execute(); err != nil {
        os.Exit(1)
    }
}
```

3. NewAPIServerCommand

代码组织形式是 cobra 构建 cli 命令行工具的模式。这里主要是对启动参数进行解析、完善并验证其合法性。各项启动参数及意义可参考 apiserver 启动参数参考文档。apiserver 的具体逻辑放在 Run(completedOptions，genericapiserver.SetupSignalHandler()) 里，代码如下所示。

```
func NewAPIServerCommand() *cobra.Command {
    s := options.NewServerRunOptions()
    cmd := &cobra.Command{
        Use: "kube-apiserver",
        Long: `xxxxx`,
        RunE: func(cmd *cobra.Command, args []string) error {
            verflag.PrintAndExitIfRequested()
            utilflag.PrintFlags(cmd.Flags())
            completedOptions, err := Complete(s)
            if errs := completedOptions.Validate(); len(errs) != 0 {
                return utilerrors.NewAggregate(errs)
            }
            return Run(completedOptions, genericapiserver.SetupSignalHandler())
        },
    }
}
```

在测试环境里，kube-apiserver 对应的启动参数如图 2-57 所示。

图 2-57　kube-apiserver 启动参数

4. Run

Run 函数的逻辑很清晰，分为三部分：

1）创建 kube-apiserver 服务链，主要用来配置各 API 路由的逻辑；

2）做好 kube-apiserver 服务运行前的准备，如设置健康检查和存活检查等操作；

3）正式运行 kube-apiserver 服务。

Run 函数代码如下所示。

```
func Run(completeOptions completedServerRunOptions, stopCh <-chan struct{}) error {
    server, err := CreateServerChain(completeOptions, stopCh)
    prepared, err := server.PrepareRun()
    return prepared.Run(stopCh)
}
```

（1）CreateServerChain

kube-apiserver 包含以下服务。

1）createAPIExtensionsServer：创建 CustomResourceDefinitions 对应的服务，配置对应 API 的路由（/apis/apiextensions.Kubernetes.io/）。

2）CreateKubeAPIServer：创建 kube-apiserver 的 API 服务，配置 /api 和 /apis 根路径下的路由。

3）createAggregatorServer：创建聚合服务，聚合在 kube-apiserver 之外的拓展 apiserver。

CreateServerChain 代码如下所示。

```
func CreateServerChain(completedOptions completedServerRunOptions, stopCh <-chan
    struct{}) (*aggregatorapiserver.APIAggregator, error) {
    ...
    // 启动CustomResourceDefinitions对应的服务
    apiExtensionsServer, err := createAPIExtensionsServer(apiExtensionsConfig,
        genericapiserver.NewEmptyDelegate())
    // 启动kube-apiserver的API服务
    kubeAPIServer, err := CreateKubeAPIServer(kubeAPIServerConfig, apiExtensionsServer.
        GenericAPIServer)
    // 启动聚合服务
    aggregatorServer, err := createAggregatorServer(aggregatorConfig, kubeAPIServer.
        GenericAPIServer, apiExtensionsServer.Informers)
    ...
}
```

这里以 createAPIExtensionsServer 为例，详细梳理 kube-apiserver 配置 API 路由的代码逻辑。

Complete() 完善 apiextensionsConfig 的配置信息，然后到 new 的逻辑里面组装 customre-sourcedefinitions 对应的 API 组信息 apiGroupInfo，代码如下所示。

```
func createAPIExtensionsServer(apiextensionsConfig *apiextensionsapiserver.Config,
    delegateAPIServer genericapiserver.DelegationTarget)
    (*apiextensionsapiserver.CustomResourceDefinitions, error) {
    return apiextensionsConfig.Complete().New(delegateAPIServer)
}
func (c completedConfig) New(delegationTarget genericapiserver.DelegationTarget)
    (*CustomResourceDefinitions, error) {
    ...
```

```
// 将这组API的GroupName设置为apiextensions.Kubernetes.io
apiGroupInfo := genericapiserver.NewDefaultAPIGroupInfo(apiextensions.GroupName,
    Scheme, metav1.ParameterCodec, Codecs)
// 根据配置情况，装填对应资源的CRUD后端交互结构体
if apiResourceConfig.VersionEnabled(v1beta1.SchemeGroupVersion) {
    storage := map[string]rest.Storage{}
    customResourceDefintionStorage := customresourcedefinition.NewREST(Scheme,
        c.GenericConfig.RESTOptionsGetter)
    storage["customresourcedefinitions"] = customResourceDefintionStorage
    storage["customresourcedefinitions/status"] = customresourcedefinition.
        NewStatusREST(Scheme, customResourceDefintionStorage)

    apiGroupInfo.VersionedResourcesStorageMap[v1beta1.SchemeGroupVersion.
        Version] = storage
}
if apiResourceConfig.VersionEnabled(v1.SchemeGroupVersion) {
    storage := map[string]rest.Storage{}
    customResourceDefintionStorage := customresourcedefinition.NewREST(Scheme,
        c.GenericConfig.RESTOptionsGetter)
    storage["customresourcedefinitions"] = customResourceDefintionStorage
    storage["customresourcedefinitions/status"] = customresourcedefinition.
        NewStatusREST(Scheme, customResourceDefintionStorage)

    apiGroupInfo.VersionedResourcesStorageMap[v1.SchemeGroupVersion.Version]
        = storage
}
// 转入下一步逻辑
if err := s.GenericAPIServer.InstallAPIGroup(&apiGroupInfo); err != nil {
    return nil, err
}
...
}
```

apiGroupInfo 在测试环境的体现如图 2-58 所示。

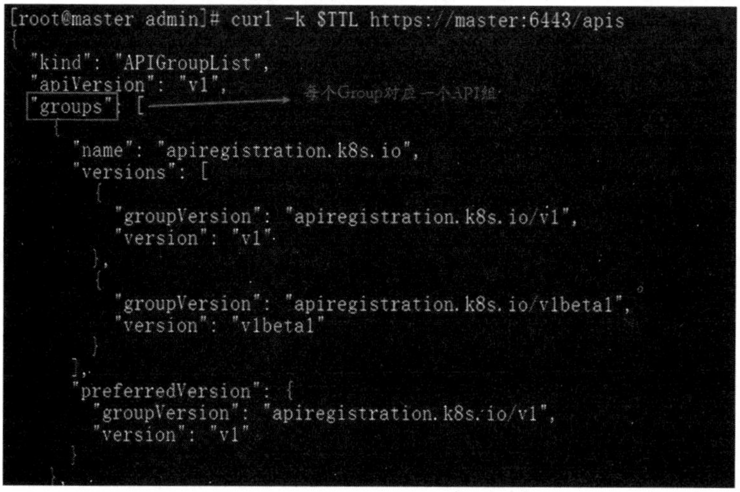

图 2-58　apiGroupInfo

InstallAPIGroup 代码如下所示。

```
func (s *GenericAPIServer) InstallAPIGroup(apiGroupInfo *APIGroupInfo) error {
    return s.InstallAPIGroups(apiGroupInfo)
}

func (s *GenericAPIServer) InstallAPIGroups(apiGroupInfos ...*APIGroupInfo) error {
    ...
    for _, apiGroupInfo := range apiGroupInfos {
        // 设置APIGroupPrefix即api根路径为/apis，随后转入下一步逻辑
        if err := s.installAPIResources(APIGroupPrefix, apiGroupInfo, openAPIModels);
            err != nil {
            return fmt.Errorf("unable to install api resources: %v", err)
        }
        ...
    }
    return nil
}
```

apiGroupInfo 在测试环境的情况如图 2-59 所示。

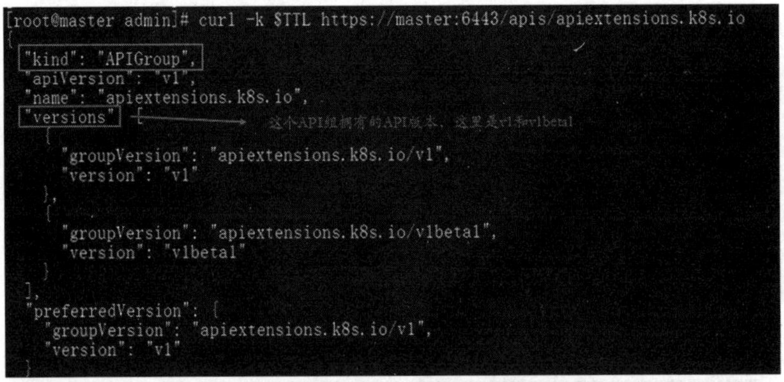

图 2-59　apiGroupInfo

installAPIResources 代码如下所示。

```
func (s *GenericAPIServer) installAPIResources(apiPrefix string, apiGroupInfo
    *APIGroupInfo, openAPIModels openapiproto.Models) error {
    // 分别对对应API组的不同版本进行处理
    for _, groupVersion := range apiGroupInfo.PrioritizedVersions {
        if len(apiGroupInfo.VersionedResourcesStorageMap[groupVersion.Version])
            == 0 {
            klog.Warningf("Skipping API %v because it has no resources.", groupVersion)
            continue
        }

        apiGroupVersion := s.getAPIGroupVersion(apiGroupInfo, groupVersion, apiPrefix)
        if apiGroupInfo.OptionsExternalVersion != nil {
            apiGroupVersion.OptionsExternalVersion = apiGroupInfo.OptionsExternalVersion
        }
            apiGroupVersion.OpenAPIModels = openAPIModels
```

```
        apiGroupVersion.MaxRequestBodyBytes = s.maxRequestBodyBytes
        // 进入下一逻辑
        if err := apiGroupVersion.InstallREST(s.Handler.GoRestfulContainer); err
            != nil {
            return fmt.Errorf("unable to setup API %v: %v", apiGroupInfo, err)
        }
    }

    return nil
}
```

groupVersion 在测试环境的体现如图 2-60 所示。

图 2-60　groupVersion

InstallREST 代码如下所示。

```
func (g *APIGroupVersion) InstallREST(container *restful.Container) error {
    // 这里将api的prefix组装成/apis/apiextensions.Kubernetes.io/v1beta1形式
    prefix := path.Join(g.Root, g.GroupVersion.Group, g.GroupVersion.Version)
    installer := &APIInstaller{
        group:             g,
        prefix:            prefix,
        minRequestTimeout: g.MinRequestTimeout,
    }
    // Install()进入下一层逻辑
    apiResources, ws, registrationErrors := installer.Install()
    versionDiscoveryHandler := discovery.NewAPIVersionHandler(g.Serializer,
        g.GroupVersion, staticLister{apiResources})
```

```
        versionDiscoveryHandler.AddToWebService(ws)
        // 将对应路径(/apis/apiextensions.Kubernetes.io/v1beta1/)下的WebService注册到
            Container中
        container.Add(ws)
        return utilerrors.NewAggregate(registrationErrors)
    }
```

apiResources 在测试环境的体现如图 2-61 所示。其中 items 保存目前集群 customresourcede-finitions 资源，这里是新集群，目前还无 crd 资源。

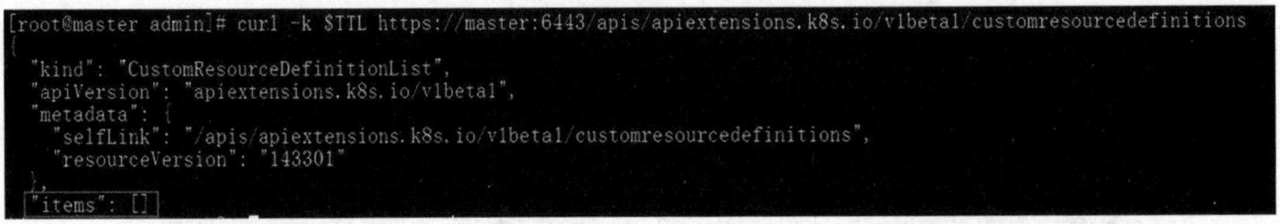

图 2-61　apiResources

Install 代码如下所示。

```
func (a *APIInstaller) Install() ([]metav1.APIResource, *restful.WebService, []error) {
    var apiResources []metav1.APIResource
    var errors []error
    // 设置WebService对应的路径为a.prefix, 即形如/apis/apiextensions.Kubernetes.io/
        v1beta1/的路径
    ws := a.newWebService()

    paths := make([]string, len(a.group.Storage))
    var i int = 0
    for path := range a.group.Storage {
        paths[i] = path
        i++
    }
    sort.Strings(paths)
    for _, path := range paths {
        // 分别为Storage中的资源, 如customresourcedefinitions、customresour-
            cedefinitions/status, 配置对应的CRUD路径及对应处理逻辑, 进入下一层逻辑
        apiResource, err := a.registerResourceHandlers(path, a.group.Storage
            [path], ws)

        }
        if apiResource != nil {
            apiResources = append(apiResources, *apiResource)
        }
    }
    return apiResources, ws, errors
}
```

registerResourceHandlers 代码如下所示。

```
func (a *APIInstaller) registerResourceHandlers(path string, storage rest.Storage,
    ws *restful.WebService) (*metav1.APIResource, error) {
    ...
```

```
        switch action.Verb {
        case "GET":
            var handler restful.RouteFunction
            if isGetterWithOptions {
                handler = restfulGetResourceWithOptions(getterWithOptions,
                    reqScope, isSubresource)
            } else {
                handler = restfulGetResource(getter, exporter, reqScope)
            }
            ...
            route := ws.GET(action.Path).To(handler).
                Doc(doc).
                Param(ws.QueryParameter("pretty", "If 'true', then the output is
                    pretty printed.")).
    Operation("read"+namespaced+kind+strings.Title(subresource)+operationSuf
        fix).
    Produces(append(storageMeta.ProducesMIMETypes(action.Verb), mediaTypes...)
        ...).
                Returns(http.StatusOK, "OK", producedObject).
                Writes(producedObject)
            ...
            addParams(route, action.Params)
            // 将各route汇集
            routes = append(routes, route)
        ...
        }
        // 将所有route映射到对应的WebService中
        for _, route := range routes {
            route.Metadata(ROUTE_META_GVK, metav1.GroupVersionKind{
                Group:   reqScope.Kind.Group,
                Version: reqScope.Kind.Version,
                Kind:    reqScope.Kind.Kind,
            })
            route.Metadata(ROUTE_META_ACTION, strings.ToLower(action.Verb))
            ws.Route(route)
        }
    }
    ...

    return &apiResource, nil
}
```

（2）CreateKubeAPIServer

启动 kube-apiserver，配置 /api 下的核心路由和 /apis 下的部分拓展 api 路由，代码逻辑同上，这里不再赘述。

```
func CreateKubeAPIServer(kubeAPIServerConfig *master.Config, delegateAPIServer
genericapiserver.DelegationTarget) (*master.Master, error) {
    kubeAPIServer, err := kubeAPIServerConfig.Complete().New(delegateAPIServer)

    return kubeAPIServer, nil
}

func (c completedConfig) New(delegationTarget genericapiserver.DelegationTarget)
    (*Master, error) {
```

```
...

    if c.ExtraConfig.APIResourceConfigSource.VersionEnabled(apiv1.SchemeGroupVersion) {
        legacyRESTStorageProvider := corerest.LegacyRESTStorageProvider{
            StorageFactory:               c.ExtraConfig.StorageFactory,
            ProxyTransport:               c.ExtraConfig.ProxyTransport,
            kubeletClientConfig:          c.ExtraConfig.kubeletClientConfig,
            EventTTL:                     c.ExtraConfig.EventTTL,
            ServiceIPRange:               c.ExtraConfig.ServiceIPRange,
            SecondaryServiceIPRange:      c.ExtraConfig.SecondaryServiceIPRange,
            ServiceNodePortRange:         c.ExtraConfig.ServiceNodePortRange,
            LoopbackClientConfig:         c.GenericConfig.LoopbackClientConfig,
            ServiceAccountIssuer:         c.ExtraConfig.ServiceAccountIssuer,
            ServiceAccountMaxExpiration:  c.ExtraConfig.ServiceAccountMaxExpiration,
            APIAudiences:                 c.GenericConfig.Authentication.APIAudiences,
        }
        if err := m.InstallLegacyAPI(&c, c.GenericConfig.RESTOptionsGetter,
            legacyRESTStorageProvider); err != nil {
            return nil, err
        }
    }

    restStorageProviders := []RESTStorageProvider{
        auditregistrationrest.RESTStorageProvider{},
        authenticationrest.RESTStorageProvider{Authenticator: c.GenericConfig.
            Authentication.Authenticator, APIAudiences: c.GenericConfig.
            Authentication.APIAudiences},
        authorizationrest.RESTStorageProvider{Authorizer: c.GenericConfig.Authorization.
            Authorizer, RuleResolver: c.GenericConfig.RuleResolver},
        autoscalingrest.RESTStorageProvider{},
        batchrest.RESTStorageProvider{},
        certificatesrest.RESTStorageProvider{},
        coordinationrest.RESTStorageProvider{},
        discoveryrest.StorageProvider{},
        extensionsrest.RESTStorageProvider{},
        networkingrest.RESTStorageProvider{},
        noderest.RESTStorageProvider{},
        policyrest.RESTStorageProvider{},
        rbacrest.RESTStorageProvider{Authorizer: c.GenericConfig.Authorization.
            Authorizer},
        schedulingrest.RESTStorageProvider{},
        settingsrest.RESTStorageProvider{},
        storagerest.RESTStorageProvider{},
        flowcontrolrest.RESTStorageProvider{},
        appsrest.RESTStorageProvider{},
        admissionregistrationrest.RESTStorageProvider{},
        eventsrest.RESTStorageProvider{TTL: c.ExtraConfig.EventTTL},
    }
    if err := m.InstallAPIs(c.ExtraConfig.APIResourceConfigSource, c.GenericConfig.
        RESTOptionsGetter, restStorageProviders...); err != nil {
        return nil, err
    }

    ...
}
```

（3）createAggregatorServer

启动 kube-apiserver，配置 /apis/apiextensions.Kubernetes.io 下的部分拓展 API 路由，代码逻辑同上，这里不再赘述。

```
func createAggregatorServer(aggregatorConfig *aggregatorapiserver.Config, delegateAPIServer
    genericapiserver.DelegationTarget, apiExtensionInformers apiextensionsinformers.
    SharedInformerFactory)
    (*aggregatorapiserver.APIAggregator, error) {
    aggregatorServer, err := aggregatorConfig.Complete().NewWithDelegate(delegat
        eAPIServer)

    ...

    return aggregatorServer, nil
}
```

（4）PrepareRun

代码如下所示。

```
func (s *GenericAPIServer) PrepareRun() preparedGenericAPIServer {
    s.delegationTarget.PrepareRun()

    ...

    // 注册kube-apiserver的健康检查、生存检查及就绪检查
    s.installHealthz()
    s.installLivez()
    err := s.addReadyzShutdownCheck(s.readinessStopCh)
    s.installReadyz()

    ...

    return preparedGenericAPIServer{s}
}
```

kube-apiserver 服务正式启动，代码如下所示。

```
func (s preparedGenericAPIServer) Run(stopCh <-chan struct{}) error {
    ...

    err := s.NonBlockingRun(delayedStopCh)

    <-stopCh

    ...

    return nil
}
```

预设服务启动前的准备工作及服务停止之前的清理工作，然后启动服务，代码如下所示。

```
func (s preparedGenericAPIServer) NonBlockingRun(stopCh <-chan struct{}) error {
    ...
    if s.SecureServingInfo != nil && s.Handler != nil {
```

```
        var err error
        stoppedCh, err = s.SecureServingInfo.Serve(s.Handler, s.ShutdownTimeout,
            internalStopCh)
        if err != nil {
            close(internalStopCh)
            close(auditStopCh)
            return err
        }
    }

    ...

    return nil
}
```

Serve 代码如下所示。

```
func (s *SecureServingInfo) Serve(handler http.Handler, shutdownTimeout time.
    Duration, stopCh <-chan struct{}) (<-chan struct{}, error) {
    ...
    tlsConfig, err := s.tlsConfig(stopCh)

    secureServer := &http.Server{
        Addr:           s.Listener.Addr().String(),
        Handler:        handler,
        MaxHeaderBytes: 1 << 20,
        TLSConfig:      tlsConfig,
    }
    const resourceBody99Percentile = 256 * 1024

    ...
    return RunServer(secureServer, s.Listener, shutdownTimeout, stopCh)
}
```

RunServer 代码如下所示。

```
func RunServer(
    server *http.Server,
    ln net.Listener,
    shutDownTimeout time.Duration,
    stopCh <-chan struct{},
) (<-chan struct{}, error) {

    stoppedCh := make(chan struct{})
    go func() {
        defer close(stoppedCh)
        <-stopCh
        ctx, cancel := context.WithTimeout(context.Background(), shutDownTimeout)
        server.Shutdown(ctx)
        cancel()
    }()

    go func() {
        defer utilruntime.HandleCrash()

        var listener net.Listener
```

```
        listener = tcpKeepAliveListener{ln.(*net.TCPListener)}
        if server.TLSConfig != nil {
            listener = tls.NewListener(listener, server.TLSConfig)
        }

        err := server.Serve(listener)

        msg := fmt.Sprintf("Stopped listening on %s", ln.Addr().String())
        select {
        case <-stopCh:
            klog.Info(msg)
        default:
            panic(fmt.Sprintf("%s due to error: %v", msg, err))
        }
    }()

    return stoppedCh, nil
}
```

访问权限控制在处理请求之前对请求进行验证及鉴权等操作。以 createAPIExtensionsServer 中的逻辑为例，在 createAPIExtensionsServer 的逻辑中存在以下逻辑。

```
func createAPIExtensionsServer(apiextensionsConfig *apiextensionsapiserver.Config,
    delegateAPIServer genericapiserver.DelegationTarget)
    (*apiextensionsapiserver.CustomResourceDefinitions, error) {
    return apiextensionsConfig.Complete().New(delegateAPIServer)
}

func (c completedConfig) New(delegationTarget genericapiserver.DelegationTarget)
    (*CustomResourceDefinitions, error) {
    genericServer, err := c.GenericConfig.New("apiextensions-apiserver",
        delegationTarget)
    if err != nil {
        return nil, err
    }

    ...
    return s, nil
}

func (c completedConfig) New(name string, delegationTarget DelegationTarget)
    (*GenericAPIServer, error) {
    ...

    handlerChainBuilder := func(handler http.Handler) http.Handler {
        return c.BuildHandlerChainFunc(handler, c.Config)
    }

    // 在构建handler时，将访问控制相应的逻辑加进去
    apiServerHandler := NewAPIServerHandler(name, c.Serializer, handlerChainBuilder,
        delegationTarget.UnprotectedHandler())

    ...

    return s, nil
}
```

那么，这个访问控制的处理链是什么样的呢？我们一起看看。

在起初创建 kube-apiserver 配置时，就引入了相应的逻辑链，代码如下所示。

```
func CreateKubeAPIServerConfig(
    s completedServerRunOptions,
    nodeTunneler tunneler.Tunneler,
    proxyTransport *http.Transport,
) (
    *master.Config,
    *genericapiserver.DeprecatedInsecureServingInfo,
    aggregatorapiserver.ServiceResolver,
    []admission.PluginInitializer,
    error,
) {
    genericConfig, versionedInformers, insecureServingInfo, serviceResolver,
        pluginInitializers, admissionPostStartHook, storageFactory, err :=
        buildGenericConfig(s.ServerRunOptions, proxyTransport)

    ...

    return config, insecureServingInfo, serviceResolver, pluginInitializers, nil
}

func buildGenericConfig(
    s *options.ServerRunOptions,
    proxyTransport *http.Transport,
) (
    genericConfig *genericapiserver.Config,
    versionedInformers clientgoinformers.SharedInformerFactory,
    insecureServingInfo *genericapiserver.DeprecatedInsecureServingInfo,
    serviceResolver aggregatorapiserver.ServiceResolver,
    pluginInitializers []admission.PluginInitializer,
    admissionPostStartHook genericapiserver.PostStartHookFunc,
    storageFactory *serverstorage.DefaultStorageFactory,
    lastErr error,
) {
    genericConfig = genericapiserver.NewConfig(legacyscheme.Codecs)
    ...

    return
}

func NewConfig(codecs serializer.CodecFactory) *Config {
    defaultHealthChecks := []healthz.HealthChecker{healthz.PingHealthz,
        healthz.LogHealthz}
    return &Config{
        Serializer:                  codecs,
        // 在这里传入访问控制逻辑链
        BuildHandlerChainFunc:       DefaultBuildHandlerChain,
        HandlerChainWaitGroup:       new(utilwaitgroup.SafeWaitGroup),
        LegacyAPIGroupPrefixes:      sets.NewString(DefaultLegacyAPIPrefix),
        DisabledPostStartHooks:      sets.NewString(),
        PostStartHooks:              map[string]PostStartHookConfigEntry{},
        HealthzChecks:               append([]healthz.HealthChecker{}, defaultHealthChecks...),
        ReadyzChecks:                append([]healthz.HealthChecker{}, defaultHealthChecks...),
```

```
        LivezChecks:      append([]healthz.HealthChecker{}, defaultHealthChecks...),
        EnableIndex:              true,
        EnableDiscovery:          true,
        EnableProfiling:          true,
        EnableMetrics:            true,
        MaxRequestsInFlight:      400,
        MaxMutatingRequestsInFlight: 200,
        RequestTimeout:           time.Duration(60) * time.Second,
        MinRequestTimeout:        1800,
        LivezGracePeriod:         time.Duration(0),
        ShutdownDelayDuration:    time.Duration(0),
        JSONPatchMaxCopyBytes: int64(3 * 1024 * 1024),
        MaxRequestBodyBytes: int64(3 * 1024 * 1024),
        LongRunningFunc: genericfilters.BasicLongRunningRequestCheck(sets.
            NewString("watch"), sets.NewString()),
    }
}
```

在 kube-apiserver 中，在 handler 诞生之初会根据配置赋予相应的访问控制逻辑，这里我们主要看权限验证及鉴权，也就是 Authorization 和 Authentication 函数，代码如下所示。

```
func DefaultBuildHandlerChain(apiHandler http.Handler, c *Config)
    http.Handler {
    handler := genericapifilters.WithAuthorization(apiHandler, c.Authorization.
        Authorizer, c.Serializer)
    handler = genericfilters.WithMaxInFlightLimit(handler, c.MaxRequestsInFlight,
        c.MaxMutatingRequestsInFlight, c.LongRunningFunc)
    handler = genericapifilters.WithImpersonation(handler, c.Authorization.
        Authorizer, c.Serializer)
    handler = genericapifilters.WithAudit(handler, c.AuditBackend, c.AuditPolicyChecker,
        c.LongRunningFunc)
    failedHandler := genericapifilters.Unauthorized(c.Serializer, c.Authentication.
        SupportsBasicAuth)
    failedHandler = genericapifilters.WithFailedAuthenticationAudit(failedHandler,
        c.AuditBackend, c.AuditPolicyChecker)
    handler = genericapifilters.WithAuthentication(handler, c.Authentication.
        Authenticator, failedHandler, c.Authentication.APIAudiences)
    handler = genericfilters.WithCORS(handler, c.CorsAllowedOriginList, nil, nil,
        nil, "true")
    handler = genericfilters.WithTimeoutForNonLongRunningRequests(handler,
        c.LongRunningFunc, c.RequestTimeout)
    handler = genericfilters.WithWaitGroup(handler, c.LongRunningFunc,
        c.HandlerChainWaitGroup)
    handler = genericapifilters.WithRequestInfo(handler, c.RequestInfoResolver)
    handler = genericfilters.WithPanicRecovery(handler)
    return handler
}
```

下面一起看看访问权限控制是如何实现的。

在构建 kube-apiserver 配置时，有如下逻辑。

```
func buildGenericConfig(
    s *options.ServerRunOptions,
    proxyTransport *http.Transport,
) (
```

```
    genericConfig *genericapiserver.Config,
    versionedInformers clientgoinformers.SharedInformerFactory,
    insecureServingInfo *genericapiserver.DeprecatedInsecureServingInfo,
    serviceResolver aggregatorapiserver.ServiceResolver,
    pluginInitializers []admission.PluginInitializer,
    admissionPostStartHook genericapiserver.PostStartHookFunc,
    storageFactory *serverstorage.DefaultStorageFactory,
    lastErr error,
) {
    ...
    // 构建鉴权相关配置
    genericConfig.Authentication.Authenticator, genericConfig.OpenAPIConfig.
        SecurityDefinitions, err = BuildAuthenticator(s, clientgoExternalClient,
        versionedInformers)
    // 构建权限验证相关配置
    genericConfig.Authorization.Authorizer, genericConfig.RuleResolver, err =
        BuildAuthorizer(s, versionedInformers)
    ...

    return
}
```

找到权限验证和鉴权构建的入口，下面我们回到 DefaultBuildHandlerChain 分别看下权限验证（WithAuthorization）和鉴权（WithAuthentication）的逻辑。

根据传入的 Authorizer 对请求进行权限验证处理，返回处理结果。

WithAuthorization 代码如下所示。

```
func WithAuthorization(handler http.Handler, a authorizer.Authorizer, s runtime.
    NegotiatedSerializer) http.Handler {
    ...
    return http.HandlerFunc(func(w http.ResponseWriter, req *http.Request) {
        ...
        // 对传入的对应访问控制的入参进行判断，通过则进行对应的请求处理，否则返回权限错误
        authorized, reason, err := a.Authorize(ctx, attributes)
        if authorized == authorizer.DecisionAllow {
            audit.LogAnnotation(ae, decisionAnnotationKey, decisionAllow)
            audit.LogAnnotation(ae, reasonAnnotationKey, reason)
            handler.ServeHTTP(w, req)
            return
        }
        if err != nil {
            audit.LogAnnotation(ae, reasonAnnotationKey, reasonError)
            responsewriters.InternalError(w, req, err)
            return
        }

        klog.V(4).Infof("Forbidden: %#v, Reason: %q", req.RequestURI, reason)
        audit.LogAnnotation(ae, decisionAnnotationKey, decisionForbid)
        audit.LogAnnotation(ae, reasonAnnotationKey, reason)
        responsewriters.Forbidden(ctx, attributes, w, req, reason, s)
    })
}
```

WithAuthorization 中主要的逻辑是由 Authorizer 实现的，而我们前面找到的 Authorizer 是在

buildGenericConfig 函数中构建的。

　　BuildAuthorizer 根据服务启动配置权限验证相关的参数，根据不同的模式（node 模式、RBAC 模式等）构建对应的 Authorizer。

　　BuildAuthorizer 代码如下所示。

```go
func BuildAuthorizer(s *options.ServerRunOptions, versionedInformers clientgoinformers.
    SharedInformerFactory) (authorizer.Authorizer, authorizer.RuleResolver, error) {
    authorizationConfig := s.Authorization.ToAuthorizationConfig(versionedInformers)
    return authorizationConfig.New()
}


func (config Config) New() (authorizer.Authorizer, authorizer.RuleResolver, error) {
    ...

    for _, authorizationMode := range config.AuthorizationModes {
        switch authorizationMode {
        // node模式
        case modes.ModeNode:
            graph := node.NewGraph()
            node.AddGraphEventHandlers(
                graph,
                config.VersionedInformerFactory.Core().V1().Nodes(),
                config.VersionedInformerFactory.Core().V1().Pods(),
                config.VersionedInformerFactory.Core().V1().PersistentVolumes(),
                config.VersionedInformerFactory.Storage().V1().VolumeAttachments(),
            )
            nodeAuthorizer := node.NewAuthorizer(graph, nodeidentifier.
                NewDefaultNodeIdentifier(), bootstrappolicy.NodeRules())
            authorizers = append(authorizers, nodeAuthorizer)
        // AlwaysAllow模式
        case modes.ModeAlwaysAllow:
            alwaysAllowAuthorizer := authorizerfactory.NewAlwaysAllowAuthorizer()
            authorizers = append(authorizers, alwaysAllowAuthorizer)
            ruleResolvers = append(ruleResolvers, alwaysAllowAuthorizer)
        // AlwaysDeny模式
        case modes.ModeAlwaysDeny:
            alwaysDenyAuthorizer := authorizerfactory.NewAlwaysDenyAuthorizer()
            authorizers = append(authorizers, alwaysDenyAuthorizer)
            ruleResolvers = append(ruleResolvers, alwaysDenyAuthorizer)
        // ABAC模式
        case modes.ModeABAC:
            abacAuthorizer, err := abac.NewFromFile(config.PolicyFile)
            if err != nil {
                return nil, nil, err
            }
            authorizers = append(authorizers, abacAuthorizer)
            ruleResolvers = append(ruleResolvers, abacAuthorizer)
        // WebHook模式
        case modes.ModeWebhook:
            webhookAuthorizer, err := webhook.New(config.WebhookConfigFile,
                config.WebhookVersion,
                config.WebhookCacheAuthorizedTTL,
                config.WebhookCacheUnauthorizedTTL)
            if err != nil {
```

```
                return nil, nil, err
            }
            authorizers = append(authorizers, webhookAuthorizer)
            ruleResolvers = append(ruleResolvers, webhookAuthorizer)
        // RBAC模式
        case modes.ModeRBAC:
            rbacAuthorizer := rbac.New(
                &rbac.RoleGetter{Lister: config.VersionedInformerFactory.Rbac().
                    V1().Roles().Lister()},
                &rbac.RoleBindingLister{Lister: config.VersionedInformerFactory.
                    Rbac().V1().RoleBindings().Lister()},
                &rbac.ClusterRoleGetter{Lister: config.VersionedInformerFactory.
                    Rbac().V1().ClusterRoles().Lister()},
                &rbac.ClusterRoleBindingLister{Lister: config.VersionedInformerFactory.
                    Rbac().V1().ClusterRoleBindings().Lister()},
            )
            authorizers = append(authorizers, rbacAuthorizer)
            ruleResolvers = append(ruleResolvers, rbacAuthorizer)
        default:
            return nil, nil, fmt.Errorf("unknown authorization mode %s
                specified", authorizationMode)
        }
    }

    return union.New(authorizers...), union.NewRuleResolvers(ruleResolvers...), nil
}
```

根据传入的 authenticator 对请求进行权限验证处理，返回处理结果。WithAuthentication 代码如下所示。

```
func WithAuthentication(handler http.Handler, auth authenticator.Request, failed
    http.Handler, apiAuds authenticator.Audiences) http.Handler {
    ...
    return http.HandlerFunc(func(w http.ResponseWriter, req *http.Request) {
        authenticationStart := time.Now()

        ...
        // 以下是主要逻辑
        resp, ok, err := auth.AuthenticateRequest(req)
        ...

        handler.ServeHTTP(w, req)
    })
}
```

Kubernetes 的鉴权模式有 BootStrap 模式、basic auth 鉴权模式、Bearer Token 鉴权模式等。

BuildAuthenticator 根据服务启动配置鉴权相关的参数，根据不同的模式（BootStrap 模式、basic auth 鉴权模式、Bearer Token 鉴权模式等）构建对应的 authenticator。

BuildAuthenticator 代码如下所示。

```
func BuildAuthenticator(s *options.ServerRunOptions, extclient clientgoclientset.
    Interface, versionedInformer clientgoinformers.SharedInformerFactory)
    (authenticator.Request, *spec.SecurityDefinitions, error) {
    authenticatorConfig, err := s.Authentication.ToAuthenticationConfig()
```

```
        if s.Authentication.ServiceAccounts.Lookup || utilfeature.DefaultFeatureGate.
            Enabled(features.TokenRequest) {
            authenticatorConfig.ServiceAccountTokenGetter = serviceaccountcontroller.
                NewGetterFromClient(
                extclient,
                versionedInformer.Core().V1().Secrets().Lister(),
                versionedInformer.Core().V1().ServiceAccounts().Lister(),
                versionedInformer.Core().V1().Pods().Lister(),
            )
        }
        // BootStrap模式
        authenticatorConfig.BootstrapTokenAuthenticator = bootstrap.NewTokenAuthenticator(
            versionedInformer.Core().V1().Secrets().Lister().Secrets(v1.NamespaceSystem),
        )

        return authenticatorConfig.New()
    }


    func (config Config) New() (authenticator.Request, *spec.SecurityDefinitions,
        error) {
        var authenticators []authenticator.Request
        var tokenAuthenticators []authenticator.Token
        securityDefinitions := spec.SecurityDefinitions{}

        // front proxy鉴权配置
        if config.RequestHeaderConfig != nil {
            requestHeaderAuthenticator := headerrequest.NewDynamicVerifyOptionsSecure(
                config.RequestHeaderConfig.CAContentProvider.VerifyOptions,
                config.RequestHeaderConfig.AllowedClientNames,
                config.RequestHeaderConfig.UsernameHeaders,
                config.RequestHeaderConfig.GroupHeaders,
                config.RequestHeaderConfig.ExtraHeaderPrefixes,
            )
            authenticators = append(authenticators, authenticator.WrapAudienceAgnost
                icRequest(config.APIAudiences, requestHeaderAuthenticator))
        }

        // basic auth鉴权配置
        if len(config.BasicAuthFile) > 0 {
            basicAuth, err := newAuthenticatorFromBasicAuthFile(config.BasicAuthFile)
            authenticators = append(authenticators, authenticator.WrapAudienceAgnost
                icRequest(config.APIAudiences, basicAuth))

            securityDefinitions["HTTPBasic"] = &spec.SecurityScheme{
                SecuritySchemeProps: spec.SecuritySchemeProps{
                    Type:        "basic",
                    Description: "HTTP Basic authentication",
                },
            }
        }

        // X509 methods鉴权配置
        if config.ClientCAContentProvider != nil {
```

```
        certAuth := x509.NewDynamic(config.ClientCAContentProvider.VerifyOptions,
            x509.CommonNameUserConversion)
        authenticators = append(authenticators, certAuth)
    }

    // Bearer token methods鉴权配置
    if len(config.TokenAuthFile) > 0 {
        tokenAuth, err := newAuthenticatorFromTokenFile(config.TokenAuthFile)

        tokenAuthenticators = append(tokenAuthenticators, authenticator.WrapAudi
            enceAgnosticToken(config.APIAudiences, tokenAuth))
    }
    if len(config.ServiceAccountKeyFiles) > 0 {
        serviceAccountAuth, err := newLegacyServiceAccountAuthenticator(conf
            ig.ServiceAccountKeyFiles, config.ServiceAccountLookup, config.
            APIAudiences, config.ServiceAccountTokenGetter)

        tokenAuthenticators = append(tokenAuthenticators, serviceAccountAuth)
    }
    if utilfeature.DefaultFeatureGate.Enabled(features.TokenRequest) && config.
        ServiceAccountIssuer != "" {
        serviceAccountAuth, err := newServiceAccountAuthenticator(config.
            ServiceAccountIssuer, config.ServiceAccountKeyFiles, config.APIAudiences,
            config.ServiceAccountTokenGetter)

        tokenAuthenticators = append(tokenAuthenticators, serviceAccountAuth)
    }
    if config.BootstrapToken {
        if config.BootstrapTokenAuthenticator != nil {
            tokenAuthenticators = append(tokenAuthenticators, authenticator.WrapAudience
                AgnosticToken(config.APIAudiences, config.BootstrapTokenAuthenticator))
        }
    }
    if len(config.OIDCIssuerURL) > 0 && len(config.OIDCClientID) > 0 {
        oidcAuth, err := newAuthenticatorFromOIDCIssuerURL(oidc.Options{
            IssuerURL:            config.OIDCIssuerURL,
            ClientID:             config.OIDCClientID,
            APIAudiences:         config.APIAudiences,
            CAFile:               config.OIDCCAFile,
            UsernameClaim:        config.OIDCUsernameClaim,
            UsernamePrefix:       config.OIDCUsernamePrefix,
            GroupsClaim:          config.OIDCGroupsClaim,
            GroupsPrefix:         config.OIDCGroupsPrefix,
            SupportedSigningAlgs: config.OIDCSigningAlgs,
            RequiredClaims:       config.OIDCRequiredClaims,
        })

        tokenAuthenticators = append(tokenAuthenticators, oidcAuth)
    }
    if len(config.WebhookTokenAuthnConfigFile) > 0 {
        webhookTokenAuth, err := newWebhookTokenAuthenticator(config.
            WebhookTokenAuthnConfigFile, config.WebhookTokenAuthnVersion, config.
            WebhookTokenAuthnCacheTTL, config.APIAudiences)

        tokenAuthenticators = append(tokenAuthenticators, webhookTokenAuth)
```

```
    }

    if len(tokenAuthenticators) > 0 {
        tokenAuth := tokenunion.New(tokenAuthenticators...)
        if config.TokenSuccessCacheTTL > 0 || config.TokenFailureCacheTTL > 0 {
            tokenAuth = tokencache.New(tokenAuth, true, config.TokenSuccessCacheTTL,
                config.TokenFailureCacheTTL)
        }
        authenticators = append(authenticators, bearertoken.New(tokenAuth),
            websocket.NewProtocolAuthenticator(tokenAuth))
        securityDefinitions["BearerToken"] = &spec.SecurityScheme{
            SecuritySchemeProps: spec.SecuritySchemeProps{
                Type:        "apiKey",
                Name:        "authorization",
                In:          "header",
                Description: "Bearer Token authentication",
            },
        }
    }

    if len(authenticators) == 0 {
        if config.Anonymous {
            return anonymous.NewAuthenticator(), &securityDefinitions, nil
        }
        return nil, &securityDefinitions, nil
    }

    authenticator := union.New(authenticators...)

    authenticator = group.NewAuthenticatedGroupAdder(authenticator)

    if config.Anonymous {
        authenticator = union.NewFailOnError(authenticator, anonymous.NewAuthenticator())
    }

    return authenticator, &securityDefinitions, nil
}
```

kube-apiserver 与后端 etcd 交互的逻辑入口为配置 API 路由的终端 registerResourceHandlers。这里仍以 customresourcedefinitions 为例进行说明。

在集群里新增一个 crd 资源 scalings.control.example.com，然后在集群 etcd 进行查找，如图 2-62 所示。

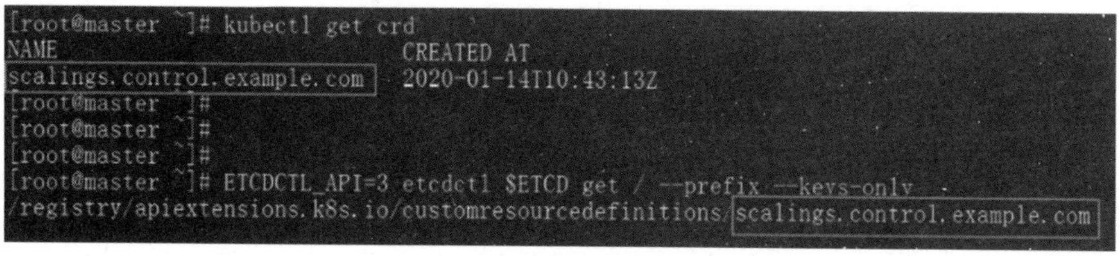

图 2-62　etcd 中查找 crd 资源

图 2-63 所示为 etcd 中 crd 资源 key 的详细信息。

图 2-63　etcd 中的 crd 资源 key

下面我们一起看看代码中的逻辑是如何设计的。

（1）registerResourceHandlers

访问 kube-apiserver 对应的后端交互操作，在 registerResourceHandlers 逻辑中的 Get 操作代码如下所示。

```
func (a *APIInstaller) registerResourceHandlers(path string, storage rest.
    Storage, ws *restful.WebService) (*metav1.APIResource, error) {
    ...
        switch action.Verb {
        case "GET":
            var handler restful.RouteFunction
            if isGetterWithOptions {
                    handler = restfulGetResourceWithOptions(getterWithOptions,
reqScope, isSubresource)
            } else {
                handler = restfulGetResource(getter, exporter, reqScope)
            }
            ...
        }
    }
    ...

    return &apiResource, nil
}
```

（2）restfulGetResourceWithOptions

restfulGetResourceWithOptions 函数代码如下所示。

```
func restfulGetResourceWithOptions(r rest.GetterWithOptions, scope handlers.
    RequestScope, isSubresource bool) restful.RouteFunction {
    return func(req *restful.Request, res *restful.Response) {
        handlers.GetResourceWithOptions(r, &scope, isSubresource)(res.
            ResponseWriter, req.Request)
    }
}
```

（3）GetResourceWithOptions

相应操作需要对应的 rest.GetterWithOptions 来实现，代码如下所示。

```
func GetResourceWithOptions(r rest.GetterWithOptions, scope *RequestScope,
    isSubresource bool) http.HandlerFunc {
```

```
        return getResourceHandler(scope,
            func(ctx context.Context, name string, req *http.Request, trace
                *utiltrace.Trace) (runtime.Object, error) {
                opts, subpath, subpathKey := r.NewGetOptions()
                trace.Step("About to process Get options")
                if err := getRequestOptions(req, scope, opts, subpath, subpathKey,
                    isSubresource); err != nil {
                    err = errors.NewBadRequest(err.Error())
                    return nil, err
                }
                if trace != nil {
                    trace.Step("About to Get from storage")
                }
                // 逻辑实现为对应的rest.GetterWithOptions的相应操作。
                return r.Get(ctx, name, opts)
            })
}
```

现在重点看看 rest.GetterWithOptions 这个结构体是如何构建的。

我们还是以 createAPIExtensionsServer 为例将相应的逻辑抽丝剥茧。代码如下所示。

```
func createAPIExtensionsServer(apiextensionsConfig *apiextensionsapiserver.Config,
    delegateAPIServer genericapiserver.DelegationTarget) (*apiextensionsapiserver.
    CustomResourceDefinitions, error) {
    return apiextensionsConfig.Complete().New(delegateAPIServer)
}

func (c completedConfig) New(delegationTarget genericapiserver.DelegationTarget)
    (*CustomResourceDefinitions, error) {
    ...

    apiResourceConfig := c.GenericConfig.MergedResourceConfig
    apiGroupInfo := genericapiserver.NewDefaultAPIGroupInfo(apiextensions.
        GroupName, Scheme, metav1.ParameterCodec, Codecs)
    if apiResourceConfig.VersionEnabled(v1beta1.SchemeGroupVersion) {
        storage := map[string]rest.Storage{}
        // 以customresourcedefinitions资源对应的操作为例，NewREST构造后端交互结构体
        customResourceDefintionStorage := customresourcedefinition.NewREST(Scheme,
            c.GenericConfig.RESTOptionsGetter)
        storage["customresourcedefinitions"] = customResourceDefintionStorage
        storage["customresourcedefinitions/status"] = customresourcedefinition.
            NewStatusREST(Scheme, customResourceDefintionStorage)

        apiGroupInfo.VersionedResourcesStorageMap[v1beta1.SchemeGroupVersion.Version] =
            storage
    }
    ...

    return s, nil
}
```

构建 customresourcedefinitions 对应的用于后端交互的结构体，代码如下所示。

```
func NewREST(scheme *runtime.Scheme, optsGetter generic.RESTOptionsGetter) *REST {
    strategy := NewStrategy(scheme)
```

```
    store := &genericregistry.Store{
        ...
    }
    options := &generic.StoreOptions{RESTOptions: optsGetter, AttrFunc: GetAttrs}
    // 完善结构体的action操作
    if err := store.CompleteWithOptions(options); err != nil {
        panic(err)
    }
    return &REST{store}
}
```

CompleteWithOptions 的代码如下所示。

```
func (e *Store) CompleteWithOptions(options *generic.StoreOptions) error {
    ...
    opts, err := options.RESTOptions.GetRESTOptions(e.DefaultQualifiedResource)
    ...

    return nil
}
```

CRDRESTOptionsGetter 是 crd 实现后端交互接口的结构体，代码如下所示。

```
func (t CRDRESTOptionsGetter) GetRESTOptions(resource schema.GroupResource)
    (generic.RESTOptions, error) {
    ret := generic.RESTOptions{
        StorageConfig:           &t.StorageConfig,
        Decorator:               generic.UndecoratedStorage,
        EnableGarbageCollection: t.EnableGarbageCollection,
        DeleteCollectionWorkers: t.DeleteCollectionWorkers,
        ResourcePrefix:          resource.Group + "/" + resource.Resource,
        CountMetricPollPeriod:   t.CountMetricPollPeriod,
    }
    if t.EnableWatchCache {
        ret.Decorator = genericregistry.StorageWithCacher(t.DefaultWatchCacheSize)
    }
    return ret, nil
}
```

StorageWithCacher 的代码如下所示。

```
func StorageWithCacher(capacity int) generic.StorageDecorator {
    return func(
        storageConfig *storagebackend.Config,
        resourcePrefix string,
        keyFunc func(obj runtime.Object) (string, error),
        newFunc func() runtime.Object,
        newListFunc func() runtime.Object,
        getAttrsFunc storage.AttrFunc,
        triggerFuncs storage.IndexerFuncs) (storage.Interface, factory.DestroyFunc, error) {
        // 构造和后端etcd交互的结构体Storage
        s, d, err := generic.NewRawStorage(storageConfig)
    }
        ...
        cacher, err := cacherstorage.NewCacherFromConfig(cacherConfig)
```

```
        destroyFunc := func() {
            cacher.Stop()
            d()
        }
        RegisterStorageCleanup(destroyFunc)

        return cacher, destroyFunc, nil
    }
}
```

NewRawStorage 的代码如下所示。

```
func NewRawStorage(config *storagebackend.Config) (storage.Interface, factory.
    DestroyFunc, error) {
    return factory.Create(*config)
}
```

```
// 根据etcd的版本创建对应的后端交互结构体
func Create(c storagebackend.Config) (storage.Interface, DestroyFunc, error) {
    switch c.Type {
    case "etcd2":
        return nil, nil, fmt.Errorf("%v is no longer a supported storage
            backend", c.Type)
    case storagebackend.StorageTypeUnset, storagebackend.StorageTypeETCD3:
        return newETCD3Storage(c)
    default:
        return nil, nil, fmt.Errorf("unknown storage type: %s", c.Type)
    }
}
```

newETCD3Storage 的代码如下所示。

```
func newETCD3Storage(c storagebackend.Config) (storage.Interface, DestroyFunc,
    error) {
    stopCompactor, err := startCompactorOnce(c.Transport, c.CompactionInterval)

    client, err := newETCD3Client(c.Transport)

    var once sync.Once
    destroyFunc := func() {
        once.Do(func() {
            stopCompactor()
            client.Close()
        })
    }
    transformer := c.Transformer
    if transformer == nil {
        transformer = value.IdentityTransformer
    }
    return etcd3.New(client, c.Codec, c.Prefix, transformer, c.Paging),
        destroyFunc, nil
}
```

New 的代码如下所示。

```
func New(c *clientv3.Client, codec runtime.Codec, prefix string, transformer
    value.Transformer, pagingEnabled bool) storage.Interface {
    return newStore(c, pagingEnabled, codec, prefix, transformer)
}

// 返回对应资源的完整的后端交互结构体store
func newStore(c *clientv3.Client, pagingEnabled bool, codec runtime.Codec, prefix
    string, transformer value.Transformer) *store {
    versioner := APIObjectVersioner{}
    result := &store{
        client:        c,
        codec:         codec,
        versioner:     versioner,
        transformer:   transformer,
        pagingEnabled: pagingEnabled,
        pathPrefix:    path.Join("/", prefix),
        watcher:       newWatcher(c, codec, versioner, transformer),
        leaseManager:  newDefaultLeaseManager(c),
    }
    return result
}
```

Get 实现对 etcd 后端的 Get 操作，代码如下所示。

```
func (s *store) Get(ctx context.Context, key string, resourceVersion string,
    out runtime.Object, ignoreNotFound bool) error {
    key = path.Join(s.pathPrefix, key)
    startTime := time.Now()
    getResp, err := s.client.KV.Get(ctx, key, s.getOps...)
    metrics.RecordEtcdRequestLatency("get", getTypeName(out), startTime)
    if err != nil {
        return err
    }
    if err = s.ensureMinimumResourceVersion(resourceVersion, uint64(getResp.Header.
        Revision)); err != nil {
        return err
    }

    if len(getResp.Kvs) == 0 {
        if ignoreNotFound {
            return runtime.SetZeroValue(out)
        }
        return storage.NewKeyNotFoundError(key, 0)
    }
    kv := getResp.Kvs[0]

    data, _, err := s.transformer.TransformFromStorage(kv.Value, authenticatedDataString(key))
    if err != nil {
        return storage.NewInternalError(err.Error())
    }

    return decode(s.codec, s.versioner, data, out, kv.ModRevision)
}
```

kube-apiserver 在 Kubernetes 架构中起到网关的作用。首先，它是集群内各组件建立联系的核心，解耦了集群内各组件之间复杂的关系，让各组件可以更多关注自身功能逻辑；其次，它是集群外访问集群内资源的唯一入口，负责集群内外的所有请求及访问控制。所以了解 kube-apiserver 有助于我们理解 Kubernetes 的功能及架构设计，有利于我们更好地将 Kubernetes 用于生产，实现产业赋能。

腾讯云 TKE 产品介绍

前两章我们介绍了开源 Docker 和 Kubernetes 技术，若容器业务使用自建 Kubernetes 系统，首先要对 Kubernetes 和 Docker 进行二次开发，其次需要全面考虑容器业务的日志、存储、监控等解决方案。腾讯云 TKE 产品已经对开源 Kubernetes 和 Docker 做了大量二次开发和优化，并且集成了腾讯云周边产品，例如负载均衡器、云硬盘、日志系统。

我们既然选择了上云，那么在掌握开源知识的同时，也要掌握云上产品侧的特性和正确的使用方法，这样才能顺利使用云上产品快速部署业务。

本章将从产品架构、功能、优势、成本等方面介绍腾讯云 TKE 产品。

3.1 产品介绍

腾讯云容器服务（Tencent Kubernetes Engine，TKE）是对原生 Kubernetes 和 Docker 进行二次开发的运行环境，是打通运维、开发、测试之间壁垒的容器云平台，使用该服务，用户不用再关心集群管理等基础设施的工作。

TKE 是平台级产品，可调用日志、CFS、负载均衡器等系统，能够帮助企业快速实现业务容器化落地。

1. 弹性容器服务

弹性容器服务（Elastic Kubernetes Service，EKS）是腾讯云容器服务推出的服务模式，用户无须购买节点即可部署工作负载。EKS 完全兼容原生 Kubernetes，支持使用原生方式购买及管理资源，按照容器真实使用的资源量计费。EKS 还扩展支持腾讯云的存储及网络等产品，同时确保用户容器的安全隔离，开箱即用。

EKS 是一种全托管的 Kubernetes 服务，意味着用户无须管理任何计算节点。EKS 以 Pod 的形式交付计算资源，支持用户使用 Kubernetes 原生的方式购买、退还及管理云资源，架构如

图 3-1 所示。了解更多，请参考：https://cloud.tencent.com/document/product/457/39804。

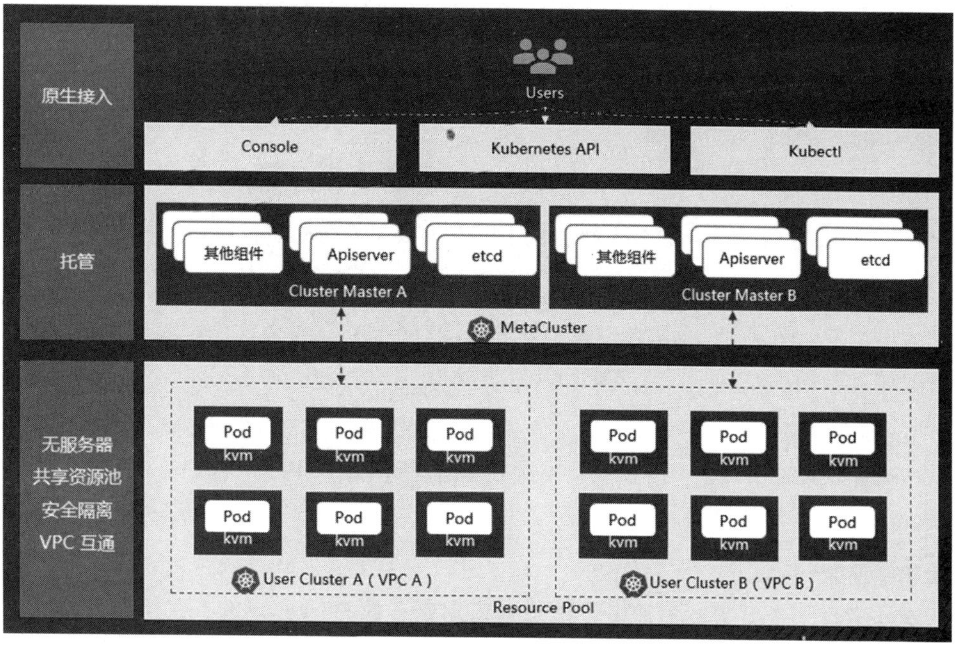

图 3-1　弹性容器服务架构图

2. 边缘容器服务

边缘容器服务（Tencent Kubernetes Engine for Edge，TKE Edge）是腾讯云容器服务推出的用于从中心云管理边缘云资源的容器系统。边缘容器服务完全兼容原生 Kubernetes，支持在同一个集群中管理位于多个机房的节点、一键将应用下发到所有边缘节点，并且具备边缘自治和分布式健康检查能力。

使用边缘容器服务来管理位于边缘的计算资源，可从云端管理资源分配和调度，进行应用部署、升级和销毁等操作，并可在云端完成系统运维工作。

可使用边缘容器服务统一管理分布在各地、位于多家云厂商或用户自建的计算资源，其便利程度接近中心云管理。

了解更多，请参考：https://cloud.tencent.com/document/product/457/42876。

3.1.1　腾讯云 TKE 名词解释

1. 集群

Kubernetes 集群包含负载均衡器、节点等云资源。

2. 命名空间

命名空间用于区分互不相关的工作负载。

3. 工作负载

工作负载是由多个服务组成的一个完整的应用程序，底层通过 YAML 模板快速部署。

4. 自动伸缩

自动伸缩是一个 Kubernetes HPA 概念，可以理解为当容器 CPU 或内存等资源使用率达到触发策略时，触发容器扩容。

5. 服务

服务（Service）简称 SVC，Pod 就是通过 SVC 实现对外访问的。

6. 配置项

配置项是多个配置文件的集合，用于管理和读写容器内的配置文件。如果开发和测试环境用到的配置文件不同，可通过配置项区分不同的环境。

7. Ingress

Ingress 是将外部 HTTP（S）流量路由到服务的规则集合，是 Kubernetes 的一种资源访问入口方式。

8. 镜像仓库

Docker 镜像用于部署容器服务，镜像仓库用于存放 Docker 镜像，在镜像仓库可以基于 Dockerfile 进行打包构建。镜像仓库分为两种，一种是 TKE 自带的 CCR 镜像仓库，另一种是企业级 TCR 镜像仓库。

9. 实例（Pod）

可以将实例理解为多个容器组成的集合，即容器组，这些容器共享存储和网络空间。

10. 存储（Persistent Volume Claim，PVC）

PVC 底层可以调用云硬盘和 CFS 资源，提供给 Pod 使用。

3.1.2 Docker 镜像名词解释

1. Dockerfile

Dockerfile 是指 Docker 镜像的描述文件，其内部的每一条指令构建一层，指令的内容描述了该层应如何构建。使用 Dockerfile 文件可以制作 Docker 镜像。

2. Docker 基础镜像

Docker 基础镜像提供基础应用型的 Docker 软件服务（如 Nginx、PHP、JDK），所以 dockerhub 镜像、公有镜像、自定义私有镜像都可以理解为基础镜像。

3. Docker 业务镜像

将 GitLab 上的源代码或者通过 Maven 打出来的 jar 或 tar 包，添加至基础镜像，通过构建打包成 Docker 业务镜像。

3.1.3　快速创建容器应用流程

如图 3-2 所示, 4 步即可访问运行的容器应用。

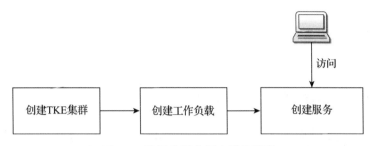

图 3-2　访问容器应用步骤及流程

首先创建 TKE 集群, 集群创建成功后, 便可以操作集群内的资源了; 接着根据业务需求, 创建工作负载; 工作负载创建成功后, 意味着 Pod 启动, 容器成功运行。但是容器业务要对外提供访问接口, 所以还需创建服务。服务创建成功后, 用户就可以通过服务 IP 和端口访问容器应用了。

3.1.4　基于腾讯云 TKE 的业务交付

腾讯云 TKE 业务交付流程如图 3-3 所示。

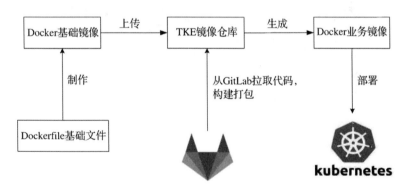

图 3-3　TKE 业务交付流程

首先利用 Dockerfile 基础文件制作 Docker 基础镜像, 上传至 TKE 镜像仓库; 然后开发人员在 GitLab 或其他代码平台提交新代码和业务 Dockerfile 文件; 接着 TKE 镜像仓库对 GitLab 授权, 构建打包生成 Docker 业务镜像; 最后创建工作负载, 选择 Docker 业务镜像进行部署。

至此, 我们对腾讯云 TKE 产品进行了初步了解, 腾讯云 TKE 是公有云产品, 为满足业务快速交付并考虑到重建成本, 周边会调用日志、CFS、负载均衡器等现有系统。腾讯云 TKE 是容器平台, 是平台级产品, 接下来介绍腾讯云 TKE 产品架构。

3.2 腾讯云 TKE 产品架构

腾讯云 TKE 产品架构分为 4 层，分别是：

❑ 用户接入层
❑ 核心功能层
❑ PaaS 层
❑ IaaS 层

基于上述 4 层，产品架构如图 3-4 所示。

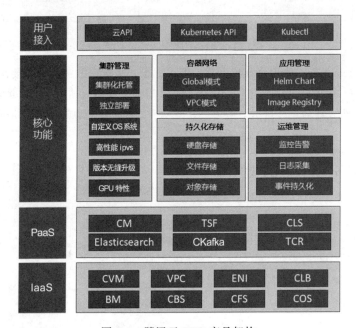

图 3-4 腾讯云 TKE 产品架构

图 3-4 只是部分腾讯云 TKE 产品架构图，下面进行详细介绍。

1. 用户接入层

用户通过命令行或 API 的方式访问腾讯云 TKE 资源，包括云 API、原生 Kubernetes API、kubectl 命令。

2. 核心功能层

1）集群管理：腾讯云 TKE 具有强大的 Kubernetes 集群化管理功能，能实现集群化托管、独立部署、自定义 OS 系统、高性能 ipvs、版本无缝升级、GPU 特性支持等功能。

2）容器网络：分为 Global 和 VPC 两种模式。

3）持久化存储：Pod 业务数据的存储方式，分为硬盘存储、文件存储、对象存储 3 种。

4）应用管理：可通过 Helm Chart 编排工具进行容器应用管理（考虑到用户自定义 Helm 版

本的需求，未来 TKE 控制台很可能下线 Helm），通过 Image Registry 对 Docker 镜像进行管理。

5）运维管理：这里涉及 TKE 周边系统资源、监控告警、日志采集和事件持久化。

3. PaaS 层

PaaS 层包括 CM、CLS、Elastic search、CKafka、TSF、TCR。

4. IaaS 层

IaaS 层包括 CVM、BM、VPC、ENI、CLB、CBS、CFS、COS。

下面简单介绍一下 TKE 模块。

1. 容器服务控制台和云 API

用户可通过控制台、kubectl 或 API 操作集群和服务。

2. 镜像服务 CCR 模块

CCR 是腾讯云提供的镜像服务模块，用户可以上传镜像或将镜像下载到本地。镜像服务 CCR 模块可对 GitLab 或 GitHub 上的 Dockerfile 进行构建打包，从 CCR 仓库拉取 Kubernetes 部署容器资源所需的镜像。如果需要企业专业级的镜像服务，则需要用到下面的 TCR。

3. 容器 TCR 镜像服务

TCR 是针对企业级需求推出的容器镜像服务，可提供细颗粒度的权限管理及访问控制，保障用户的数据安全；支持 P2P 加速分发，突破大规模集群并发拉取大镜像的性能瓶颈；支持自定义镜像同步规则及触发器，可与用户已有的 CI/CD 工作流灵活结合。

4. 容器服务腾讯云 TKE 模块

腾讯云 TKE 是容器服务的核心模块，包括集群和服务的增、删、改、查。

5. 周边资源模板

腾讯云 TKE 是平台级产品，不是单个组件产品。TKE 平台会调用公有云周边产品及系统，所以腾讯云 TKE 整体架构中，涵盖了 IaaS、PaaS、镜像仓库 TCR 等周边产品及系统，使腾讯云 TKE 在功能上更加丰富和强大，满足多样化的业务需求。。

3.3　腾讯云 TKE 产品功能

本节我们将以表格的形式介绍腾讯云 TKE 的产品功能，主要包括集群、应用、服务、配置项、镜像 5 大模块。

3.3.1　集群管理

通过腾讯云 TKE 可以简单高效地管理容器集群，整个过程安全可靠，并能够无缝衔接腾讯云计算、存储和网络，表 3-1 所示是集群管理模块功能详情。

表 3-1　集群管理模块功能

模　　块	功　　能
集群构成	• 支持 CVM 所有机型，可以新增和添加已有主机 • 集群内主机支持跨可用区部署 • 支持包年 / 包月、按量计费两种计费模式 • 用户独占集群，VPC 安全隔离 • 自定义集群网络，容器网络灵活配置
集群管理	• 支持集群动态伸缩，节点升降配 • 监控指标丰富，支持自定义告警策略 • 拥有健康检查功能，协助用户一键排查问题，用户可自助检查 TKE 集群，及时发现风险和问题
Kubernetes 管理	• 支持 Kubernetes 多版本，提供版本升级功能 • Kubernetes 证书管理，kubectl 直接操作集群 • 控制台简单管理命名空间

3.3.2　应用管理

通过腾讯云 TKE 提供的应用管理功能，用户可以一键快速创建多个服务，部署不同环境应用。表 3-2 所示是应用管理模块功能详情。

表 3-2　应用管理模块功能

模　　块	功　　能
应用构成	• 支持腾讯云 TKE 多种服务类型 • 支持 Kubernetes Deployment、DaemonSet 等多种资源
应用管理	• 支持我的模板、模板市场快速创建 • 支持更新、实时对比查看 • 支持一键部署 / 停止服务
模板管理	• 支持我的模板、模板市场 • 支持一键复制模板

3.3.3　服务管理

服务管理为用户提供高效的容器管理方案，支持服务的快速创建、快速扩缩容、负载均衡、服务发现、服务监控、健康检查等特性，用户可以通过服务管理方便快捷地管理容器。表 3-3 所示是服务管理模块功能详情。

表 3-3　服务管理模块功能

模　　块	功　　能
服务部署	• 支持单实例多容器的服务部署 • 支持多种服务访问方式 • 支持服务内实例跨可用区部署 • 支持设置亲和性和反亲和性调度

（续）

模　　块	功　　能
应用管理	• 支持服务的滚动更新和快速更新 • 支持服务的动态扩缩容 • 支持远程登录服务内容器
模板管理	• 支持查看服务详细的监控指标 • 支持查看服务内容器的 stdout 和 stderr 日志 • 支持设置服务告警策略 • 支持设置存活检查和就绪检查两种健康检查方式 • 容器异常自动恢复

3.3.4　配置项管理

配置项可以修改程序设置，针对不同的对象使用不同的配置项。表 3-4 所示是配置项管理模块功能详情。

表 3-4　配置项管理模块功能

模　　块	功　　能
配置项管理	• 支持单实例多容器的服务部署 • 支持多种服务访问方式 • 支持服务内实例跨可用区部署 • 支持设置亲和性和反亲和性调度
配置项使用	• 配置项以数据卷的形式挂载到容器目录 • 配置项导入环境变量 • 配置项替代应用模板变量

3.3.5　镜像管理

腾讯云镜像仓库包含 DockerHub 官方镜像和用户私有镜像，用户通过镜像管理可以快速创建镜像、快速部署服务。表 3-5 所示是镜像管理模块功能详情。

表 3-5　镜像管理模块功能

模　　块	功　　能
镜像管理	• 支持创建私有镜像仓库 • 支持查看和使用 DockerHub 镜像仓库 • 支持查看和使用 CCR 镜像仓库 • 支持查看和使用 TCR 镜像仓库 • 支持管理多个镜像命名空间
镜像使用	• 提供高速的内网通道，用于创建服务 • 支持公网上传或下载镜像
CI/CD	• 支持设置自动构建私有镜像 • 支持设置镜像的触发器

本节着重介绍了腾讯云 TKE 的功能，结合 3.1 节和 3.2 节介绍的内容，我们应该对腾讯云 TKE 产品有了全面、清晰的认识。

3.4 腾讯云 TKE 产品优势

相对于自建的 Kubernetes 或容器集群而言，TKE 有许多优势。本节将 TKE 和自建的容器服务进行对比。

3.4.1 腾讯云 TKE 与自建容器服务对比

表 3-6 所示是腾讯云 TKE 和自建容器服务对比。

表 3-6　腾讯云 TKE 和自建容器服务对比

优　势	腾讯云 TKE	自建容器服务
应用构成	**简化集群管理** • 腾讯云 TKE 提供超大规模的容器集群管理、资源调度、容器编排、代码构建，屏蔽了底层基础架构的差异，简化了分布式应用的管理和运维，用户无须操作集群管理软件或设计容错集群架构，也不必参与任何相关的管理或扩展工作 • 用户只须启动容器集群，并指定想要运行的任务，腾讯云 TKE 便会自行完成所有的集群管理，让用户可以集中精力开发 Docker 化的应用程序	自建容器管理基础设施通常涉及安装、操作、扩展集群管理软件，配置管理系统和监控解决方案，管理流程复杂
灵活扩展	**灵活集群托管，集成负载均衡** • 用户可以灵活安排长期运行的应用程序和批量作业，还可以使用 API 获得最新的集群状态信息，以便集成自定义计划程序和第三方计划程序 • 腾讯云 TKE 与负载均衡集成，支持在多个容器之间分配流量。用户只须指定容器配置和要使用的负载均衡器，容器服务管理程序将自动添加和删除这个负载均衡器。另外，TKE 可以自动恢复运行状况不佳的容器，保证容器数量满足用户需求	需要根据业务流量情况人工确定容器服务的部署，可用性和可扩展性差
安全可靠	**资源高度隔离，服务高可用** • 容器服务在用户的云服务器中启动，不与其他用户共享计算资源 • 用户的集群在私有网络中运行，因此可以使用自己的安全组和网络 ACL，这些功能为用户提供高水平隔离，并帮助用户使用云服务器构建高度安全可靠的应用程序 • 采用分布式容器服务架构，保证故障自动恢复、服务快速迁移；结合有状态服务后端的分布式存储，实现服务和数据的安全、高可用	因内核问题及命名空间不够完善，租户、设备、内核模块隔离性都比较差
高效	**镜像快速部署，业务持续集成** • 腾讯云 TKE 运行在用户的私有网络中，高品质的 BGP 网络保证镜像极速上传和下载，轻松支持海量容器秒级启动，极大降低了运行开销，使操作部署更专注于业务运行 • 在腾讯云 TKE 上部署业务后，开发人员在 GitHub 或其他代码平台提交代码，容器服务可立即构建、测试、打包集成，并将集成的代码部署到预发布环境和现网环境中	网络稳定性和安全性无法保证，因此无法保证使用镜像创建容器的效率

（续）

优　势	腾讯云 TKE	自建容器服务
低成本	**容器服务免费** • 腾讯云 TKE 没有任何附加费用，用户只须为用于存储和运行应用程序的云服务资源（例如云服务器、云硬盘等）付费，并可以在容器中免费调用 API 构建集群管理程序	需要投入资金构建、安装、运维、扩展集群管理基础设施，成本开销大

3.4.2　周边资源对比

腾讯云 TKE 和自建容器服务的周边资源对比详情如表 3-7 所示。

表 3-7　周边资源对比

优　势	腾讯云 TKE	自建容器服务
块存储	• 直接使用腾讯云公有云硬盘 CBS 产品	人力和资源投入成本高、维护成本高，自建系统和腾讯云 TKE 产品不兼容
文件存储	• 直接使用腾讯云公有 CFS 文件系统	
对象存储	• 未来可能支持直接使用腾讯云平台相关产品	
负载均衡器	• 直接使用腾讯公有云负载均衡器产品	
容器日志	• 通过 ccs-log 组件收集容器日志，支持传输到 Kafka、日志服务 CLS 和自建 ES 系统	
容器监控	• 自带腾讯云 TKE 配套监控产品，监控覆盖面广、监控粒度细、功能强大	
镜像仓库	• 自带腾讯云 TKE 镜像仓库（CCR 和 TCR）配套产品，在线管理用户 Docker 镜像	
负载均衡器	• Ingress 和 Service 资源直接使用腾讯 CLB 产品	
伸缩组	• 根据业务峰值，动态伸缩节点，资源易用灵活，节约 IT 成本	

本节对腾讯云 TKE 和自建容器服务进行了对比，在集群管理、资源、服务、周边系统等各方面，腾讯云 TKE 优势明显。如果用户注重时间和成本，推荐选择腾讯云 TKE。

3.5　腾讯云 TKE 网络

容器技术的网络相对复杂一些，TKE 产品是基于腾讯云网络架构之上的，所以具备很多腾讯云基础网络架构的能力。深入了解腾讯云 TKE 网络对于集群架构的设计、性能调优、问题排障有很大好处。

3.5.1　什么是私有网络

私有网络（Virtual Private Cloud，VPC）是用户在腾讯云上自定义的逻辑隔离网络空间，用户可自定义网段划分、IP 地址和路由策略，放置云服务器、云数据等资源，提升云资源安全，以满足不同业务场景需求，图 3-5 所示是私有网络架构图。

针对私有网络架构进行如下说明。

1）私有网络中定义了子网 A 和子网 B，子网 A 下有云主机 A，子网 B 下有云主机 B。

2）云主机 A 和云主机 B 通过网络 ACL 路由表声明关联，实现同一私有网络下不同子网通信。

3）路由表上层可关联专线、公网和 NAT 网关，可以通过对等连接或云联网实现两个不同私有网络下云资源（云主机或者容器等）通信。

私有网络属于 IaaS 层网络，容器网络属于 PaaS 层网络，两个私有网络下容器资源通信，也是通过对等连接或云联网实现的。

介绍完 VPC IaaS 层网络，接下来我们介绍容器 PaaS 层网络：GlobalRouter 和 VPC-CNI。

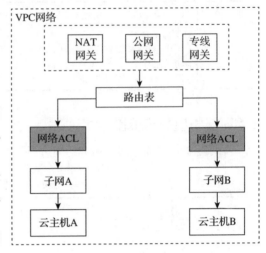

图 3-5　私有网络架构

3.5.2　GlobalRouter

谈到 Kubernetes 集群网络，首先要了解 Pod 的网络设计模型。

1）每个 Pod 都有独立的 IP。

2）节点上的 Pod 无须 NAT 就可以与所有节点上的 Pod 进行通信。

3）节点上的 Agent 等组件可以与本机所有 Pod 进行通信。

4）主机网络的 Pod 无须 NAT 就可以与所有节点上的 Pod 进行通信。

在腾讯云 TKE 中默认的网络方式是 VPC 全局路由（GlobalRouter），这是基于腾讯云 VPC 实现的网络插件，无须在节点配置 vxlan 等网络虚拟化技术，容器路由直接经过 VPC，容器与节点分布在同一网络平面上，就可使容器与容器之间从外网到容器畅通。相对于常见的网络虚拟模式，因为 VPC 全局路由没有额外的解封过程，网络性能损耗小，所以性能更佳。全局路由数据面网络架构如图 3-6 所示。

针对全局路由数据面网络进行如下说明。

1）vpc CIDR 为 10.0.0.0/16、容器网络为 172.20.0.0/24。

2）Pod1 访问 Pod3 时，数据包会经过默认路由转发至 node1 cbr0。

3）node1 cbr0 将数据包经过默认路由转发至 eth0。

4）母机层面收到数据包后，通过查询全局路由表将请求转发至 node2。

5）node2 将数据转发给 cbr0，再由 cbr0 转发至 veth0。

6）node2 Pod 收到数据包后进行处理、回包。

1. 网段配置

VPC 侧通过在母机侧下发路由实现 Pod 之间、节点和 Pod 之间的互相访问，每个节点都会配置一个 PodCIDR，该 CIDR 通过 kube-controller-manager 分配。在一开始创建集群时就需要指定 Pod 的 CIDR，Pod IP 会从 Pod 的 CIDR 中分配。GlobalRouter 控制台配置如图 3-7 所示。

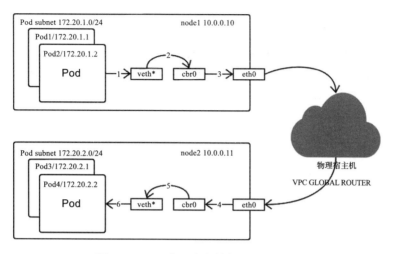

图 3-6　VPC 全局路由数据面网络架构

图 3-7　GlobalRouter 控制台配置

图中的名词解释如下。

1）所在地域：后续购买的节点所在的物理区域。

2）集群网络：即私有网络，整个集群网络基于 VPC。

3）容器网络插件：全局路由（GlobalRouter）与 VPC-CNI。

4）集群网络（ClusterCIDR）：设置基础网段，从 ClusterCIDR 中划分出 ServiceCIDR 以及 PodCIDR。

5）服务网络（ServiceCIDR）：设置每个集群下 Service 数量的上限。

6）容器网络（PodCIDR）：设置每个节点上 Pod 数量上限。

7）为每个节点分配一个 podCIDR 用于节点上 Pod IP 的分配数目。

注意，对于 Service 数量很多的场景，一定要注意 ServiceCIDR 的规划。

2. VPC 全局路由

kube-controller-manager 获取 --allocate-node-cidrs 和 configure-cloud-routes 参数的值，当这两个参数都设置为 true 时，routeController 会通过 list-watch 节点的 .spec.podCIDR 字段调用 cloud-provider 路由接口。接着，cloud-provider 路由接口会调用 TKE API 完成 VPC 全局路由的查询、创建和删除操作。路由成功创建后，routeController 会更新节点的 Condition 值，以此来快速判断 VPC 全局路由是否成功创建。全局路由创建流程如图 3-8 所示。

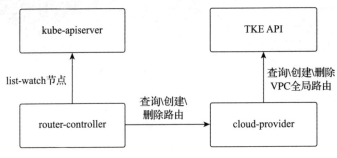

图 3-8　全局路由创建流程

我们可以通过 kubectl describe 命令查看节点状态，如图 3-9 所示。

图 3-9　查看节点状态

3. 网段配置

下面我们讲解如何分配节点上 Pod 的 IP。

TKE 集群内部署了 tke-bridge，该组件用于生成节点的 CNI 配置。tke-bridge 通过读取节点的 PodCIDR 字段生成相应的配置，以 DaemonSet 形式运行在节点中，并实时获取节点的 PodCIDR 是否变化，当 PodCIDR 发生变化时会生成新的配置。

查看 tke-brigde 配置如下所示。

```
$ cat /etc/cni/net.d/multus/tke-bridge.conf
{
    "cniVersion": "0.1.0",
    "name": "tke-bridge",
    "type": "bridge",
    "bridge": "cbr0",
    "mtu": 1500,
    "addIf": "eth0",
    "isGateway": true,
    "forceAddress": true,
```

```
"ipMasq": false,
"hairpinMode": false,
"promiscMode": true,
"ipam": {
    "type": "host-local",
    "subnet": "172.16.29.0/24",
    "gateway": "172.16.29.1",
    "routes": [
        { "dst": "0.0.0.0/0" }
    ]
}
```

查看 PodCIDR 的代码如下所示。

```
$ kubectl describe node 10.5.1.6 | grep PodCIDR
PodCIDR:                  172.16.29.0/24
```

创建 Pod 时，kubelet 通过调用 bridge 插件设置容器网络。bridge 先调用 host-local 插件从 PodCidr 中选出一个 IP，然后再创建 veth pair，veth 一端在节点网络命名空间，一端在容器网络命名空间，最后给容器配置 IP 路由。

3.5.3　VPC-CNI

我们现在熟悉了全局路由网络配置，接下来学习 VPC-CNI 网络配置。

图 3-10 是 VPC-CNI 控制台配置示意图，VPC-CNI 模式是腾讯云 TKE 基于 CNI 和 VPC 弹性网卡实现的容器网络能力，适用于对时延有较高要求的场景。该网络模式下，容器与节点分布在同一网络平面上，容器 IP 为 IPAMD 组件所分配的弹性网卡 IP，即支持 Pod 固定 IP。

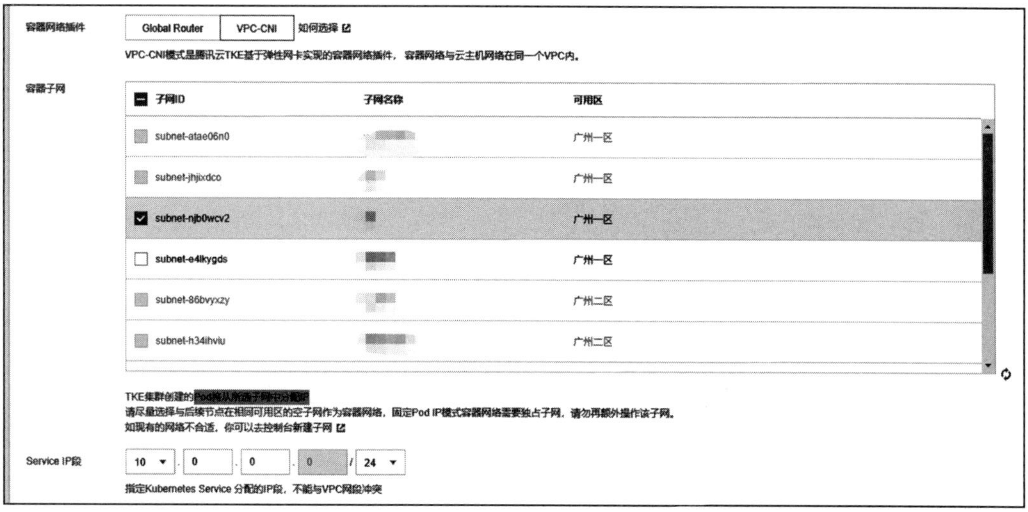

图 3-10　腾讯云 TKE 控制台配置 VPC-CNI

选择 VPC-CNI 模式需要单独选择一个 VPC 子网作为容器子网，Pod 将从所选子网中分配 IP。

1. StatefulSet 固定 Pod IP

TKE 提供扩展 StatefulSet 固定 IP 的功能，该类型的 StatefulSet 创建的 Pod 将通过弹性网卡分配真实 VPC 内的 IP 地址。TKE VPC-CNI 插件负责 IP 分配，当 Pod 重启或迁移时，IP 地址不变。用户可以通过创建固定 IP 类型 StatefulSet 来满足以下场景的需求：

1）通过来源 IP 授权；

2）基于 IP 做流程审核；

3）基于 Pod IP 做日志查询等操作。

下面我们创建一个 Pod，看看如何分配固定 IP。

查看新建的 StatefulSet。

```
$ kubectl get pod  -o wide
NAME        READY    STATUS    RESTARTS    AGE    IP         NODE        NOMINATED NODE
    READINESS GATES
busybox-0   1/1      Running   0           108s   10.5.0.5   10.5.1.10   <none>        <none>
```

通过 describe 查看详细信息，这里只展示头部信息。

```
$ kubectl describe pod
Name:          busybox-0
Namespace:     default
Node:          10.5.1.10/10.5.1.10
Start Time:    Thu, 16 Apr 2020 10:55:01 +0800
Labels:        controller-revision-hash=busybox-5b4879c867
               Kubernetes-app=busybox
               qcloud-app=busybox
               statefulset.kubernetes.io/pod-name=busybox-0
Annotations:   tke.cloud.tencent.com/networks-status:
                   [{
                       "name": "tke-route-eni",
                       "interface": "eth0",
                       "ips": [
                           "10.5.0.5"
                       ],
                       "mac": "e2:25:9e:3d:a1:0e",
                       "default": true,
                       "dns": {}
                   }]
               tke.cloud.tencent.com/vpc-ip-claim-delete-policy: Never
Status:        Running
IP:            10.5.0.5
```

通过 tke-eni-ipamd 创建出来的 VIPC CIDR，管理 VIPC 关联的 VIP 资源。

```
$ kubectl get vipc
NAME        AGE
busybox-0   56m
$ kubectl describe vipc busybox-0
Name:          busybox-0
Namespace:     default
Labels:        tke.cloud.tencent.com/created-by-ipamd=yes
               tke.cloud.tencent.com/node-name=10.5.1.10
```

```
Annotations:   tke.cloud.tencent.com/nominated-vpc-ip: 10.5.0.5
API Version:   networking.tke.cloud.tencent.com/v1
Kind:          VpcIPClaim
Metadata:
    Creation Timestamp:   2020-04-16T02:55:01Z
    Generation:           2
    Resource Version:     402919870
    Self Link:            /apis/networking.tke.cloud.tencent.com/v1/namespaces/
                          default/vpcipclaims/busybox-0
    UID:                  a7eb7e85-583f-4fa3-9530-4a5a9aa1eed4
Spec:
    Pod UID:                    3a2beff2-0026-4f18-9360-5acf7eb80779
    Subnet CIDR:                10.5.0.0/24
    Vpc IP:                     10.5.0.5
    Vpc IP Claim Delete Policy: Never
Status:
    Phase:  Bound
Events:    <none>
```

通过 tke-eni-ipamd 创建出来的 VIP CIDR 同步 VIP 状态，生成 task。

```
$ kubectl get vip
NAME        AGE
10.5.0.2    60m
10.5.0.3    59m
10.5.0.4    59m
10.5.0.5    56m
$ kubectl describe vip 10.5.0.5
Name:         10.5.0.5
Namespace:
Labels:       tke.cloud.tencent.com/created-by-ipamd=yes
              tke.cloud.tencent.com/node-name=10.5.1.10
Annotations:  tke.cloud.tencent.com/assigned-by-ipamd-before: yes
API Version:  networking.tke.cloud.tencent.com/v1
Kind:         VpcIP
Metadata:
    Creation Timestamp:   2020-04-16T02:55:01Z
    Generation:           3
    Resource Version:     402919866
    Self Link:            /apis/networking.tke.cloud.tencent.com/v1/vpcips/10.5.0.5
    UID:                  6d1ce1a9-9237-4d02-9a77-d8c32fc064d1
Spec:
    Claim Ref:
        API Version:      networking.tke.cloud.tencent.com/v1
        Kind:             VpcIPClaim
        Name:             busybox-0
        Namespace:        default
        Resource Version: 402918872
        UID:              a7eb7e85-583f-4fa3-9530-4a5a9aa1eed4
    Type:                 Pod
Status:
    Conditions:
        Last Probe Time:      2020-04-16T02:55:04Z
```

```
          Last Transition Time:   2020-04-16T02:55:04Z
          Reason:                 AssignSucceed
          Status:                 True
          Type:                   VpcIPAssigned
       Phase:                     Assigned
Events:                           <none>
```

2. 实现 Pod 固定 IP

Pod 固定 IP 流程如下。

1）对于 StatefulSet 部署的 Pod，不论其 host 设置什么，名字都按照顺序编码。如名为 busybox 的 StatefulSet，其 Pod 名为 busybox-0、busybox-1、busybox-2，依次类推。

2）创建 StatefulSet 时可在 annotation 中加入如下命令：

```
tke.cloud.tencent.com/vpc-ip-claim-delete-policy:"Never"
```

则这类 Pod 被删除或销毁时，其关联的 VIPC 和 VIP 不会被删除。

3）创建同名 Pod 后，VIPC controller 会查询同名的 VIPC，并通过 annotation 查询到固定的 IP 地址和关联的 VIP。

4）将已固定的 IP 地址绑定到同名 Pod 所在节点的弹性网卡上，并设置路由，最终完成固定 IP 分配。

除了 tke-bridge 组件，VPC-CNI 集群还会运行以下组件。

1）tke-eni-ip-scheduler：eni-ip 调度器插件，在多子网情况下，让需要固定 IP 的 Pod 调度到指定子网的节点上。

2）tke-eni-ipamd：创建 crd 资源（NEC、VIPC、VIP），调用腾讯云弹性网卡接口完成 eni-ip 绑定 / 解绑等操作。

3）tke-cni-agent：为节点安装 cni，下发 cni 的配置文件。

4）tke-eni-agent：该 agent 会设置相关内核参数（net.ipv4.conf.all.rp_filter=0，sysctl -w net.ipv4.conf.eth0.rp_filter=0），并从 metadata 中获取主机上用于容器网络的弹性网卡，设置策略路由。

无论是 GrobalRouter 模式，还是 VPC-CNI 模式，底层都需要 CNI 的支持，作为 Kubernetes 的网络插件，为复杂网络环境下 Kubernetes 网络通信规范了接口，允许各云提供商根据网络基础设施提供高效的网络通信功能。若业务场景没有特殊需求，推荐使用 GlobalRouter 模式，若是从微服务架构迁移上云对 IP 有要求，可以使用 VPC-CNI 模式，总结起来有以下 3 点。

1）绝大多数情况下应该选择 GlobalRouter 模式，因为容器网段地址充裕、扩展性强，能适应规模较大的业务。

2）如果后期部分业务需要用到 VPC-CNI 模式，可以在 GlobalRouter 集群开启 VPC-CNI 支持，也就是 GlobalRouter 与 VPC-CNI 混用，仅对部分业务使用 VPC-CNI 模式。

3）如果完全了解并接受 VPC-CNI 的各种限制，并且需要集群内所有 Pod 都用 VPC-CNI 模式，可以在创建集群时选择 VPC-CNI 网络插件。

更多详情可查看腾讯云 TKE 官方文档《如何选择容器服务网络模式》。

3.6　腾讯云 TKE 与自建 Kubernetes 集群

在 3.1～3.3 节中，我们分别从产品功能、产品架构、产品优势方面介绍了腾讯云 TKE。到底是购买云主机自建 Kubernetes 集群，还是直接使用 TKE 呢？本节将详细对比二者之间的优劣。

3.6.1　集群安装和升级

表 3-8 所示是腾讯云 TKE 和自建容器服务在集群安装、升级方面的对比。

表 3-8　集群安装和升级对比

集群安装和升级	腾讯云 TKE	自建容器服务
优势	**安装快，可视化操作** • 用户可直接在腾讯云 TKE 控制台快速创建容器集群，腾讯云 TKE 容器集群支持托管集群和独立集群 • 托管集群适合节省资源和运维成本的用户，用户只需要购买节点，无须购买和维护 master 节点；独立集群适合希望 master 节点自主可控的用户，用户需要购买 master 节点，配置更灵活 **升级快、稳定性强，可视化操作** • 用户可直接在腾讯云 TKE 控制台进行版本升级，先升级 master 节点，再逐一升级其他节点，操作便利、升级快速； • 腾讯云 TKE 基于 Kubernetes 做了大量的优化和二次开发，修复了很多 bug，在升级及使用过程中几乎不出错	**纯手工安装** • 自建 Kubernetes 集群，需要全过程手动安装部署，且需要考虑网络选型、Kubernetes 组件高可用、可扩展等因素，对于初学者而言，使用容器云平台较困难，且安装过程易出错 **升级慢、稳定性差，易出错** • 全程人为手工操作升级过程，需要评估升级业务风险，且易出错 • 由于是开源的 Kubernetes 组件，没有进行二次开发，升级后也存在一定的风险隐患，轻则影响使用，重则影响在线生产业务

3.6.2　集群网络

表 3-9 所示是腾讯云 TKE 和自建容器服务在集群网络方面的对比。

表 3-9　集群网络对比

集群网络	腾讯云 TKE	自建容器服务
优势	**全局路由方案** • 用腾讯云 TKE 和 VPC 网络打通全局路由，容器网络和节点网络在同一平面内，容器网络和节点网络互通，容器网络和客户 IDC 网络互通，没有额外性能开销，性能接近节点网络 **VPC-CNI 方案** • 利用腾讯云 TKE 弹性网卡功能，自研 ipamd 及 CNI 插件，容器可直接使用 VPC 内的 IP 地址，同时可对 StatefulSet Pod IP 进行固定	**自建开源网络** • 自建 flannel 和 calico 等开源网络，容器网络无法和 VPC 直接打通，无法和 VPC 内资源互通。使用上需要投入一定的运维成本 **间接使用腾讯云 VPC 网络** • 使用腾讯云 TKE 提供的 CloudProvidor 插件和 VPC 网络打通，隧道模式的网络插件需要在 CVM 上再做一次 vxlan 封包，性能损耗 30% 左右

3.6.3 存储

表 3-10 所示是腾讯云 TKE 与自建容器服务在集群存储方面的对比。

表 3-10 集群存储对比

集群存储	腾讯云容器 TKE	自建容器服务
优势	**丰富的公有云存储资源** • 腾讯云 TKE 可整合腾讯公有云资源，支持腾讯云上的块存储、文件存储、对象存储功能；块存储和文件存储可通过 storageclass 在控制台自助创建 PV 和 PVC；在后续的产品规划中也将支持对象存储	**自建开源存储** • 须自行搭建一套存储软件，如 Ceph、GlusterFS，需要投入一定的运维成本 **间接使用腾讯云存储** • 需要通过腾讯云 TKE 提供的 CSI 插件使用腾讯云块存储资源

3.6.4 负载均衡器

表 3-11 所示是腾讯云 TKE 和自建容器服务在负载均衡器方面的对比。

表 3-11 负载均衡器对比

负载均衡器	腾讯云 TKE	自建容器服务
优势	**丰富的公有云负载均衡器资源** • Ingress 除了支持开源的负载均衡器（如 Nginx、Traefik），同时也整合腾讯公有云负载均衡器资源，支持 qcloud 7 层负载均衡器；Service 支持 qcloud 4 层负载均衡器 **高并发业务支持** • Ingress 和 Service 底层可使用腾讯云负载均衡器，支持百万高并发请求访问	**自建开源负载均衡器** • 用户可自建 Nginx、Traefik 等开源负载聚能器，但无法支持高并发业务。使用上须投入一定的运维成本 **间接使用腾讯云负载均衡器** • 基于腾讯云 TKE 提供 service controller 插件，Ingress 使用 qcloud 7 层负载均衡器；Service 使用 qcloud 4 层负载均衡器

3.6.5 镜像仓库

表 3-12 所示是腾讯云 TKE 和自建容器服务在镜像仓库方面的对比。

表 3-12 镜像仓库对比

镜像仓库	腾讯云 TKE	自建容器服务
优势	**免费，急速，高可用** • 镜像仓库服务可免费使用，而且镜像数量不受限制；VPC 内部署容器，Docker 通过内网拉取镜像；镜像仓库采用高可用方案设计，数据用于对象存储	**自建开源镜像仓库** • 可自建 Harbor 开源镜像仓库，需自行设计高可用方案及容量管理、数据备份等方案。使用上须投入一定的运维成本

3.6.6 集群运维及技术支持

表 3-13 所示是腾讯云 TKE 和自建容器服务在运维及技术支持方面的对比。

表 3-13　运维及技术支持对比

运维及技术支持	腾讯云 TKE	自建容器服务
优势	**丰富运维经验** • 腾讯云 TKE 团队到目前为止运维了包含 Kubernetes 1.7 到 Kubernetes 1.12 的几千个集群版本，遇到过各类 Kubernetes 问题，经验非常丰富，面对异常状况可以很快给出合理的解决方案，且有很多问题已经通过产品化规避了 **线上和线下支持** • 腾讯云 TKE 售后工程师、研发团队及架构师能够实现线上对接客户，进行 7×24 小时在线的问题响应和支持；腾讯云 TKE 产品及架构师团队定期线下拜访客户，进行技术交流	**运维经验及人力成本** • 自行维护 Kubernetes 集群，技术人员需要有丰富的开源技术栈知识，而且需要全方位做监控和人力维护

3.6.7　资金及人力成本

表 3-14 所示是腾讯云 TKE 和自建容器服务在资金及人力成本方面的对比。

表 3-14　成本对比

资金及人力成本	腾讯云 TKE	自建容器服务
优势	**容器服务免费** • 腾讯云 TKE 没有任何附加费用，用户可以在容器中免费调用 API 构建集群管理程序。用户只须为用于存储和运行应用程序的云服务资源（例如云服务器、云硬盘等）付费	**高成本** • 需要投入资金构建、安装、运维、扩展集群管理基础设施，成本高

　　本节将腾讯云 TKE 和自建 Kubernetes 容器服务进行了对比，包括集群安装升级、集群网络、存储、镜像仓库等 7 个方面。腾讯云 TKE 基于 Kubernetes 做了大量的优化，加上周边存储、监控能快速调度利用，无论从功能上还是从性能上看，腾讯云 TKE 的优势都十分明显。

第 4 章

腾讯云 TKE 标准化操作

经过前 3 章的学习，我们已经掌握了一些 Kubernetes 和 Docker 的开源知识，对腾讯云 TKE 也有了基本了解。先不要着急在腾讯云 TKE 上运行容器业务，在部署容器业务前，还要再加强学习容器标准化姿势。只有容器标准化做得好，才能更好地管理容器业务，特别是对于大规模复杂的业务场景，正确的上云姿势能减少故障的发生，规范标准化才不会杂乱无章。本章主要从腾讯云 TKE 容器日志、镜像制作、Dockerfile、平台使用规范等方面讲解容器标准化操作。

4.1　容器应用日志输出标准

应用容器时，容器日志也需要进行统一规范。当容器集群的数量很庞大时，各个容器都是任意自定义日志，各业务线日志没有进行统一，这给通过日志进行问题诊断带来了很大的不便。通过对容器日志输出进行标准化定制，各业务线工程师能够直观地定位问题，可为容器日志的收集带来便利。通过收集唯一 ID 值，可以实现关联同一个业务在不同微服务中的处理过程。通过定制标准化日志，例如电商系统，我们可以对订单成功率、响应率等关键业务日志进行统一收集，通过日志诊断分析问题、优化预警策略、降低 bug 风险。

1. 容器应用程序目录规范（推荐）
程序目录存放的是常规应用程序和业务应用程序，这里设定在 /usr/local/services 目录下。

```
/usr/local/services
```

比如：

```
/usr/local/services/nginx
/usr/local/services/php
```

2. 容器日志所存放的目录

容器日志目录存放应用程序日志及业务程序日志，这里统一配置为 /data 目录，/data 可挂载至数据盘或共享盘下存放。

```
/data
```

比如：

```
/data/logs/php
/data/logs/nginx
/data/logs/$module_name（$module_name指应用名，一般为Java应用）
```

3. 容器日志输出文件标准化（推荐）

日志命名规范（容器日志命令规范，组件日志）如下所示。

1）PHP：php-fpm.log、php-fpm-slow.log、php-fpm-error.log。

2）Nginx：${domain}_access.log，${domain}_error.log。

3）Java：${ 应用名 }_${date}.log，${ 应用名 }_error_${date}.log。

容器日志输出应该遵循输出标准，从而能够从直观上判断该日志文件是属于程序应用，还是业务应用；是正常日志，还是错误日志，以及是在什么时间点生成的。同时，容器日志也要根据自身业务需求，按天或月进行切割。

在进行应用容器化改造时，需要收集应用日志，规定应用日志输出的格式和目录，这样方便规范化日志收集与管理工作。对中型及大型企业来说，容器日志标准化改造是必经之路。

4.2　容器日志采集

在 4.1 节中，我们针对容器日志进行了标准化定制，本节我们来学习容器日志输出的 3 个方式。

ccs-log 组件会收集集群内的日志，之后将日志发送至 Kafka 指定的 Topic 或腾讯云日志服务 CLS 指定的日志主题，或是 Elasticsearch 系统（以供用户消费其他基础设施）。

4.2.1　容器日志分类

表 4-1 所示是容器日志分类详情。

表 4-1　容器日志分类

容器日志分类	定　　义
标准输出	通过 STDOUT、STDERR 输出的日志信息，包括被重定向到标准输出的文本文件
文本输出	存在于容器内部并且没有被重定向到标准输出的日志

在 Docker 的应用场景里，目前推送日志是输出的标准形式。标准输出日志的实现原理是在

进程启动时，进程之间有一个父子关系，父进程可以获取子进程的标准输出。获取子进程标准输出后，父进程可以对标准输出做处理。

4.2.2　容器日志采集类型

1. 容器日志采集架构

腾讯云 TKE 容器日志采集架构如图 4-1 所示。

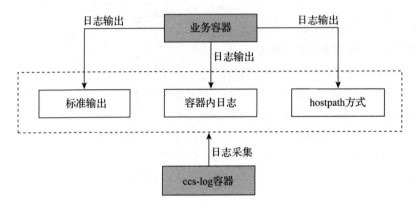

图 4-1　容器日志采集架构

针对 TKE 容器日志采集架构进行如下说明。

1）容器日志按类别分为标准输出和文本输出，其中标准输出是将容器业务日志输出打印至腾讯云 TKE 控制台；文件输出是将容器日志以文本的形式输出至容器本地，可以直接采集容器内的日志，也可以直接采集容器宿主机的日志（容器日志目录以 hostpath 方式挂载至宿主机目录）。

2）容器日志的采集是通过腾讯云 TKE 平台 ccs-log 组件收集的，这个日志收集功能需要在每个集群里手动开启。日志收集功能开启后，ccs-log 组件服务会在集群内以 daemonset 的形式运行。

2. 采集容器日志标准输出（输出到控制台）

日志收集功能支持收集 Kubernetes 集群内指定容器的日志，用户可以根据自己的需求，灵活配置需要进行日志收集的容器。收集到的日志信息会以 JSON 格式输出到用户指定的输出端，并附加相关的 Kubernetes metadata，包括容器所属 Pod 的 label 和 annotation 等信息。

3. 采集主机日志文件

目前，日志采集服务不支持直接采集容器内文件系统的日志文件，用户若想采集容器内某路径的日志，需要将指定的日志文件所在目录以 host path volume 的形式挂载至主机的指定路径，然后使用采集主机日志文件功能采集相应的主机路径。

4. 采集容器内路径日志

日志收集功能支持收集 Kubernetes 集群内所有节点指定主机路径的日志，用户可以根据自己的需求，灵活配置路径，日志收集代理会收集集群内所有节点上满足指定路径规则的文件日志。收集到的日志信息将会以 JSON 格式输出到用户指定的输出端，并附加用户指定的 metadata，包括日志来源文件的路径和用户自定义的 metadata。

至此，我们对腾讯云 TKE 容器日志标准化输出，以及容器日志采集架构有了整体的了解，容器日志通过 ccs-log 组件采集，然后推送到消费端进行消费。

4.3　制作基础镜像

Docker 基础镜像提供基础应用型的 Docker 软件服务（例如：Nginx、PHP、JDK 等），可以将 Docker Hub 镜像、公有镜像、自定义私有镜像理解为基础镜像。在对 WordPress 进行容器化时先要制作 Docker 基础镜像。我们可以将镜像同时上传至 CCR 或者 TCR 镜像仓库。

容器镜像服务 TCR 为企业级客户提供安全、独享的镜像托管分发服务，适用于具有隐私安全性要求高、集群规模庞大、多地域部署等特点的业务。一般的基础镜像没有企业需求，所以使用 CCR 镜像仓库即可，我们后续所有的操作也是基于 CCR 镜像仓库进行的。

1. 基础镜像制作流程

基础镜像可以通过 commit 和 Dockerfile 两种方式制作，下面是用 commit 方式制作基础镜像并提交至远程仓库的步骤。

1）执行 yum install docker 或 apt-get install docker 命令安装 Docker 软件。

2）执行 docker pull 命令下载 docker centos 镜像。

3）执行 docker run 命令创建并进入容器。

4）制作 nginx docker 基础镜像。

5）执行 docker commit 命令将 Docker 基础镜像提交到容器。

6）制作 php docker 基础镜像。

2. 安装 Docker 软件

建议在不低于 CentOS 7.0 的系统下安装 Docker 软件。

```
$ cat /etc/redhat-release      # 查看系统版本号，CentOS 7.5.1804
CentOS Linux release 7.5.1804 (Core)
$ yum install docker -y        # 安装Docker软件
$ systemctl start dockerd      # 启动Docker服务
$ systemctl status dockerd     # 查看Docker状态，返回active (running)说明成功。
```

Docker 的启动成功状态如图 4-2 所示。

3. 下载 Docker 镜像

通过 docker pull 命令从公网仓库下载 Docker 镜像。

```
$ docker pull centos:7.5.1804            # 下载centos:7.5.1804 Docker镜像
$ docker images                          # 查看Docker 镜像
REPOSITORY TAG IMAGE ID CREATED SIZE
centos 7.5.1804 cf49811e3cdb 4 months ago 200MB
```

```
[root@VM_79_11_centos ~]# systemctl status dockerd
● dockerd.service - dockerd
   Loaded: loaded (/usr/lib/systemd/system/dockerd.service; enabled; vendor preset: disabled)
   Active: active (running) since Thu 2019-07-25 14:32:58 CST; 4 days ago
 Main PID: 3218 (dockerd)
    Tasks: 229
   Memory: 2.1G
   CGroup: /system.slice/dockerd.service
           ├─ 976 docker-containerd-shim -namespace moby -workdir /var/lib/docker/containerd/daemon/io.c
           ├─ 3218 /usr/bin/dockerd --config-file=/etc/docker/daemon.json
           ├─ 3227 docker-containerd --config /var/run/docker/containerd/containerd.toml
           ├─ 3480 docker-containerd-shim -namespace moby -workdir /var/lib/docker/containerd/daemon/io.c
           ├─ 3538 docker-containerd-shim -namespace moby -workdir /var/lib/docker/containerd/daemon/io.c
           ├─ 3564 docker-containerd-shim -namespace moby -workdir /var/lib/docker/containerd/daemon/io.c
           ├─ 3582 docker-containerd-shim -namespace moby -workdir /var/lib/docker/containerd/daemon/io.c
           ├─ 3729 docker-containerd-shim -namespace moby -workdir /var/lib/docker/containerd/daemon/io.c
           ├─ 3811 docker-containerd-shim -namespace moby -workdir /var/lib/docker/containerd/daemon/io.c
           ├─ 3983 docker-containerd-shim -namespace moby -workdir /var/lib/docker/containerd/daemon/io.c
           ├─ 4066 docker-containerd-shim -namespace moby -workdir /var/lib/docker/containerd/daemon/io.c
           ├─ 6336 docker-containerd-shim -namespace moby -workdir /var/lib/docker/containerd/daemon/io.c
           ├─ 6440 docker-containerd-shim -namespace moby -workdir /var/lib/docker/containerd/daemon/io.c
           ├─ 6486 docker-containerd-shim -namespace moby -workdir /var/lib/docker/containerd/daemon/io.c
           ├─17204 docker-containerd-shim -namespace moby -workdir /var/lib/docker/containerd/daemon/io.c
           ├─17402 docker-containerd-shim -namespace moby -workdir /var/lib/docker/containerd/daemon/io.c
           ├─21271 docker-containerd-shim -namespace moby -workdir /var/lib/docker/containerd/daemon/io.c
           ├─24917 docker-containerd-shim -namespace moby -workdir /var/lib/docker/containerd/daemon/io.c
           └─25065 docker-containerd-shim -namespace moby -workdir /var/lib/docker/containerd/daemon/io.c

Jul 26 10:52:06 VM_79_11_centos dockerd[3218]: time="2019-07-26T10:52:06.548294941+08:00" level=info msg=
Jul 26 11:40:31 VM_79_11_centos dockerd[3218]: time="2019-07-26T11:40:31.793614148+08:00" level=info msg=
Jul 26 11:40:40 VM_79_11_centos dockerd[3218]: time="2019-07-26T11:40:40.247604762+08:00" level=info msg=
Jul 26 14:39:52 VM_79_11_centos dockerd[3218]: time="2019-07-26T14:39:52.039056489+08:00" level=info msg=
Jul 26 14:39:52 VM_79_11_centos dockerd[3218]: time="2019-07-26T14:39:52.045100240+08:00" level=info msg=
Jul 26 14:39:52 VM_79_11_centos dockerd[3218]: time="2019-07-26T14:39:52.198534854+08:00" level=info msg=
Jul 29 15:46:45 VM_79_11_centos dockerd[3218]: time="2019-07-29T15:46:45.640385289+08:00" level=info msg=
Jul 29 16:06:59 VM_79_11_centos dockerd[3218]: time="2019-07-29T16:06:59.497520963+08:00" level=info msg=
Jul 29 16:22:03 VM_79_11_centos dockerd[3218]: time="2019-07-29T16:22:03.208698305+08:00" level=error msg
Jul 29 16:22:20 VM_79_11_centos dockerd[3218]: time="2019-07-29T16:22:20.110155229+08:00" level=info msg=
Hint: Some lines were ellipsized, use -l to show in full.
[root@VM_79_11_centos ~]#
```

图 4-2　Docker 的启动成功状态

其中，REPOSITORY 是仓库名、TAG 是标签、IMAGE ID 是镜像 ID、CREATED 是镜像自创建至今的时间、SIZE 是镜像大小。

命令运行成功后的界面如图 4-3 所示。

```
[root@VM_79_11_centos ~]# docker pull centos:7.5.1804
7.5.1804: Pulling from library/centos
Digest: sha256:7a45e4a1efbaafc1d9aa89925b6fdb33288a96d35ea0581412316e2f0ad3720a
Status: Image is up to date for centos:7.5.1804
[root@VM_79_11_centos ~]# docker images | grep centos
centos                          7.5.1804
MB
[root@VM_79_11_centos ~]#
```

图 4-3　下载 docker centos 镜像

4. 创建并进入容器

执行 docker run -it centos:7.5.1804 /bin/bash 命令创建容器。

```
$ docker run -it centos:7.5.1804 /bin/bash   # 创建并进入容器，可以看到容器ID为52afa115ec6d
[root@52afa115ec6d /]$
```

其中，-i 指以交互模式运行容器；-t 是为容器重新分配一个伪输入终端，通常与 -i 同时使用；centos:7.5.1804 表示使用的本地镜像名称；/bin/bash 是容器创建后运行的命令。

5. Nginx Docker 基础镜像制作

执行如下命令在容器里面安装 epel 源和 Nginx。

```
[root@52afa115ec6d /]# yum install epel-release -y
[root@52afa115ec6d /]# yum install nginx net-tools -y
[root@52afa115ec6d /]# vi /etc/nginx/nginx.conf
```

（1）修改 Nginx 配置文件

1）将 user nginx 修改为 user root（容器中 Nginx 服务要以 root 用户运行）。

2）添加 daemon off（必须要以守护进程的方式在容器中安装 Nginx 和 PHP 等应用型软件）。

3）设置 worker_processes 参数为 auto。

4）设置 access_log 对应的路径为 /data/logs/nginx/access.log。

（2）nginx.conf 配置文件修改

正确的 nginx.conf 配置如图 4-4 所示。

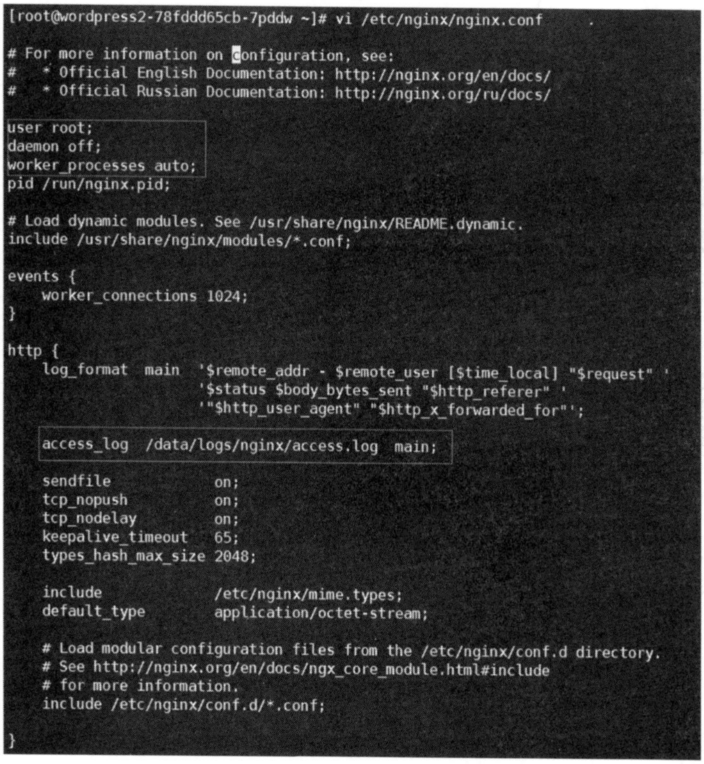

```
[root@wordpress2-78fddd65cb-7pddw ~]# vi /etc/nginx/nginx.conf

# For more information on configuration, see:
#   * Official English Documentation: http://nginx.org/en/docs/
#   * Official Russian Documentation: http://nginx.org/ru/docs/

user root;
daemon off;
worker_processes auto;
pid /run/nginx.pid;

# Load dynamic modules. See /usr/share/nginx/README.dynamic.
include /usr/share/nginx/modules/*.conf;

events {
    worker_connections 1024;
}

http {
    log_format  main  '$remote_addr - $remote_user [$time_local] "$request" '
                      '$status $body_bytes_sent "$http_referer" '
                      '"$http_user_agent" "$http_x_forwarded_for"';

    access_log  /data/logs/nginx/access.log  main;

    sendfile            on;
    tcp_nopush          on;
    tcp_nodelay         on;
    keepalive_timeout   65;
    types_hash_max_size 2048;

    include             /etc/nginx/mime.types;
    default_type        application/octet-stream;

    # Load modular configuration files from the /etc/nginx/conf.d directory.
    # See http://nginx.org/en/docs/ngx_core_module.html#include
    # for more information.
    include /etc/nginx/conf.d/*.conf;

}
```

图 4-4　正确的 nginx.conf 配置

修改 nginx.conf 配置参数如下。

```
$ vim /etc/nginx/nginx.conf
user root;          # 这里用于测试，所以使用root用户启动
```

```
deamon off;
worker_processes auto;
access_log /data/logs/nginx/access.log main;
```

（3）添加 Nginx localhost.conf 配置文件

```
[root@52afa115ec6d /]# vi /etc/nginx/conf.d/localhost.conf   # 日志路径可根据自身需求设置
```

localhost.conf 配置文件的内容说明如下。

1）设置为 Nginx 80 端口启动。

2）server_name 为 wordpress.tencent.com localhost（wordpress.tencent.com 是 WordPress 的访问域名，根据业务需求设置）。

3）error_log 的对应路径为 /data/logs/nginx/wordpress.tencent.com_error.log。

4）WordPress 网站根目录是 /data/www/wordpress（暂时不创建这个目录，在 4.4.3 节讲制作 Docker 业务镜像时，将源码添加至 /data/www/wordpress 目录）。

5）设置 fastcgi_pass unix:/dev/shm/php-fpm.sock（Nginx 和 php-fpm 使用 unix socket 通信）。

修改 localhost.conf 配置文件，如图 4-5 所示。

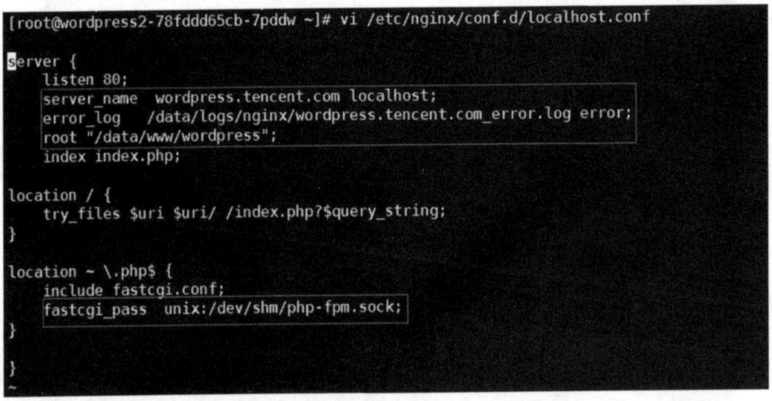

```
[root@wordpress2-78fddd65cb-7pddw ~]# vi /etc/nginx/conf.d/localhost.conf

server {
    listen 80;
    server_name  wordpress.tencent.com localhost;
    error_log   /data/logs/nginx/wordpress.tencent.com_error.log error;
    root "/data/www/wordpress";
    index index.php;

location / {
    try_files $uri $uri/ /index.php?$query_string;
}

location ~ \.php$ {
    include fastcgi.conf;
    fastcgi_pass  unix:/dev/shm/php-fpm.sock;
}

}
~
```

图 4-5　正确的 localhost.conf 配置文件

（4）创建 Nginx 日志目录

执行如下命令在 Nginx 容器中创建目录。

```
[root@52afa115ec6d /]# mkdir /data/logs/nginx -p    # 创建Nginx日志目录
```

6. 将容器提交成 Docker 基础镜像

（1）查询 Nginx 容器 ID

```
$ docker ps -a | grep 52afa115ec6d  # 在宿主机新开终端，查看运行的容器ID
CONTAINER ID IMAGE COMMAND CREATED STATUS PORTS NAMES
52afa115ec6d centos:7.5.1804 "/bin/bash" 9 minutes ago Up 9 minutes reverent_shaw
```

其中，CONTAINER ID 是容器 ID、IMAGE 是使用的镜像、COMMAND 是容器启动运行的命令、CREATED 是容器创建到运行至今的时间、STATUS 是容器当前的状态、PORTS 是容器运行的端口、NAMES 是容器的名称。

（2）提交版本

通过 docker commit 命令将容器提交成本地镜像。其中，test 是容器名称，v1 是容器标签。

```
$ docker commit 52afa115ec6d test:v1
sha256:10e6b0f81fb79b20e603ea12f67f835cc5bff11b629cc706b4c9ce0b48594fd3
$ docker images | grep test                    # 查看本地test:v1镜像
```

命令运行成功，如图 4-6 所示。

```
[root@VM_79_11_centos ~]# docker ps -a | grep 52afa115ec6d 查看容器ID
52afa115ec6d          centos:7.5.1804                                    "/bin/bash"
ent_shaw
[root@VM_79_11_centos ~]# docker commit 52afa115ec6d test:v1   通过commit将容器提交成镜像
sha256:10e6b0f81fb79b20e603ea12f67f835cc5bff11b629cc706b4c9ce0b48594fd3
```

图 4-6　docker commit 命令将容器提交成本地镜像

7. PHP Docker 基础镜像制作

首先我们需要执行 docker run 命令启动一个 Centos 容器，启动后进行如下配置。

（1）在容器中进行 PHP 及 php-fpm 的安装和配置

```
$ yum install epel-release -y
$ rpm -Uvh https://mirror.webtatic.com/yum/el7/webtatic-release.rpm
$ yum install php70w php70w-fpm php70w-cli php70w-common php70w-devel \
php70w-gd php70w-pdo php70w-mysql php70w-mbstring php70w-bcmath php70w-xml \
php70w-pecl-redis php70w-process php70w-intl php70w-xmlrpc php70w-soap \
php70w-ldap php70w-opcache -y
$ vi /etc/php-fpm.conf
error_log = /data/logs/php/error.log        # 替换路径
daemonize = no                               # 设置php-fpm以守护进程方式运行
$ vi /etc/php-fpm.d/www.conf                 # 日志路径可根据自身需求设置
user = root                                  # 将user = apache修改成user = root
group = root                                 # 将group = apache修改成group = root
listen = /dev/shm/php-fpm.sock               # 将listen = 127.0.0.1:9000修改成listen =
                                             /dev/shm/php-fpm.sock
listen.owner = root                          # 将listen.owner = user修改成listen.owner = root
listen.group = user                          # 将listen.group = user修改成listen.group =
                                             root
slowlog = /data/logs/php/www-slow.log        # 设置slow日志路径为/data/logs/php
php_admin_value[error_log] = /data/logs/php/www-error.log
                                             # 设置error日志路径为/data/logs/php
```

（2）修改后的 php-fpm 配置文件

执行如下命令创建 PHP 日志目录。

```
$ mkdir /data/logs/php -p    # 这里同时需要创建PHP日志目录
```

修改后的 php-fpm 配置文件如图 4-7 所示。

（3）提交成本地镜像

我们通过 commit 命令即可提交成本地镜像。

```
[root@wordpress2-78fddd65cb-7pddw /]# grep -v '^;' /etc/php-fpm.d/www.conf | awk NF
[www]
user = root
group = root
listen = /dev/shm/php-fpm.sock
listen.owner = root
listen.group = root
listen.allowed_clients = 127.0.0.1
pm = dynamic
pm.max_children = 50
pm.start_servers = 5
pm.min_spare_servers = 5
pm.max_spare_servers = 35
slowlog = /data/logs/php/www-slow.log
php_admin_value[error_log] = /data/logs/php/www-error.log
php_admin_flag[log_errors] = on
php_value[session.save_handler] = files
php_value[session.save_path] = /var/lib/php/session
php_value[soap.wsdl_cache_dir] = /var/lib/php/wsdlcache
[root@wordpress2-78fddd65cb-7pddw /]#
```

图 4-7　正确的 php-fpm 配置文件

通过本节的学习，我们可以对 Docker 基础镜像进行标准化定制。若是新手，在测试环境可使用 docker commit 命令尝试制作镜像。这里要注意的是，如果在同一个 Docker 镜像多次执行 commit 操作，会使该镜像制作过程变成黑洞，真正的制作标准化镜像是基于 Dockerfile 文件的，在下一节我们将一起通过 Dockerfile 制作标准化镜像。

4.4　Dockerfile 编写规范

我们先通过图 4-8 了解 Docker 的镜像架构。

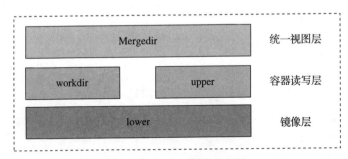

图 4-8　Docker 的镜像架构

Docker 镜像架构图说明如下。

1）Mergedir：整合 lower 层和 upper 读写层显示出来的视图。

2）upper：容器读写层。

3）workdir：类似中间层，对 upper 层进行写入操作，先写入 workdir，再移入 upper 层。

4）lower：镜像层，只读层。

1. Docker 镜像类型

这里我们先回顾一下 Docker 基础镜像和业务镜像的概念。

（1）Docker 基础镜像

Docker 基础镜像是指提供基础应用型的 Docker 软件服务（例如 Nginx、PHP、JDK 等），所以 dockerhub 镜像、公有镜像、自定义私有镜像都可以理解为基础镜像。

（2）Docker 业务镜像

将 GitLab 上的源代码或通过 Maven 打出来的 jar 或 tar 包添加至基础镜像中，这样构建打包成的镜像就是业务镜像，里面是业务代码和业务服务。

GitLab Dockerfile 文件会引用腾讯云镜像仓库中的 Docker 基础镜像，将源代码添加至 Docker 基础镜像中，打包成 Docker 业务镜像，部署基于 Docker 业务镜像。

2. 通过 Dockerfile 制作标准化基础镜像

Nginx 基础镜像 Dockerfile 的内容如图 4-9 所示。

```
1 FROM centos:7.5.1804
2 MAINTAINER fengliangliang fengliangliang@yz-intelligence.com
3 ADD nginx.tar.gz /usr/local/services
4 RUN mkdir -p /data/logs/nginx
5 RUN yum install epel-release net-tools wget && \
6     gcc make -y && \
7     yum clean all
8 ENV NGINX_HOME /usr/local/services/nginx
9 ENV PATH $PATH:$NGINX_HOME/bin
```

图 4-9　Nginx 基础镜像 Dockerfile

Nginx 基础镜像 Dockerfile 的内容说明如下。

第 1 行：FROM 引用基础镜像 centos:7.5.1804。

第 2 行：通过 MAINTAINER 记录作者信息。

第 3 行：将本地的 nginx.tar.gz 包添加至 /usr/local/services 目录（tar.gz 会自动解压，根据自身需求定制）。

第 4 行：创建 Nginx 日志目录。

第 5、6 行：安装常用软件或依赖软件。

第 7 行：每次安装完软件，一定要执行 yum clean all 命令，这样可以清除 yum 缓存，减小镜像体积。

第 8、9 行：设置 Nginx 家目录环境变量。

将以上代码保存为 Dockerfile 文件，最后执行 docker build -t test:v1 命令，生成本地镜像，然后打上远程腾讯云镜像仓库标签，推送至腾讯云镜像仓库。

3. 通过 Dockerfile 制作标准化业务镜像

WordPress 业务镜像 Dockerfile 的内容如图 4-10 所示。

WordPress 业务镜像 Dockerfile 的内容说明如下。

第 1 行：FROM 引用腾讯云基础镜像。

第 2 行：通过 MAINTAINER 记录作者信息。

第 3、4 行：代码部署，由客户进行业务逻辑控制。第 3 行是创建目录，第 4 行是将当前目录下的文件添加至基础镜像。

第 5 行：EXPOSE 声明服务端口（容器内的服务端口，这里是 Nginx 的启动端口）。

第 6 行：通过 ENTRYPOINT 设置业务镜像，开机自启动 Nginx 服务。

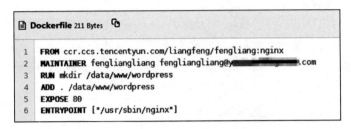

图 4-10　WordPress 业务镜像 Dockerfile

Dockerfile 在 GitLab 上通过腾讯容器云平台构建打包，生成业务镜像。

4. Dockerfile 编写规范总结

使用 Dockerfile 构建镜像时请注意以下几点。

1）尽量精简，不安装多余的软件包。

2）尽量选择 Docker 官方提供的镜像作为基础版本，减小镜像体积。

3）Dockerfile 开头几行命令应当固定下来，不建议频繁更改，以有效利用缓存。

4）多条 RUN 命令持续使用，有利于理解和维护 Dockerfile。

5）业务镜像通过 EXPOSE 声明服务端口。

6）基础镜像通过 -t 标记构建镜像，有利于管理新创建的镜像。

7）基础镜像不在 Dockerfile 中映射公有端口。

8）基础镜像推送前先在本地运行，确保构建的镜像无误。

更多详细内容请参考官方 Dockerfile 语法，地址为 https://docs.docker.com/engine/reference/builder/。

4.5　容器业务类型

本节从 TKE 集群及节点选型到容器业务选型等方面进行总结，带领读者掌握标准上云姿势。

4.5.1　腾讯云 TKE 集群类型

表 4-2 中列出了腾讯云 TKE 集群类型。

表 4-2　腾讯云 TKE 集群类型

集群类型	集群说明
托管集群	• Kubernetes 集群的 master 和 etcd 全部托管在腾讯云侧，由腾讯云技术团队集中管理。用户只须维护节点（用户无管理 master 和 etcd 权限） • master 和 etcd 不收费，节点收费

（续）

集群类型	集 群 说 明
独立集群	• Kubernetes 集群的 master 和 etcd 会部署在用户购置的 CVM 上，用户拥有 Kubernetes 集群的所有管理和操作权限（完全自主可控） • master 和节点收费 • 该模式仅适用于 Kubernetes 1.10.*x* 以上版本 • 要求至少部署 3 台 master 和 etcd 节点，并配置 4 核 CPU 或更高配置的机型，master 和 etcd 节点选择 SSD 盘作为系统盘

综上，若想减少成本和人力投入，可选择托管集群。若想自主可控，可选择独立集群。

4.5.2　节点类型

表 4-3 中列出了腾讯云 TKE 节点类型。

表 4-3　节点类型

节点类型	业 务 场 景
标准型 S2	• 标准型 S2 实例是较新一代的实例，此系列提供了平衡的计算、内存和网络资源，是很多应用程序的选择 • 用于中小型数据库和需要附加内存的数据处理任务以及缓存集群，也用于运行 SAP、Microsoft SharePoint、集群计算和其他企业应用程序的后端服务器
内存型 S2	• 内存型 S2 实例具有大内存的特点，适合高性能数据库、分布式内存缓存等需要大量内存操作、查找和计算的应用
计算型 C2	• 可提供 CVM 中最高基准主频的处理器和最高的性价比，是高计算性能和高并发读写等受计算限制的应用程序的理想选择 • 批处理工作负载，应用于高流量 Web 服务器、大型多人联机（MMO）游戏服务器或高性能计算（HPC）以及其他计算密集型应用程序
GPU 计算型 GN8	• 异构计算实例搭载 GPU、FPGA 等异构硬件，具有实时高速的并行计算和浮点计算能力 • 适用于深度学习、科学计算、视频编解码和图形工作站等高性能容器应用
标准网络型 S2ne	• 是高网络收发包能力应用的最佳选择，最高提供每秒数百万次网络收发能力 • 建议用于大型游戏服务器、视频、直播等高网络 PPS 需求场景

综上，中小型数据库和需要附加内存的数据处理任务以及缓存集群可选择标准型节点；高性能数据库、分布式内存缓存可选择内存型节点；流量 Web 服务器、大型多人联机游戏服务器或高性能计算以及其他计算密集型应用程序可选择计算型节点；深度学习、科学计算型业务可选择 GPU 计算型节点；大型游戏服务器、视频平台、直播平台可选择标准网络型节点。

4.5.3　工作负载选型

腾讯云 TKE 工作负载对应的是 Kubernetes 里的 5 种控制器，如表 4-4 所示。

表 4-4　工作负载类型

工作负载类型	业　务　场　景
Deployment	Deployment 适用于部署无状态的应用程序，例如 Nginx、Apache 等。通过在 YAML 中声明副本数和 Pod 更新策略
StatefulSet	StatefulSet 主要用于管理和部署有状态的应用程序，例如 MySQL、Apollo 等，会保留 StatefulSet 标识符。通过标识符与存储卷对应，可实现持久化存储
DaemonSet	DaemonSet 主要用于部署常驻后台程序，例如监控客户端 agent，日志采集应用等，声明一个 DaemonSet 后，会在所有节点或部分节点部署 DeamonSet Pod；添加节点会自动部署 DeamonSet Pod；删除节点，该节点 DeamonSet Pod 自动回收
Job	Job 从字面意思理解为任务，Job 控制器会创建 1 个或多个 Pod，这些 Pod 按照 YAML 中的声明规则运行，运行结束后，Job Pod 会自动回收。Job 一般用于爬虫抓取、数据统计等场景
CronJob	CronJob 即周期计划任务，能够周期性地运行一个 Job，CronJob 类似于 Linux 系统中的 Crontab（Crontab 文件中的一行）

综上，非持久化应用可选择 Deployment；持久化应用可选择 StatefulSet；类似监控 agent 应用可以选择 DaemonSet；定时任务型应用可选择 CronJob；单一任务可选择 Job。关于工作负载控制器的基础知识，读者可回顾第 2 章的内容。

4.5.4　业务 StorageClass 类型

表 4-5 所示是腾讯云 TKE StorageClass 类型。

表 4-5　StorageClass 类型

StorageClass 类型	业　务　场　景
普通云硬盘	• 适用于常规工作负载的低成本 HDD 卷类型 • 业务场景为大数据场景、数据仓库场景、日志处理场景
高性能云盘	• 适用于均衡核心工作负载价格和性能的混合介质卷类型 • 业务场景为业务逻辑处理、低延迟应用程序
SSD 云硬盘	• 适用于对延迟敏感的核心交易型工作负载的 SSD 卷 • 业务场景为关系型数据库和 NoSQL 数据库
CFS 文件存储	• 腾讯云 CFS 提供可扩展的共享文件存储服务，可与腾讯云服务器、容器服务或者批量处理等服务搭配使用。CFS 符合标准的 NFS 文件系统访问协议，为多个计算节点提供共享的数据源，支持弹性容量和性能的扩展，现有应用无须修改即可挂载使用，是一种高可用、高可靠的分布式文件系统 • 业务场景为前后端分离的 php 业务，需要将文件或日志写入共享存储；大数据分析、媒体处理和内容管理等业务

综上，若想节省成本且业务量不大，可选择普通云硬盘；若想节省成本且业务为高 IO 应用，可选择高性能云盘；若不考虑成本且业务为高 IO 应用，可选择 SSD 云硬盘；若用户业务为前后端分离场景，可选择 CFS。存储类型的选择关系到 IO 性能，用户可以根据实际业务情况选择对应的存储类型。

4.5.5　JVM 内存限制

Java 应用容器 JVM 限制如表 4-6 所示。

表 4-6　JVM 限制参数

limit 值	JVM 参数
2G	-Xmx1344M -Xms1344M -Xmn448M -XX:MaxMetaspaceSize=192M -XX:MetaspaceSize=192M
3G	-Xmx2048M -Xms2048M -Xmn768M -XX:MaxMetaspaceSize=256M -XX:MetaspaceSize=256M
4G	-Xmx2688M -Xms2688M -Xmn960M -XX:MaxMetaspaceSize=256M -XX:MetaspaceSize=256M
8G	-Xmx5440M -Xms5440M -XX:MaxMetaspaceSize=512M -XX:MetaspaceSize=512M

建议 XMX 的大小为 limit 大小的 2/3。如果容器内应用使用到堆外内存，特别需要注意堆内存大小的设置，设置过高会频繁触发容器的 OOM kill 进程，导致容器重启。容器里部署 Java 应用场景比较多，用户需要额外关注。

4.5.6　业务选型总结

下面针对容器业务进行总结。

1）业务 CPU 及内存配置：在部署容器业务时应该设置合理的 request 和 limit 区间。

2）业务数据盘：若是 PHP 分离业务，Pod 挂载盘应选用 CFS 共享存储。若是高 IO 的数据盘应用，应该选择高性能云盘或 SSD。

3）业务高可用：如果是生产环境业务，应该考虑多节点。

4）资源合理利用：如果是生产环境业务，例如电商类、游戏类且在活动日、节假日需要随着访问量快速扩缩容的业务，可启用伸缩组配置。

5）业务日志输出：腾讯云 TKE 自带 ccs-log 收集组件，可根据日志量选择日志输出方式。若日志量小，可直接输出至控制台；若日志量大，则建议输出至文件。

6）业务监控及告警：腾讯云 TKE 自带节点和 Pod 等基础资源监控，对于业务层监控，用户可自行部署开源监控系统或者内部监控系统，完成对业务层的监控告警。

7）运行时选择：Docker 方案相比 containerd 更成熟，如果对稳定性要求很高，建议选择 Docker 方案；注意以下场景只能使用 Docker。

❑ Docker in Docker（通常在 CI 场景）

❑ 节点上使用 Docker 命令

❑ 调用 Docker API

8）转发模式选择：对稳定性要求极高且 Service 数量小于 2000，可选择 iptables，其余场景首选 IPVS。

9）节点操作系统选择：推荐选择带 TKE-Optimized 的操作系统，稳定性和技术支持都比较好；如果需要更高版本的内核，选择非 TKE-Optimized 版本的操作系统。

4.6 腾讯云 TKE 平台使用规范

针对腾讯云 TKE 使用规范，进行以下标准化操作总结，如表 4-7 所示。

表 4-7 腾讯云 TKE 使用规范

使　　用	正 确 操 作	错 误 操 作
平台操作	**以腾讯云 TKE 平台为入口操作资源** • 腾讯云 TKE 是公有容器云平台，所以周边会有很多关联组件，比如：日志、云硬盘、负载均衡器等，这些关联组件是通过腾讯云 TKE 平台调用"组件 API"创建的，所以正确的操作应该是以腾讯云 TKE 平台为入口。举个例子，CVM 侧的控制台能看到集群里的 CVM 节点，如果涉及销毁节点操作，请在 TKE 侧控制台操作；同理，CLB 组件也是如此	**操作不以腾讯云 TKE 平台为入口** • 直接操作通过腾讯云 TKE 创建出来的资源，例如 CLB、云硬盘、负载均衡器等。TKE 侧策略未获知更新，易出现故障
镜像引用	**容器镜像需上传至 TKE 镜像仓库使用** • 工作负载中使用的容器镜像不要指定第三方镜像，若要使用第三方镜像，请将第三方镜像传送至腾讯云 TKE 镜像仓库	**引用第三方镜像** • 部署容器业务拉取镜像通过外网拉取。应尽量自行定制基础镜像，不要使用第三方镜像
节点定制	**不定制节点参数** • 节点默认进行了内核参数调优和安装监控 agent 等配置，用户不要自定义修改节点参数或进行高危删除操作	**定制 node 参数** • 擅自修改内核参数易出现网络故障
日志限制	**容器控制台日志输出需限制** • 容器控制台日志每秒输出应有行数限制	**容器控制台日志输出无限制** • 若容器控制台日志输出无任何限制，每秒输出几千或上万行日志，易导致控制台卡顿
资源复用	**资源不能复用** • 不能复用通过 Ingress 和 Service 创建出来的 CLB；在节点上不建议部署非容器业务	**资源复用** • 若 Ingress 和 Service 组件进行升级，CLB 复用策略会自动清理，引发业务故障 • 在节点部署非容器业务，当非容器业务引起节点故障，会间接引起容器业务故障
etcd 操作	**不向 etcd 写入大量数据** • etcd 是腾讯云 TKE 集群数据库，不要向 etcd 写入大量数据	**向 etcd 写入大量数据** • 用户自行向 etcd 写入大量数据，会导致 etcd 负载高，间接影响其他 TKE 组件写入数据，引起平台异常
request 和 limit 区间	**request 和 limit 区间合理** • 设置合理的容器业务 request 和 limit 区间，数值差距不宜过大	**request 和 limit 区间不合理** • 容器业务 request 和 limit 数值差距过大，触发容器 OOM

本节总结了腾讯云 TKE 使用规范，新手如果不具备排障能力，请按照本节介绍的操作使用。

腾讯云 TKE 应用案例

本章根据工作负载类型、日志应用、监控应用等方面的案例来讲解 TKE 的使用。读者在学习此章后，一定要动手操作，以加深理解。如果在工作中遇到问题，建议优先对照本书中案例自行排查。

5.1　腾讯云 Docker 镜像仓库授权连接 GitLab

镜像仓库用于存放 Docker 镜像，Docker 镜像用于部署容器服务，每个镜像有特定的唯一标识（镜像的 Registry 地址 + 镜像名称 + 镜像 Tag）。目前 TKE 支持 Docker Hub 官方镜像和用户私有镜像。

5.1.1　镜像仓库开通

在容器服务中，单击镜像仓库进入"我的镜像"，首次使用镜像仓库的用户，需要先开通镜像仓库，设置用户名和密码。镜像仓库的创建如图 5-1 所示。

用户名默认是当前用户的账号，是用户登录到腾讯云 Docker 镜像仓库的身份。密码是用户登录到腾讯云 Docker 镜像仓库的凭证。

接下来依次单击"我的镜像"→"命名空间"→"新建"，输入名称新建命名空间，如图 5-2 所示。新创建的 liangfeng 命名空间如图 5-3 所示。命名空间是用户创建的私人镜像地址的前缀。

最后，依次单击"我的镜像"→"新建"→"新建镜像仓库"，输入镜像仓库名称，类型选择私有，命名空间选择之前新建的 liangfeng，描述栏可自定义填写该仓库的用途，如图 5-4 所示。

新创建的 test 镜像仓库如图 5-5 所示。

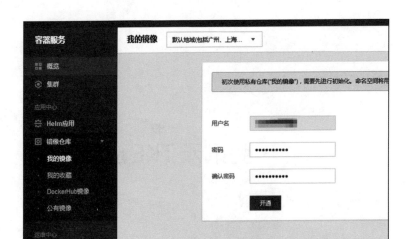

图 5-1　开通镜像仓库

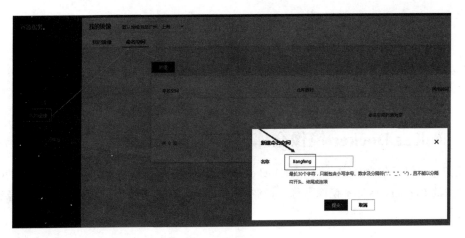

图 5-2　新建命名空间

图 5-3　liangfeng 命名空间

　　注意，仓库类型分为公有和私有，即公有镜像仓库和私有镜像仓库。如果想将自己仓库下的镜像暴露在公网，让其他人都能够访问，那么选择公有；如果仓库只用于个人用户访问，那么选择私有。

图 5-4 新建私有镜像仓库

图 5-5 test 镜像仓库

5.1.2 源代码授权

单击"我的镜像"→"源代码授权"→"立即授权同步 Gitlab 代码源",如图 5-6 所示。

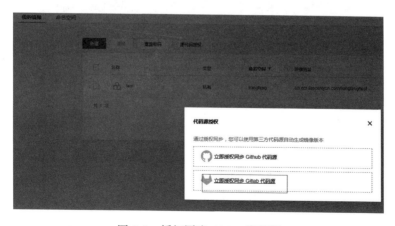

图 5-6 授权同步 Gitlab 代码源

输入服务地址（Gitlab HTTP 或 HTTPS 地址）、用户名（登录 Gitlab 的用户名）、私有 Token（连接 Gitlab 的 Personal Access Token），单击"确定"。授权信息填写如图 5-7 所示。

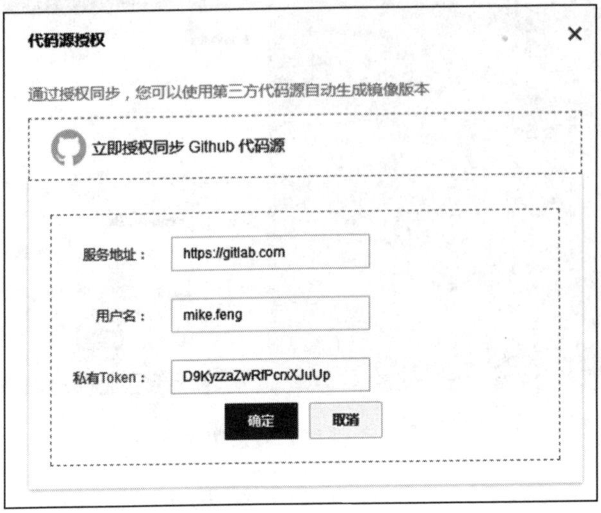

图 5-7　填写授权信息

现在我们可以看到授权成功，如图 5-8 所示。

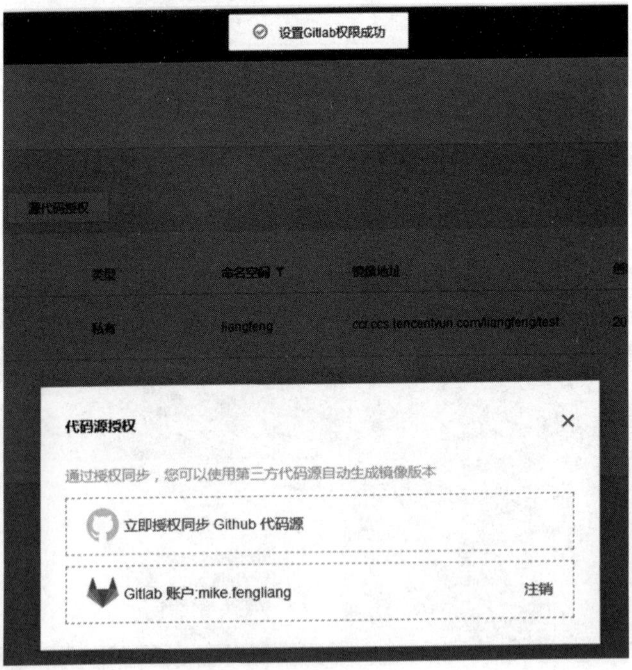

图 5-8　授权成功

下面新建 Gitlab Personal Access Token。在右上角的个人资料中依次单击"Settings"→"Access Tokens",如图 5-9 所示。

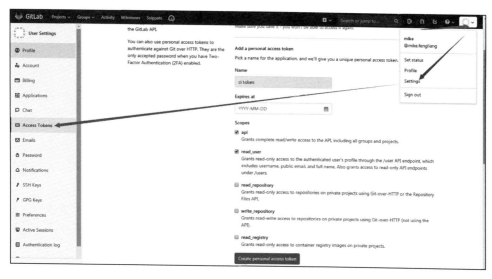

图 5-9　进入 Tokens 配置

输入 Token Name,勾选 api 和 read_user 或其他权限,单击 Create personal access token,如图 5-10 所示。

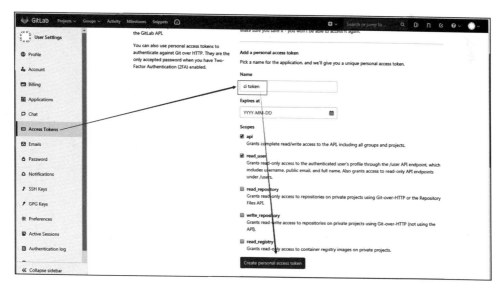

图 5-10　创建 Personal Access Token

生成的 Personal Access Tokens 如图 5-11 所示。

图 5-11　生成 Personal Access Tokens

到这里，腾讯云 TKE 镜像仓库授权连接 GitLab 成功，接下来，我们在腾讯云 TKE 平台部署容器化业务。

5.2　无状态服务部署 WordPress 应用

Deployment 适用于部署无状态的应用程序，例如 Nginx、Apache 等。通过在 YAML 中声明副本数和 Pod 更新策略。

5.2.1　Nginx 和 PHP 基础镜像上传至腾讯云 TKE 镜像仓库

在 4.3 节我们定制好了 Nginx 和 PHP 基础镜像，现在我们将镜像推送至腾讯云 TKE 镜像仓库。登录控制台，单击"镜像仓库"→"我的镜像"→"test"镜像仓库，如图 5-12 所示。

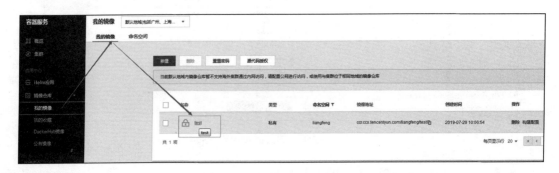

图 5-12　进入 test 镜像仓库

接着单击"使用指引"→"将镜像推送到 registry",如图 5-13 所示。

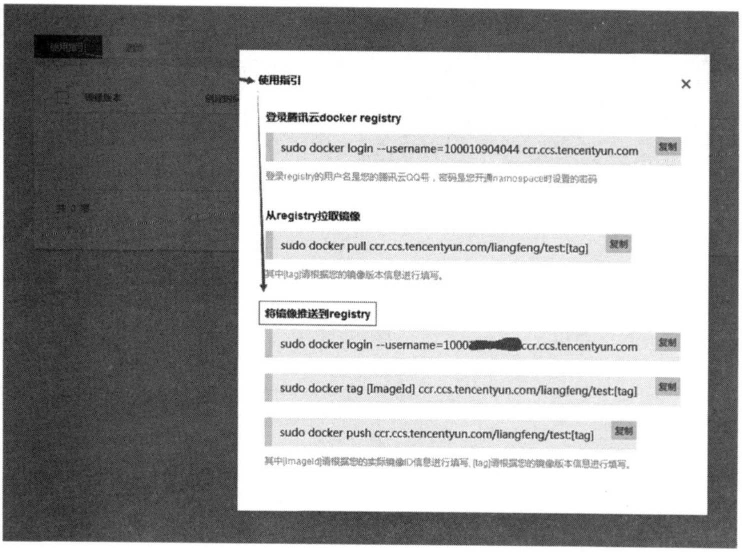

图 5-13 使用指引

先运行 docker login 命令,如图 5-14 所示。

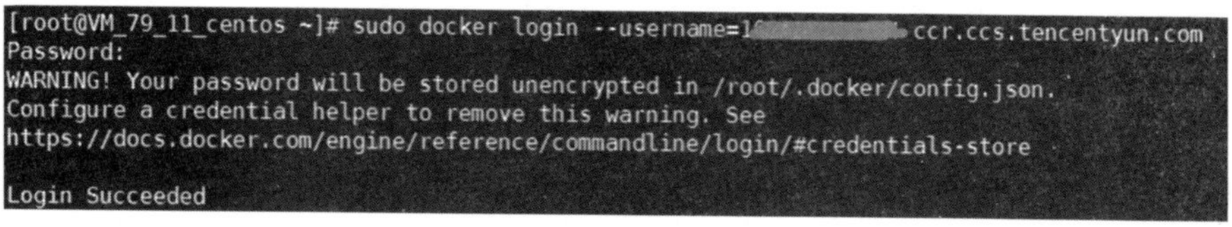

图 5-14 登录镜像仓库

分别运行 docker tag、docker push 命令将镜像推送至远程仓库。

```
$ sudo docker tag test:v1 ccr.ccs.tencentyun.com/liangfeng/test:nginxV1        # 打上远程仓库标签
$ sudo docker push ccr.ccs.tencentyun.com/liangfeng/test:nginxv1              # 推送至镜像仓库
```

Nginx 镜像推送成功,如图 5-15 所示。

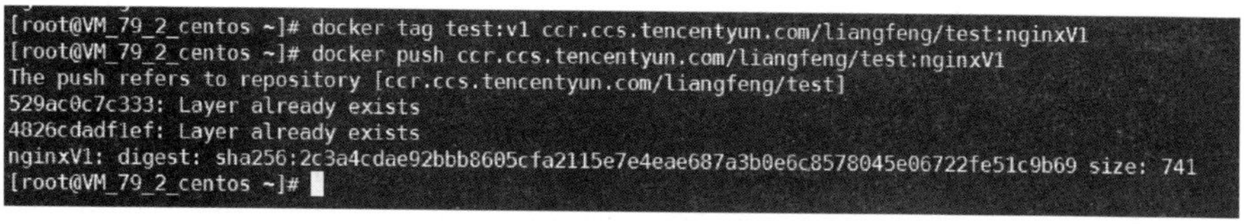

图 5-15 Nginx 镜像推送成功

```
$ docker tag test:v2 ccr.ccs.tencentyun.com/liangfeng/test:phpV1
$ docker push ccr.ccs.tencentyun.com/liangfeng/test:phpV1
```

PHP 镜像推送成功，如图 5-16 所示。

图 5-16　PHP 镜像推送成功

5.2.2　验证镜像推送成功

在"我的镜像"选项卡中单击"test"，如图 5-17 所示。

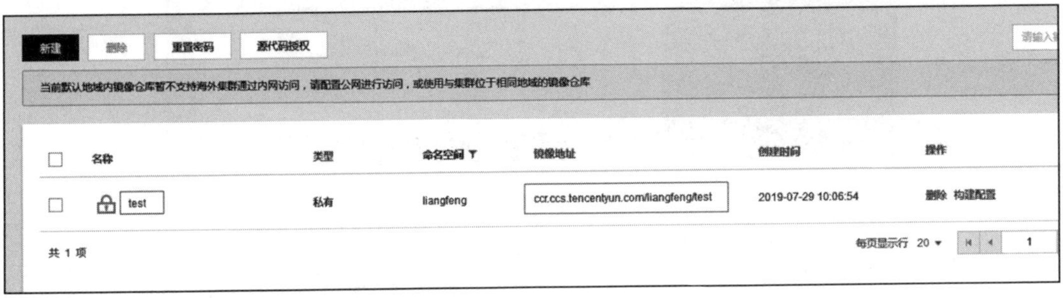

图 5-17　单击进入 test 镜像仓库

可看到 phpv1 和 nginxv1 两个版本（ccr.ccs.tencentyun.com/liangfeng/test 是镜像地址、test 是名称、nginxV1 是版本），如图 5-18 所示。

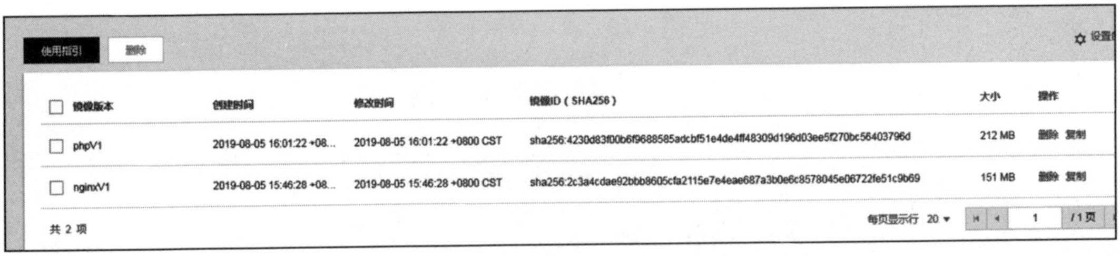

图 5-18　phpv1 和 nginxv1 镜像

至此，我们已将 Nginx 和 PHP 两个 Docker 基础镜像推送至腾讯云 TKE 镜像仓库。

1）Nginx 基础镜像地址：ccr.ccs.tencentyun.com/liangfeng/test:nginxV1。

2）PHP 基础镜像地址：ccr.ccs.tencentyun.com/liangfeng/test:phpV1。

5.2.3　将 Dockerfile 上传至 GitLab

将 Dockerfile 上传至 GitLab，如图 5-19 所示。

图 5-19　Dockerfile 上传至 GitLab

在 GitLab 中单击 Dockerfile，可看到 nginx Dockerfile 中的内容，如图 5-20 所示。

图 5-20　nginx Dockerfile 文件内容

nginx Dockerfile 文件内容说明如下。

第 1 行：引用腾讯云基础镜像。

第 2 行：通过 MAINTAINER 说明作者信息。

第 3、4 行：代码部署，由用户进行业务逻辑控制，第 3 行的功能是创建目录，第 4 行的作用是将当前目录下的文件添加至基础镜像。

第 5 行：EXPOSE 声明服务端口（容器内的服务端口是 nginx 的启动端口）。

第 6 行：通过 ENTRYPOINT 设置业务镜像，开机后 Nginx 服务自启动。

注意，必须要指定 FROM 和 MAINTAINER，容器业务端口必须要用 EXPOSE 声明，开机自启动必须要用 ENTRYPOINT。由于 Docker 镜像是基于"层"的概念，因此 Dockerfile 的内容越精简越好。

php Dockerfile 文件内容如图 5-21 所示。

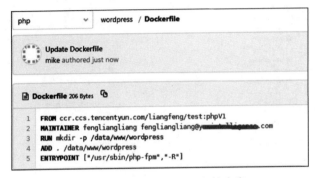

图 5-21　php Dockerfile 文件内容

5.2.4　基于 Dockerfile 生成业务镜像

Dockerfile 上传完成后，接下来在"我的镜像"中单击"构建配置"，如图 5-22 所示。

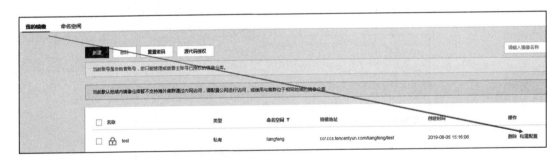

图 5-22　进入构建配置

填写好构建参数后单击"完成"，如图 5-23 所示。构建配置参数说明如下。

1）代码源选择 GitLab，Repository 选择 WordPress。

2）触发方式：添加新的 Tag 时触发和提交代码到分支时触发（我们在 GitLab 上添加 Tag 或进行提交代码操作，腾讯云 TKE 平台会自动拉取代码，并打包构建）。

3）自定义填写镜像版本命名规范，根据需求勾选分支 / 标签、更新时间、commit 号，全选则构建成业务镜像名称，如 test-nginx-201907261035-1d096（test 是命名规则，nginx 是 GitLab 上的分支号，201907261035 是生成业务镜像的当前时间，1d096 是每次在 GitLab 提交后生成的 commit 号）。

4）覆盖镜像版本：生成的镜像包含 Tag（可以理解为镜像别名）。

5）Dockerfile 路径：Dockerfile 在文件源代码中的路径（Dockerfile 和代码在同级目录）。

6）构建目录：构建时的工作目录（这里填写的"."是运行当前目录下的 Dockerfile 文件）。

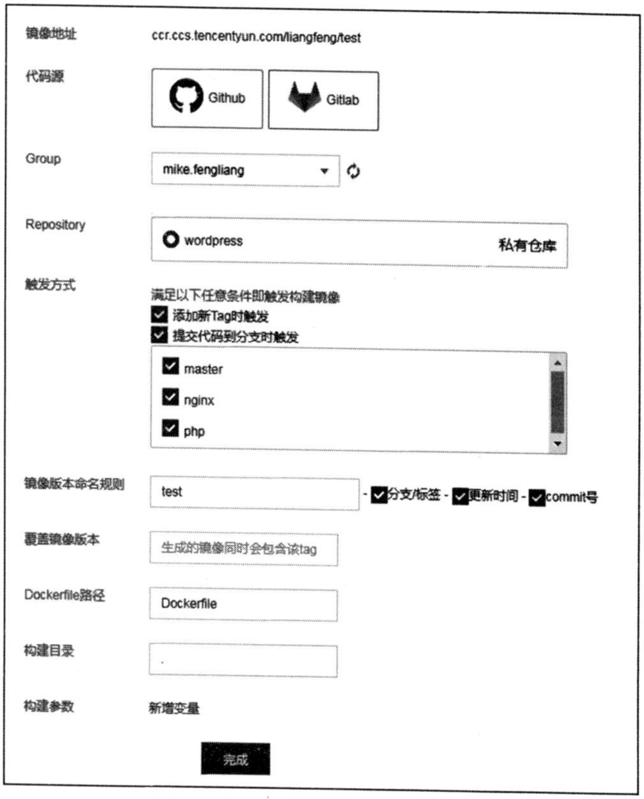

图 5-23　构建配置参数

构建配置完成后，会跳转到镜像构建页面，如图 5-24 所示。

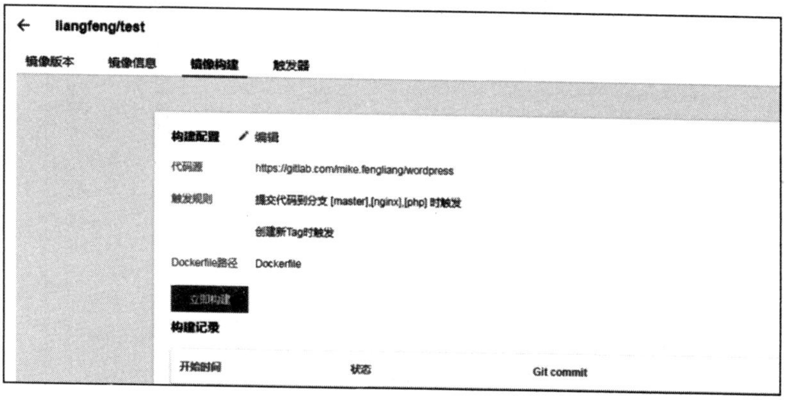

图 5-24　跳转至构建页面

先在 GitLab 上提交代码，然后构建镜像，运行浏览器后，按键盘 F5 键刷新页面，此时出现了一条构建日志。单击查看图标，可以看到右侧的构建日志内容，如图 5-25 所示。

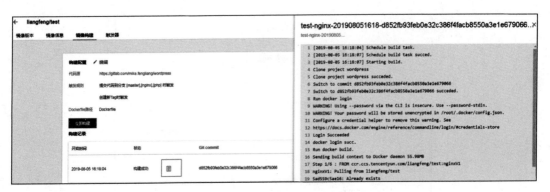

图 5-25　构建日志

5.2.5　构建镜像产生的日志说明

构建日志内容如图 5-26、图 5-27 所示，接下来我们解释一下构建日志里的内容。

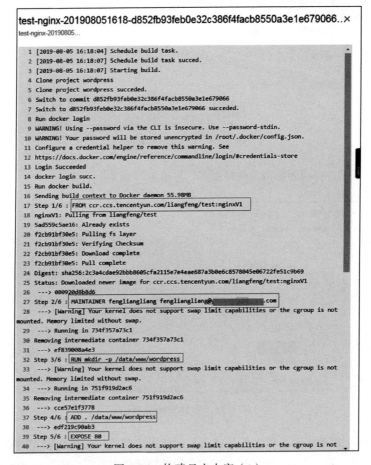

图 5-26　构建日志内容（1）

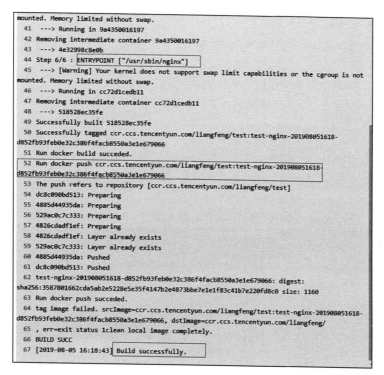

图 5-27　构建日志内容（2）

构建日志内容说明如下。

1）图中框选第 17 行、第 27 行都是 Dockerfile 文件的内容，表示正在运行 Dockerfile 文件语句。

2）第 49 行表示 docker build 执行成功。

3）第 52 行：构建的业务镜像地址为

ccr.ccs.tencentyun.com/liangfeng/test:test-nginx-201908051618-d852fb93feb0e32c386f4facb85 50a3e1e679066。

4）第 67 行的 Build successfully 表示镜像构建成功。

至此，nginx WordPress 业务镜像构建成功，同理，php WordPress 镜像也可以参照如上步骤构建。

5.2.6　业务镜像生成验证

单击镜像版本，可以看到构建成功的业务镜像，如图 5-28 所示。

图 5-28　业务镜像

1）nginx WordPress 业务镜像信息：

ccr.ccs.tencentyun.com/liangfeng/test:test-nginx-201908051618-d852fb93feb0e32c386f4facb85
50a3e1e679066。

2）php WordPress 业务镜像信息：

ccr.ccs.tencentyun.com/liangfeng/test:test-php-201908051634-7ec4253f2f17431d387aadecbf3d
2b79a690681f。

5.2.7　创建 MySQL 安全组

部署 WordPress 容器服务前，我们需要先创建 WordPress 数据库。在腾讯云首页，展开云产
品，进入私有网络，如图 5-29 所示。

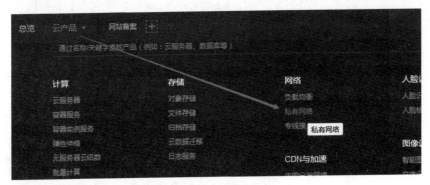

图 5-29　进入私有网络

展开安全栏，新建安全组，模板选择自定义，然后填写名称和备注，项目选择默认即可，
如图 5-30 所示。

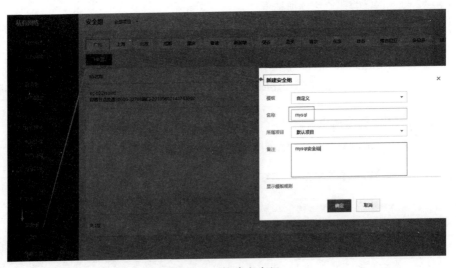

图 5-30　新建安全组

在弹出的提醒窗口中，单击"立即设置规则"，类型选择"自定义"，来源填写 10.0.0.0/16（之前创建的 VPC 网段可内网访问 MySQL），协议端口填写 TCP:3306（MySQL 3306 端口需要对外开放），备注可自行填写，最后单击"完成"。至此，MySQL 安全组创建完成，如图 5-31 所示。

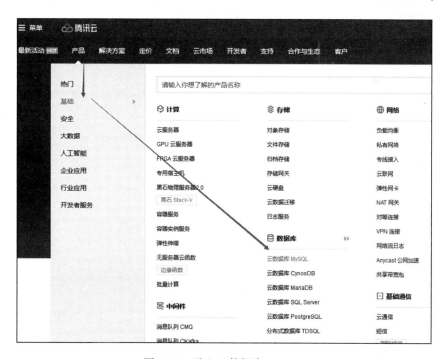

图 5-31　添加入站规则

5.2.8　创建 MySQL 数据库

接着购买 MySQL 数据库，登录腾讯云官网，按照图 5-32 所示找到"云数据库 MySQL"。

图 5-32　进入云数据库 MySQL

此时页面跳转至选购页面，如图 5-33 所示。

图 5-33 立即选购 MySQL

根据自身需求配置好 MySQL 参数，如图 5-34～图 5-36 所示。

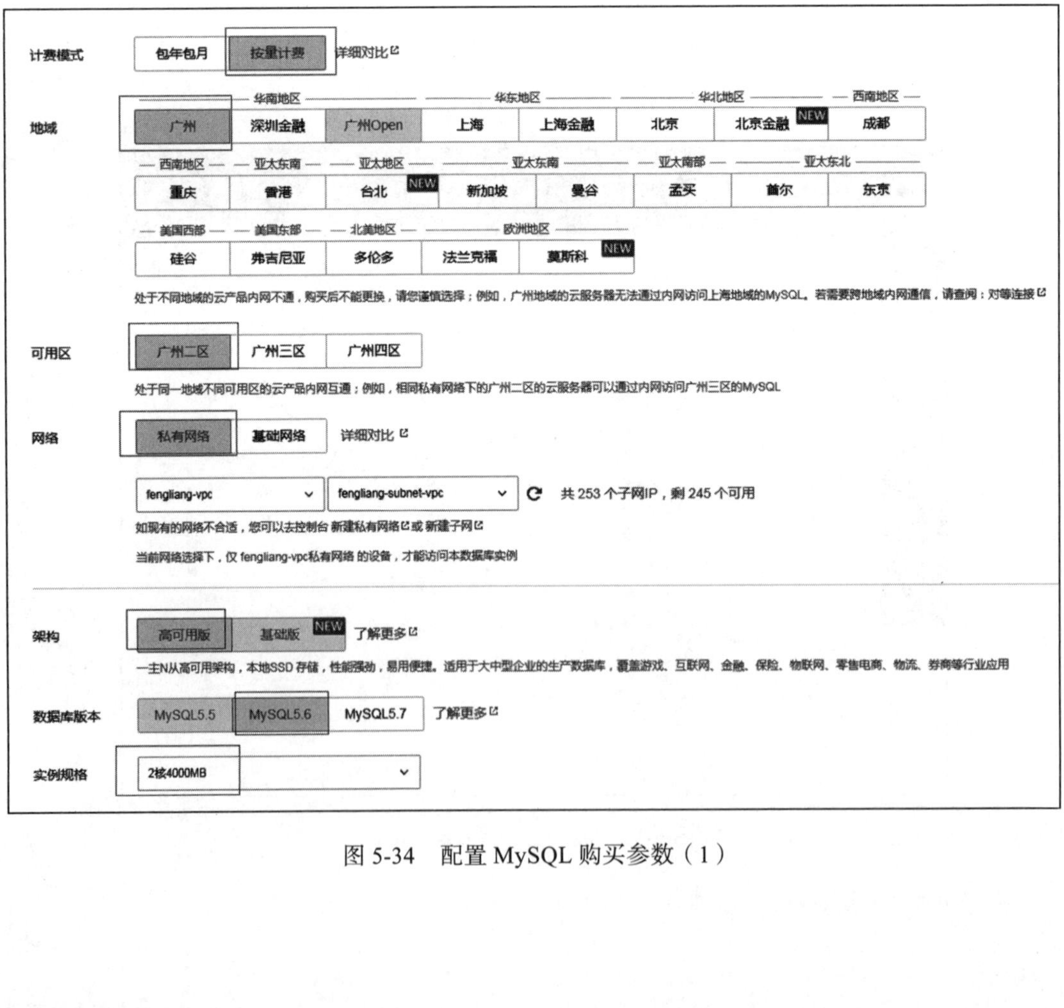

图 5-34 配置 MySQL 购买参数（1）

图 5-35　配置 MySQL 购买参数（2）

图 5-36　配置 MySQL 购买参数（3）

MySQL 购买配置参数如下。

❑ 计费模式：按量计费。

❑ 地域：选择广州。

❑ 可用区：选择广州二区（可用区要和之前创建的私有子网络保持一致，因为 WordPress 容器通过内网访问 MySQL）。

❑ 架构：默认选择高可用版。

❑ 数据库版本：这里选择的 MySQL 5.6。

❑ 实例规格：这里选择 2 核 CPU 4000MB 内存的配置。

❑ 硬盘：这里填写的是 50GB。

❑ 数据复制方式：这里选择半同步（可根据自身需求选择）。

❑ 指定项目：默认项目。

❑ 安全组：选择 MySQL。

❑ 实例名：选择立即命名，这里填写的是 mysql-wordpress。

❑ 购买数量：1 台。

弹出温馨提示，单击"前往管理页面"，如图 5-37 所示。

图 5-37　温馨提示

MySQL 购买发货完成后，单击"初始化"操作，如图 5-38 所示。

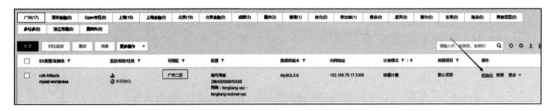

图 5-38　进行初始化

填写 MySQL 端口和账户密码，输入确认密码，单击"确定"，如图 5-39 所示。

图 5-39　配置 MySQL 信息

弹出初始化实例，单击"确定"，如图 5-40 所示。

图 5-40　初始化实例

之后会弹出操作成功的提示框，单击"确定"，如图 5-41 所示。

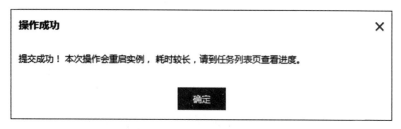

图 5-41　操作成功

完成以上步骤之后，可以看到创建好的 mysql-wordpress 数据库，如图 5-42 所示。

图 5-42　mysql-wordpress 数据库

5.2.9　创建 WordPress 数据库

在 MySQL 界面，单击界面右侧登录，如图 5-43 所示。

图 5-43　MySQL 登录

输入账户和密码，单击"登录"，如图 5-44 所示。

图 5-44 填写 MySQL 登录信息

登录 MySQL 后台，展开新建，单击"新建库"，如图 5-45 所示。

图 5-45 新增数据库

输入数据库名"wordpress"，字符集选择"utf8"，排序规则选择"utf8_general_ci"，单击"提交"，如图 5-46 所示。

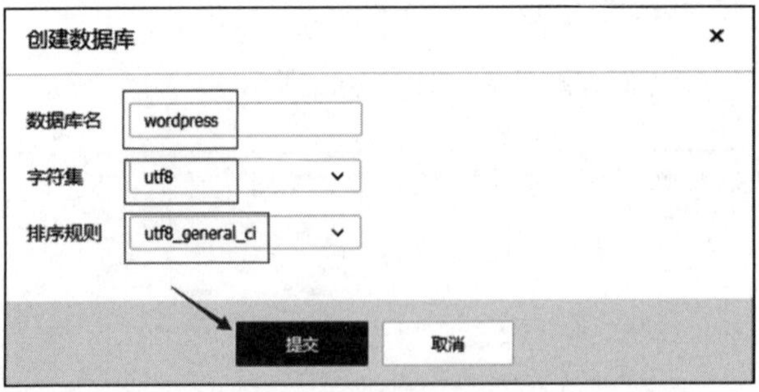

图 5-46 创建数据库

我们在 MySQL 控制台可以看到创建好的"wordpress"数据库，如图 5-47 所示。

数据库名	字符集	排序规则	操作
test	utf8	utf8_general_ci	编辑 删除
wordpress	utf8	utf8_general_ci	编辑 删除

图 5-47　成功创建"wordpress"数据库

至此数据库创建完成。其中，数据库 IP 地址为 192.168.79.3，账户为 root，连接端口为 3306。

5.2.10　部署 WordPress 容器网站服务

WordPress 容器化方案架构如图 5-48 所示。WordPress 容器化方案说明如下。

（1）WordPress 容器化方案一

Pod1 下有 nginx 和 php 两个容器，nginx 和 php-fpm 通过 uninx socket 进行通信（同一 Pod 下的容器共享网络协议栈），容器对应的网站根目录是 /data/www/wordpress，网站目录存储方式无特殊要求。

（2）WordPress 容器化方案二

Pod2 下有 nginx 容器，Pod3 下有 php 容器，nginx 和 php-fpm 通过 tcp port 通信（nginx 和 php-fpm 通过 tcp port 通信会有连接数限制，连接数达到一定量后连接会响应慢），容器对应的网站根目录是 /data/www/wordpress，网站目录存储方式为共享存储。

考虑到 nginx 和 php-fpm 连接数限制的问题，这里我们选择方案一。

WordPress 数据库已经创建完成，现在我们开始部署 WordPress 容器服务，选择基础选项卡下的容器服务选型，如图 5-49 所示。

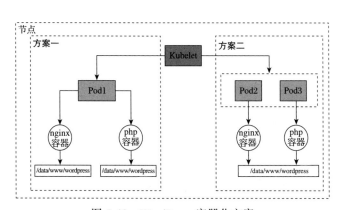

图 5-48　WordPress 容器化方案

图 5-49　进入容器服务

单击集群后显示 test 容器集群，再单击 ID 名称进入容器集群，如图 5-50 所示。

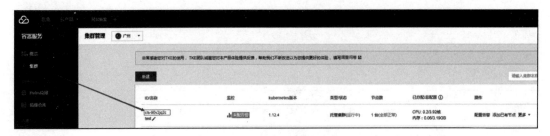

图 5-50　进入 test 容器集群

选择并单击工作负载下的 Deployment，单击右侧新建选项，如图 5-51 所示。

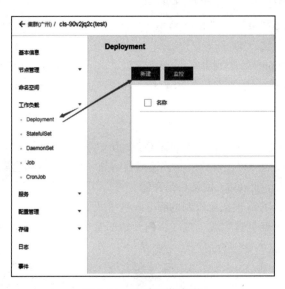

图 5-51　新建工作负载

在控制台填写配置 WordPress 工作负载启动参数，如图 5-52～图 5-54 所示。

根据需求设置 Deployment 参数，关键参数信息如下。

1）工作负载名：自定义填写。

2）命名空间：根据实际需求进行选择（WordPress 选择部署在 default 命名空间下，所以这里选择 default）。

3）类型：选择 Deployment（可扩展部署 Pod）。

4）数据卷：不用添加数据卷。因为我们选择的是方案一，对网站源码存储方式无特殊要求。

5）实例内容器：根据实际需求，为 Deployment 的 Pod 设置一个或多个不同的容器，WordPress 里需要添加两个容器，一个是 nginx，一个是 php。

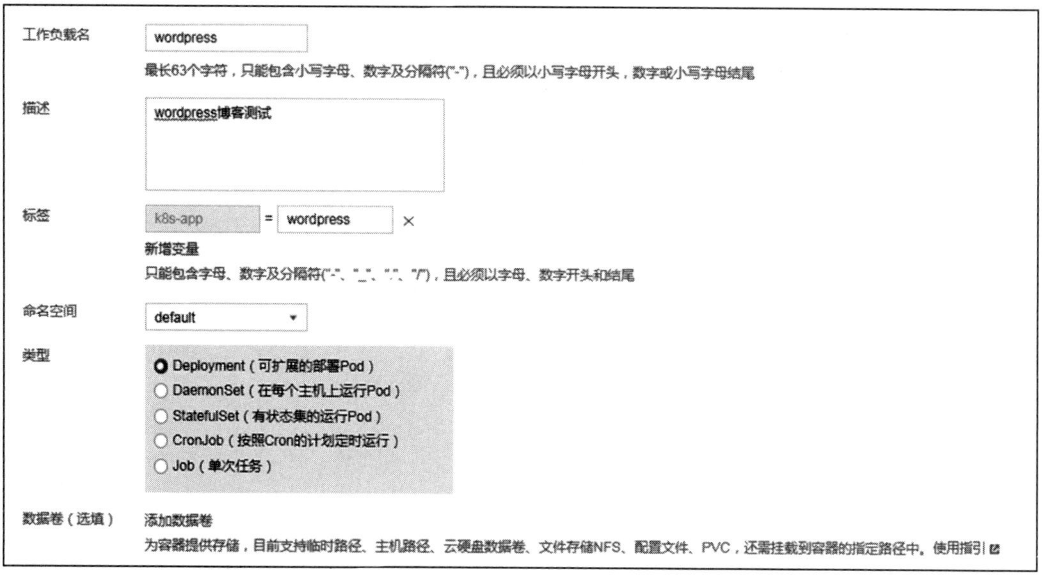

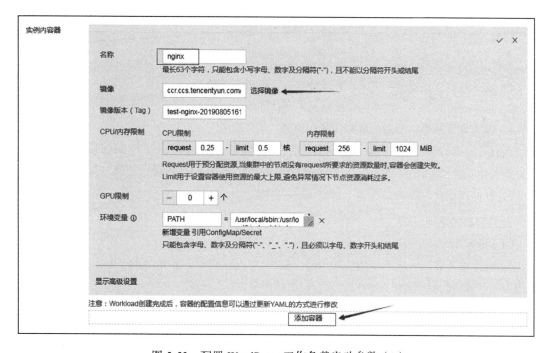

图 5-52 配置 WordPress 工作负载启动参数（1）

图 5-53 配置 WordPress 工作负载启动参数（2）

❑ nginx：选择 test 仓库下的 nginx 业务镜像→CPU/ 内存限制，填写 CPU request 和 limit
（采用默认值 0.25 和 0.5）以及内存 request 和 limit（采用默认值 256 和 1024）。

❏ php：选择 test 仓库下的 php 业务镜像→CPU/ 内存限制，填写内容同 nginx。

❏ 高级设置：可设置工作目录、运行命令、运行参数、容器健康检查、特权级等参数（高级功能这里先不设置）。

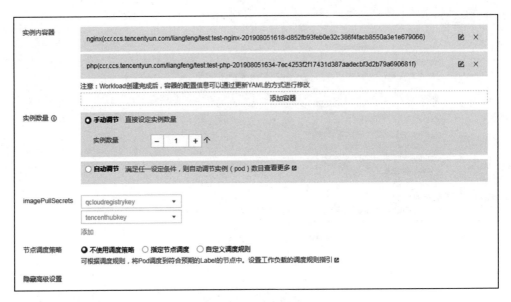

图 5-54 配置 WordPress 工作负载启动参数（3）

6）实例数量：根据实际需求选择调节方式，设置实例数量。

7）imagepullsecrets：镜像的拉取密钥，默认即可。

8）节点调度策略：节点的亲和性调度功能，默认即可。

至此，容器的基础参数设置完成。先不要单击"创建 Workload"，接下来我们进行 WordPress 容器的 Deployment 访问设置。在进行 WordPress Deployment 的访问设置之前，我们先介绍腾讯云 TKE 容器化业务的访问方式。

业务容器的访问方式

（1）Service

Service 定义访问后端 Pod 的访问策略，提供固定的虚拟访问 IP。用户可以通过 Service 负载均衡的功能访问后端 Pod，Service 支持以下访问类型。

1）公网访问：使用 Service 的 Loadbalance 模式，自动创建公网 CLB。公网 IP 可直接访问后端 Pod。

2）VPC 内网访问：使用 Service 的 Loadbalance 模式，会自动创建内网 CLB。VPC 可通过内网 IP 直接访问后端 Pod。

3）集群内访问：使用 Service 的 ClusterIP 模式，自动分配 Service 网段中的 IP，用于集群内访问。

4）主机端口访问：通过节点 IP+ 端口访问业务。

（2）Ingress

Ingress 是允许访问集群内 Service 规则的集合，用户可以通过配置转发规则实现从不同的 URL 访问到集群内不同的 Service。

为了使 Ingress 资源正常工作，集群必须运行 Ingress-controller。腾讯云 TKE 在集群内默认启用了基于腾讯云负载均衡器实现的 l7-lb-controller，支持 HTTP、HTTPS，同时也支持 nginx-Ingress 类型，用户可以根据业务需要选择不同的 Ingress 类型。

接下来我们创建 Service，在新建 Deployment 中即可进行 Service 访问设置，如图 5-55 所示。

图 5-55　WordPress 访问设置

根据实际需求，设置 Service 参数，关键参数信息如下。

1）Service：勾选启用。

2）服务访问方式：根据实际需求，选择对应的访问方式。因为要从本地 Windows 系统访问 WordPress 服务，所以这里选择"提供公网访问"。

3）端口映射：根据实际需求进行设置。协议选择 TCP，容器端口是指容器内服务运行的端口（这里填写的 80 端口，也就是 Nginx 服务启动端口），服务端口是 Service 的端口（这里填写的 81 端口，其中 81 端口会映射到 80 端口）。

4）ExternalTrafficPolicy：保持默认选项。

5）Session Affinity：保持默认选项。

最后单击"创建 Workload"，完成 Service 创建。此时会自动跳转到事件页面，可以看到 Pod WordPress 的日志没有报错，如图 5-56 所示。

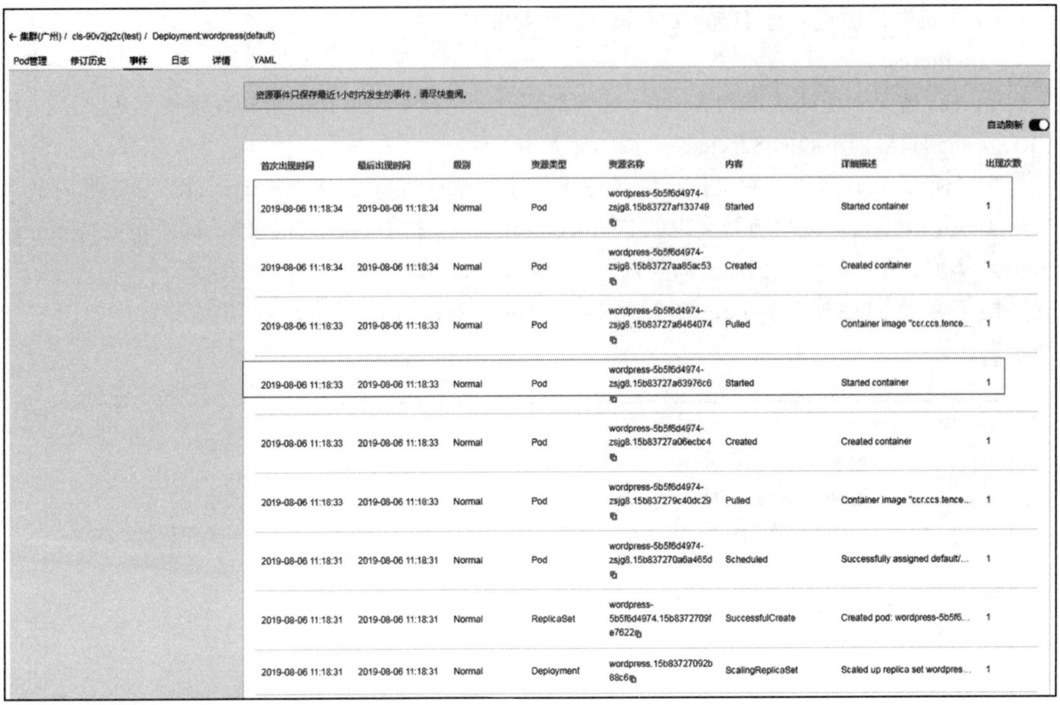

图 5-56　Pod WordPress 事件日志

我们返回到集群首页，单击工作负载下的 Deployment，如图 5-57 所示。

图 5-57　进入 WordPress 工作负载

在 Pod 管理中展开实例名称，可以看到 nginx 和 php 容器都是 Running 状态，说明容器启动成功，如图 5-58 所示。同时可以看到 WordPress 访问日志，如图 5-59 所示。

展开服务模块，单击 Service，可以看到 WordPress 的 Service 公网 IP 为 193.112.148.94，如图 5-60 所示。

图 5-58　nginx 和 php 容器

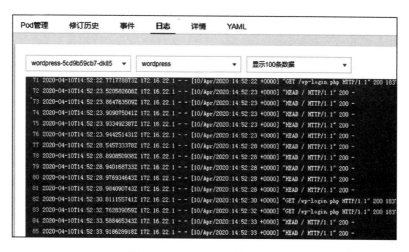

图 5-59　WordPress 访问日志

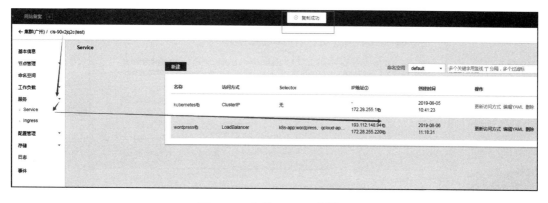

图 5-60　查看 Service 公网 IP

在本地浏览器中访问 http://193.112.148.94:81，语言选择"简体中文"（语言可根据用户自身需求选择）→单击 Continue，如图 5-61 所示。

图 5-61 选择"简体中文"

接着单击"现在就开始！"进入 WordPress，如图 5-62 所示。

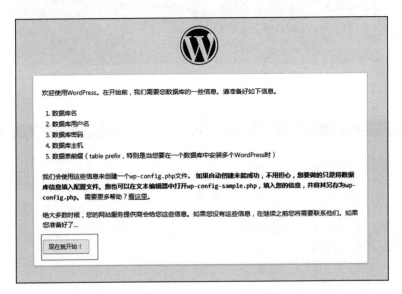

图 5-62 进入 WordPress

填写数据库相关信息（我们之前创建的 WordPress CDB 数据库连接信息）→单击"提交"，如图 5-63 所示。

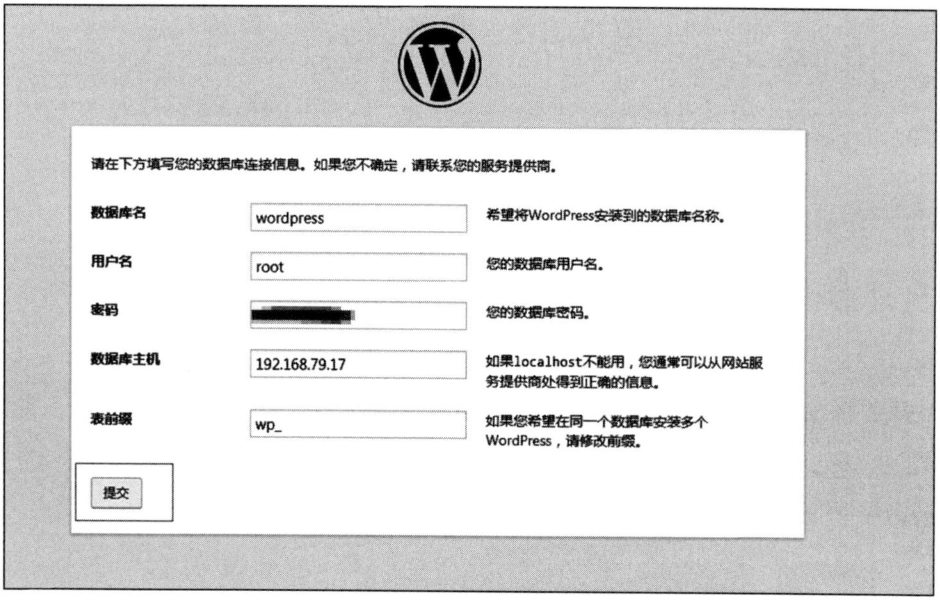

图 5-63　WordPress CDB 数据库连接信息

单击"现在安装"按钮，如图 5-64 所示。

图 5-64　进入安装界面

　　填写博客相关信息，单击"安装 WordPress"按钮，如图 5-65 所示。单击"登录"，如图 5-66 所示。输入 WordPress 的账号和密码后单击"登录"，如图 5-67 所示。登录后可以看到 WordPress 后台页面，至此 WordPress 博客搭建成功，如图 5-68 所示。

　　本节我们一起部署了 WordPress 容器化应用，现在我们对 PHP 类型业务容器化改造有了一定的认识，在接下来的应用容器化改造实践中应该能快速上手。

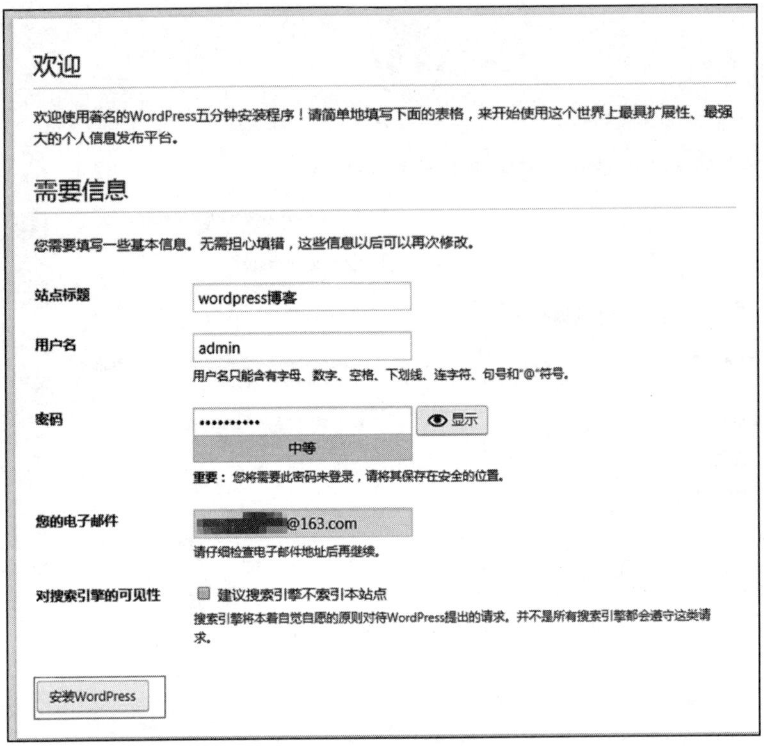

欢迎

欢迎使用著名的WordPress五分钟安装程序！请简单地填写下面的表格，来开始使用这个世界上最具扩展性、最强大的个人信息发布平台。

需要信息

您需要填写一些基本信息。无需担心填错，这些信息以后可以再次修改。

站点标题	wordpress博客
用户名	admin
	用户名只能含有字母、数字、空格、下划线、连字符、句号和"@"符号。
密码	•••••••••• 👁 显示
	中等
	重要： 您将需要此密码来登录，请将其保存在安全的位置。
您的电子邮件	▮▮▮▮@163.com
	请仔细检查电子邮件地址后再继续。
对搜索引擎的可见性	☐ 建议搜索引擎不索引本站点
	搜索引擎将本着自觉自愿的原则对待WordPress提出的请求。并不是所有搜索引擎都会遵守这类请求。

安装WordPress

图 5-65　填写博客相关信息

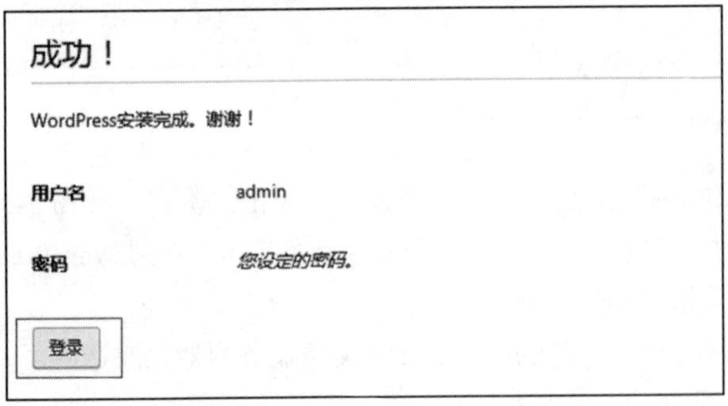

成功！

WordPress安装完成。谢谢！

用户名	admin
密码	*您设定的密码。*

登录

图 5-66　完成 WordPress 安装

图 5-67　登录 WordPress

图 5-68　WordPress 后台页面

5.3　无状态服务部署 Java 应用

本节我们将介绍如何部署无状态类型的 Java 应用，目前腾讯云 TKE 镜像仓库暂时没有 Java 应用打包功能，这里建议大家先在线下打包制作好 Java 镜像，之后在腾讯云 TKE 控制台进行部署。

1. 上传业务镜像到腾讯云 TKE 镜像仓库

目前腾讯云 TKE 控制台没有 Maven 打包命令，建议先在线下制作好业务镜像，然后执行如下命令上传至腾讯云 TKE 镜像仓库。

```
$ docker build -t hkccr.ccs.tencentyun.com/Jenkins-test/Jenkins:java-hello
$ docker push hkccr.ccs.tencentyun.com/Jenkins-test/Jenkins:java-hello
```

运行成功后，结果如图 5-69 所示。

```
[root@VM_1_12_centos helloworld]# docker push hkccr.ccs.tencentyun.com/jenkins-test/jenkins:java-hello
The push refers to repository [hkccr.ccs.tencentyun.com/jenkins-test/jenkins]
f73898f6ce09: Layer already exists
2ee490fbc316: Layer already exists
b18043518924: Layer already exists
9a11244a7e74: Layer already exists
5f3a5adb8e97: Layer already exists
73bfa217d66f: Layer already exists
91ecdd7165d3: Layer already exists
e4b20fcc48f4: Layer already exists
java-hello: digest: sha256:abe4268ae84c73f71e654de9ec8e126696e0625ad56c83bf6c0b370ab4cbc071 size: 2003
[root@VM_1_12_centos helloworld]#
```

图 5-69　Java 镜像推送成功

Java Dockerfile 文件内容如下。

```
FROM openjdk:8.1
COPY target/helloworld-1.0-SNAPSHOT.jar /usr/src/helloworld-1.0-SNAPSHOT.jar
CMD java -cp /usr/src/helloworld-1.0-SNAPSHOT.jar org.examples.java.App
```

2. Java 应用部署

在容器集群内，单击工作负载→Deployment→新建，如图 5-70 所示。

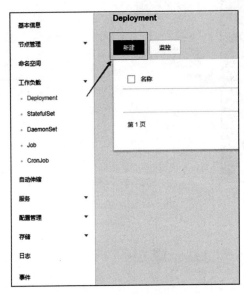

图 5-70　新建工作负载

填写工作名称 java-hello，类型默认为 Deployment，如图 5-71 所示。

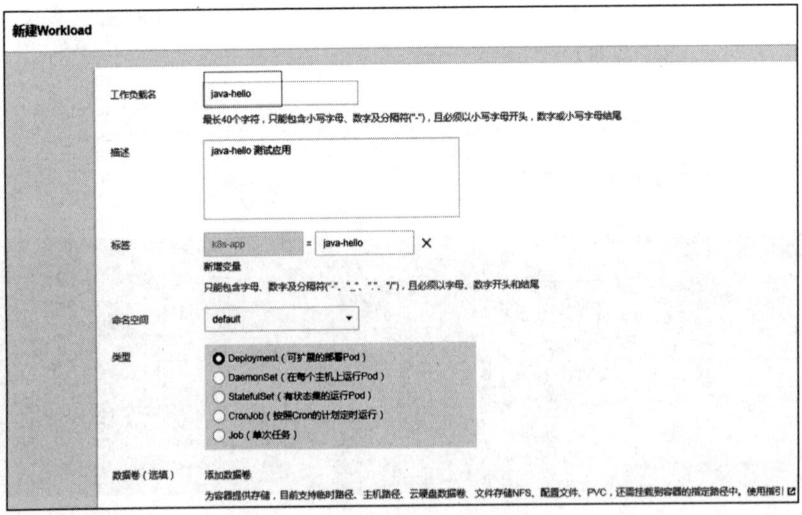

图 5-71　填写工作名称并选择类型

实例内容器名称可自定义填写，镜像拉取策略选择 ifNotPreset，CPU 内存限制根据需求自行填写，默认手动调节实例数量，如图 5-72 所示。

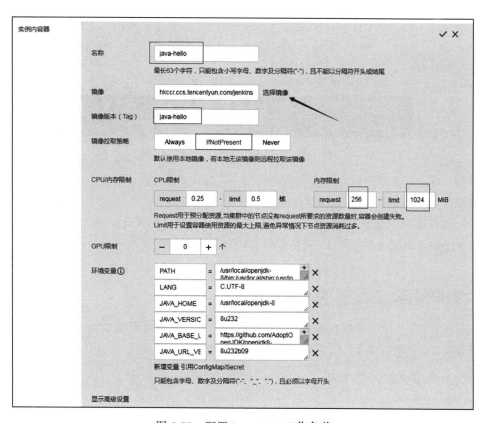

图 5-72　配置 java-hello 工作负载

Service 不勾选启动，最后单击"创建 Workload"，如图 5-73 所示。

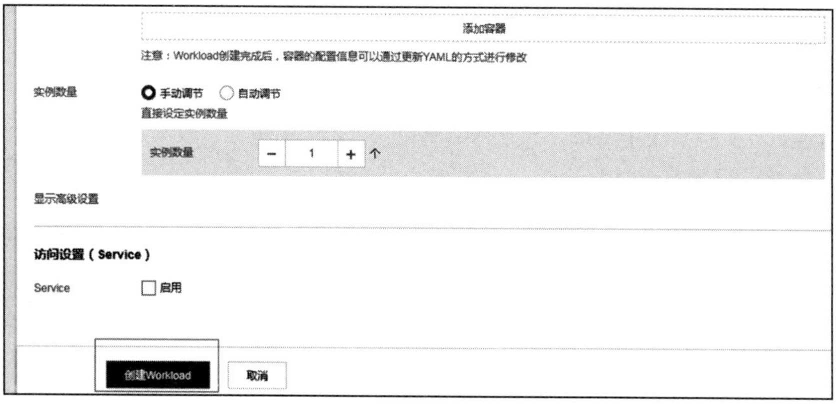

图 5-73　创建完成

3. 验证

创建后，可以看到 java-hello 容器是 Runing 状态。控制台日志输出"Hello World!"（自定义业务日志输出），说明运行成功，如图 5-74 所示。

图 5-74　控制台日志输出

另外，Java 业务容器化若出现 OOM 提示，大多是由于 request 和 limit 内存设置不合理或 Java 程序启动没有设置合理的栈内存导致的。

以上是 Java 程序部署过程，腾讯云 TKE 控制台目前没有 Maven 命令打包功能，需要我们在本地通过 Maven 把镜像打好包，上传至腾讯云 TKE 镜像仓库。

5.4　有状态服务部署 MySQL 应用

StatefulSet 主要用于管理和部署有状态的应用程序，例如 MySQL、Apollo 等。StatefulSet 标识符会保留。如果需要持久化存储，可通过标识符与存储卷对应。

1. StatefulSet MySQL 架构

StatefulSet MySQL 架构如图 5-75 所示，具体介绍如下。

1）将 PVC（高性能云盘）挂载至 /var/lib/mysql 目录。

2）MySQL 容器启动后向 /var/lib/mysql 目录写入数据。

3）由于 PVC 不会随着容器滚动更新或销毁而重建，所以 MySQL 容器每次写入的数据都永久保存在 PVC 底层存储系统中，实现了数据持久化。

2. 下载 MySQL 镜像并上传至腾讯云 TKE 镜像仓库

先下载 mysql:5.6 Docker 镜像，并上传至腾讯云 TKE 镜像仓库，命令如下。

```
$ docker pull mysql:5.6
$ docker tag mysql:5.6 hkccr.ccs.tencentyun.com/
    Jenkins-test/mysql:5.6
$ docker push hkccr.ccs.tencentyun.com/Jenkins-
    test/mysql:5.6
```

MySQL 镜像推送成功如图 5-76 所示。

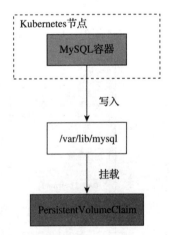

图 5-75　StatefulSet MySQL 架构

```
[root@VM_1_8_centos ~]# docker pull mysql:5.6
5.6: Pulling from library/mysql
Digest: sha256:5345afaaf1712e60bbc4d9ef32cc62acf41e4160584142f8d73115f16ad94af4
Status: Image is up to date for mysql:5.6
[root@VM_1_8_centos ~]# docker tag mysql:5.6 hkccr.ccs.tencentyun.com/jenkins-test/mysql:5.6
[root@VM_1_8_centos ~]# docker push hkccr.ccs.tencentyun.com/jenkins-test/mysql:5.6
The push refers to repository [hkccr.ccs.tencentyun.com/jenkins-test/mysql]
aa513157be9a: Layer already exists
c2aa97ece321: Layer already exists
ee80f560e677: Layer already exists
0cfc269c348d: Layer already exists
d26617ef1d9c: Layer already exists
8f4bcd2f054d: Layer already exists
414373ffccb4: Layer already exists
6599033b2ab2: Layer already exists
51734435c93c: Layer already exists
5a8a245abd1c: Layer already exists
99b5261d397c: Layer already exists
5.6: digest: sha256:dc630da44904008c6da9ef9ec4987b377473d67f61455356207917ad54d0d8a3 size: 2621
[root@VM_1_8_centos ~]#
```

图 5-76　MySQL 镜像推送成功

3. 创建 PVC MySQL 数据盘

登录腾讯云 TKE 集群控制台，展开存储后单击 StorageClass，再单击右侧"新建"，如图 5-77 所示。

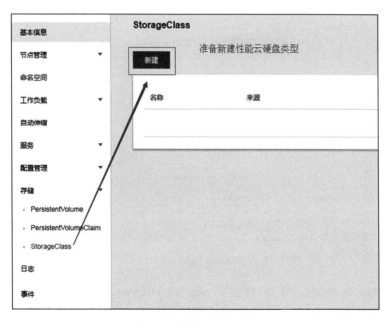

图 5-77　新建 StorageClass

输入 StorageClass 名称 xingneng，Provisioner 选择"云硬盘 CBS"，可选择"香港二区"（因为 PVC 和节点要在同一可用区下），计费模式选择"按量计费"。云盘类型选择"高性能云硬盘"，回收策略选择"删除"（若删除 PVC，PV 也随之删除），最后单击"创建 StorageClass"，如图 5-78 所示。

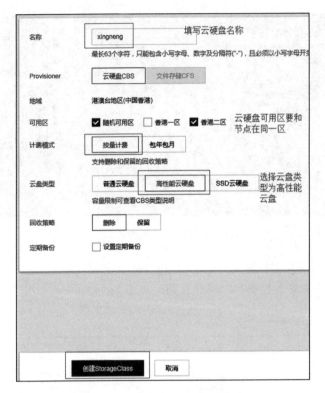

图 5-78　配置 StorageClass 信息

创建 xingneng StorageClass 成功，如图 5-79 所示。

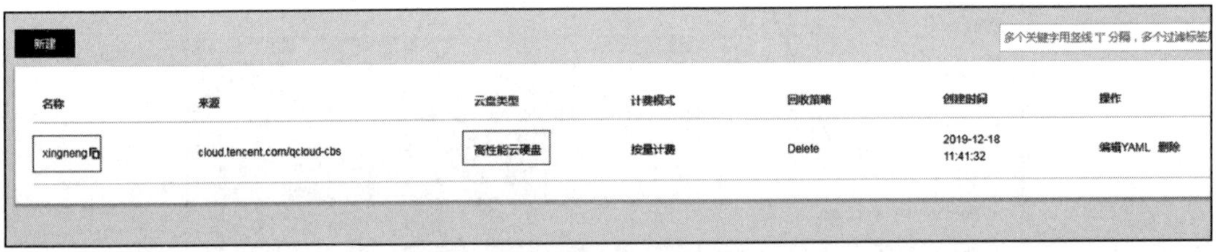

图 5-79　xingneng StorageClass 创建成功

在腾讯云 TKE 集群控制台单击"存储"→PersistentVolumeClaim→"新建"，如图 5-80 所示。

接着输出 PVC 名称 mysql-disk，命名空间选择 default（PVC 将创建在 default 命名空间下），Provisioner 选择"云硬盘 CBS"，读写权限选择"单机读写"，StorageClass 选择之前创建的 xingneng，输入的容量 50GiB，单击"创建 PersistentVolumeClaim"，如图 5-81 所示。

可以看到创建的 mysql-disk 状态为 Bound，如图 5-82 所示。

展开工作负载，单击 Statefulset→"新建"，如图 5-83 所示。

填写工作负载名称，数据卷选择使用已有 PVC，填写卷名称 vol（自定义填写），选择之前的 PVC "mysql-disk"，如图 5-84 所示。

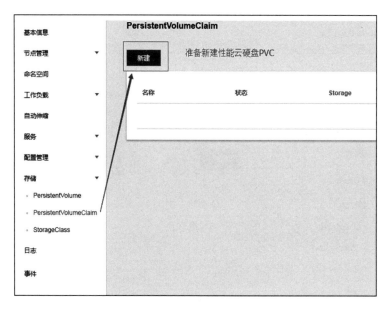

图 5-80　新建 PVC

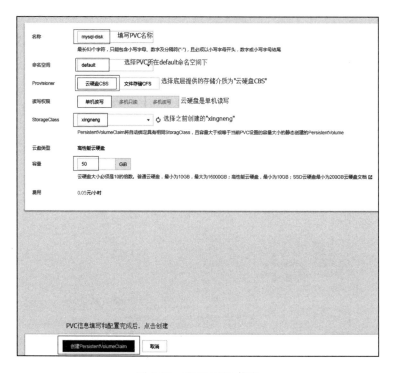

图 5-81　配置 PVC 信息

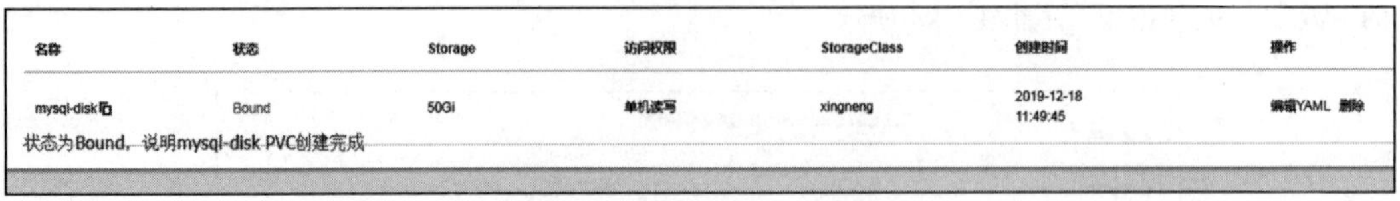

名称	状态	Storage	访问权限	StorageClass	创建时间	操作
mysql-disk	Bound	50Gi	单机读写	xingneng	2019-12-18 11:49:45	编辑YAML 删除

状态为Bound，说明mysql-disk PVC创建完成

图 5-82　mysql-disk 状态为 Bound

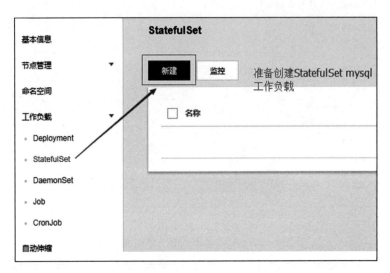

图 5-83　新建 StatefulSet 工作负载

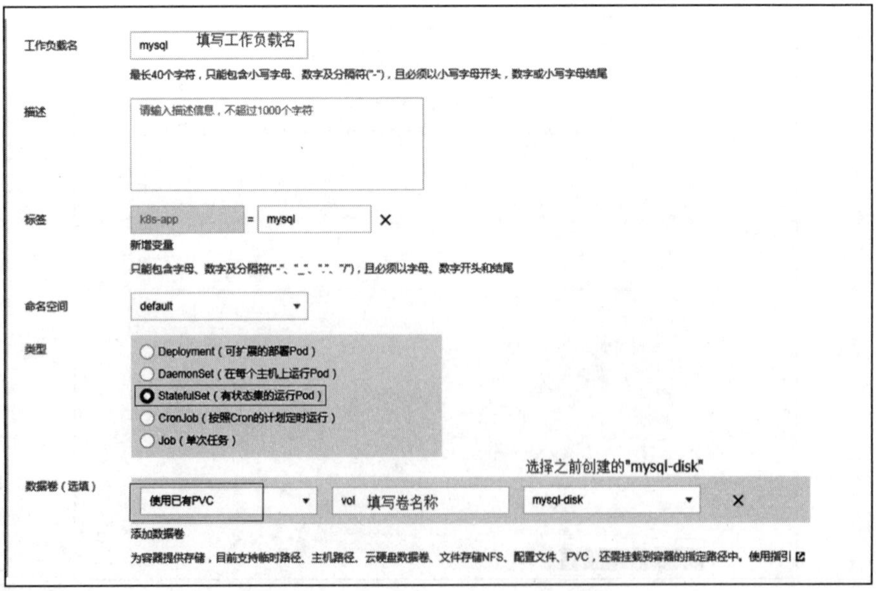

图 5-84　配置 StatefulSet 工作负载

接着配置实例内容器，名称填写 mysql，镜像选择之前上传的 mysql 5.6 镜像，挂载点选择 vol，路径填写 /var/lib/mysql，填写环境变量（变量名是 MYSQL_ROOT_PASSWORD，变量值是 mysqltest），如图 5-85 所示。

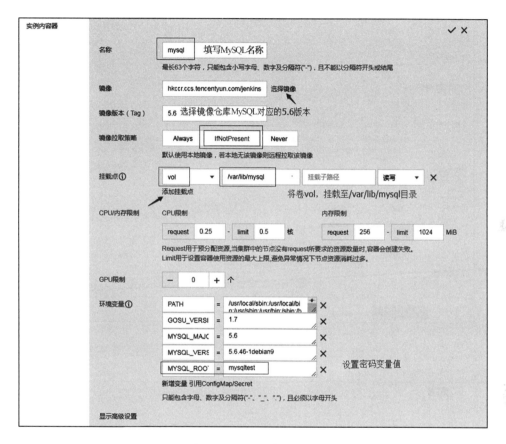

图 5-85　配置实例内容器

容器配置完成后，接着配置 Service。勾选"启用"后，服务访问方式选择"提供公网访问"，负载均衡器选择"自动创建"，端口映射中的协议选择 TCP。容器端口填写 3306，服务端口填写 3306，单击"创建 Workload"，如图 5-86 所示。

在 StatefulSet 页面，可以看到创建的 StatfulSet mysql，如图 5-87 所示。

4. MySQL 授权

展开工作负载，单击 StatefulSet 进入 StatefulSet mysql，在 Pod 管理中单击"远程登录"，如图 5-88 所示。运行 MySQL 授权语句，如图 5-89 所示。MySQL 授权语句如下。

```
mysql> grant all privileges on  *.* to 'root'@'%' with grant option;
Query OK, 0 rows affected (0.00 sec)
```

```
mysql> flush privileges;
Query OK,  0 rows affected (0.00 sec)
```

图 5-86　配置 Service

图 5-87　StatefulSet 工作负载配置完成

图 5-88　登录 MySQL Pod

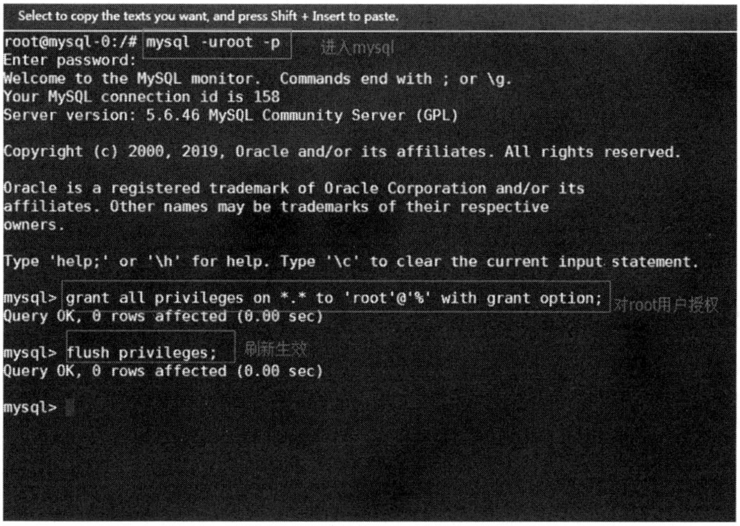

图 5-89　MySQL Pod 授权

5. 访问验证

展开服务，单击 Service，观察到 MySQL 的公网 IP 为 124.156.124.183，如图 5-90 所示。

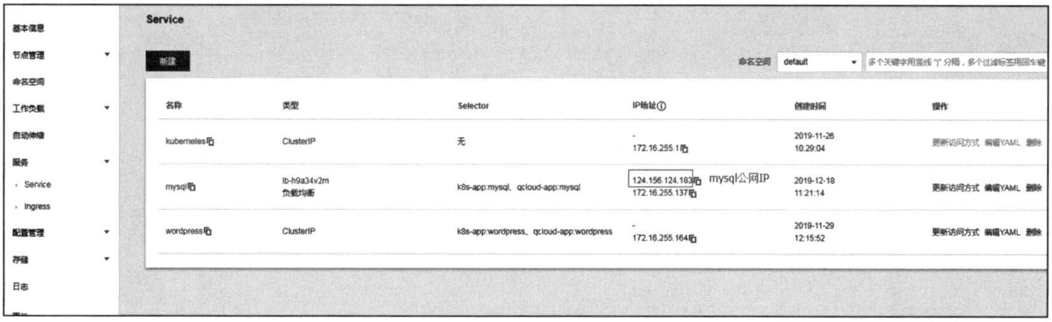

图 5-90　MySQL Service 公网 IP

在腾讯云 TKE 集群节点运行 MySQL 语句连接，连接成功如图 5-91 所示。

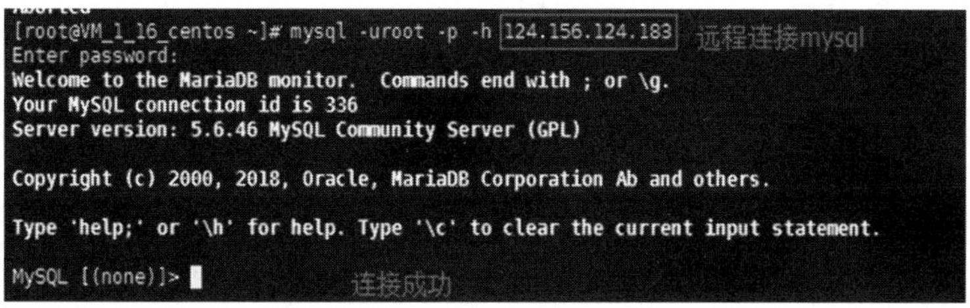

图 5-91　连接 MySQL Pod

MySQL 连接语句如下。

```
$ mysql -u root -p -h 124.156.124.183
```

StatefulSet 用于管理有状态的服务，比如 MySQL、Apollo 等。它能保证网络唯一标识，使得 Pod 的创建和删除更容易被掌控，同时使用 PV 和 PVC 对象存储 Pod 状态，这些系统大多数都需要持久化地存储数据，防止服务宕机时丢失数据。

5.5 Job 任务型服务：Perl 运算

Job 对象一般用于只运行一次的任务（例如爬虫抓取、数据入库脚本）。通过 Job 对象会创建运行的 Pod，如果 Pod 启动失败或所在的节点宕机，该 Job 会自动重启运行失败的 Pod。只有 Pod 启动成功且运行完成，Job 任务才会停止运行。Job 的本质是确保一个或多个 Pod 健康地运行直至运行完毕。

1. Job 架构

Job 架构如图 5-92 所示。

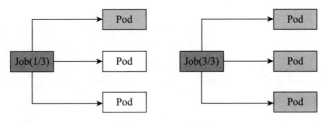

图 5-92　Job 架构

图 5-92 中展示了在 YAML 中设定为 spec.completions=3 的 Job 任务随着 Pod 成功运行后更新和迁移的过程，Pod 并发运行 Job 任务，可通过 spec.parallelism 参数设定。

2. 下载 perl 镜像并上传至腾讯云 TKE 镜像仓库

通过以下命令，下载并上传 perl 镜像至 TKE 镜像仓库。

```
$ docker pull perl
$ docker tag perl:latest \
hkccr.ccs.tencentyun.com/Jenkins-test/Jenkins:perl-latest
$ docker push hkccr.ccs.tencentyun.com/Jenkins-test/Jenkins:perl-latest
```

perl 镜像上传成功，如图 5-93 所示。

3. Job 任务部署

接下来创建工作负载 Job 对象，启动一个 Pod 用于计算 π 小数点后 2000 位。进入 TKE 集群，单击右侧"新建"按钮，如图 5-94 所示。

```
[root@VM_1_12_centos ~]# docker pull perl
Using default tag: latest
latest: Pulling from library/perl
Digest: sha256:89b9d23c03a95d4f7995e4fbcc4811cf0286f93338aca9407ec1ff525e325b73
Status: Image is up to date for perl:latest
[root@VM_1_12_centos ~]# docker tag perl:latest hkccr.ccs.tencentyun.com/jenkins-test/jenkins:perl-latest
[root@VM_1_12_centos ~]# docker push hkccr.ccs.tencentyun.com/jenkins-test/jenkins:perl-latest
The push refers to repository [hkccr.ccs.tencentyun.com/jenkins-test/jenkins]
6c0293946ca9: Layer already exists
9c1670f7c1db: Layer already exists
9437609235f0: Layer already exists
bee1c15bf7e8: Layer already exists
423d63eb4a27: Layer already exists
7f9bf938b053: Layer already exists
f2b4f0674ba3: Layer already exists
perl-latest: digest: sha256:e871d4a2120e73c7e8f4fbca6ab212c89a838c4fe3c446eb38d3f490fbd9b1bf size: 1795
[root@VM_1_12_centos ~]#
```

图 5-93　perl 镜像上传成功

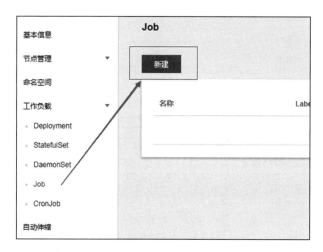

图 5-94　新建 Job 工作负载

下面进行 Job 工作负载的设定，自定义工作负载名 perl-job，根据需求填写描述，命名空间默认为 default，类型是 Job（单次任务）。Job 设置中重复次数和并行度默认为 1，失败重启策略选择 Never（不重启容器，直至 Pod 下所有容器退出），如图 5-95 所示。

接着进行容器的设定，填写容器名称 perl-job，镜像版本选择之前上传的 perl-lastest，根据需求设定 CPU 和内存限制范围。运行命令填写 perl-Mbignum=bpi-wle printbpi(2000)，如图 5-96 所示。

最后单击"创建 Workload"，如图 5-97 所示。之后在 Pod 管理中可以看到 perl-job Pod 是 Runing 状态了，如图 5-98 所示。

4. Job 任务验证

过几秒后，perl-job Pod 会从 Runing 状态变成 Succeeded 状态，如图 5-99 所示，任务执行完成。此时容器处于 Terminated 状态。

图 5-95　配置 Job 工作负载

图 5-96　配置容器参数

图 5-97　创建完成

图 5-98　查看 perl-job Pod 状态

图 5-99　perl-job Pod 状态为 Succeeded

此时查看控制台日志可以看到 perl-Mbignum=bpi-wle print bpi(2000) 命令运行后输出的内容，说明该 Job 运行成功了，如图 5-100 所示。

图 5-100　perl-job 控制台日志

5. Bare Pods 和 Job

Bare Pods 是不在 ReplicaSets 或者 ReplicationController 管理之下的 Pod。这些 Pod 在节点重启或宕机后不会自动重启（没有自愈性）。Job 用于管理一定会运行结束的 Pod，在节点重启或宕机后，Job 会创建新的 Pod 继续执行任务。所以，推荐使用 Job 来替代 Bare Pods，即便应用只需要一个 Pod。

Job 是 Kubernetes 中用于处理任务的资源，常用于只运行一次的任务，是常见的控制器模式，大家可根据业务需求使用 Job 控制器。

5.6 CronJob 定时任务：echo 定时应用

每一个 Job 对象都会持有且运行一个或多个 Pod，每一个 CronJob 会持有且运行多个 Job 对象。CronJob 类似 Linux 系统中 Crontab 定时任务中的一行命令，通过 CronJob 周期性地运行 Job 任务，一般用于周期性数据备份、定时邮件发送等场景。

我们可以使用 Cron 格式快速指定任务的调度时间。Cron 格式说明如下。

文件格式说明

```
#  ——分钟（0 - 59）
# |  ——小时（0 - 23）
# | |  ——日（1 - 31）
# | | |  ——月（1 - 12）
# | | | |  ——星期（0 - 6）
# | | | | |
# * * * * *
```

1. CronJob 架构

CronJob 的架构如图 5-101 所示。

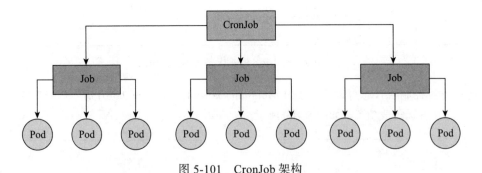

图 5-101　CronJob 架构

CronJob 的架构说明如下。

1）每一个 CronJob 会持有多个 Job，每一个 Job 会持有多个 Pod。

2）CronJob 能够按照时间进行调度，生成一个或多个 Job。

2. CronJob 部署

进入腾讯云 TKE 集群，单击工作负载，在 CronJob 内单击"新建"，如图 5-102 所示。

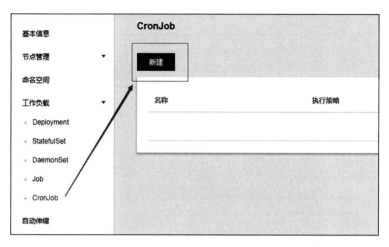

图 5-102　新建 CronJob 工作负载

接着配置工作负载 CronJob，填写自定义工作负载名称为 cron-hello，命名空间为 default，类型确认为 Job。运行命令填写 */1 * * * *（每分钟运行一次），Job 设置中的重复次数和并行度默认为 1，失败重启策略选择 Nerver（不重启容器，直至 Pod 下所有容器退出），如图 5-103 所示。

图 5-103　配置 CronJob 工作负载

继续配置容器参数，填写容器名称为 cron-hello，镜像选择 Docker Hub 中的 busybox 镜像，镜像拉取策略选择 IfNotPresent，CPU 内存限制根据需求进行设定，运行命令填写 /bin/sh -c date; echo Hello from the Kubernetes cluster，如图 5-104 所示。

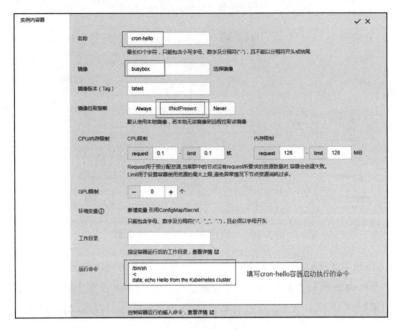

图 5-104　配置容器参数

最后单击"创建 Workload"，如图 5-105 所示。

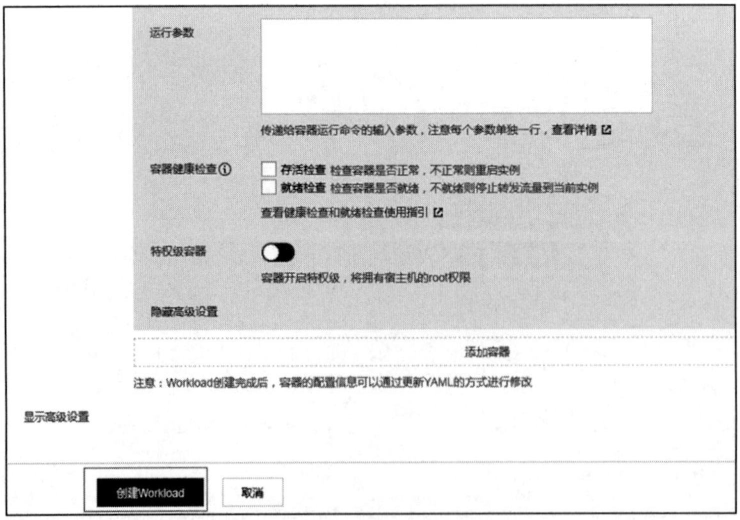

图 5-105　创建完成

接下来验证 CronJob 生成的 Job 任务是否运行成功，如图 5-106 所示。

图 5-106　查看 Job 任务是否运行成功

3. CronJob 验证部署成功

单击工作负载下的 Job，可以看到右侧由 cronjob-hello 生成的 Job 任务，我们随机进入其中一个，如图 5-107 所示。

图 5-107　随机进入 Job

在 Pod 管理中可以看到 Pod 状态为 Succeeded，如图 5-108 所示。

图 5-108　Pod 状态为 Succeeded

同时，在日志栏看到输出的 Hello from the Kubernetes cluster 语句，说明 CronJob 任务运行成功，如图 5-109 所示。

注意：

1）运行删除命令前，请确认不存在处于创建状态的 Job，否则会终止正在创建的 Job；

2）运行删除命令时，已创建的 Job 和已完成的 Job 均不会被终止或删除；

3）请手动删除 CronJob 创建的 Job。

图 5-109　Pod 控制台日志

正因为 Linux 系统中有 Crontab 满足业务需求，CronJob 也是贴合业务去设计的一种控制器类型，所以 CronJob 一般用于容器自动化定时任务。

5.7　DaemonSet 守护任务：fluentd 应用

Linux 里有个概念叫 Daemon，用来守护进程，会一直在后台运行。Kubernetes DaemonSet 可以理解为守护进程的 Pod，该 Pod 会部署在每台节点上。

1. DaemonSet Pod 特性

1）若集群部署的 DaemonSet 类型为 Pod，向集群新增节点时，该 Pod 会自动运行在新加节点上，并运行在每台或部分节点上，其中部分节点在部署时需要指定 Pod 的 nodeSelector 或 affinity 参数，若未配置 Pod 的 nodeSelector 或 affinity 参数，则将在所有的节点上部署 DaemonSet Pod。

2）若节点被移出集群，DaemonSet Pod 也会被自动回收。

3）删除 DaemonSet，则所有的 DaemonSet Pod 都会被自动清理掉。

2. DaemonSet fluentd 架构

fluentd 容器化架构如图 5-110 所示。

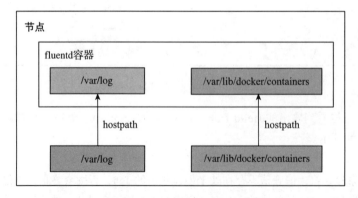

图 5-110　fluentd 容器化架构

fluentd 容器化架构说明如下。

1）fluentd 容器将本地 /var/log 目录以 hostpath 挂载至宿主机 /var/log 目录。

2）fluentd 容器将本地 /var/lib/docker/containers 目录以 hostpath 方式挂载至宿主机 /var/lib/docker/containers 目录。

3. 镜像上传至腾讯云 TKE 镜像仓库

fluentd-elasticsearch 镜像推送命令如下。

```
$ docker push ccr.ccs.tencentyun.com/liangfeng/test:fluentd-elasticsearch-1.20
```

fluentd-elasticsearch 镜像推送成功如图 5-111 所示。

```
[root@VM_1_16_centos ~]# docker push ccr.ccs.tencentyun.com/liangfeng/test:fluentd-elasticsearch-1.20
The push refers to repository [ccr.ccs.tencentyun.com/liangfeng/test]
be9f06245dff: Pushed
846d27ca3210: Layer already exists
e43ab8eaff6b: Layer already exists
5f70bf18a086: Layer already exists
2aa359861e4a: Pushed
fluentd-elasticsearch-1.20: digest: sha256:a31e44389f7f6a428b38c1c70191eca5fe82cc14e8b84be5fd1962773ad746ed size: 1362
[root@VM_1_16_centos ~]#
```

图 5-111　fluentd-elasticsearch 镜像推送成功

4. 部署 DaemonSet 服务

进入 TKE 集群，单击"工作负载"，新建 DaemonSet，如图 5-112 所示。

图 5-112　新建 DaemonSet 工作负载

现在配置 DaemonSet 工作负载信息，如图 5-113 所示。接着配置容器信息，如图 5-114 所示。在 Pod 管理中可以看到 pod fluentd-elasticsearch 是 Running 状态了，如图 5-115 所示。展开节点管理，新增一台节点，如图 5-116 所示。

图 5-113　配置 DaemonSet 工作负载

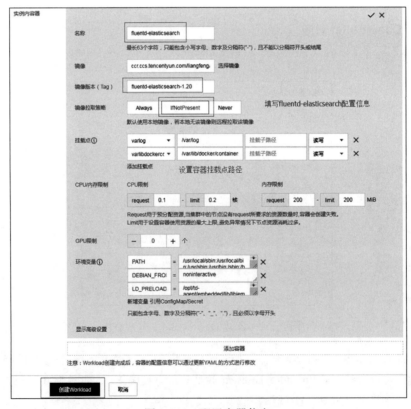

图 5-114　配置容器信息

图 5-115　配置完成

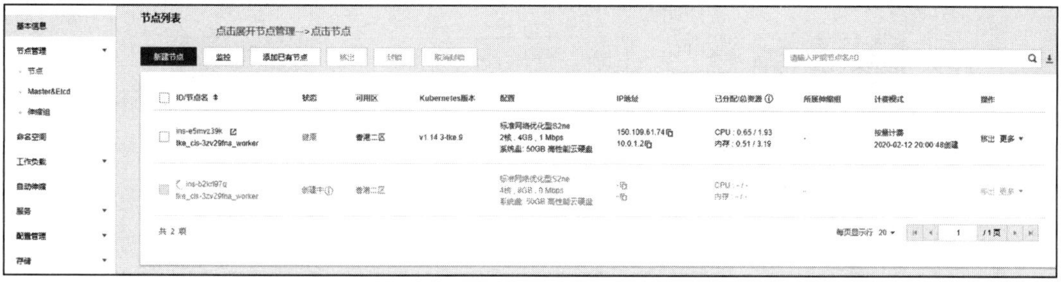

图 5-116　添加节点

之后在 Pod 管理中可以看到 fluent pod 自动部署在新添加的节点 10.0.1.16 上，如图 5-117 所示。

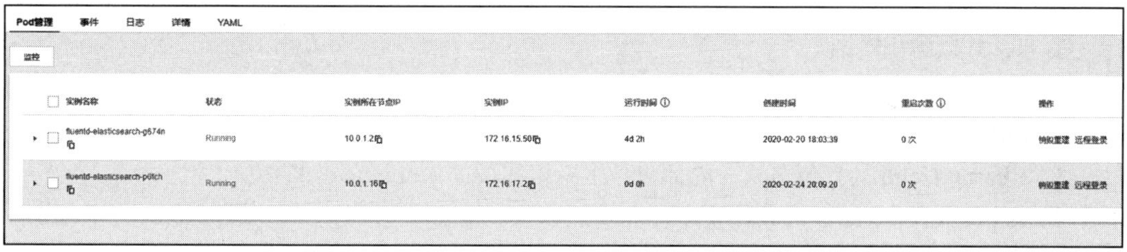

图 5-117　生成 fluent pod

节点添加到集群，DaemonSet Pod 就会在该节点自动启动，也验证了前面提到的 DaemonSet Pod 特性之一。

DaemonSet Pod 常见业务场景如下。

1）日志类：在每台节点上运行 fluentd、logstash。

2）存储类：在每台节点上运行 glusterd、Ceph。

3）监控类：在每台节点上运行 zabbix-agent，Prometheus Exporter。

5.8　TKE Helm 部署 WordPress

我们在 Kubernetes 平台创建业务资源时，每次都要创建工作负载、服务、configmap 等内容，人工部署烦琐且耗时长，因此 Helm 应运而生，用来简化业务部署。

Helm 是 Kubernetes 的包管理器。类似 CentOS 系统中的 yum 命令或者 Ubuntu 系统中的 apt-get 命令。以前我们在腾讯云 TKE 集群部署业务系统，需要自己写 YAML 文件，手动配置数据库账户和密码等信息，Helm 将这些功能集成在了一起，Helm 可以理解为简化业务部署的编排工具。

5.8.1 Helm 架构

Helm 组件架构如图 5-118 所示。

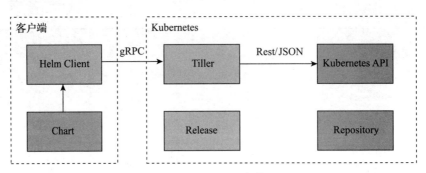

图 5-118　Helm 架构

图 5-118 描述了 Helm 的几个关键组件 Helm Client、Tiller（服务器）、Repository（Chart 软件仓库）、Chart（软件包）之前的关系。

1. Helm 概念和术语

1）Helm Client：Kubernetes 的应用打包工具，也是命令行工具的名称。

2）Tiller：Helm 的服务端，部署在 Kubernetes 集群中，用于处理 Helm 的相关命令。

3）Chart：Helm 的打包格式，内部包含了一组相关的 Kubernetes 资源。

4）Repository：Helm 的软件仓库，本质上是一个 Web 服务器，该服务器保存了 Chart 软件包以供下载，并提供了一个该 Repository 的 Chart 包清单文件以供查询。在使用时，Helm 可以对接多个不同的 Repository。

5）Release：使用 helm install 命令在 Kubernetes 集群中安装的 Chart 称为 Release。

2. Helm 架构总结

1）本地客户端：需安装 Helm Client 和配置部署 Chart。

2）Kubernetes 服务端：需安装 Tiller、Release、Repository 组件。腾讯云 TKE 会在 kube-system 命名空间下多部署一个 Swift 组件。

3）本地客户端可对 Chart 仓库进行配置和管理，Tiller 监听 Helm Client 的请求，与 Kubernetes API 交互，进行业务部署。

5.8.2 开通 TKE Helm

登录腾讯云 TKE 控制台，单击 Helm 应用界面右侧的"申请开通"，在弹出的集群 Helm 应用管理功能下单击"确认",如图 5-119 所示。

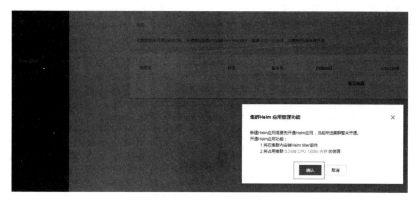

图 5-119　开通 Helm

Helm 开通需要时间,图 5-120 表示正在校验 Helm 应用管理功能。

图 5-120　校验 Helm 应用管理功能

等待一段时间后,若右侧"新建"按钮可用,则说明 Helm 开通成功,如图 5-121 所示。

图 5-121　Helm 开通成功

开通 Helm 应用功能提示：

1）将在集群内安装 Helm Tiller 组件；

2）将占用集群 0.28 核 CPU 180Mi 内存的资源。

接着进入腾讯云 TKE 集群控制，切换到工作负载下的 kube-system 命名空间，单击工作负载下的 Deployment，可以看到 Helm 开通自动安装的 swift 和 tiller-deploy 工作负载，如图 5-122 所示。

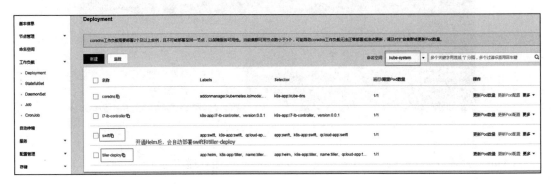

图 5-122　swift 和 tiller-deploy 工作负载

1）swift：因为在代码中不便调用 Helm 的一些接口，例如 Tiller 都是遵循 gRPC 协议的，所以社区的开发者们开发了 Swift，封装成为 RESTful 的 HTTP 接口形式，方便各种语言和 Tiller 进行通信和操作。

2）tiller-deploy：Helm 的服务端，部署在 Kubernetes 集群中，用于处理 Helm 的相关命令。

5.8.3　Helm 部署 WordPress

在容器服务界面，展开 Helm 应用，单击"新建"，如图 5-123 所示。

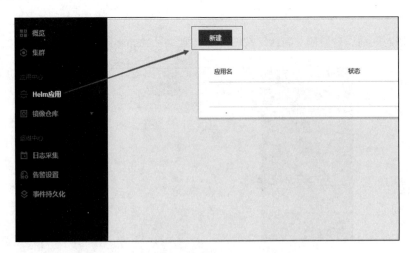

图 5-123　新建 Helm 应用

Helm 应用名填写为 wordpress，来源默认为第三方仓库，填写下载地址，类型选择公有，如图 5-124 所示。

图 5-124　配置 Helm 应用参数

单击"完成"，可以看到创建的 WordPress Chart 状态正常，如图 5-125 所示。

应用名	状态	版本号	创建时间	Chart仓库	Chart命名空间	Chart版本	操作
wordpress	正常	1	2020-03-27 11:31:46	Other		9.1.1	更新应用 删除

图 5-125　WordPress Chart 状态正常

5.8.4　WordPress Chart 部署信息

单击进入 WordPress Chart，在应用详情中可以看到 Helm 的基本信息以及部署的资源列表，如图 5-126 所示。

同时也可以看到资源状态的日志记录及 Helm 部署流程的详情，如图 5-127 所示。

Chart 资源的状态信息解释如下。

1）v1/Secret：创建 Opaque 类型的 WordPress secret。

2）v1/ConfigMap：配置 WordPress mariadb 数据库 configmap。

3）v1/PersistentVolumeClaim：创建 WordPress PVC 持久化卷。

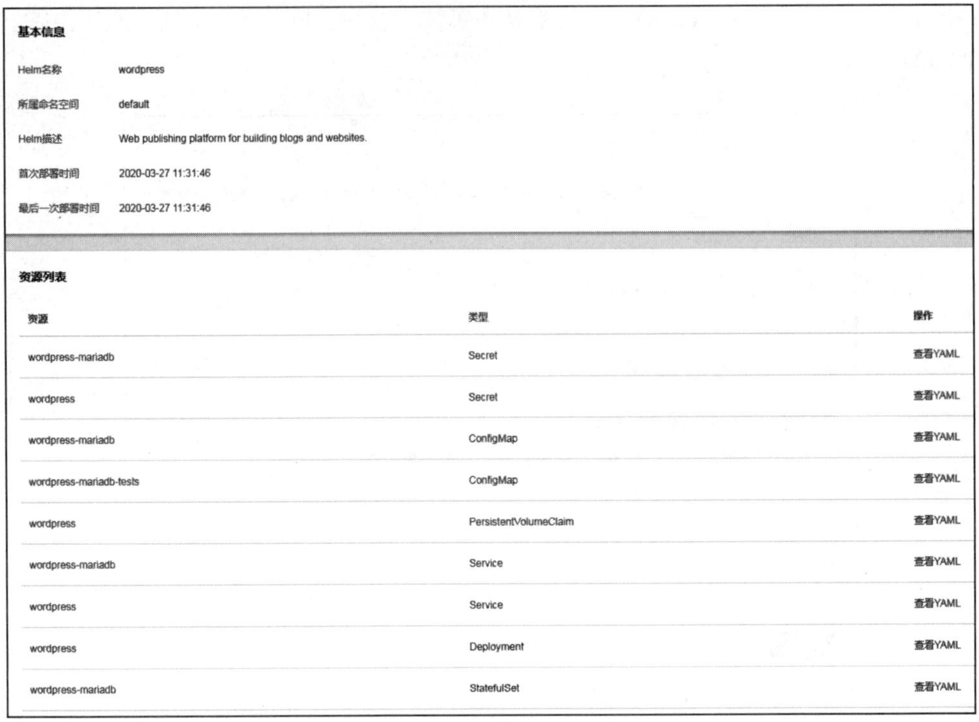

图 5-126 Helm 基本信息

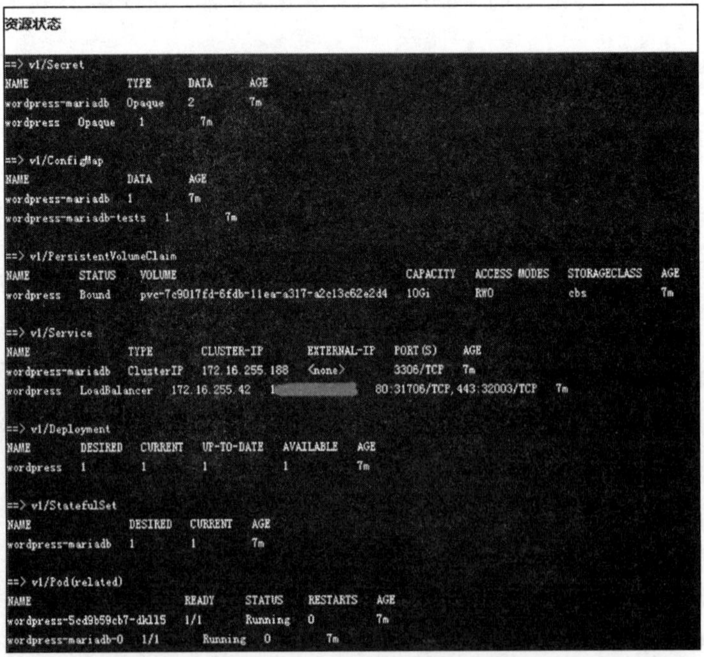

图 5-127 Helm 部署流程详情

4）v1/Service：创建 WordPress Service 和 WordPress-mariadb Service。

5）v1/Deployment：部署 WordPress Deployment 工作负载。

6）v1/StatefulSet：创建 StatefulSet WordPress-mariadb。

7）v1/Pod(related)：创建 WordPress Pod 和 WordPress-maridb Pod。

5.8.5　访问验证

在 TKE 集群内，确认 WordPress 部署成功，展开工作负载，单击 Deployment，如图 5-128 所示。

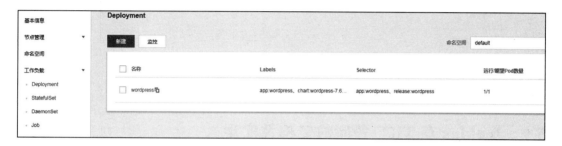

图 5-128　单击 Deployment

接着展开服务，单击 Service，可以看到 WordPress 的公网 IP 为 212.64.99.172，如图 5-129 所示。

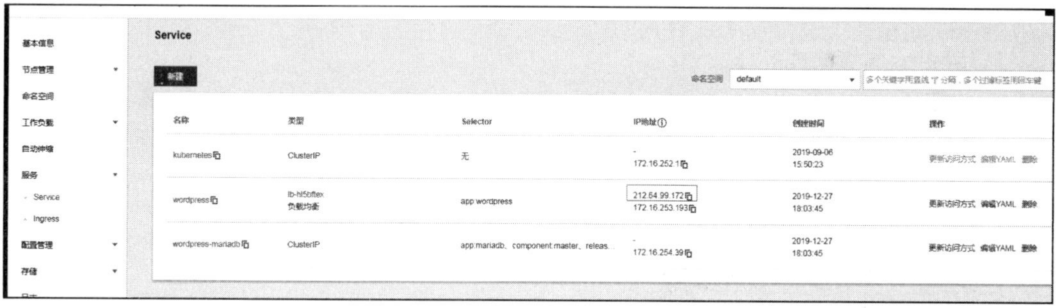

图 5-129　WordPress Service 公网 IP

在浏览器中访问 http://212.64.99.172 可以看到 WordPress 博客页面，说明 Helm 部署 WordPress 成功，如图 5-130 所示。

Helm 其实就是业务容器化部署的编排工具，特别是在大规模的生产应用中，都会使用 Helm 一键部署容器业务。总之，后期用好 Helm，好处多多，省钱省力。考虑到公有云用户自定义 Helm 版本，未来该功能很可能下线，建议在 TKE 集群内自建 Helm。

图 5-130　WordPress 页面

5.9　Jenkins 在 TKE 外网的架构及实现

以容器云平台为基础设施，大多数互联网企业在软件交付过程中会用到 Jenkins 这一利器。本节将介绍如何在腾讯云 TKE 中使用 Jenkins 实现业务快速可持续性交付，节省资源及人力成本。

5.9.1　Jenkins 持续集成

1. Jenkins 持续集成简介

Jenkins 是一个开源项目，提供了一种易于使用的持续集成系统，使开发者从繁杂的集成工作中解脱出来，专注于实现更为重要的业务逻辑。Jenkins 能监控集成中存在的错误，提供详细的日志文件和提醒功能，还能用图表的形式形象地展示项目构建的趋势和稳定性。Jenkins 是一个可扩展的持续集成引擎，它的前身是 Hudson。

2. Jenkins 持续集成现状和问题

现状 1：Jenkins 部署在 Kubernetes 集群外，通过构建打包将 Docker 镜像部署在 Kubernetes 平台。

痛点：Jenkins 存在单点故障，构建任务数量较多时，无法满足批量并发构建的需求，达不到持续集成交付效果。

现状 2：Jenkins 以 Pod 形式部署在 Kubernetes 集群内，通过构建打包将 Docker 镜像部署在 Kubernetes 平台。

痛点：虽然 Jenkins 拥有 Pod 高可用机制，但依然无法满足批量并发构建的需求，达不到持续集成交付效果。

现状 3：Jenkins master 节点和 slave 节点均部署在 Kubernetes 集群外，通过构建打包将

Docker 镜像部署在 Kubernetes 平台上。

痛点：虽然满足批量并发构建的需求，但是需要多台 slave 机器，投入人力和资源成本高，且不能灵活添加 slave 节点。

3. Jenkins 持续集成使用方式

Jenkins 采用 master/slave Pod 架构，理由如下。

1）并发构建：采用 Jenkins master/slave Pod 架构，可以同时启动多个 slave Pod，一次性满足批量并发构建需求。

2）业务在线弹性扩容：slave 是 Pod 的一种角色，可在线动态增加数量，实现 slave 业务在线弹性扩容。

3）节省人力和资源成本：slave 为临时启动的 Pod，只在构建时触发 slave Pod 启动并进行构建打包，Jenkins 构建完 slave Pod 后会自动释放并关闭，灵活且不占用 Kubernetes 集群资源，节省人力和资源成本。

5.9.2　Jenkins 在 TKE 平台架构中的应用

1. 基于 TKE 的 Jenkins 架构类型

1）外网架构：Jenkins master 在 TKE 集群外，slave 在集群内。

2）内网架构：Jenkins master/slave 都在 TKE 集群内。

Jenkins slave 外网架构如图 5-131 所示。

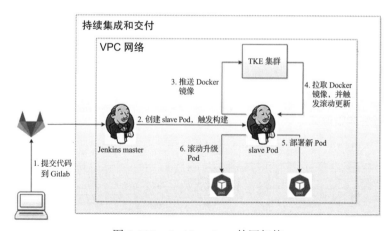

图 5-131　Jenkins slave 外网架构

Jenkins slave 外网架构说明如下。

1）Jenkins master 在 VPC 网络内，slave Pod 在 TKE 集群的节点上。

2）Jenkins master 每次构建打包会去调用 slave Pod 进行构建打包。

3）多 slave Pod 构建可满足批量并发构建的需求。

5.9.3　部署环境

1. 机器角色

表 5-1 所示是机器角色信息。

表 5-1　机器角色信息

机器角色	内网 IP	操作系统	内核版本
Jenkins master	10.0.0.6	CentOS 7.6 64bit	3.10.0-957.21.3.el7.x86_64
node	10.0.0.2	CentOS 7.6 64bit	3.10.0-957.21.3.el7.x86_64

2. Jenkins 版本

Jenkins 及插件版本详情如表 5-2 所示。

表 5-2　Jenkins 及插件版本

角色	版本
Jenins master	2.190.3
Jenkins Kubernetes 插件	1.21.3

3. 软件版本

部署软件版本详情如表 5-3 所示。

表 5-3　软件版本

角色	Kubernetes 版本	Docker 版本
TKE 托管集群	1.14.3	18.06.3-ce

5.9.4　TKE 集群侧配置

1. TKE 集群开启集群凭证

单击"查看集群凭证"，弹出集群凭证页面，如图 5-132 所示。

图 5-132　查看集群凭证

开启内网访问地址，如图 5-133 所示。

图 5-133　开启内网访问地址

子网选择 Jenkins master 和 TKE 节点共同的 VPC 子网，单击"保存"，如图 5-134 所示。

图 5-134　选择子网

注意以下几点信息，之后在配置 Jenkins 中会用到，如图 5-135、图 5-136 所示。

外网访问地址：https://cls-3zv29fna.ccs.tencent-cloud.com

token：f4WqcQlRorySrCDkymz7WmGJX7d6A7Kf

运行以下命令访问 TKE 集群。

```
$ sudo sed -i '$a 10.0.0.13 cls-3zv29fna.ccs.tencent-cloud.com' /etc/hosts
```

2. TKE 集群 CA 证书

登录节点运行 cat /etc/kubernetes/cluster-ca.crt 查看集群 CA 证书，如图 5-137 所示。

图 5-135　TKE 集群信息（1）

图 5-136　TKE 集群信息（2）

图 5-137　查看集群 CA 证书

这里我们要记录集群 CA 证书，之后在配置 Jenkins 中会用到。

```
------BEGIN CERTIFICATE-----
XXXXXXXXXXXXXXXXXXXXXXXXXXXXXXXXXXXXXXXXXXXXXXXXXXXXXXXXXXXXXX
AxMKa3ViZXJuZXRlczCCASIwDQYJKoZIhvcNAQEBBQADggEPADCCAQoCggEBAK8W
wGyctivg3f6OzS5HVbfn01N6H8ozxJ9+92IUdX/lEgM4q5eNn7fFPfkj3YYPc0eF
4fS7RsfpR/o4Bk/FFlCTcCODtypTheorU036wlHkOLUsiGE0Hamzx9wvXAqYLBf3
nwRWOXp27eSd2hce3+aSfh0EolKQVl/hQF6iL4vU/Cs51KpB2uGvBJuj1SDYWbgY
xN1DNz+DdCgD624ZynoKNhfORdO8UmZ5/MGpW7t2HnLNT9q8H3AWSWn10W5HTkc1
v9bRdUWihy6GlMW6eZ4q/1G9jlTbfgkJqZtpVe2ysF0sHvqoUX+yQ1hYgtgTMf8Y
w/5tZR2fKtyMAgSdMw8CAwEAAaMjMCEwDgYDVR0PAQH/BAQDAgKUMA8GA1UdEwEB
/wQFMAMBAf8wDQYJKoZIhvcNAQELBQADggEBACwzVXE+0fBhnNubpccP+QYjFrna
ek3/FcIoYwm/S+iqwHz0deeBgZgeSRKRNHiwa0IpdvmILAZBrhz5MiiIuWRUqUPW
2hzbwoK1KNNslwm3NKEHOAvThRc+EdyD3BQKG25WiDQ3IN8UvLbP7mRT5bqBM9Zf
OZh9ZCLgfOMK17YbURR5ZIBMXDOKu0QdEIGXJ7CmZ0qANcYl7LOTf/ljQYho3PnX
0uTLlOuopOmf54Suc/Q9j5h4NeOme/3SR2yx0K6nNCeP96No4e3DAKb9YiOEqvJx
u0Mdz8CkypwbbTyF6hqwV/CaOhjasicnbxF1MKHemEmSbWL5wQT01CTH0w=
-----END CERTIFICATE-----
```

3. docker.sock 授权

我们需要登录 TKE 集群的每个节点系统，将 docker.sock 文件设置成 666 权限（slave Pod 运行 docker build 命令会连接该文件，需要授权），命令如下所示。

```
$ chmod 666 /var/run/docker.sock
$ ls -l /var/run/docker.sock
```

docker.sock 文件授权如图 5-138 所示。

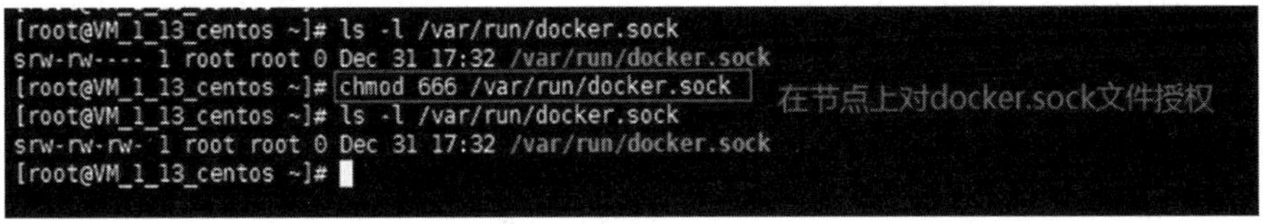

图 5-138　docker.sock 授权

4. 节点添加内网访问地址

我们需要在 slave Pod 的 hosts 文件中添加集群内网访问地址（slave Pod 挂载节点 /etc/hosts 文件即可）

节点运行以下命令。

```
$ sudo sed -i '$a 10.0.0.13 cls-3zv29fna.ccs.tencent-cloud.com' /etc/hosts
```

5.9.5　Jenkins 侧配置

1. 添加 TKE 内网访问地址

Jenkins master 运行以下命令。

```
$ sudo sed -i '$a 10.0.0.13 cls-3zv29fna.ccs.tencent-cloud.com' /etc/hosts
```

```
$ cat /etc/hosts

127.0.0.1 VM_1_6_centos VM_1_6_centos
127.0.0.1 localhost.localdomain localhost
127.0.0.1 localhost4.localdomain4 localhost4


::1 VM_1_6_centos VM_1_6_centos
::1 localhost.localdomain localhost
::1 localhost6.localdomain6 localhost6
10.0.0.13 cls-3zv29fna.ccs.tencent-cloud.com
```

添加 TKE 内网访问地址，如图 5-139 所示。

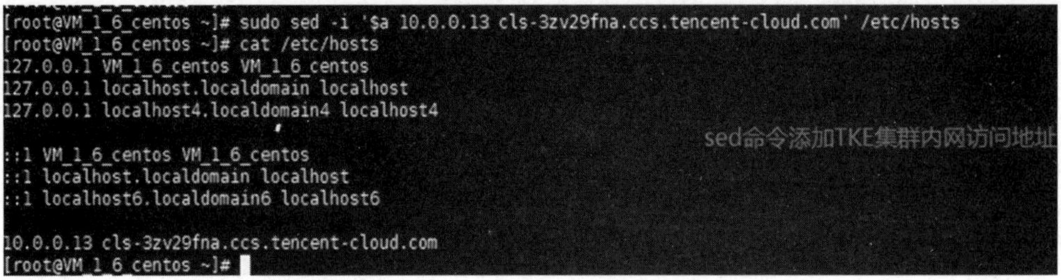

图 5-139　添加 TKE 内网访问地址

2. kubernetes-plugin 及相关插件安装

登录 Jenkins 后台，单击"系统管理"→"插件管理"，如图 5-140 所示。

图 5-140　进入插件管理

选择 Locale 插件，如图 5-141 所示。

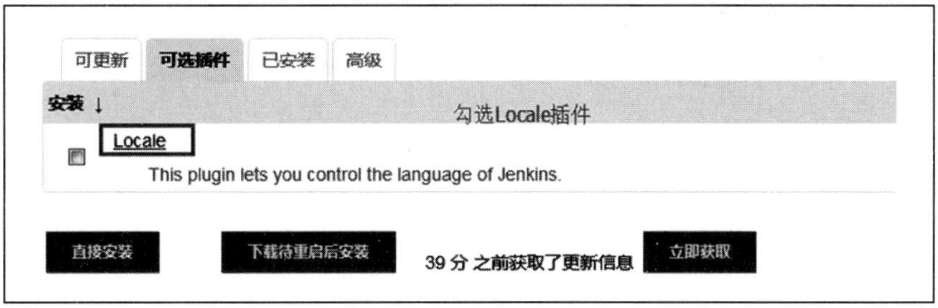

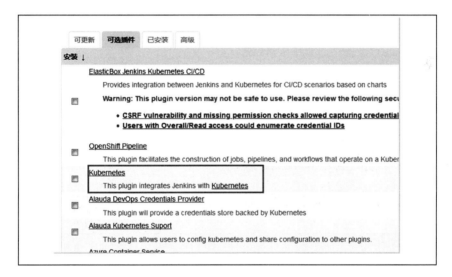

图 5-141　选择 Locale 插件

继续选择 Kubernetes 插件，如图 5-142 所示。

图 5-142　选择 Kubernetes 插件

选择 Git Parameter 插件，如图 5-143 所示。

图 5-143　选择 Git Parameter 插件

选择 Extended Choice Parameter 插件，如图 5-144 所示。

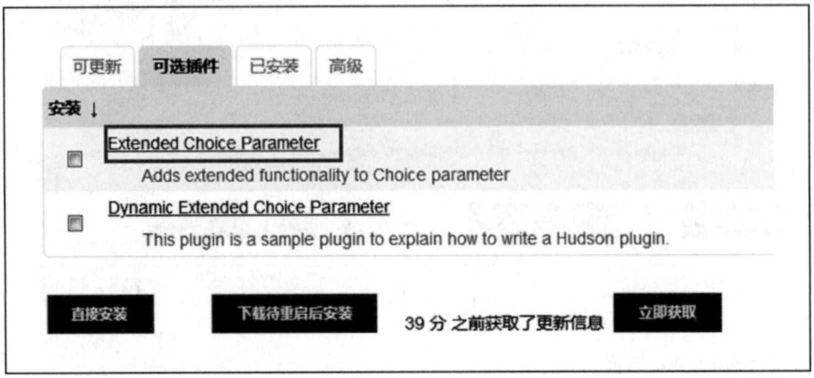

图 5-144　选择 Extended Choice Parameter 插件

选择 Kubernetes Cli 插件，如图 5-145 所示。

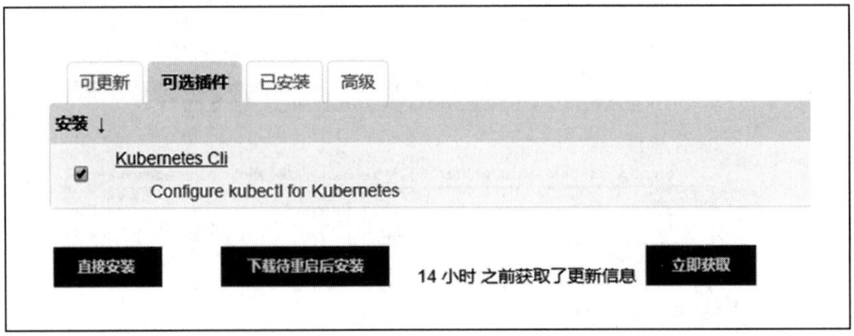

图 5-145　选择 Kubernetes Cli 插件

勾选要安装的插件后，单击"直接安装"，安装完成后重启 Jenkins。

这里安装的插件如下。

1）Kubernetes：kubernetes-plugin 插件。

2）Kubernetes Cli Plugin：kubernetes kubectl 命令行配置插件。

3）Locale：汉化语言插件（安装该插件后 Jenkins 界面可默认设置中文版）。

4）Git Parameter 和 Extended Choice Parameter：这两个插件在构建打包时传递参数会使用。

3. 开启 jnlp 端口

在系统设置中单击"全局安全配置"，如图 5-146 所示。

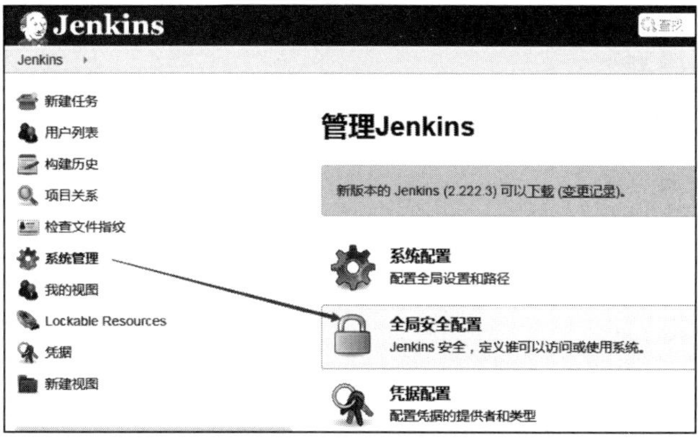

图 5-146　进入全局安全配置

在 TCP port for inbound agents 中指定端口为 50000，单击"保存"，如图 5-147 所示。

图 5-147　配置代理端口

4. 添加 TKE TOKEN

单击"凭据"→"系统"→"全局凭据"，如图 5-148 所示。

图 5-148　进入全局凭据

单击"添加凭据"，如图 5-149 所示。

图 5-149　添加凭据

类型选择 Secret text，范围选择"全局"。Secret 描述填写 tke token，描述自定义填写（这里命名 tke-token），最后单击"确定"，如图 5-150 所示。

图 5-150　配置凭证信息

tke-token 创建完成，如图 5-151 所示。

图 5-151　tke-token 创建完成

5. 配置 slave Pod 模板

单击"系统管理",进入系统配置,如图 5-152 所示。

图 5-152　进入系统配置

展开"新增一个云"并单击 Kubernetes,如图 5-153 所示。

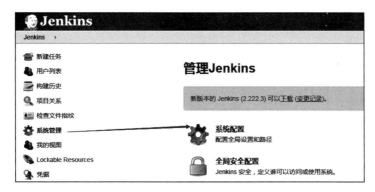

图 5-153　进入 Kubernetes 模板配置

填写名称、Kubernetes 地址(TKE 集群凭证内网地址)、Kubernetes 服务证书 key(TKE 集群凭证 CA 证书),凭据选择之前创建的 tke-token(TKE 集群凭证 token),最后单击"连接测试"

（若提示 Connection test successful，则表明连接成功），如图 5-154 所示。

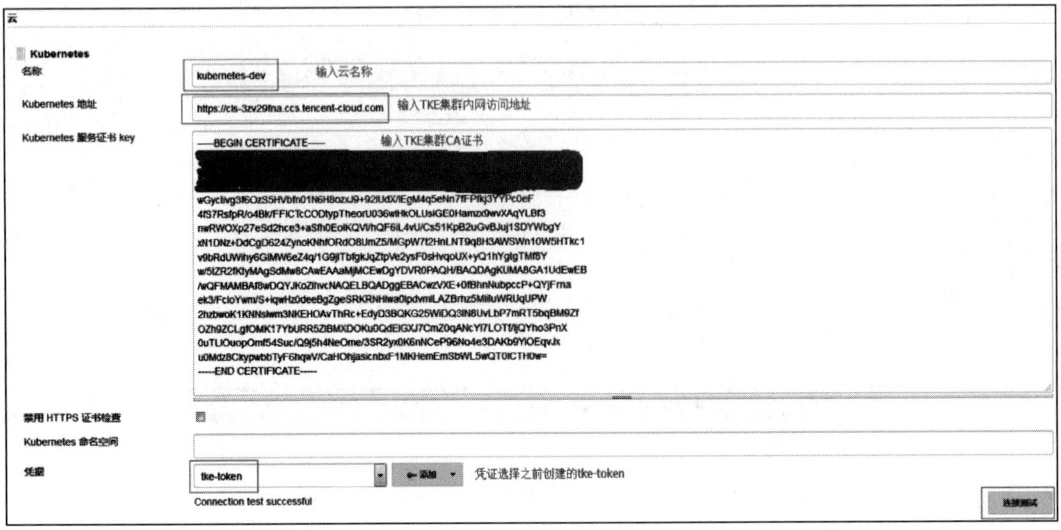

图 5-154　配置 Kubernetes 模板信息

Jenkins 地址填写内网 HTTP 访问地址（内网访问），接着设置 Pod 模板，单击"添加 Pod 模板"，如图 5-155 所示。

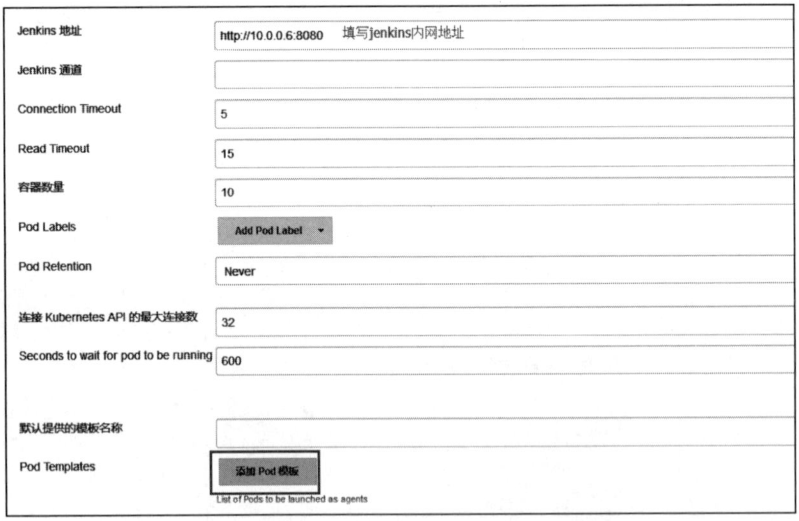

图 5-155　设置 Pod 模板

输入名称、标签列表（构建时选择 slave Pod 使用），用法选择"尽可能使用这个节点"。在容器列表输入名称、Docker 镜像地址、工作目录、运行的命令和命令参数，勾选"分配伪终端"，如图 5-156 所示。

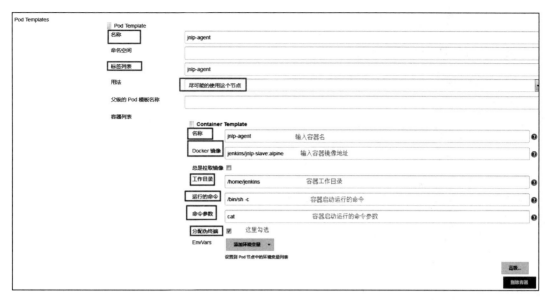

图 5-156　添加环境变量

下面给 slave Pod 配置 Docker 命令，在卷中单击
"添加卷"，选择 Host Path Volume，如图 5-157 所示。

主机和挂载路径均填写 /usr/bin/docker，在卷中继
续单击"添加卷"，选择 Host Path Volume，主机和挂载
路径均填写 /var/run/docker.sock，最后单击"保存"，如
图 5-158 所示。

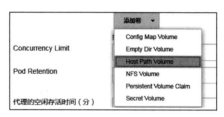

图 5-157　配置 Docker 命令

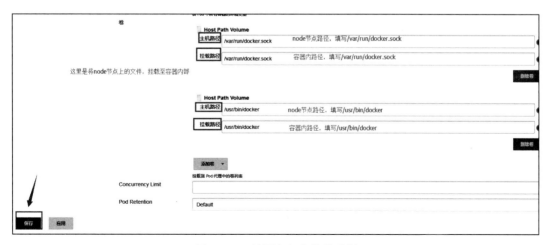

图 5-158　填写主机和挂载路径

至此，slave Pod 配置完成。注意，slave Pod 构建打包会用到 docker build 命令（Docker in

Docker 方式）。

5.9.6　slave Pod 构建配置

1. 创建新任务

在首页，单击"创建一个新的任务"，如图 5-159 所示。

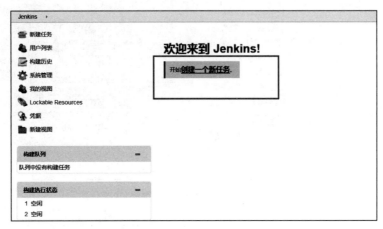

图 5-159　创建一个新的任务

输入任务名称 test，选择"构建一个自由风格的软件项目"→"确定"，如图 5-160 所示。

图 5-160　新建 test 自由风格的软件项目

2. 任务参数配置

填写描述，勾选"参数化构建过程"，添加参数选择并单击 Git Parameter，如图 5-161 所示。

输入名称 mbranch（用于获取 gitlab 分支），Parameter Type 选择 Branch or Tag，如图 5-162 所示。

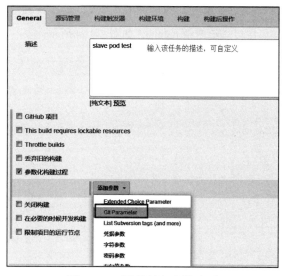

图 5-161　配置任务参数（1）

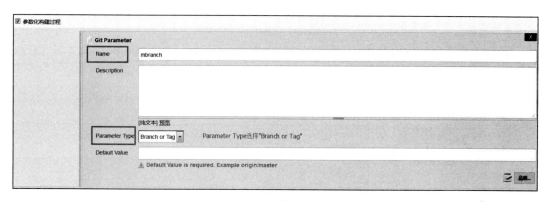

图 5-162　配置任务参数（2）

添加参数选择 Extended Choice Parameter，如图 5-163 所示。

图 5-163　配置任务参数（3）

填写 Name（name 用于获取镜像名称变量），Parameter Type 选择 check Boxes，Value 选择 nginx.php（镜像名称，该值将传递给变量 name），如图 5-164 所示。

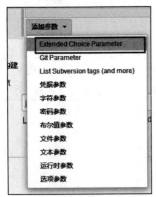

图 5-164　配置任务参数（4）

添加参数选择 Extended Choice Parameter，如图 5-165 所示。

填写 Name（version 用于获取镜像版本变量），Parameter Type 选择 Text Box（文本形式获取镜像值，传递给 version），如图 5-166 所示。

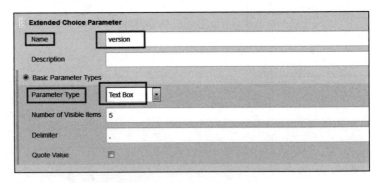

图 5-165　配置任务参数（5）　　　　图 5-166　配置任务参数（6）

3. 项目运行节点及 Git 信息配置

限制项目的运行节点填写 jnlp-agent（Pod 标签），源码管理填写 Repository URL 以及认证，指定分支填写 $mbranch（Git Parameter 设定的变量值），如图 5-167 所示。

4. shell 打包脚本配置

在构建中展开"增加构建步骤"，单击"运行 shell"，如图 5-168 所示。

输入脚本内容，单击"保存"，如图 5-169 所示。

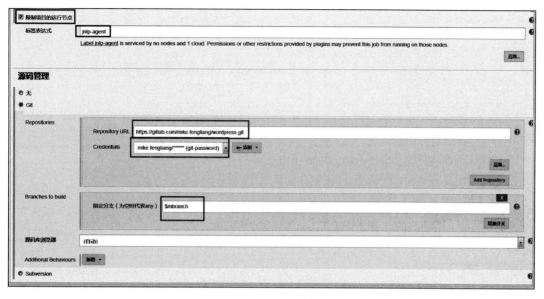

图 5-167 配置任务参数（7）

图 5-168 配置任务参数（8）

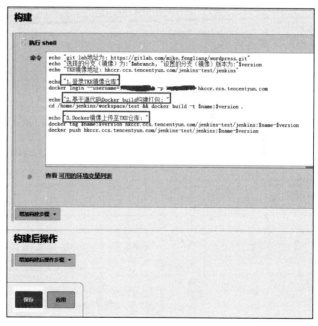

图 5-169 配置任务参数（9）

（1）shell 脚本内容

```
echo "gitlab地址为: https://gitlab.com/mike.fengliang/wordpress.git"
echo "选择的分支（镜像）为: "$mbranch,"设置的分支（镜像）版本为: "$version
echo "TKE镜像地址: hkccr.ccs.tencentyun.com/Jenkins-test/Jenkins"
```

```
echo "1.登录TKE镜像仓库"
docker login --username=user -p 123456  hkccr.ccs.tencentyun.com

echo "2.基于源代码docker build构建打包: "
cd /home/Jenkins/workspace/test && docker build -t $name:$version .

echo "3.docker镜像上传至TKE仓库: "
docker tag $name:$version hkccr.ccs.tencentyun.com/Jenkins-test/Jenkins:$name-$version
docker push hkccr.ccs.tencentyun.com/Jenkins-test/Jenkins:$name-$version
```

（2）Shell 脚本的功能

1）获取选择的分支、镜像名称，以及镜像版本。

2）将与代码合并构建后的 Docker 镜像推送至 TKE 仓库。

5.9.7　构建测试

1. 填写构建信息

单击进入 test 任务，如图 5-170 所示。

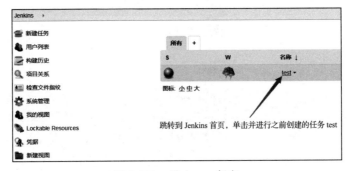

图 5-170　进入 test 任务

单击 Build with Parameter，弹出工程 test，选择要构建的 Gitlab 分支（我们这里选择 origin/nginx），选择 name（镜像名称，这里选择 nginx），填写 version（镜像版本信息，这里填写 v1），最后单击"开始构建"，如图 5-171 所示。

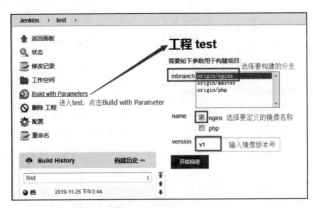

图 5-171　构建 test 任务

同步登录节点运行 kubectl get pod，可以看到 jnlp-agent pod，说明调用 slave Pod 成功，如图 5-172 所示。

图 5-172　节点上运行 jnlp-agent pod

2. 构建控制台日志解释

Jenkins slave Pod 构建日志如图 5-173、图 5-174 所示。

图 5-173　控制台日志（1）

Jenkins slave Pod 构建日志，内容解释如下。

1）启动 jnlp-agent pod，在 jnlp-agent pod 内拉取 GitLab 代码并运行 Shell 构建打包脚本。

2）该脚本的功能是登录 TKE 镜像仓库，运行 docker build 命令进行打包，并将打包的镜像上传至 TKE 仓库。

我们在构建打包的过程中，可以同时登录节点查看 jnlp-agent pod 是否启动，如图 5-175 所示。

```
2.基于源代码Docker build构建打包:
+ cd /home/jenkins/workspace/test
+ docker build -t nginx:v1 .
Sending build context to Docker daemon  55.98MB

Step 1/6 : FROM ccr.ccs.tencentyun.com/liangfeng/test:nginxV1
 ---> 080920d8b8d6
Step 2/6 : MAINTAINER fengliangliang fengliangliang@yz-intelligence.com
 ---> Running in e2cef02ad99b
Removing intermediate container e2cef02ad99b
 ---> c767c750df20
Step 3/6 : RUN mkdir -p /data/www/wordpress
 ---> Running in 8cb1885d51ce
Removing intermediate container 8cb1885d51ce
 ---> 89e2d14376c2
Step 4/6 : ADD . /data/www/wordpress
 ---> 5b4d314fffa1
Step 5/6 : EXPOSE 80
 ---> Running in ec6fafec4692
Removing intermediate container ec6fafec4692
 ---> 7e0b6ce536a0
Step 6/6 : ENTRYPOINT ["/usr/sbin/nginx"]
 ---> Running in 7405b275bd2e
Removing intermediate container 7405b275bd2e
 ---> 77ec77ea2a69
Successfully built 77ec77ea2a69
Successfully tagged nginx:v1
+ echo '3.Docker镜像上传至TKE仓库:'
3.Docker镜像上传至TKE仓库:
+ docker tag nginx:v1 hkccr.ccs.tencentyun.com/jenkins-test/jenkins:nginx-v1
+ docker push hkccr.ccs.tencentyun.com/jenkins-test/jenkins:nginx-v1
The push refers to repository [hkccr.ccs.tencentyun.com/jenkins-test/jenkins]
8f1bb83a1cea: Preparing
9c69faef4d28: Preparing
529ac0c7c333: Preparing
4826cdadf1ef: Preparing
529ac0c7c333: Layer already exists
4826cdadf1ef: Layer already exists
9c69faef4d28: Pushed
8f1bb83a1cea: Pushed
nginx-v1: digest: sha256:e296ff631bf3cfe3cfe3ae44c2f6328633a9818867be063968a9dc88a7103721 size: 1160
Finished: SUCCESS  构建打包成功
```

图 5-174 控制台日志（2）

```
[root@VM_0_2_centos ~]# kubectl get pod
NAME             READY  STATUS    RESTARTS  AGE
jnlp-agent-rd6pc  2/2    Running   0         8s
[root@VM_0_2_centos ~]#
```

图 5-175 查看 jnlp-agent pod 的运行状态

3. 手工发布

登录 TKE 控制台，单击进入集群，如图 5-176 所示。

图 5-176 进入 TKE 容器集群

展开"工作负载"，单击 Deployment 下"新建"按钮，如图 5-177 所示。

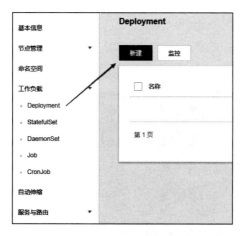

图 5-177　新建 Deployment 工作负载

在实例内容器下选择我们之前构建并打包上传的镜像即可完成部署，如图 5-178 所示。

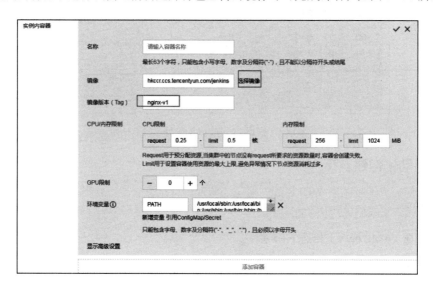

图 5-178　选择 nginx-v1 镜像

部署后 nginx Pod 正常运行且为 Runing 状态，如图 5-179 所示。

图 5-179　nginx Pod 为 Runing 状态

在 YAML 中，Image 字段确认 nginx pod 使用的是 nginx-v1 镜像，如图 5-180 所示。

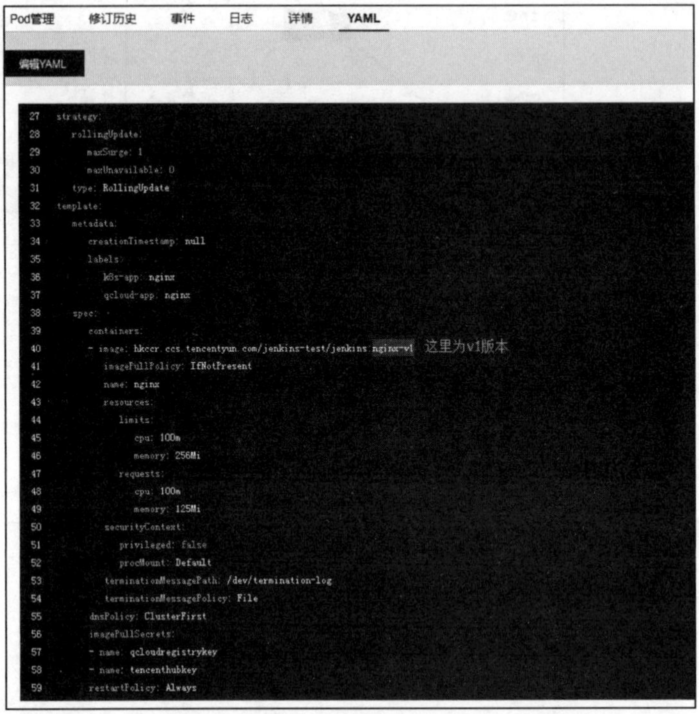

图 5-180　控制台 Nginx YAML 文件内容

5.9.8　自动化构建发布

上面我们完成了持续集成 CI 流程，但是还未配置持续交付 CD 流程，我们可将 CI/CD 流程联通起来，接下来我们进行相关配置。

1. 将部署 YAML 模板上传至 NFS 侧

运行以下命令将部署 YAML 文件复制至节点。

```
$ mount -t nfs 10.0.0.15:/ /mnt
$ df -h | grep mnt
10.0.0.15:/    14G    32M    14G    1% /mnt
$ cp /root/nginx.yaml /mnt/
$ ls -l /mnt/nginx.yaml
-rw-r--r-- 1 root root 1186 Jan 13 17:27 /mnt/nginx.yaml
```

命令运行成功，如图 5-181 所示。

注意，新建的 NFS 文件要和 TKE 存储在同一 VPC 下。

2. 添加 TKE password 访问凭证

单击凭据下"系统"选项，单击右侧"全局凭据"，如图 5-182 所示。

图 5-181　复制 nginx.yaml 至 NFS 目录

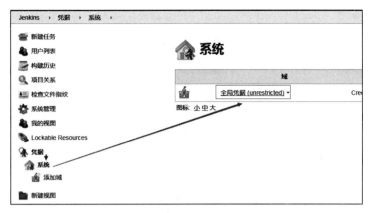

图 5-182　进入全局凭据

单击"添加凭据",如图 5-183 所示。

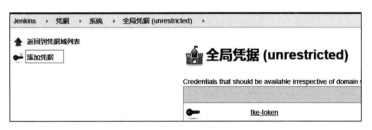

图 5-183　添加凭据

类型选择 Username with password,范围选择"全局",用户名填写 admin,密码填写集群凭证中的 token,自定义填写描述(这里填写的是 tke-password),最后单击"确定",如图 5-184 所示。

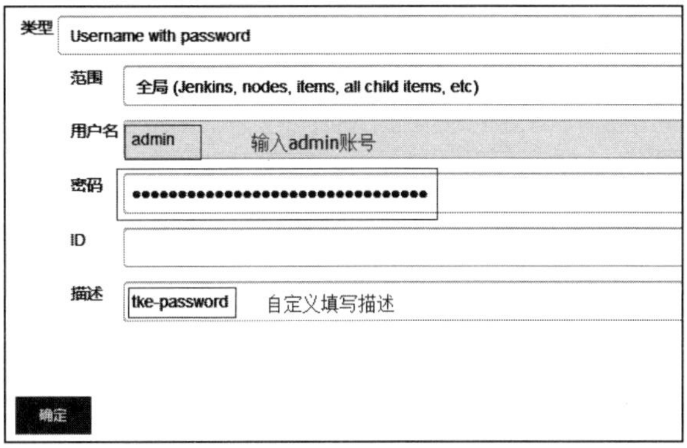

类型	Username with password
范围	全局 (Jenkins, nodes, items, all child items, etc)
用户名	admin　　输入admin账号
密码	●●●●●●●●●●●●●●●●●
ID	
描述	tke-password　自定义填写描述

确定

图 5-184　配置凭证信息

3. slave Pod 添加 kubectl 命令行等配置

在 Jenkins 首页单击"系统管理",进入系统配置,如图 5-185 所示。

图 5-185　进入系统配置

这里给 slave Pod 配置 kubectl 命令行工具，在卷中单击"添加卷"，选择 Host Path Volume，主机和挂载路径均填写 /usr/bin/kubectl；在卷中单击"添加卷"，选择 Host Path Volume，主机和挂载路径均填写 /etc/hosts；在卷中单击"添加卷"，选择 NFS Volume，服务地址填写 10.0.0.15，服务路径填写"/"，挂载路径填写 /mnt，最后单击"保存"。

上述配置步骤如图 5-186 所示。

图 5-186　配置挂载参数

至此 slave Pod 配置完成。

注意，slave Pod 部署容器业务需要 kubectl 命令行工具，集群内网访问地址，以及需要部署 yaml 文件。

4. test 配置修改

展开之前创建的 test 任务，单击"配置"，如图 5-187 所示。

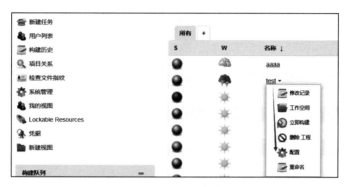

图 5-187　进入 test 任务配置

进入配置界面，在构建环境中勾选 Configure Kubernetes CLI（kubectl）→Credentials，选择之前创建的 tke-password，Kubernetes server endpoint 填写集群凭证内网访问地址，Certificate of certificate authority 填写集群凭证 CA 证书，如图 5-188 所示。

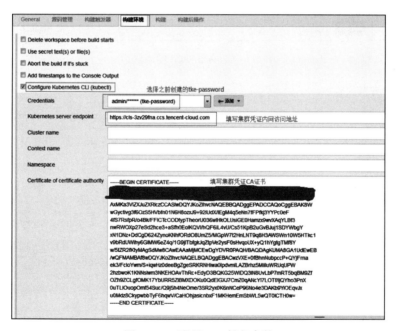

图 5-188　配置 test 任务参数

在构建中，填写 shell 脚本内容（增加框选内容即可），最后单击"保存"，如图 5-189 所示。

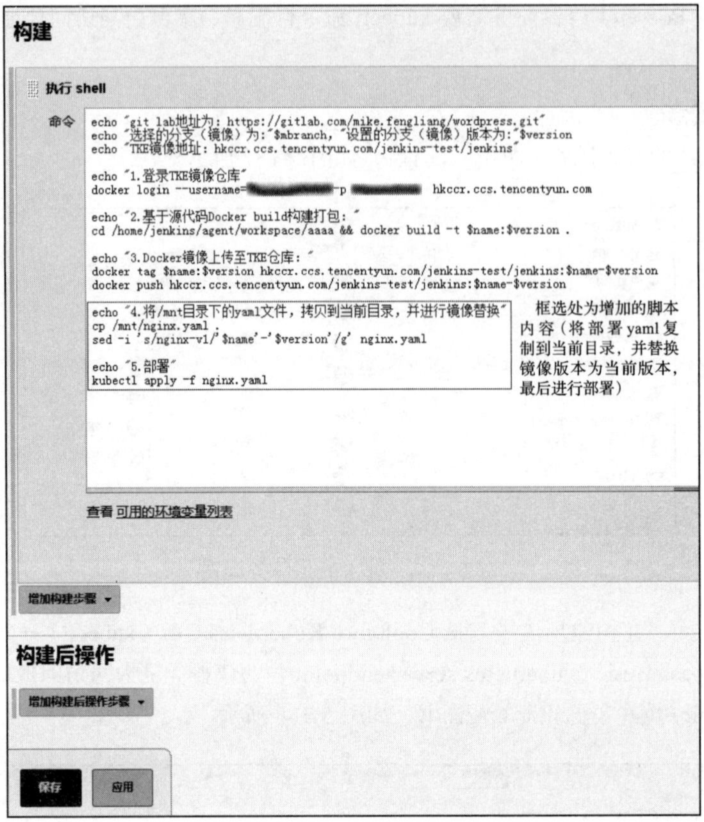

图 5-189　填写 shell 脚本内容

（1）shell 脚本内容

```
echo "git lab 地址为：https://gitlab.com/mike.fengliang/wordpress.git"
echo "选择的分支（镜像）为："$mbranch,"设置的分支（镜像）版本为："$version
echo "TKE镜像地址：hkccr.ccs.tencentyun.com/Jenkins-test/Jenkins"

echo "1.登录TKE镜像仓库"
docker login --username=user -p 123456  hkccr.ccs.tencentyun.com

echo "2.基于源代码docker build构建打包："
cd /home/Jenkins/agent/workspace/aaaa && docker build -t $name:$version .

echo "3.docker镜像上传至TKE仓库："
docker tag $name:$version hkccr.ccs.tencentyun.com/Jenkins-test/Jenkins:$name-$version
docker push hkccr.ccs.tencentyun.com/Jenkins-test/Jenkins:$name-$version

echo "4.将/mnt目录下的yaml文件,复制到当前目录,并进行镜像替换"
cp /mnt/nginx.yaml .
sed -i 's/nginx-v1/'$name'-'$version'/g' nginx.yaml

echo "5.部署"
kubectl apply -f nginx.yaml
```

（2）shell 脚本的功能

1）获取选择的分支、镜像名称和镜像版本。

2）将和代码合并构建后的 Docker 镜像推送至 TKE 仓库。

3）复制 yaml 模板至当前目录，并替换镜像为当前版本，最后进行容器业务部署。

5. 运行构建

展开 test，单击 Build with Parameters，如图 5-190 所示。

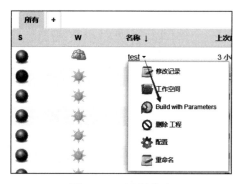

图 5-190　运行构建

mbranch 选择 origin/nginx、name 选择 nginx、version 填写 v2，单击"开始构建"，如图 5-191 所示。

图 5-191　开始构建工程 test

查看 test 任务控制台部署日志，出现 Finished：SUCCESS 说明 shell 脚本运行自动化发布成功，如图 5-192 所示。

6. 自动化构建发布验证

在 TKE 控制台的 Pod 管理中可看到 Nginx 是 Runing 状态，如图 5-193 所示。

yaml 文件中的 nginx-v1 版本替换为 nginx-v2 版本，说明自动化发布成功，如图 5-194 所示。

```
3.Docker镜像上传至TKE仓库：
+ docker tag nginx:v2 hkccr.ccs.tencentyun.com/jenkins-test/jenkins:nginx-v2
+ docker push hkccr.ccs.tencentyun.com/jenkins-test/jenkins:nginx-v2
The push refers to repository [hkccr.ccs.tencentyun.com/jenkins-test/jenkins]
2078436ef0d0: Preparing
0d421f17733f: Preparing
529ac0c7c333: Preparing
4826cdadf1ef: Preparing
4826cdadf1ef: Layer already exists
0d421f17733f: Layer already exists
529ac0c7c333: Layer already exists
2078436ef0d0: Pushed
nginx-v2: digest: sha256:09e20076d380b5186403a261ecff3d324ad06d72263511e650ca3872e7827c50 size: 1160
+ echo '4.将/mnt目录下的yaml文件，拷贝到当前目录，并进行镜像替换'
4.将/mnt目录下的yaml文件，拷贝到当前目录，并进行镜像替换
+ cp /mnt/nginx.yaml .
+ sed -i s/nginx-v1/nginx-v2/g nginx.yaml
+ echo '5.部署'
5.部署
+ kubectl apply -f nginx.yaml
deployment.extensions/nginx configured
kubectl configuration cleaned up
Finished: SUCCESS
```

图 5-192   test 任务控制台日志

实例名称	状态	实例所在节点IP	实例IP	运行时间 ⓘ	创建时间	重启次数 ⓘ	操作
▼ □ nginx-76654d456-bk8lx回	Running	10.0.1.13回	172.16.13.105回	0d 0h	2020-01-13 20:29:55	0 次	例例管理 远程登录

容器名称	容器ID	镜像版本号	重启次数	状态
nginx	ecd413f021c87e93d79c3e9cb2b27f60e0056b9905d03 c77942c20411fcdbaf回	hkccr.ccs.tencentyun.com/jenkins-test/jenkins:nginx-v2	0次	Running

图 5-193   nginx pod 为 Runing 状态

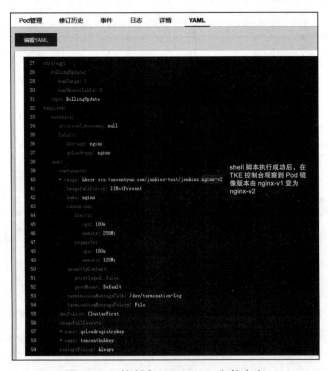

图 5-194   控制台 nginx yaml 文件内容

5.9.9　Jenkins 批量构建配置

1. 配置执行者数量

单击"系统管理",进入系统配置,如图 5-195 所示。

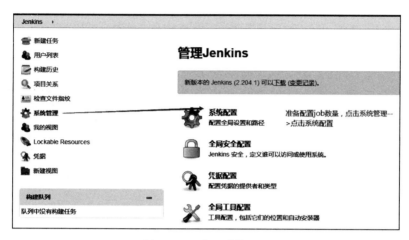

图 5-195　进入系统配置

在系统配置中修改执行者数量(我们这里修改为 10,说明可以同时运行 10 个 Job),如图 5-196 所示。

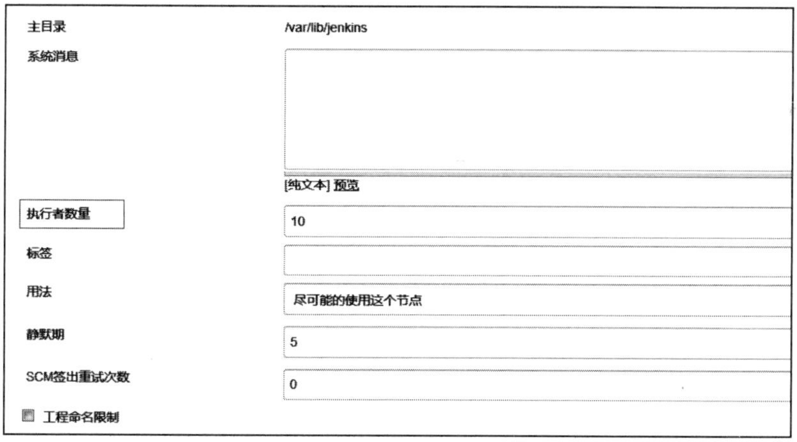

图 5-196　配置执行者数量

2. 并发构建验证

接着在 Jenkins 控制台创建 10 个 test 任务,同时单击"立即构建",如图 5-197 所示。

此时在节点通过 kubectl get pod 命令可以看到多个 job Pod,说明调用成功,如图 5-198 所示。

Jenkins 是连接持续集成和持续交付的桥梁,采用 Jenkins master/slave Pod 架构能够解决企业批量构建并发限制数的痛点,真正意义上实现持续集成。

所有	+		
S	**W**	**名称** ↓	**上次成功**
●	☀	aaaa	21 天 - #9
●	☀	test	1 天 2 小时 - #12
●	☀	test10	29 天 - #2
●	☀	test2	29 天 - #3
●	☀	test3	29 天 - #3
●	☀	test4	29 天 - #3
●	☀	test5	29 天 - #3
●	☀	test6	29 天 - #2
●	☀	test7 ▾	29 天 - #2
●	☀	test8	29 天 - #2
●	☀	test9	29 天 - #2

图标 小中大

图 5-197 创建 10 个 test 任务

图 5-198 查看到有多个 job Pod

业务容器化是互联网技术趋势，Jenkins 和 TKE 的完美结合，能够实现业务快速可持续性交付，节约资源及人力成本。

5.10 部署案例之 ELK

ELK 不是一款软件，而是 Elasticsearch、Logstash 和 Kibana 三款软件产品的首字母缩写。这三者都是开源软件，通常配合使用，而且又先后归于 Elastic.co 公司名下，所以被简称为 ELK Stack。根据 Google Trends 的信息显示，ELK Stack 已经成为目前最流行的集中式日志解决方案。

1）Elasticsearch：负责日志检索和索引。基于 Apache Lucene 构建，能对大容量的数据进行实时的存储、搜索和分析操作。通常被用作某些应用的基础搜索引擎，使其具有复杂的搜索功能。

2）Logstash：负责日志的收集、分析和处理。对数据进行过滤、分析、丰富、统一格式等操作，然后存储到用户指定的位置。

3）Kibana：数据分析和可视化平台。通常与 Elasticsearch 配合使用，对其中数据进行搜索、分析和以统计图表的方式展示。

1. ELK 架构

ELK 架构如图 5-199 所示。

ELK 架构说明如下。

1）Logstash 组件负责收集从数据源采集日志。

2）Lgostash 将采集后的日志推送至 Elasticsearsh 组件并进行处理。

3）Elasticsearch 对日志进行处理后，和 Kibana 配合使用，可视化展示收集的数据。

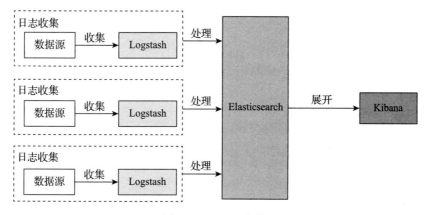

图 5-199　ELK 架构

2. Elasticsearch 与 TKE 平台架构

Elasticsearch 在 TKE 平台的架构，如图 5-200 所示。

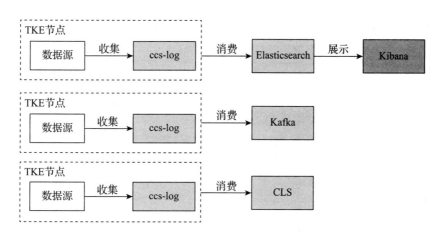

图 5-200　Elasticsearch 在 TKE 平台的架构

Elasticsearch 在 TKE 平台的架构说明如下。

1）在 kube-system 命名空间下的 DaemonSet ccs-log 组件替代了 Logstash 功能。

2）ccs-log 组件收集容器日志后，会进行消费，消费端支持 Elasticsearch、Kafka、CLS 三种组件。

3）消费到 Elasticsearch 后，Kibana 组件用户可自行在 TKE 平台部署。

3. 在 TKE 平台部署 Elasticsearch

登录节点，安装 git 工具。

```
$ yum install git -y
```

运行以下命令，把所需 yaml 文件下载到 TKE 集群内节点上。

```
$ git clone \
https://github.com/tencentyun/ccs-elasticsearch-template.git /tmp/kubernetes-
   elasticsearch
```

运行以下命令，部署 Elasticsearch client 节点。

```
$ cd /tmp/kubernetes-elasticsearch
$ kubectl create -f es-svc.yaml
$ kubectl create -f es-client.yaml
```

运行以下命令，部署 Elasticsearch data 节点。

```
$ kubectl create -f es-data.yaml
```

运行以下命令，部署 Elasticsearch master 节点。

```
$ kubectl create -f es-discovery-svc.yaml
$ kubectl create -f es-master.yaml
```

4. 在 TKE 平台部署 Kibana

现在我们部署好了 Elasticsearch 组件，但是 Elasticsearch 日志的展示功能需要用到 Kibana 组件，Kibana 组件可对 Elasticsearch 中的数据进行搜索、分析等处理。

运行以下命令，部署 Kibana 节点。

```
$ kubectl create -f kibana-svc.yaml
$ kubectl create -f kibana.yaml
```

5. 在 TKE 平台部署 Logstash

Logstash 是开源的日志分析处理程序，能够从多种源采集转换过滤数据，例如 Syslog、Filebeat、Kafka 等，并支持将数据发送到 Elasticsearch。

本示例搭建的 Logstash 默认从配置的 Kafka 中读取数据并将其发送至已部署的 Elasticsearch 服务。

运行以下命令，部署 Logstash。

```
$ cd /tmp/kubernetes-elasticsearch
$ vi logstash-config.yaml
apiVersion: v1
data:
    logstash.conf: |
        input {
            kafka {
                bootstrap_servers => "10.1.0.15:9092"    # 修改为Kafka地址
                group_id => "logstash-test"
                topics => ["log-test"]
                codec => json
            }
        }

        output {
            elasticsearch {
                hosts => "http://172.16.255.56:9200"    # 修改为Elasticsearch地址
```

```
                index => "ccs-log"
            }
        }
kind: ConfigMap
metadata:
    name: logstash-consumer-config
```

修改完成后，运行以下命令，部署 Kibana 节点。

```
$ kubectl create -f logstash-config.yaml
$ kubectl create -f logstash-consumer.yaml
```

6. Kibana 查看日志

进入 TKE 集群内，展开服务进入 Service 项，可以看到 Kibana 公网 IP 为 124.156.124.74，如图 5-201 所示。

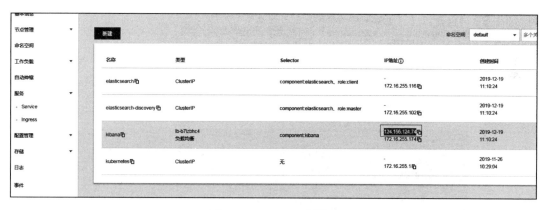

图 5-201　Kibana 公网 IP

在浏览器中输入 http://124.156.124.74，可以看到 Kibana 日志后台，如图 5-202 所示。

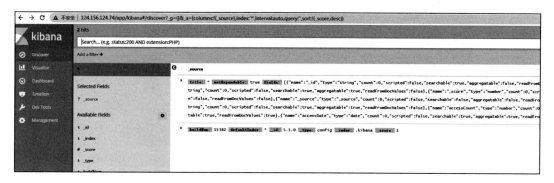

图 5-202　Kibana 日志后台

本节部署使用腾讯云 ELK 5.6 版本，若用户需部署 6.x 版本，可将 Elasticsearch 镜像地址替换成 quay.io/pires/docker-elasticsearch-kubernetes:6.2.4，Kibana 镜像地址替换成 Docker.elastic.

co/kibana/kibana-oss:6.2.2。建议用户将第三方镜像下载到本地后，上传至 CCR 镜像仓库，再进行业务部署。

5.11 容器日志的三种采集配置方式

正如 4.2 节提到的，容器日志通过 TKE ccs-log 组件采集集群内的服务日志数据，采集后的日志数据可以有两种处理方式，第一种是将日志数据发送至 Kafka 里的 Topic，第二种是发送至腾讯云 CLS 日志服务指定的日志主题，中间环节处理完成后，日志数据最终发送给 Elasticsearch 系统。

我们在进行容器日志采集时，必须将 TKE 容器集群、日志采集规则、日志集放在同一地域下。

日志消费端支持 CKafka、日志服务 CLS、Elasticsearch。关于日志采集配置，我们在接下来的配置操作中全部使用日志服务 CLS。

1. 标准输出

采集容器日志标准输出，即 ccs-log 组件收集容器控制台打印的日志。用户可以根据自己的需求，灵活配置需要进行日志收集的容器。收集到的日志信息是以 JSON 格式输出到用户配置的输出端，且会附加相关的 Kubernetes metadata，包括容器所属 Pod 的 label 和 annotation 等信息。

登录腾讯云首页，在云产品标签下单击"日志服务"，如图 5-203 所示。

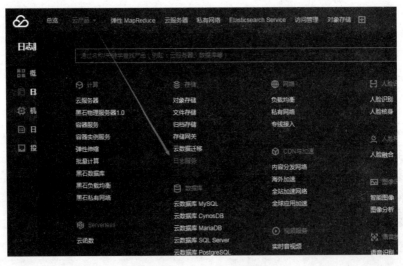

图 5-203 进入"日志服务"

跳转到日志服务页面，单击"日志集管理"，在弹出的创建日志集界面中输入日志集名称 Log-collection，保持时间默认为 7 天，单击"确定"，如图 5-204 所示。

日志集创建后，会自动跳出创建日志主题弹窗，单击"去创建日志主题"，如图 5-205 所示。

接着单击"新增日志主题"，输入日志主题名称 Log-theme，主题分区数量默认为 1 个，单击"确定"，如图 5-206 所示。

图 5-204　创建日志集

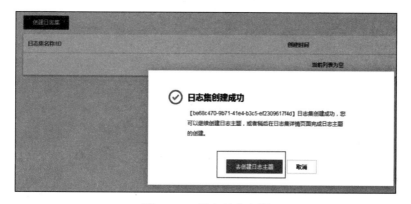

图 5-205　进入日志主题

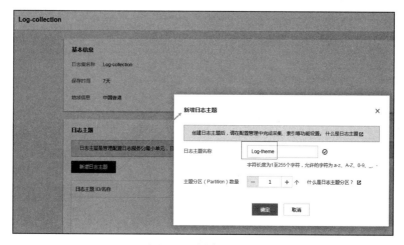

图 5-206　创建日志主题

我们需要开启日志索引，在索引配置中单击"编辑"，如图 5-207 所示。

图 5-207　编辑日志索引

开启索引状态选项，如图 5-208 所示。

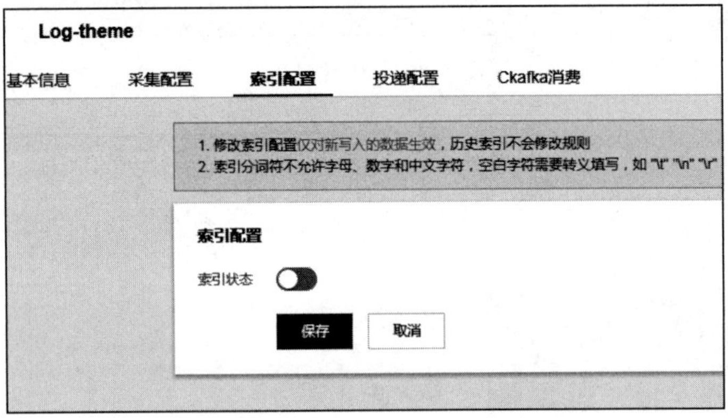

图 5-208　开启日志索引

最后单击"保存"，如图 5-209 所示。

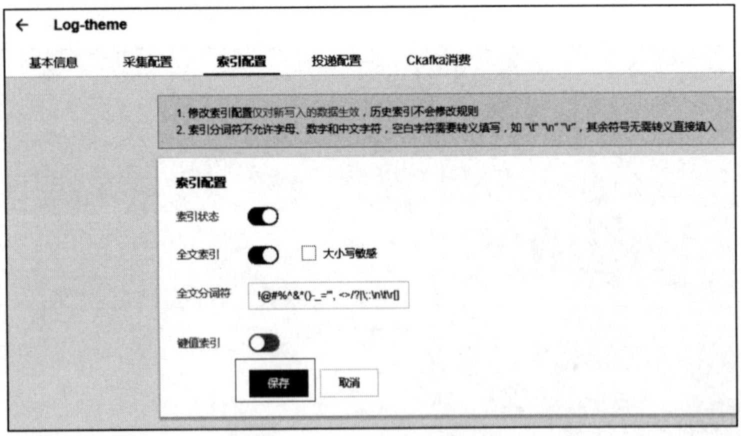

图 5-209　保存日志索引

此时可以看到索引状态和全文索引已开启，如图 5-210 所示。

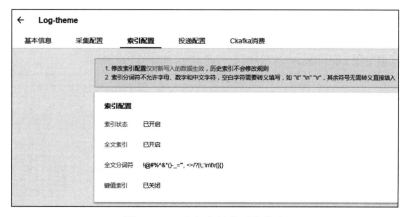

图 5-210　日志索引为开启状态

同时可以看到创建的日志集 Log-collection，如图 5-211 所示。

图 5-211　日志集 Log-collection

创建日志集后，在容器服务界面单击"日志采集"（可以看到图 5-211 中地域是中国香港，TKE 集群是 cls-3zv29fna，这里创建日志采集规则采集的是 cls-3zv29fna 容器日志），单击右侧的"新建"按钮，如图 5-212 所示。

图 5-212　新建日志采集规则

接着跳转到新建日志采集规则界面，输入采集规则名称 tke-log，类型选择"容器标准输出"，日志源选择"所有容器"，消费端类型选择日志服务 CLS，日志服务实例选择日志集 Log-collection 和日志主题 Log-theme，最后单击"完成"，如图 5-213 所示。

图 5-213　配置日志采集规则

至此可以看到创建的日志采集规则 tke-log，如图 5-214 所示。

图 5-214　日志采集规则 tke-log

接着我们来到日志服务主页，单击"日志检索"，日志集选择 Log-collection，日志主题选择 Log-theme，单击"查询分析"，可以看到输出的容器日志，如图 5-215 所示。

图 5-215　日志检索

至此，容器标准输出日志采集成功。

2. hostpath

采集主机（hostpath）日志文件，即容器挂载（以 hostpath 访问挂载）节点目录后，将日志文件和内容输出至节点目录下，ccs-log 组件收集该节点目录下的日志文件。

登录腾讯云首页，在云产品中单击"日志服务"，如图 5-216 所示。

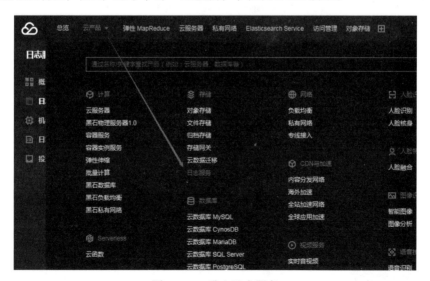

图 5-216　进入日志服务

跳转到日志服务页面，单击"机器组管理"→"创建机器组"，如图 5-217 所示。

图 5-217　创建机器组

在创建机器组弹窗输入机器组名称 test，地域为 ap-hongkong，IP 地址输入 TKE 节点内网 IP，单击"确定"，如图 5-218 所示。

图 5-218　配置机器组

单击"日志集管理"，弹出创建日志集界面，输入日志集名称 Log-collection，保持时间默认为 7 天，单击"确定"，如图 5-219 所示。

图 5-219　创建日志集

　　日志集创建后，会自动跳出创建日志主题弹窗，单击"去创建日志主题"，如图 5-220 所示。

图 5-220　创建日志主题弹窗

　　单击"新增日志主题"，输入日志主题名称 Log-theme，主题分区默认为 1 个，单击"确认"，如图 5-221 所示。

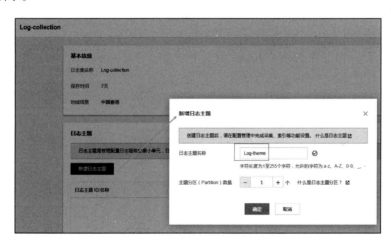

图 5-221　新增日志主题

　　我们需要开启日志索引，在索引配置中单击"编辑"，如图 5-222 所示。

图 5-222　编辑日志索引

开启索引状态，如图 5-223 所示。

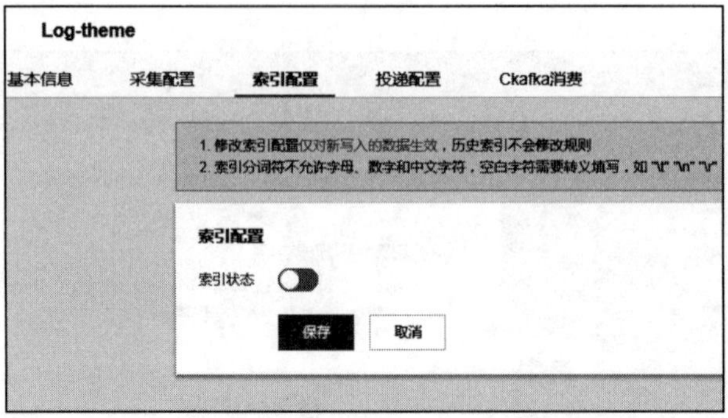

图 5-223　开启日志索引

最后单击"保存"，如图 5-224 所示。

图 5-224　保存日志索引

在采集配置选项卡中，单击 LogListener 采集项中的"添加配置"，如图 5-225 所示。

图 5-225　添加 LogListener 采集配置

采集路径分别填写 /var/log 和 *.log（收集日志为 /var/log/**/*.log），选择之前创建的机器组 test，单击"下一步"，如图 5-226 所示。

图 5-226　Agent 采集源配置

接着跳到第二步，设置日志解析方式，提取模式默认为单行全文，单击"提交"，如图 5-227 所示。

图 5-227　添加 Agent 配置

接着创建日志集，我们在容器服务界面单击"日志采集"，之后单击右侧的"新建"，如图 5-228 所示。

图 5-228　新建日志采集规则

接着跳转到新建日志采集规则界面，输入采集规则名称 tke-log，类型选择"节点文件路径"，日志源收集路径填写 /var/log/*/*.log，消费端类型选择"日志服务 CLS"，日志服务实例选择日志集 Log-collection 和日志主题 Log-theme，最后单击"完成"，如图 5-229 所示。

图 5-229　配置日志采集规则

至此可以看到创建的日志采集规则 tke-log，如图 5-230 所示。

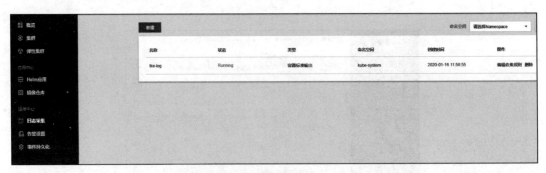

图 5-230　日志采集规则 tke-log

接着我们来到日志服务主页，单击"日志检索"，日志集选择 Log-collection，日志主题选择

Log-theme，单击"查询分析"，可以看到输出的容器日志，如图 5-231 所示。

图 5-231　日志检索

至此，容器标准输出日志采集成功。

3. 主机日志

采集容器内路径的日志数据即直接采集节点路径的日志数据。收集到的日志信息是以 json 格式输出到用户配置的输出端，并会附加用户指定的 metadata，包括日志来源文件的路径和用户自定义的 metadata。

登录腾讯云首页，在云产品中单击"日志服务"，如图 5-232 所示。

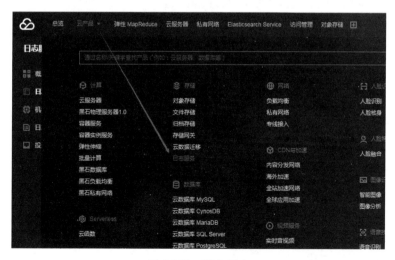

图 5-232　进入日志

跳转到日志服务页面，单击"日志集管理"，弹出创建日志集界面，输入日志集名称 Log-collection，保持时间默认为 7 天，单击"确定"，如图 5-233 所示。

日志集创建后，会自动跳出创建日志集主题弹窗，单击"去创建日志主题"，如图 5-234 所示。

图 5-233　创建日志集

图 5-234　日志集主题弹窗

单击"新增日志主题"，输入日志主题名称 Log-theme，主题分区数量默认为 1，单击"确认"，如图 5-235 所示。

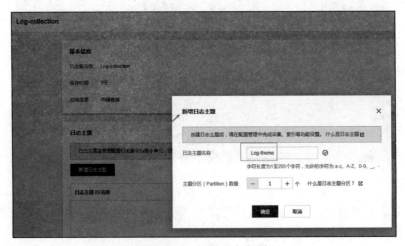

图 5-235　新增日志主题

我们需要开启日志索引，在索引配置中，单击"编辑"，如图 5-236 所示。

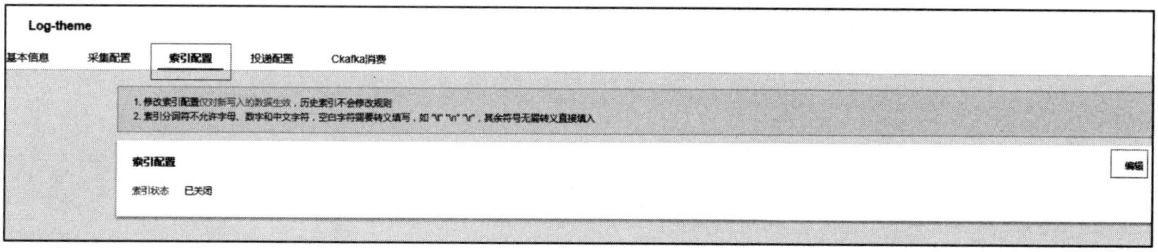

图 5-236　编辑日志索引

单击索引状态开启按钮，如图 5-237 所示。

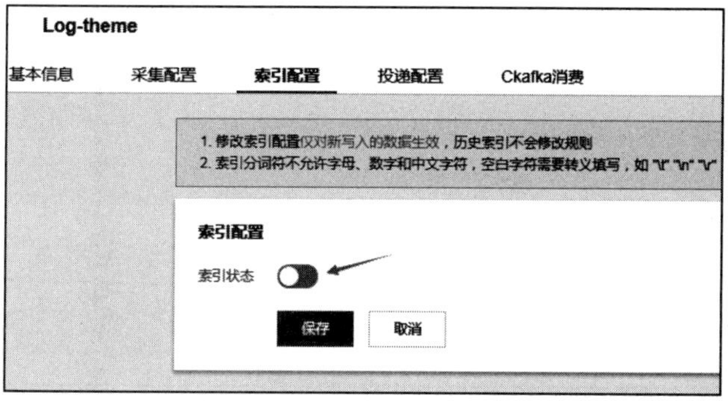

图 5-237　开启日志索引

最后单击"保存"，如图 5-238 所示。

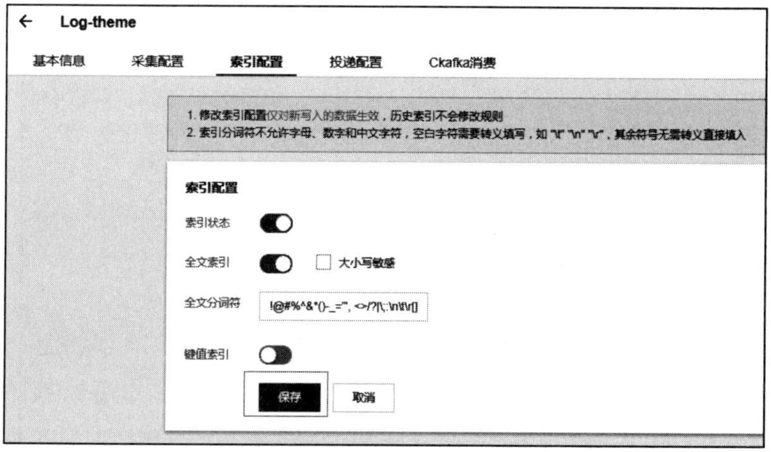

图 5-238　保存日志索引

此时可以看到索引状态和全文索引已开启，如图 5-239 所示。

同时可看到创建的日志集 Log-collection，如图 5-240 所示。

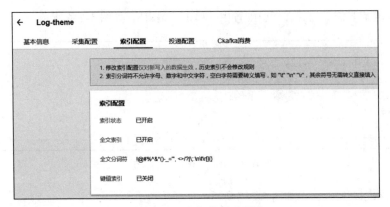

图 5-239　日志索引已开启

图 5-240　日志集 Log-collection

创建容器内采集路径规则的前提是容器要将日志目录挂载到存储盘，图 5-241 所示的配置中，Nginx 容器日志目录 /data/logs/nginx 被挂载至 PVC nginx-pvc。

图 5-241　容器将日志目录挂载到存储盘

接着创建日志集，我们在容器服务界面，单击"日志采集"，之后单击"新建"，如图 5-242 所示。

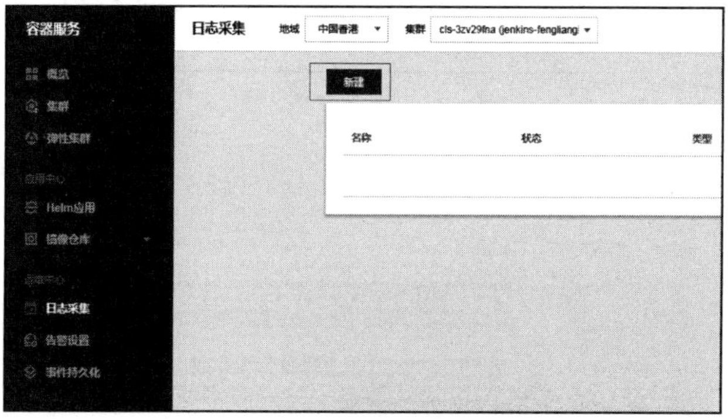

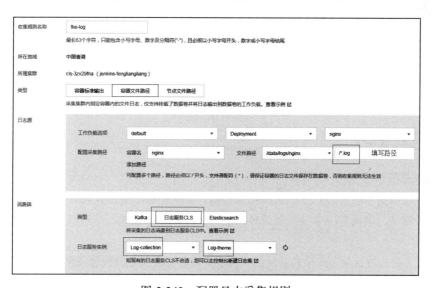

图 5-242　新建日志采集规则

接着跳转到新建日志采集规则界面，输入采集规则名称 tke-log，类型选择"容器文件路径"，日志源中工作负载选项为 nginx，消费端类型选择"日志服务 CLS"，日志服务实例选择日志集 Log-collection 和日志主题 Log-theme，最后单击"完成"，如图 5-243 所示。

图 5-243　配置日志采集规则

至此可以看到创建的日志采集规则 tke-log，如图 5-244 所示。

图 5-244　日志采集规则 tke-log

接着我们来到日志服务主页，单击"日志检索"，日志集选择 Log-collection，日志主题选择 Log-theme，单击"查询分析"，可以看到输出的容器日志，如图 5-245 所示。

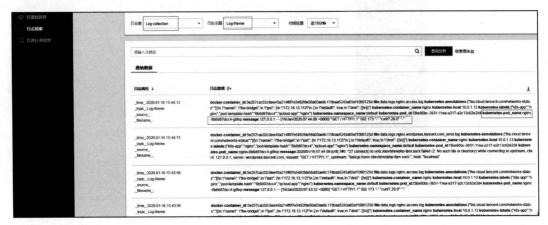

图 5-245　日志检索

至此，容器标准输出日志采集成功。

通过以上 3 种容器日志采集方式，相信大家已经对容器日志输出及处理方式有了更加全面的了解。如果容器日志输出量小，应尽量将容器日志输出至控制台；如果容器日志输出量大，那么最好以 hostpath 形式输出在本地。

5.12　蓝绿部署

1. 蓝绿发布

可以将蓝绿发布理解为业务一次性批量替换。蓝绿发布不会停止运行旧版本，部署了新版本后再进行测试，确认新版本没问题后将流量切到新部署的版本，然后旧版本同时也升级到新版本。

蓝绿发布是运维日常工作中较常见的一种业务发布方式，发布过程举例如下。

1）用户最初通过负载均衡器层访问 v1 版本应用。

2）此时在同一负载均衡器下部署了新版本 v2 应用。

3）在此期间对 v2 版本进行测试和验证，且确认应用无误。

4）最后将负载均衡器侧流量全部切换至 v2 版本应用。

由于是一次性批量替换版本，蓝绿发布适用于开发和测试环境。

2. 蓝绿架构

（1）版本发布前

有 v1 和 v2 两个业务版本，图 5-246 所示访问的是 v1 版本业务。

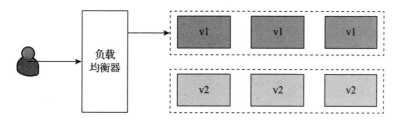

图 5-246　用户访问 v1 版本

（2）v2 版本发布后

现在将 v1 版本上的所有流量一次性切换到 v2 版本，图 5-247 所示访问的是 v2 版本业务。

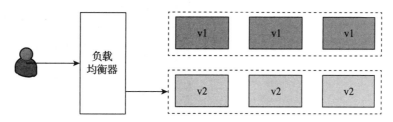

图 5-247　用户访问 v2 版本业务

3. 部署蓝色配置

将以下 yaml 保存到 blue.yaml 文件中，创建"蓝色部署"。

```
apiVersion: extensions/v1beta1
kind: Deployment
metadata:
    name: nginx-1.10
spec:
    replicas: 3
    template:
        metadata:
            labels:
                name: nginx
                version: "1.10"
        spec:
            containers:
            - name: nginx
              image: nginx:1.10
              ports:
            - name: http
              containerPort: 80
```

使用 kubectl 命令创建部署。

```
$ kubectl apply -f blue.yaml
```

部署成功，如图 5-248 所示。

接着创建一个可在集群外访问的 Service 负载

图 5-248　部署 Nginx 1.10 版本

均衡器，将以下 yaml 文件保存到 service.yaml 文件中，创建"蓝色 Service"。

```
apiVersion: v1
kind: Service
metadata:
    name: nginx
    labels:
        name: nginx
spec:
    ports:
        - name: http
          port: 80
          targetPort: 80
    selector:
        name: nginx
        version: "1.10"
    type: LoadBalancer
```

使用 kubectl 命令创建"蓝色 Service"。

```
$ kubectl apply -f service.yaml
```

部署成功，如图 5-249 所示。

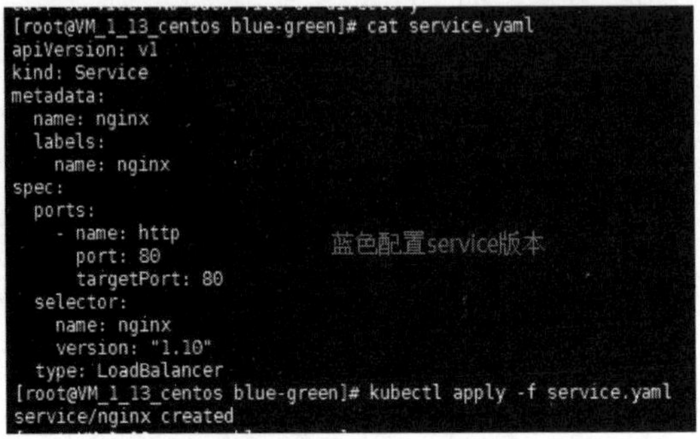

查看 Service 公网 IP 并访问。

图 5-249　部署 Nginx Service

```
$ kubectl get svc | grep nginx
nginx  LoadBalancer  172.16.255.87  119.28.201.183  80:32263/TCP  7m29s
$ curl -s http://119.28.201.183/version | grep nginx
<hr><center>nginx/1.10.3</center>
```

返回结果，如图 5-250 所示。

图 5-250　访问 Nginx Service

可以看到蓝色配置的 Nginx 为 1.10.3 版本。

4. 部署绿色配置

将以下 yaml 文件保存到 green.yaml 文件，创建"绿色部署"。

```
apiVersion: extensions/v1beta1
kind: Deployment
metadata:
    name: nginx-1.11
spec:
    replicas: 3
    template:
        metadata:
            labels:
                name: nginx
                version: "1.11"
        spec:
            containers:
```

```
        - name: nginx
          image: nginx:1.11
          ports:
            - name: http
              containerPort: 80
```

使用 kubectl 命令创建部署。

```
$ kubectl apply -f green.yaml
```

绿色配置的 Nginx 为 1.11 版本，部署成功后如
图 5-251 所示。

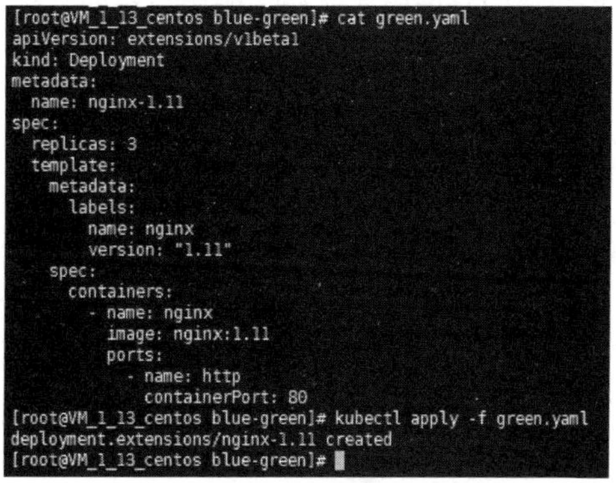

5. 配置切换之蓝绿发布

修改 Service 中的版本，指向绿色配置，将蓝
色配置全部切换至绿色配置。

图 5-251　部署 Nginx 1.11 版本

```
apiVersion: v1
kind: Service
metadata:
    name: nginx
    labels:
        name: nginx
spec:
    ports:
        - name: http
          port: 80
          targetPort: 80
    selector:
        name: nginx
        version: "1.11"
    type: LoadBalancer
```

使用 kubectl 命令创建"绿色 Service"。

```
$ kubectl apply -f service.yaml
```

切换配置发布过程，如图 5-252 所示。

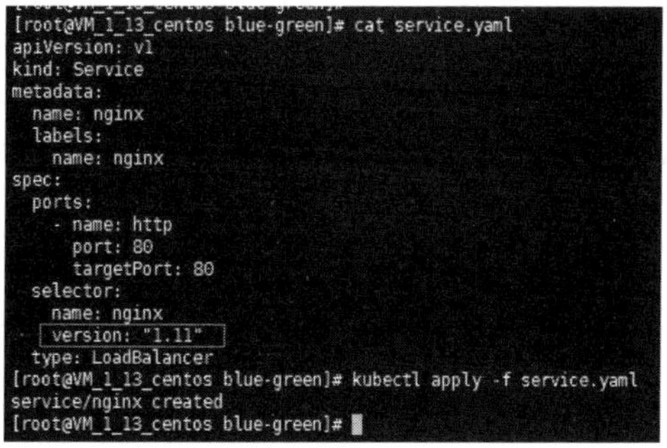

访问验证，代码如下所示。

图 5-252　切换 Service 版本并部署

```
$ kubectl get svc | grep nginx
nginx  LoadBalancer   172.16.255.87    119.28.201.183    80:32263/TCP    7m29s
$ curl -s http://119.28.201.183/version | grep nginx
<hr><center>nginx/1.11.13</center>
```

可以看到 Nginx 已由 1.10.3 切换为 1.11.13 版本，说明一次性切换为绿色配置。

蓝绿部署是运维人员日常工作中的一种常见部署模式。因为是一次性批量替换，对业务访
问有一定的影响，蓝绿部署一般用于实际的开发或测试环境中。

5.13　灰度发布

可以将灰度发布理解为业务以权重比例逐步替换。灰度发布是通过控制路由权重，按照权

重比例，逐步从一个版本切换为另一个版本的过程。根据比例将旧业务版本升级，例如 90% 的用户访问是旧版本，10% 的用户访问是新版本，按照权重比例逐步升级替换，直至全部替换为新版本。

1. 灰度部署架构

（1）版本发布前

有 v1 和 v2 两个版本，如图 5-253 所示，全部用户访问的是 v1 版本。

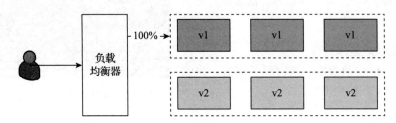

图 5-253   用户访问 v1 版本

（2）版本发布中

现在将 20% 的流量切换至 v2 版本，80% 的流量保持访问 v1 版本，如图 5-254 所示。

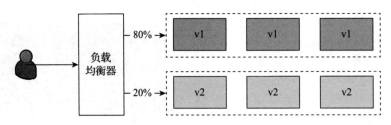

图 5-254   按比例切换流量

访问验证测试 v2 版本一段时间，若验证通过，接着将 40% 的流量切换至 v2 版本，则 60% 的流量保持访问 v1 版本，如图 5-255 所示。

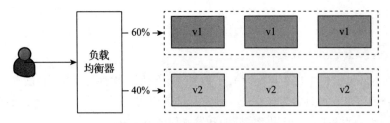

图 5-255   继续按比例切换流量

（3）版本发布后

依次类推，用户可继续按比例切换，直至 100% 的流量切换到 v2 版本，说明发布完成，如图 5-256 所示。

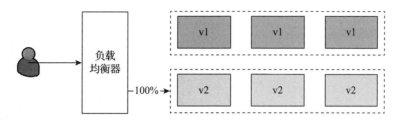

图 5-256　全部用户访问 v2 版本

2. 部署 v1 版本

将以下 yaml 文件保存到 blue.yaml 文件中，创建 v1 版本。

```
apiVersion: extensions/v1beta1
kind: Deployment
metadata:
    name: nginx-1.10
spec:
    replicas: 3
    template:
        metadata:
            labels:
                name: nginx
                version: "1.10"
        spec:
            containers:
                - name: nginx
                  image: nginx:1.10
                  ports:
                      - name: http
                        containerPort: 80
```

使用 kubectl 命令创建部署。

```
$ kubectl apply -f blue.yaml
```

部署成功，如图 5-257 所示。

图 5-257　部署 Nginx 1.10 版本

创建一个可在集群外访问的 Service 负载均衡器，将以下 yaml 文件保存到 service.yaml 文件中，创建"v1 service"。

```
apiVersion: v1
kind: Service
metadata:
    name: nginx
    labels:
        name: nginx
spec:
    ports:
        - name: http
          port: 80
          targetPort: 80
    selector:
        name: nginx
```

```
version: "1.10"
    type: LoadBalancer
```

使用 kubectl 命令创建 "v1 service"。

```
$ kubectl apply -f service.yaml
```

部署成功，如图 5-258 所示。

查看 service EXTERNAL-IP 并访问。

```
$ kubectl get svc | grep nginx
nginx    LoadBalancer    172.16.255.73
    119.28.201.32    80:32077/TCP    15s
$ curl -s http://119.28.201.32/version
    | grep nginx
<hr><center>nginx/1.10.3</center>
```

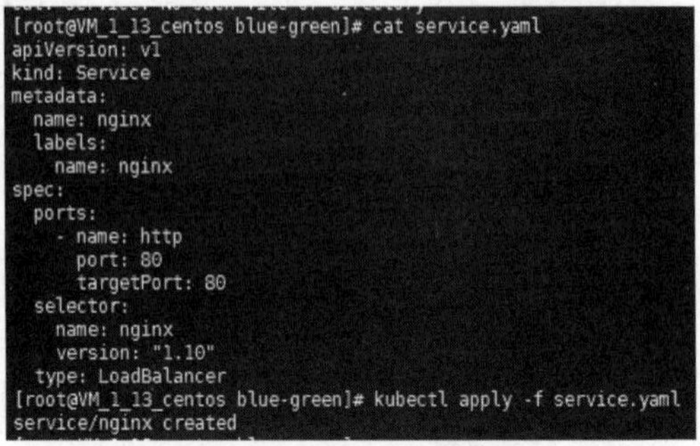

图 5-258　部署 Nginx Service

至此可以看到 Nginx 的版本为 1.10.3，如图 5-259 所示。

图 5-259　访问 Nginx Server

3. 部署 v2 版本

将以下 yaml 文件保存到 green.yaml 文件，创建 v2 版本。

```
apiVersion: extensions/v1beta1
kind: Deployment
metadata:
    name: nginx-1.11
spec:
    replicas: 1
    template:
        metadata:
            labels:
                name: nginx
                version: "1.11"
        spec:
            containers:
                - name: nginx
                  image: nginx:1.11
                  ports:
                    - name: http
                      containerPort: 80
```

使用 kubectl 命令创建部署。

```
$ kubectl apply -f green.yaml
```

v2 的 Nginx 为 1.11 版本，部署成功，如图 5-260 所示。

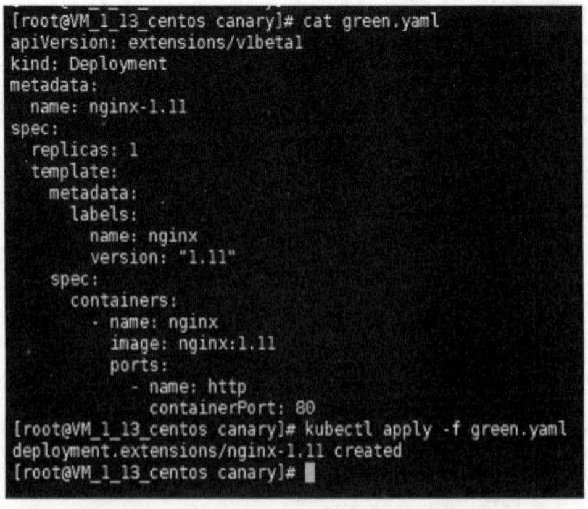

图 5-260　部署 Nginx 1.11 版本

4. 灰度发布的配置切换

将 v1 配置全部切换至 v2 配置，修改 Service 中的版本，指向 v2 配置。

```
apiVersion: v1
kind: Service
metadata:
    name: nginx
    labels:
        name: nginx
spec:
    ports:
        - name: http
          port: 80
          targetPort: 80
    selector:
        name: nginx
    type: LoadBalancer
```

使用 kubectl 命令创建"绿色 Service"。

```
$ kubectl apply -f service.yaml
```

切换配置，部署成功，如图 5-261 所示。
多次运行 curl 命令访问验证。

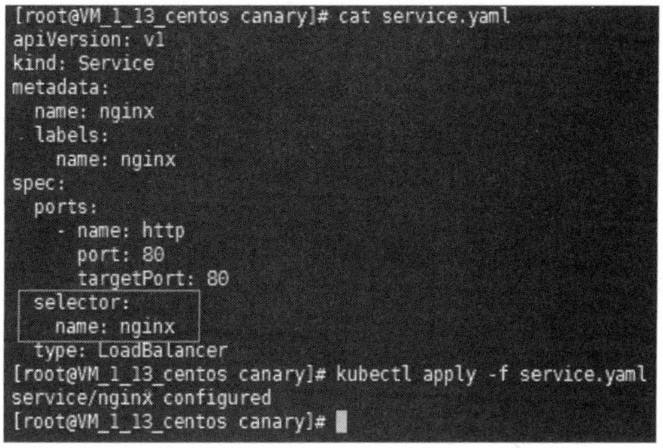

图 5-261　更新 Service 配置并部署

```
$ kubectl get svc | grep nginx
nginx    LoadBalancer    172.16.255.73    119.28.201.32    80:32077/TCP    7m51s
$ curl -s http://119.28.201.32/version | grep nginx
<hr><center>nginx/1.11.13</center>
$ curl -s http://119.28.201.32/version | grep nginx
<hr><center>nginx/1.11.13</center>
$ curl -s http://119.28.201.32/version | grep nginx
<hr><center>nginx/1.10.3</center>
$ curl -s http://119.28.201.32/version | grep nginx
<hr><center>nginx/1.10.3</center>>
```

curl 访问验证如图 5-262 所示。

图 5-262　访问 Nginx Service

可以看到 Nginx 会在 1.10.3 和 1.11.13 版本之间切换。1.10.3 版本有 3 个 Pod，1.11 版本有 1 个 Pod，所以老版本（v1）占 2/3，新版本（v2）占 1/3。用户只须新增新版本 Pod 数，按照比例逐步升级替换，直至老版本全部替换为新版本。

灰度部署是运维人员日常工作中的一种常见部署模式，因为是逐步按比例替换，对业务访问影响小，所以一般用于实际的生产环境中。

5.14 部署 JMeter 压测工具

JMeter 是 Apache 组织开发的基于 Java 的压力测试工具，最初用于 Web 应用测试，后来扩展到了其他测试领域。JMeter 可用于测试静态和动态资源，例如静态文件、Java 小程序、CGI 脚本、Java 对象、数据库、FTP 服务器等。JMeter 可以对服务器、网络或对象模拟巨大的负载，在不同压力类别下测试它们的强度和分析整体性能。另外，JMeter 能够对应用程序做功能 / 回归测试，通过创建带有断言的脚本来验证程序返回的结果。为了保证最大限度的灵活性，JMeter 允许使用正则表达式创建断言。

1. JMeter 压测架构

JMeter 容器化架构如图 5-263 所示。

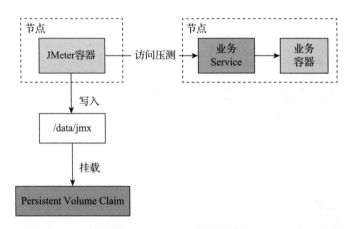

图 5-263　JMeter 容器化架构

对 JMeter 容器化架构的说明如下。

（1）此处 JMeter 采用单机版，以容器的方式部署在 TKE 的节点上。

（2）JMeter 创建后，可以直接在容器内通过命令行访问 Service，进行压力测试。

（3）将 PVC（普通云硬盘，需提前创建好）挂载至 JMeter 的 /data/jmx 目录。

（4）由于 PVC 不会随着容器滚动更新或销毁而重建，所以 JMeter 容器每次压测写入的数据都是永久保存在 PVC 底层存储系统中，实现了数据持久化。

2. 上传 JMeter 镜像至 TKE 仓库

使用以下命令将 JMeter 镜像上传至 TKE 仓库。

```
$ docker pull justb4/jmete
```

```
$ docker tag justb4/jmeter:latest \
hkccr.ccs.tencentyun.com/Jenkins-test/Jenkins:jmeter-lates
$ docker push hkccr.ccs.tencentyun.com/Jenkins-test/Jenkins:jmeter-latest
```

上传 JMeter 镜像成功，如图 5-264 所示。

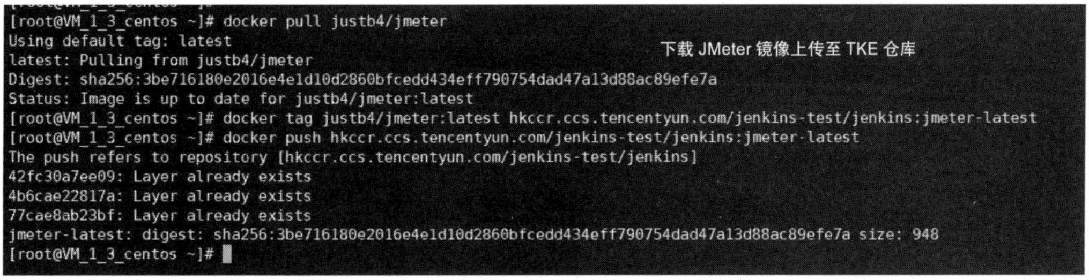

图 5-264　上传 JMeter 镜像成功

登录 TKE 界面展开镜像仓库，单击"我的镜像"→Jenkins，如图 5-265 所示。

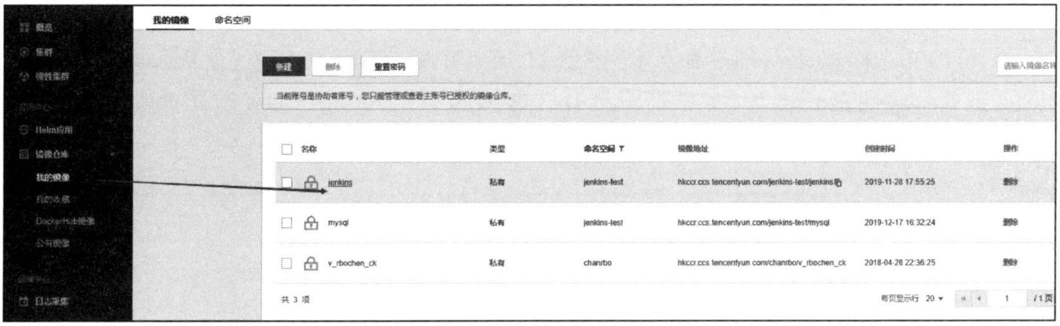

图 5-265　进入 JMeter 镜像仓库

可以看到上传的 JMeter 镜像，如图 5-266 所示。

图 5-266　JMeter 镜像

3. 创建 JMeter PVC

在 TKE 集群控制台，单击"存储"→PersistentVolumeClaim→"新建"，如图 5-267 所示。

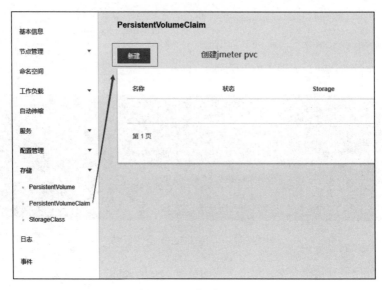

图 5-267　新建 PVC

输入 PVC 名称 jmeter-disk，命名空间选择 Nginx（PVC 将创建在 Nginx 命令空间下），Provi-sioner 选择"云硬盘 CBS"，读写权限选择"单机读写"，StorageClass 选择 cbs，输入容量 50GiB，单击"创建 PersistentVolumeClaim"，如图 5-268 所示。

图 5-268　配置 PVC 参数

4. 部署 JMeter

进入 TKE 集群展开工作负载，单击 Deployment→"新建"，如图 5-269 所示。

图 5-269 新建 Deployment 工作负载

　　此时填写工作负载配置信息，输入工作负载名，选择命名空间（这里是 Nginx 命名空间，要和之前创建的 PVC 在同一命名空间下），类型为 Deployment，数据卷选择"使用已有 PVC"，数据卷填写 vol，PVC 选择 jmeter-disk，如图 5-270 所示。

图 5-270 配置 JMeter 工作负载信息

　　接下来还需要填写 JMeter 容器信息，填写容器名称 jmeter，单击"选择镜像"；选择之前上传的 JMeter 镜像，镜像拉取策略选择 ifNotPresent，添加挂载点选择之前创建的 vol，目录路径填写 /data/jmx；选择"读写"，CPU 和内存大小根据需求设置，运行命令填写 sleep，运行参数填写 3600，这里 service 不启用，最后单击"创建 Workload"，如图 5-271 所示。

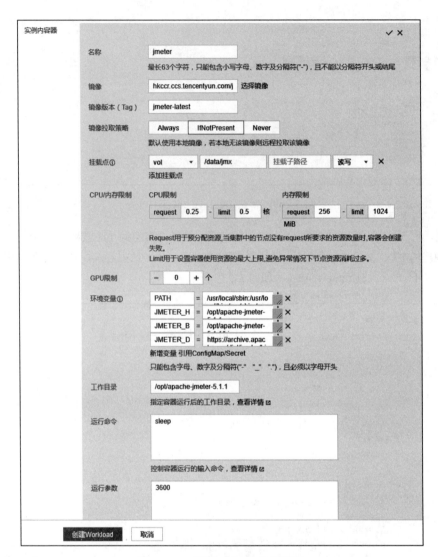

图 5-271 填写 JMeter 容器信息

5. 使用 JMeter

在 Pod 管理中看到 JMeter Pod 已经是 Running 状态了，单击"远程登录"，如图 5-272 所示。

图 5-272 JMeter Pod 状态为 Running

弹出容器登录界面，单击"登录"，如图 5-273 所示。

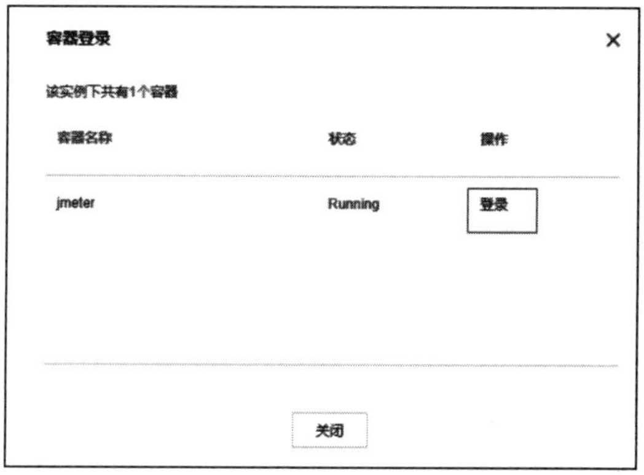

图 5-273　登录 JMeter pod

进入到容器控制台，输入 jmeter -v 可以看到 JMeter 版本，如图 5-274 所示。

图 5-274　查看 JMeter 版本

此时我们可以直接在容器内使用 JMeter 命令行进行压力测试。

JMeter 工具一般会在进行性能测试时使用，更多是测试人员用来测试容器云平台性能或评估第三方软件应用性能。

5.15　部署 Prometheus 监控

Prometheus 是一个开源监控及报警系统，通常和 Kubernetes 搭配使用。Prometheus 能够对 Pod 性能、节点性能、Kubernetes 资源对象进行监控，监控指标如表 5-4 所示。

表 5-4　Prometheus 监控指标

监 控 指 标	具 体 实 现	举　　　例
Pod 性能	cadvisor	容器 CPU，内存利用率
节点性能	node-exporter	节点 CPU，内存利用率
Kubernetes 资源对象	kube-state-metrics	pod/deployment/service

1. Prometheus 架构

在对 Prometheus 容器化后，其架构如图 5-275 所示。

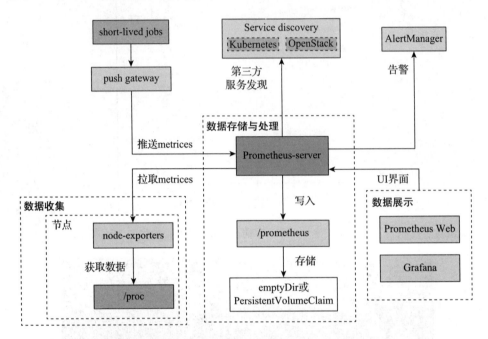

图 5-275　Prometheus 容器化架构

Prometheus 的主要模块包含 Prometheus-server、node-exporters（我们在这里收集节点数据）、push gateway、AlertManager、WebUI 等，下面介绍各模块功能。

（1）Prometheus-server

用于拉取和获取数据，会定期从静态配置的 targets 或服务（主要是 Kubernetes、OpenStack、DNS、consul 等）发现的 targets 拉取数据。

（2）node-exporters

用于采集监控数据并向 Prometheus-server 做数据汇报。我们这里是采集主机数据，所以是 node-exporters（实际上 Prometheus 支持多种 exporters）。

（3）push gateway

将不同的数据进行汇总（类似于 zabbix-proxy 功能），并主动推送给 Prometheus-server。

（4）AlertManager

实现 Prometheus 的告警功能。

（5）WebUI

主要通过 Grafana 来实现 WebUI 展示。

2. Prometheus 工作流程

Prometheus 工作流程主要分为 4 步，分别是采集、数据存储与处理、展示、告警。

（1）采集

node-exports 组件以容器化的方式部署在节点上，从节点上的 /proc 文件夹读写 CPU、内存等数据。

（2）数据存储与处理

Prometheus-server 定期从 node-exporters 中拉取 metrics 数据，并持久化存储在本地。

（3）展示

Prometheus-server 通过 Prometheus Web 或 Grafana 将存储在本地的数据进行可视化展示。

（4）告警

Prometheus-server 基于本地的 metrics 数据定义 alert.rules 告警规则，向 AlertManager 推送警报。AlertManeger 接收到警报后发出告警。

3. Prometheus 部署

使用以下命令下载并部署 node-exporter。

```
$ git clone https://github.com/ielepro/Kubernetes-Prometheus-grafana
$ cd Kubernetes-Prometheus-grafana/
$ kubectl apply -f node-exporter.yaml
```

部署成功，如图 5-276 所示。

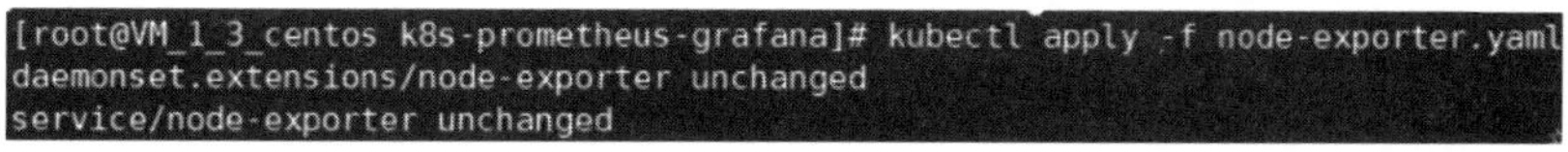

图 5-276　部署 node-exporter

使用以下命令部署 Prometheus 监控。

```
$ cd Kubernetes-Prometheus-grafana/
$ kubectl apply -f Prometheus
```

部署成功，如图 5-277 所示。

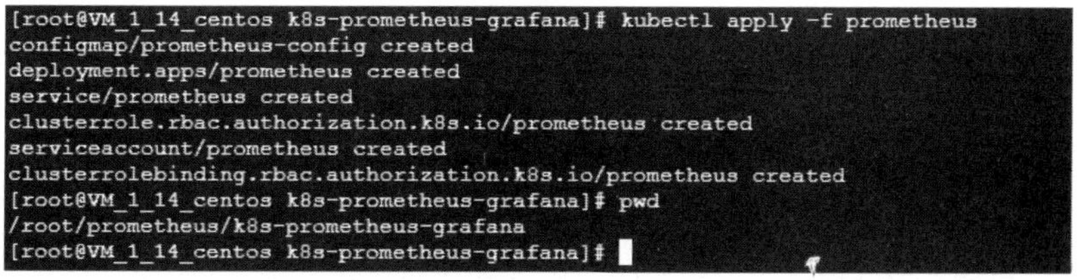

图 5-277　部署 Prometheus 监控

4. Prometheus 访问

使用以下命令查看 Prometheus 监控所在主机和端口。

```
$ kubectl get svc -n kube-system
```

查看结果，如图 5-278 所示。

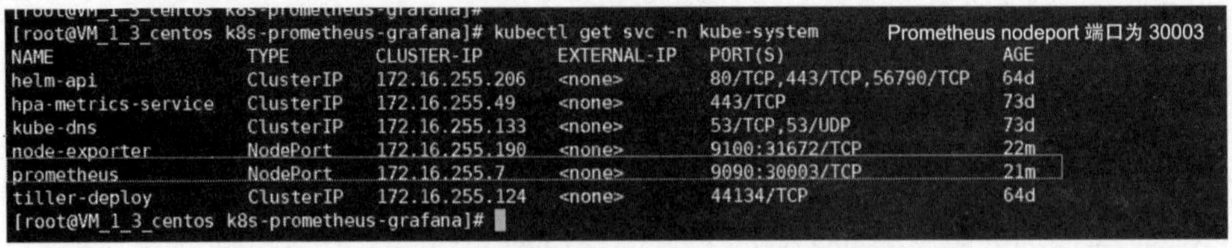

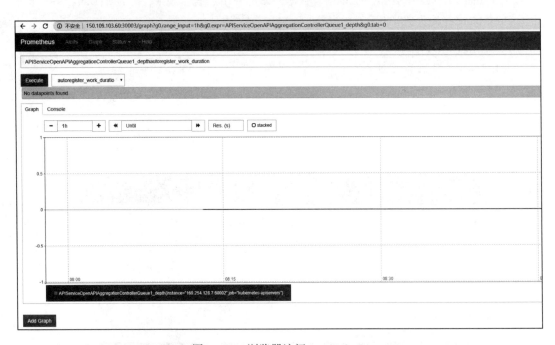

图 5-278 查看 Prometheus service 信息

可以看到，Prometheus 所在主机是 172.16.255.7，节点端口是 30003，浏览器访问 http://150.
109.103.60:30003/，出现如图 5-279 所示的页面说明 Prometheus 部署成功。

图 5-279 浏览器访问 Prometheus

5. Grafana 部署

使用以下命令部署 Grafana。

```
$ cd Kubernetes-Prometheus-grafana/
$ kubectl apply -f grafana/
```

Grafana 部署成功，如图 5-280 所示。

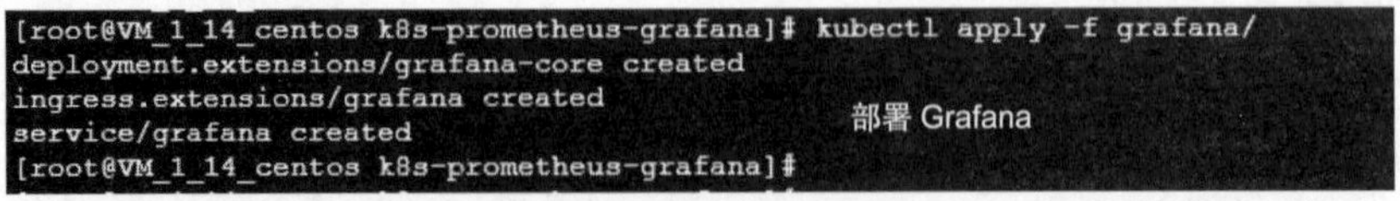

图 5-280 部署 Grafana

使用以下命令查看 Grafana 监控访问地址。

```
$ kubectl get svc -n kube-system |grep grafana
```

查看 Grafana 访问地址，如图 5-281 所示。

```
[root@VM_1_14_centos k8s-prometheus-grafana]# kubectl get svc -n kube-system |grep grafana
grafana                NodePort    172.16.255.108    <none>        3000:31682/TCP            4m53s
[root@VM_1_14_centos k8s-prometheus-grafana]#
[root@VM_1_14_centos k8s-prometheus-grafana]#          查看grafana svc访问地址及端口
```

图 5-281　查看 Grafana Service

我们可以看到，Grafana 的节点端口是 31682。

6. Grafana 访问

（1）通过浏览器访问 Grafana

Grafana 网址为 http://150.109.103.60:31682，访问 Grafana 默认账号为 admin，密码为 admin，如图 5-282 所示。

（2）添加 Prometheus 数据源

登录 Grafana 后台后，展开 Data Sources，单击右侧 Add data source，如图 5-283 所示。

图 5-282　登录 Grafana 后台

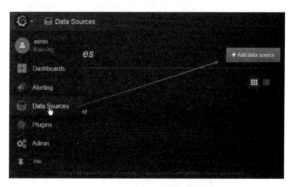

图 5-283　添加数据源

自定义填写数据源名称（这里我填写的是 prometheus_k8s），Type 资源类型选择 Prometheus，Url 填写 Prometheus 的服务地址及端口号，其他参数保持默认项，最后单击 Add，如图 5-284 所示。

（3）配置 315 模板

在 Grafana 后台，展开 Dashboards，单击右侧 Import，如图 5-285 所示。

在弹出框内填写数字 315，这里自动加载官方提供的 315 号模板，单击 Load，如图 5-286 所示。

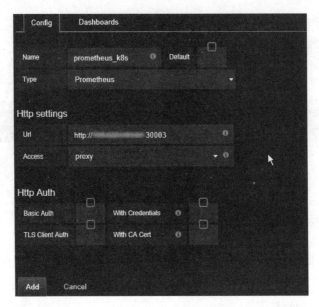

图 5-284 配置数据源

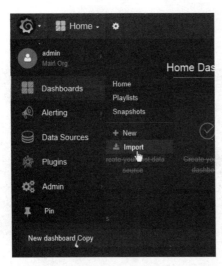

图 5-285 导入模板

图 5-286 配置 315 模板

（4）导入 Prometheus 数据

在自动弹出的 Import Dashboard 界面选择刚添加的数据源 prometheus_k8s，单击 Import，如图 5-287 所示。

（5）访问

之后可以在 Dashborad 界面看到 Grafana 根据"prometheus_k8s"模板获取的监控数据，并做可视化展示，如图 5-288 所示。

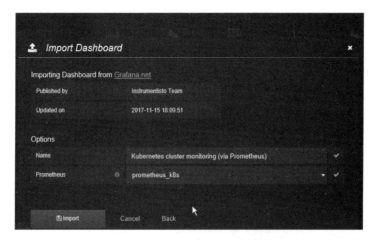

图 5-287 导入 Prometheus 数据

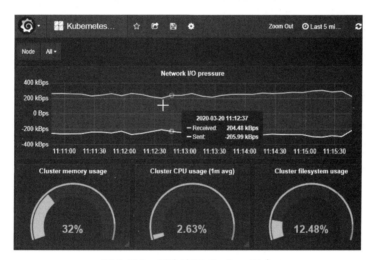

图 5-288 再次访问 Grafana 后台

Prometheus 和 Grafana 的结合能够监控容器平台及 Pod 业务性能，实现短信或邮件告警，提前降低业务风险。Prometheus 是容器云平台常用的监控系统，特别是自建容器云平台。

5.16 部署 Ingress kong 网关

传统的业务访问通常是用户先访问 API 网关，通过验证后，再由网关转发至请求的资源。这时，API 网关相当于代理程序，如果用户有多个 API 网关，就可以使用 Ingress kong 将它们都管理起来。

Ingress kong 可以理解为 API 网关的代理，也就是用户在访问 API 网关前，先要经过 Ingress kong，在 Ingress controller 的上下文中，改用 CRD 方式进行管理，包括日志、限流、认证、鉴权等。

1. Ingress kong 架构

Ingress kong 业务架构如图 5-289 所示。

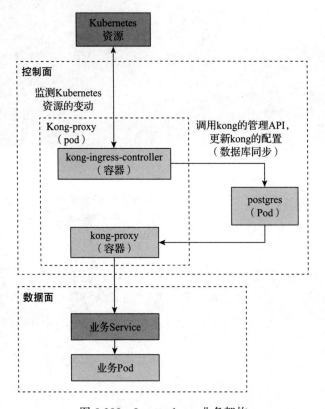

图 5-289　Ingress kong 业务架构

Ingress kong 分为控制面和数据面，控制面中有 kong-proxy 和 postgres 两个 Pod；kong-proxy pod 中有 kong-Ingress-controller 和 kong-proxy 两个容器。

（1）kong-Ingress-controller 负责检测 Kubernetes 资源变动，并调用 Ingress kong 管理的 API，更新 Ingress kong 的配置，kong-proxy 提供 Ingress kong 管理 API。

（2）kong-Ingress-controller 和 kong-proxy 两个容器之间通过 postgres 数据库实现数据同步。

2. Ingress kong 工作流程

Ingress kong 业务工作流程如图 5-290 所示。

Ingress kong 业务访问流程如下。

1）用户创建 Ingress 规则，该规则被记录在 Kubernetes 资源中。

2）由于 kong-Ingress-controller 容器检测 Kubernetes 资源，所以 Ingress 规则会同步到 kong-Ingress-controller 容器。

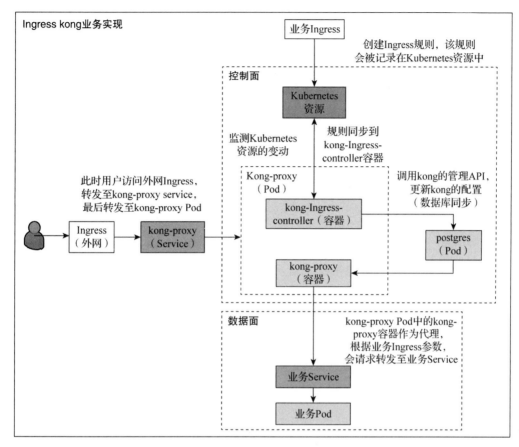

图 5-290　Ingress 业务工作流程

3）用户访问外网 Ingress，转发至 kong-proxy Service，最后转发至 kong-proxy Pod。

4）kong-proxy Pod 中的 kong-proxy 容器作为代理，根据 Ingress 配置的业务参数，将请求转发至业务 Service，最后到达业务 Pod。

3. Ingress kong 部署

下载 yaml 文件到本地。

```
$wget \
https://raw.githubusercontent.com/Kong/kubernetes-ingress-controller/master/
    deploy/single/all-in-one-postgres.yaml
```

删除文本中如下两行代码。

```
service.beta.kubernetes.io/aws-load-balancer-backend-protocol: tcp
service.beta.kubernetes.io/aws-load-balancer-type: nlb
```

下载 yaml 文件到本地。

```
$wget \
```

https://raw.githubusercontent.com/Kong/kubernetes-ingress-controller/master/deploy/manifests/dummy-application.yaml

将以下内容保存为 Ingress-foo-bar.yaml。

```
apiVersion: extensions/v1beta1
kind: Ingress
metadata:
    name: foo-bar
spec:
    rules:
    - host: foo.bar
      http:
        paths:
        - path: /
          backend:
              serviceName: http-svc
              servicePort: 80
```

运行以下命令进行部署。

```
$ kubectl apply -f all-in-one-postgres.yaml
$ kubectl apply -f dummy-application.yaml
$ kubectl apply -f ingress-foo-bar.yaml
```

4. Ingress kong 访问

通过 Ingress kong 代理，对业务进行访问。

```
$ curl 119.28.205.139:80 -H "Host: foo.bar"
```

访问结果如图 5-291 所示。

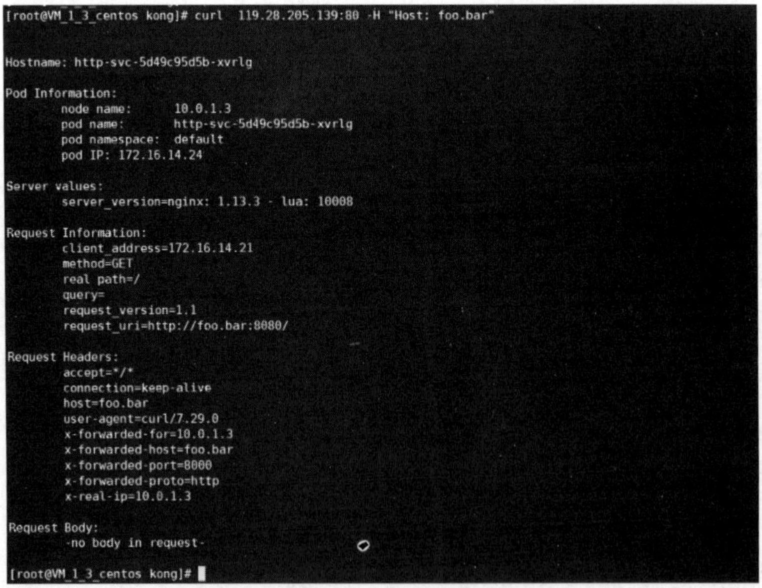

图 5-291　业务访问

通过访问 Ingress kong 命名空间下的 service proxy-kong 将请求转发至 pod Ingress-kong，然后将请求代理转发到 default 命名空间下的 Ingress foo-bar，最终将请求发送给 pod http-svc。

5.17　部署 Istio

Kubernetes 解决了运维部署的问题，随着业务量增大，服务网络的管理难度势必会越来越大。开发人员应该把更多的精力放在对业务和功能的实现上，而不是被烦琐的日志、监控、测试等辅助模块所禁锢，基于此，Istio 应运而生。

Kubernetes 简化运维部署，Istio 解决容器服务治理，是未来服务网络的发展趋势。

1. Istio 架构

Istio 整体架构如图 5-292 所示。

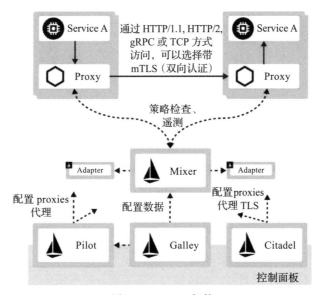

图 5-292　Istio 架构

2. Istio 整体架构介绍

Istio 服务网格逻辑上分为数据面和控制面。

数据面：由一组智能代理（Envoy2）组成（Envoy2 以 SideCar 方式部署）。微服务和 Mixer 之间的网络通信通过 Envoy2 调节控制。

控制面：管理和配置代理路由流量。控制平面通过配置 Mixer 实施策略，并收集遥测数据。

3. Istio 组件介绍

（1）Envoy

即边车（SideCar）容器，和对应服务在同一 Pod 中。这允许 Istio 将大量关于流量行为的信号以属性的方式提取出来，且这些属性又可以发送给 Mixer 运行策略决策，并发送给监控系统，用以提供完整网格行为的信息。边车代理模型还可以将 Istio 的功能添加到现有部署中，用户无须重写代码。可以将图 5-292 中的 Proxy 理解为边车，代表数据面。

（2）Mixer

独立于平台的组件，能够对服务网格运行访问控制和使用策略，并从 Envoy 代理和其他服务收集遥测数据。以代理的方式提取请求级属性，并发送到 Mixer 进行评估。Mixer 中包括一个灵活的插件模型，该插件模型能接入各种主机环境和基础设施后端（日志、监控等），从这些细节中可以抽象出 Envoy 代理以及 Istio 管理的服务。

（3）Pilot

能够为 Envoy SideCar 提供服务发现功能，为弹性机制（重试、超时、熔断器等）和智能路由（例如金丝雀部署、A/B 测试）提供流量管理功能。Pilot 能够将控制流量行为的高级路由规则转换为 Envoy 配置，且运行时将其同步到边车容器。Pilot 能够提取平台特定的服务发现机制，将其组合成符合边车容器使用标准的格式。该松散耦合的方式能让 Istio 在多种环境下运行（如 Kubernetes），且保持用于流量管理的相同操作界面。

（4）Citadel

即身份凭证管理，Citadel 基于内置身份和凭证管理，提供服务间和最终用户的身份验证。能够为运维人员提供基于服务标识而非网络控制运行策略的能力，且对服务网格中未加密的流量进行升级。在 Istio 0.5 版本之后，Istio 支持对角色进行访问控制。

（5）Galley

可理解为 Istio 控制平台组件中的一种，可验证用户自行编写的 Istio API 配置。Galley 将接管 Istio 重要职责（获取配置、处理和分配组件）。Galley 从底层平台（例如 Kubernetes）获取用户配置并提供给其他的 Istio 组件使用，实现底层平台解耦。

4. Istio 功能说明

Istio 主要有以下 4 个特点。

1）Istio 适用于容器环境，特别是和 Kubernetes 结合。

2）在对业务进行微服务改造时，Istio 能够帮助微服务之间建立连接，形成 mesh，且不需要对业务代码做任何改动。

3）进行数据流程交互时，会先经过 Istio，实现 HTTP、TCP、WebSocket 和 GRPC 流量自动负载均衡，对集群入口和出口的流量进行自动度量指标、跟踪和日志记录。在基于身份验证和授权的集群中实现安全的服务间通信。

4）Istio proxy 层能提供基础架构能力，例如负载均衡、服务发现、服务监控、故障恢复、故障测量、限流限速、A/B 测试、灰度发布等。

5. Istio 部署

启用 admissionregistration API。

```
$ kubectl api-versions | grep admissionregistration
```

创建命名空间。

```
$ kubectl create namespace Istio-system
```

命名空间创建后，需要在 TKE 控制台 Istio-system 命名下发密钥。

为 default 命名空间打上标签 Istio-injection=enabled。

```
$ kubectl label namespace default Istio-injection=enabled
```

运行以下命令进行 Istio 包下载及 Istioctl 客户端命令配置。

```
$ wget https://github.com/Istio/Istio/releases/download/1.3.4/Istio-1.3.4-linux.tar.gz
$ tar zxvf Istio-1.3.4-linux.tar.gz
$ cp Istio-1.3.4/bin/Istioctl /usr/local/bin/
```

运行以下命令进行 Istio 组件部署。

```
$ kubectl apply -f Istio-1.3.4/install/kubernetes/Istio-demo.yaml
```

运行以下命令可以看到部署的 Pod 组件。

```
$ kubectl get pod -n Istio-system
```

Istio 部署的 Pod 如图 5-293 所示。

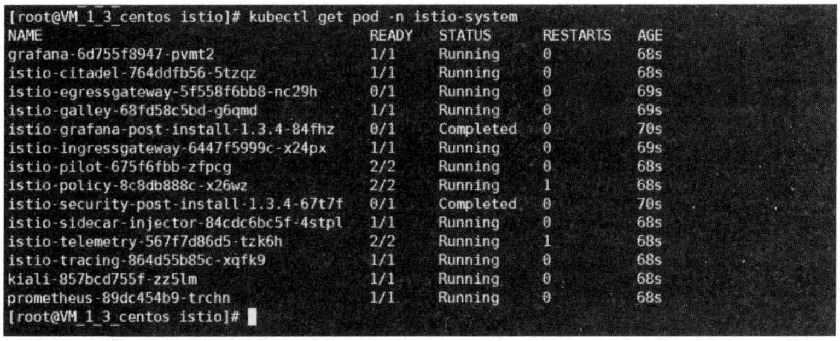

```
[root@VM_1_3_centos istio]# kubectl get pod -n istio-system
NAME                                        READY   STATUS      RESTARTS   AGE
grafana-6d755f8947-pvmt2                    1/1     Running     0          68s
istio-citadel-764ddfb56-5tzqz               1/1     Running     0          68s
istio-egressgateway-5f558f6bb8-nc29h        0/1     Running     0          69s
istio-galley-68fd58c5bd-g6qmd               1/1     Running     0          69s
istio-grafana-post-install-1.3.4-84fhz      0/1     Completed   0          70s
istio-ingressgateway-6447f5999c-x24px       1/1     Running     0          69s
istio-pilot-675f6fbb-zfpcg                  2/2     Running     0          68s
istio-policy-8c8db888c-x26wz                2/2     Running     1          68s
istio-security-post-install-1.3.4-67t7f     0/1     Completed   0          70s
istio-sidecar-injector-84cdc6bc5f-4stpl     1/1     Running     0          68s
istio-telemetry-567f7d86d5-tzk6h            2/2     Running     1          68s
istio-tracing-864d55b85c-xqfk9              1/1     Running     0          68s
kiali-857bcd755f-zz5lm                      1/1     Running     0          68s
prometheus-89dc454b9-trchn                  1/1     Running     0          68s
[root@VM_1_3_centos istio]#
```

图 5-293　Istio 组件 Pod

部署的 Istio 组件说明如下。

1）网关：Istio-Ingressgateway（外部流量入口网关），Istio-egressgateway（出口流量）。

2）Job：Istio-cleanup，Istio-security（用于初始化工作的任务）。

3）数据面：SideCar（Proxy，边车容器）。

4）控制面：Citadel（认证，安全中心）、Galley（用于 validator）、Pilot（服务发现、配置规则）、Istio-policy+Istio-telemetry（共同组成 Mixer）。

5）监控：Prometheus 结合 policy+telemetry 对 Pod 进行监控。

6. BookInfo 案例部署

BookInfo 访问流程如图 5-294 所示。

（1）部署 BookInfo 示例应用

```
$ kubectl apply -f Istio-1.3.4/samples/bookinfo/platform/kube/bookinfo.yaml
```

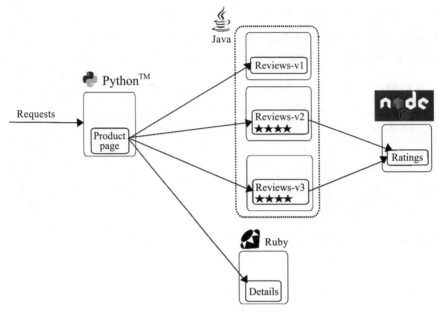

图 5-294　BookInfo 访问流程

（2）查看 BookInfo Pod 和 Service，默认部署在 default 命名空间下

```
$ kubectl get pod, svc
```

查看 BookInfo Pod 和 Service，如图 5-295 所示。

```
[root@VM_1_3_centos istio]# kubectl get pod,svc
NAME                                 READY   STATUS    RESTARTS   AGE
pod/details-v1-c5b5f496d-nxzc8       2/2     Running   0          14m
pod/productpage-v1-c7765c886-2k4gh   2/2     Running   0          13m
pod/ratings-v1-f745cf57b-zdjmw       2/2     Running   0          14m
pod/reviews-v1-75b979578c-79srm      2/2     Running   0          14m
pod/reviews-v2-597bf96c8f-29x26      2/2     Running   0          14m
pod/reviews-v3-54c6c64795-jwhf9      2/2     Running   0          14m

NAME                  TYPE           CLUSTER-IP       EXTERNAL-IP   PORT(S)         AGE
service/details       ClusterIP      172.16.255.53    <none>        9080/TCP        14m
service/kube-user     LoadBalancer   172.16.255.28    10.0.0.4      443:32397/TCP   48d
service/kubernetes    ClusterIP      172.16.255.1     <none>        443/TCP         79d
service/productpage   ClusterIP      172.16.255.154   <none>        9080/TCP        14m
service/ratings       ClusterIP      172.16.255.108   <none>        9080/TCP        14m
service/reviews       ClusterIP      172.16.255.218   <none>        9080/TCP        14m
[root@VM_1_3_centos istio]#
```

图 5-295　查看 BookInfo Pod 和 Service

（3）BookInfo 网关部署

```
$ kubectl apply -f \
Istio-1.3.4/samples/bookinfo/networking/bookinfo-gateway.yaml
```

（4）访问 BookInfo

网址为 http://150.109.103.60:31380/productpage，如图 5-296 所示。

此时尝试多次刷新浏览器，可在 productpage 页面中看到 Book Reviews 的不同版本，按照负载均衡器算法（红星、黑星、没有星星）的方式展现。这时候我们还没有使用 Istio 控制版本的路由。

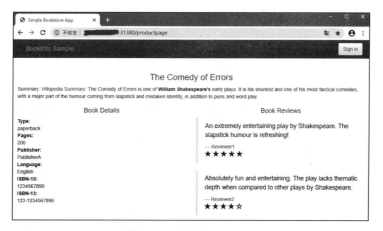

图 5-296　访问 BookInfo

（5）请求路由部署，并将微服务版本默认配置为 v1

在 BookInfo 案例中，我们部署了 3 个版本的 Reviews 服务，之前刷新浏览器访问时会发现返回的星级是随机的，因此还需要为应用设置一个默认路由，该路由会请求分配到指定的可用版本上。

BookInfo 请求路由规则部署（不启用 TLS）如下。

```
$ kubectl apply -f \
Istio-1.3.4/samples/bookinfo/networking/destination-rule-all.yaml
```

（6）请求路由规则配置

1）运行如下命令，将所有微服务的默认版本设置为 v1。

```
$ kubectl apply -f \
Istio-1.3.4/samples/bookinfo/networking/virtual-service-all-v1.yaml
```

2）网址为 http://150.109.103.60:31380/productpage，如图 5-297 所示。

图 5-297　访问 BookInfo

3）通过运行如下命令，把来自测试用户"jason"的请求发送到 reviews:v2。

```
$ kubectl apply -f \
Istio-1.3.4/samples/bookinfo/networking/virtual-service-reviews-test-v2.yaml
```

在浏览器中，单击右上角的"Sign in"，账户密码均输入 jason，单击 Sign in，如图 5-298 所示。

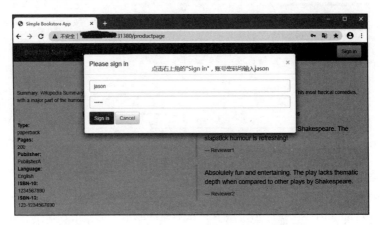

图 5-298　使用 jason 用户登录访问 BookInfo

网址为 http://150.109.103.60:31380/productpage，如图 5-299 所示。

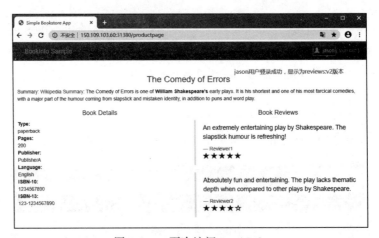

图 5-299　再次访问 BookInfo

（7）HTTP Delay 创建故障注入规则

运行故障注入如下命令。

```
$ kubectl apply -f \
Istio-1.3.4/samples/bookinfo/networking/virtual-service-ratings-test-delay.yaml
```

该命令包含的故障规则可延迟来自 jason 的流程。网址为 http://150.109.103.60:31380/productpage，如图 5-300 所示。

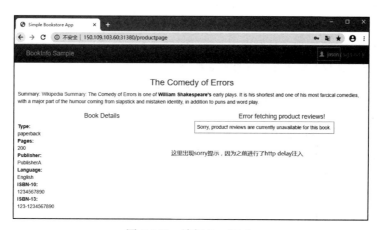

图 5-300　访问 BookInfo

（8）使用 HTTP Abort 创建一个故障注入规则

```
$ kubectl apply -f \
Istio-1.3.4/samples/bookinfo/networking/virtual-service-ratings-test-abort.yaml
```

网址为 http://150.109.103.60:31380/productpage，如图 5-301 所示。

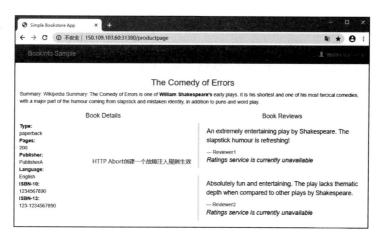

图 5-301　访问 BookInfo

（9）流量转移配置

首先，将所有微服务的默认版本设置为 v1，然后将 50% 的流量从 reviews:v1 转移到 reviews:v3。

```
$ kubectl replace -f \
Istio-1.3.4/samples/bookinfo/networking/virtual-service-all-v1.yaml
$ kubectl replace -f \
Istio-1.3.4/samples/bookinfo/networking/virtual-service-reviews-50-v3.yaml
```

在浏览器中多次刷新 productpage 页面，大约有 50% 的概率看到页面中出现带红星的评价内容。

如果觉得 reviews:v3 微服务已经稳定，可以通过以下命令将 virtual service 的全部流量路由到 reviews:v3，从而实现一个灰度发布的功能。

```
$ kubectl replace -f \
Istio-1.3.4/samples/bookinfo/networking/virtual-service-reviews-v3.yaml
```

下面我们总结一下 Istio 业务访问流程。用户请求入口是 Istio-gateway Pod 代理服务器（类似 Nginx 做代理），会通过 bookinfo-gateway virtualservice 转发规则（类似自定义 nginx upstream location 转发规则）转发给 pilot，pilot 接受规则并下发给 envoy，请求给 envoy 边车容器，转发至业务容器。

Istio 虽设计精良，但软件复杂，国内大多数企业还在探索和实验阶段。站在产品角度，软件如果设计复杂，说明难以上手，意味着距离推广和落地还很远。所以最新发布的 Istio 1.5 更注重设计单体应用，重建整个控制面为 Istio，摒弃了 Mixer。未来的业务是"服务网格化"趋势，相信会有 Istio 的一席之地。

5.18　搭建 Harbor 仓库

Harbor 是由 VMware 公司开源的企业级的 Docker Registry 管理项目，可以理解为 Docker Registry 的更高级版本。除了提供友好的可视化界面，Harbor 还支持角色或用户进行访问控制、镜像漏洞扫描、行为审计、与企业 LDAP 集成。相比 Docker Hub、Registry 提供的简单存储功能，Harbor 的出现可以说是解决了企业对于镜像仓库功能的需求。这里还有一个有趣的说法，Harbor 是港湾的意思，把容器比喻成集装箱，把集装箱放在港湾，生动又形象。

5.18.1　Harbor 核心组件及部署环境

Harbor 核心组件如下。

1）Job Service：一种通用运行队列服务，允许其他组件 / 服务通过简单的静态 API 同时提交运行异步任务。

2）Logs：Log collector，日志收集器，负责将其他模块的日志收集到一个地方。

3）GC Controller：管理在线 GC 计划设置，并启动和跟踪 GC 进度。

4）Chart Museum：提供 Chart 管理和访问 API 的 Chart 存储服务器，即 Helm 存储。

5）Docker Registry：第三方注册表服务器，负责存储 Docker 镜像并处理 Docker 推送 / 拉取命令。由于 Harbor 需要强制运行对图像的访问控制，因此注册表将引导客户端使用令牌服务，以便为每个请求提供有效的令牌。

6）Notary：第三方内容信任服务器，负责安全地发布和验证内容。

7）Web Portal：图形化用户界面，可帮助用户管理注册表上的图像。

Harbor 部署环境如表 5-5 所示。

表 5-5　Harbor 部署环境

角　色	版　本	备　注
Kubernetes 集群	1.16.3	集群版本建议大于 1.10
Helm	2.10.0	Helm 版本建议大于 2.8.0
Ingress	1.20.0	
PVC		PVC 数据卷大于 1G 容量

5.18.2　非 Harbor 侧配置

1. 创建 TKE 集群

通过 TKE 创建一个 1.16 版本的托管集群，如图 5-302 所示。

图 5-302　创建 TKE 集群

2. 安装 Helm

通过 TKE 的控制面板安装 Helm，单击"申请开通"后会自动安装 Helm 2，下发 tiller、swift 至集群中，如图 5-303 所示。

3. 配置 Helm

这里还需额外配置 Helm 客户端，后续拉取 Harbor Chart 时会用到。

登录节点配置即可，命令如下所示。

图 5-303 开通 Helm

```
# 下载Helm客户端
$ curl -O \
https://storage.googleapis.com/kubernetes-helm/helm-v2.10.0-linux-amd64.tar.gz
$ tar xzvf helm-v2.10.0-linux-amd64.tar.gz
$ sudo cp linux-amd64/helm /usr/local/bin/helm
```

运行以下命令，将 Helm 配置为 client-only。

```
$ helm init --client-only
```

4. 安装 Ingress

这里使用 nginx-Ingress 命令一键安装。

```
$ helm search nginx-ingress
NAME                    VERSION   DESCRIPTION
local/nginx-ingress     0.8.9     An nginx Ingress controller that uses ConfigMap...
stable/nginx-ingress    0.8.9     An nginx Ingress controller that uses ConfigMap...
stable/nginx-lego       0.3.0     Chart for nginx-ingress-controller and kube-lego
$ helm install --name nginx-ingress local/nginx-ingress
```

5.18.3   Harbor 侧配置

1. 添加 Harbor 的 Helm 库

```
$ helm repo add Harbor https://helm.goHarbor.io
```

2. 将 Harbor 下载到本地

```
$ helm fetch Harbor/Harbor
$ tar -xvf Harbor-1.3.1.tgz
$ ls Harbor/
cert  Chart.yaml  conf  LICENSE  README.md  templates  values.yaml
```

3. 配置 value.yaml

Helm Harbor 会提供一个默认的 value，里面申明了各项配置，如 secret、externalURL、pvc、imagetag 等。这里我们关心以上核心的几个参数即可，其余参数可在 Harbor github 官方配置列表文档里查找。

4. 配置 host，并指定 Ingress 类型为 Nginx

配置对应域名，并且需要在 Ingress 的 annotations 中声明 kubernetes.io/Ingress.class: nginx。

```
ingress:
    hosts:
        core: Harbor.tke.com
        notary: Harbor.tke.com
    controller: default
    annotations:
        ingress.kubernetes.io/ssl-redirect: "true"
        ingress.kubernetes.io/proxy-body-size: "0"
        nginx.ingress.kubernetes.io/ssl-redirect: "true"
        nginx.ingress.kubernetes.io/proxy-body-size: "0"
        kubernetes.io/ingress.class: nginx
externalURL: https://Harbor.tke.com
```

注意，若没有声明 kubernetes.io/Ingress.class: nginx，创建 Ingress 时，会使用 tke-Ingress-con-troller 的控制器逻辑，导致创建 CLB 时找不到证书。

5. 配置数据卷

这里默认配置的参数为空，如果有已经创建好的 PVC，需要在 existingClaim 参数里配置好对应的 PVC 名称，否则会创建新的 PVC 出来。

若需指定 PVC，请先创建好并在 existingClaim 中填写好对应的 PVC name，如下所示。

```
persistence:
    enabled: true
    resourcePolicy: "keep"
    persistentVolumeClaim:
        registry:
            storageClass: ""
            subPath: ""
            accessMode: ReadWriteOnce
            size: 5Gi
        chartmuseum:
            existingClaim: "Harbor-chart"
            storageClass: ""
            subPath: ""
            accessMode: ReadWriteOnce
            size: 5Gi
        jobservice:
            existingClaim: "Harbor-jobservice"
            storageClass: ""
            subPath: ""
            accessMode: ReadWriteOnce
            size: 1Gi
        database:
            existingClaim: "Harbor-database"
            storageClass: ""
            subPath: ""
            accessMode: ReadWriteOnce
            size: 1Gi
        redis:
            existingClaim: "Harbor-redis"
```

```
        storageClass: ""
        subPath: ""
        accessMode: ReadWriteOnce
        size: 1Gi
```

若想使用其他的 storageClass，可进行如下配置。

```
persistence:
    enabled: true
    resourcePolicy: "keep"
    persistentVolumeClaim:
        registry:
            storageClass: "cbs"
        chartmuseum:
            storageClass: "cbs"
        jobservice:
            storageClass: "cbs"
        database:
            storageClass: "cbs"
        redis:
            storageClass: "cbs"
```

注意，在配置前务必先将 value 的注释浏览一遍。

如不指定 existingClaim，就不用配置了。后续创建 Harbor 时会自动创建对应的 PVC，并且配置为保留属性，后续删除了 Harbor 也不会将 PVC 删除，保留数据盘。

整个 value 文件很长，这里只展示了笔者认为比较核心的配置，在搭建过程中建议浏览完整的 value 文件。

精简过后的 value 文件如下。

```
$ cat Harbor-value.yaml

expose:
    type: ingress
    tls:
        enabled: true
    ingress:
        hosts:
            core: Harbor.tke.com
            notary: Harbor.tke.com
        annotations:
            ingress.kubernetes.io/ssl-redirect: "true"
            ingress.kubernetes.io/proxy-body-size: "0"
            nginx.ingress.kubernetes.io/ssl-redirect: "true"
            nginx.ingress.kubernetes.io/proxy-body-size: "0"
            kubernetes.io/ingress.class: nginx

externalURL: https://Harbor.tke.com
persistence:
    enabled: true
    resourcePolicy: "keep"
    persistentVolumeClaim:
        registry:
            storageClass: "cbs"
```

```
        chartmuseum:
            storageClass: "cbs"
        jobservice:
            storageClass: "cbs"
        database:
            storageClass: "cbs"
        redis:
            storageClass: "cbs"
```

注意，在 TKE 中若不指定 storageClass，默认会使用 cbs storageClass，此处只是为了示范，在实际使用过程中可用其他 storageClass 替换。

6. 创建 Harbor

若创建了精简的 value yaml 文件，请执行以下命令部署 Harbor。

```
$ helm install --name Harbor -f Harbor-value.yaml ./Harbor
```

若直接在 value.yaml 中修改，就无须加 -f 参数指定 value yaml 文件，部署 Harbor 命令如下所示。

```
$ helm install --name Harbor  --namespace default ./Harbor
NAME:  Harbor
LAST DEPLOYED: Tue Feb 25 17:04:37 2020
NAMESPACE: default
STATUS: DEPLOYED

RESOURCES:
==> v1/Service
NAME                           TYPE       CLUSTER-IP      EXTERNAL-IP  PORT(S)            AGE
Harbor-Harbor-chartmuseum      ClusterIP  172.16.253.254  <none>       80/TCP             1s
Harbor-Harbor-clair            ClusterIP  172.16.252.131  <none>       8080/TCP           1s
Harbor-Harbor-core             ClusterIP  172.16.253.19   <none>       80/TCP             1s
Harbor-Harbor-database         ClusterIP  172.16.254.228  <none>       5432/TCP           1s
Harbor-Harbor-jobservice       ClusterIP  172.16.253.191  <none>       80/TCP             1s
Harbor-Harbor-notary-server    ClusterIP  172.16.255.135  <none>       4443/TCP           1s
Harbor-Harbor-notary-signer    ClusterIP  172.16.252.60   <none>       7899/TCP           1s
Harbor-Harbor-portal           ClusterIP  172.16.254.108  <none>       80/TCP             1s
Harbor-Harbor-redis            ClusterIP  172.16.254.13   <none>       6379/TCP           1s
Harbor-Harbor-registry         ClusterIP  172.16.253.232  <none>       5000/TCP, 8080/TCP 1s

==> v1/Deployment
NAME                           DESIRED   CURRENT   UP-TO-DATE   AVAILABLE   AGE
Harbor-Harbor-chartmuseum      1         1         1            0           1s
Harbor-Harbor-clair            1         1         1            0           1s
Harbor-Harbor-core             1         1         1            0           1s
Harbor-Harbor-jobservice       1         0         0            0           1s
Harbor-Harbor-notary-server    1         1         1            0           1s
Harbor-Harbor-notary-signer    1         0         0            0           1s
Harbor-Harbor-portal           1         0         0            0           1s
Harbor-Harbor-registry         1         0         0            0           1s

==> v1/StatefulSet
NAME                     DESIRED   CURRENT   AGE
Harbor-Harbor-database   1         1         0s
```

```
Harbor-Harbor-redis      1         1        0s

==> v1beta1/Ingress
NAME                     HOSTS                              ADDRESS  PORTS     AGE
Harbor-Harbor-ingress    Harbor.tke.com, Harbor.tke.com             80, 443   0s

==> v1/Pod(related)
NAME                                          READY  STATUS            RESTARTS  AGE
Harbor-Harbor-chartmuseum-85b75674f6-zpnn2    0/1    Pending           0         1s
Harbor-Harbor-clair-84b5864556-6rr54          0/2    ContainerCreating 0         1s
Harbor-Harbor-core-884766589-2t84b            0/1    ContainerCreating 0         1s
Harbor-Harbor-jobservice-577d9f4df7-9z858     0/1    Pending           0         1s
Harbor-Harbor-notary-server-789d854975-hpdzw  0/1    ContainerCreating 0         1s
Harbor-Harbor-notary-signer-6ccfd745bb-ccqls  0/1    ContainerCreating 0         1s
Harbor-Harbor-portal-5cbc6d5897-lr9rp         0/1    ContainerCreating 0         1s
Harbor-Harbor-registry-5fb56db945-xh7hp       0/2    Pending           0         0s
Harbor-Harbor-database-0                       0/1    Pending           0         0s
Harbor-Harbor-redis-0                         0/1    Pending           0         0s

==> v1/Secret
NAME                        TYPE    DATA  AGE
Harbor-Harbor-chartmuseum   Opaque  1     1s
Harbor-Harbor-clair         Opaque  3     1s
Harbor-Harbor-core          Opaque  7     1s
Harbor-Harbor-database      Opaque  1     1s
Harbor-Harbor-jobservice    Opaque  1     1s
Harbor-Harbor-notary-server Opaque  5     1s
Harbor-Harbor-registry      Opaque  2     1s

==> v1/ConfigMap
NAME                        DATA  AGE
Harbor-Harbor-chartmuseum   23    1s
Harbor-Harbor-core          41    1s
Harbor-Harbor-jobservice    1     1s
Harbor-Harbor-registry      2     1s

==> v1/PersistentVolumeClaim
NAME                        STATUS   VOLUME  CAPACITY  ACCESS MODES  STORAGECLASS  AGE
Harbor-Harbor-chartmuseum   Pending  cbs               1s
Harbor-Harbor-jobservice    Pending  cbs               1s
Harbor-Harbor-registry      Pending  cbs               1s

NOTES:
Please wait for several minutes for Harbor deployment to complete.
Then you should be able to visit the Harbor portal at
https://core.Harbor.domain.
For more details, please visit https://github.com/goHarbor/Harbor.
```

7. 查看 Ingress

由于这里创建的 nginx-Ingress 用了 LoadBalancer 模式，因此在创建 EXTERNAL-IP 时，我们只要把域名的解析指向 129.226.98.183，再通过域名即可访问 Harbor。

```
$ kubectl get ingress
```

```
NAME                           HOSTS                          ADDRESS    PORTS    AGE
Harbor-Harbor-ingress     Harbor.tke.com, Harbor.tke.com              80, 443  21s
$ kubectl get svc -l app=nginx-ingress
NAME                                     TYPE           CLUSTER-IP
    EXTERNAL-IP        PORT(S)                      AGE
ingress-nginx-ingress-controller     LoadBalancer   172.16.253.162
    129.226.98.183     80:30377/TCP, 443:30399/TCP  13m
ingress-nginx-ingress-default-backend ClusterIP     172.16.252.178
    <none>             80/TCP                        13m
```

8. 访问 Harbor 地址

如果有真实的域名，可以直接把域名解析至 Ingress-controller 的 EXTERNAL-IP，这里为了方便演示，没有用真实的域名，直接把地址映射进了 /etc/hosts 文件。

```
$ echo 129.226.98.183 Harbor.tke.com >> /etc/hosts
```

映射完成后，在浏览器中输入 Harbor.tke.com，就能访问到熟悉的 Harbor Portal 界面了，如图 5-304 所示。这里的用户名和密码是默认的 admin 和 Harbor12345。

图 5-304　访问 Harbor

注意，Windows 系统也是直接映射即可（在 hosts 文件中绑定域名）。Windows 10 系统的 hosts 文件存放路径为 C:\Windows\System32\drivers\etc。

9. docker login

Harbor Portal 已经可以访问了，接来下要在节点上执行 docker login Harbor.tke.com 命令。

```
$ docker login Harbor.tke.com
Username: admin
Password:
Error response from daemon: Get https://Harbor.tke.com/v2/: x509: certificate
    signed by  unknown authority
```

遇到上面认证失败的问题时，需要把证书保存在本地。

```
https://github.com/goHarbor/Harbor/blob/master/docs/1.10/install-config/configure-
    https.md
https://docs.docker.com/engine/security/certificates/
```

创建存放证书。

```
$ mkdir -pv /etc/docker/certs.d/Harbor.tke.com
```

从 Kubernetes 中导出证书。

```
$ kubectl get secret Harbor-Harbor-ingress -o jsonpath="{.data.ca\.crt}"|base64
    --decode >
/etc/docker/certs.d/Harbor.tke.com/ca.crt
```

测试登录。

```
$ docker login Harbor.tke.com
Username: admin
Password:
WARNING! Your password will be stored unencrypted in /root/.docker/config.json.
Configure a credential helper to remove this warning. See
https://docs.docker.com/engine/reference/commandline/login/#credentials-store

Login Succeeded
```

测试推送镜像。

```
$ docker tag busybox Harbor.tke.com/library/busybox
$ docker push Harbor.tke.com/library/busybox
The push refers to repository [Harbor.tke.com/library/busybox]
195be5f8be1d: Pushed
latest:digest:sha256:edafc0a0fb057813850d1ba44014914ca02d671ae247107ca70c94db68
    6e  7de6 size: 52
```

推送完成后，可以在 Harbor 的界面看到这个镜像，如图 5-305 所示。

图 5-305　busybox docker 镜像

还可以通过如下命令测试拉取镜像。

```
$ docker rmi Harbor.tke.com/library/busybox
Untagged: Harbor.tke.com/library/busybox:latest
Untagged:
Harbor.tke.com/library/busybox@sha256:edafc0a0fb057813850d1ba44014914ca02d671ae2
    47107ca70c94db686e7de6
$ docker pull Harbor.tke.com/library/busybox
Using default tag: latest
latest: Pulling from library/busybox
Digest: sha256:edafc0a0fb057813850d1ba44014914ca02d671ae247107ca70c94db686e7de6
Status: Downloaded newer image for Harbor.tke.com/library/busybox:latest
$ docker images | grep Harbor.tke.com/library/busybox
Harbor.tke.com/library/busybox                              latest
6d5fcfe5ff17          2 months ago          1.22MB
```

10. Kubernetes 配置 secret 拉取镜像

若需要 Kubernetes Pod 拉取 Harbor 私有的镜像，还需创建 secret，并在 workload 中指定 ImagePullSecrets。前提是先执行 docker login Harbor.tke.com 命令。

将 config.json 转换成 base64，然后写入 secret 中。

```
$ cat /root/.docker/config.json | base64 -w 0
ewoJImF1dGhzIjogewoJCSJoYXJib3IudGtlLmNvbSI6IHsKCQkJImF1dGgiOiAiWVdSdGFXNDZTR0Z5
    WW05eU1USXpORFU9IgoJCX0KCX0sCgki SHR0cEhlYWRlcnMiOiB7CgkJIlVzZXItQWdlbnQiOiAi
    RG9ja2VyLUNsaWVudC8xOC4wNi4zLWNlIChsaW51eCkiCgl9Cn0=

$ cat Harborkey.yaml
apiVersion: v1
kind: Secret
metadata:
name: Harborkey
type: kubernetes.io/dockerconfigjson
data:
    .dockerconfigjson:
ewoJImF1dGhzIjogewoJCSJoYXJib3IudGtlLmNvbSI6IHsKCQkJImF1dGgiOiAiWVdSdGFXNDZTR0Z5
    WW05eU1USXpORFU9IgoJCX0KCX0sCgki SHR0cEhlYWRlcnMiOiB7CgkJIlVzZXItQWdlbnQiOiAi
    RG9ja2VyLUNsaWVudC8xOC4wNi4zLWNlIChsaW51eCkiCgl9Cn0=
```

在 yaml 中声明 imagePullSecrets。

```
apiVersion: v1
kind: Pod
metadata:
name: test-busybox
spec:
containers:
- name: test-busybox
    image: Harbor.tke.com/library/busybox
imagePullSecrets:
- name: Harborkey
```

通过 TKE 以及 Helm 工具，我们快速创建了一个 Kubernetes 集群，并通过 Helm 工具快速部署了 nginx-Ingress、Harbor，数据持久化存放在 CBS 中。由于大多数组件以无状态（Deployment）的形式运行，若集群资源充足，可多启动几个副本并部署在不同节点中。其中 database 和 Redis 以有状态（StatefulSet）运行。

11. 可能遇到的问题

1）下载 Harbor 镜像失败。例如节点在拉取镜像时，可能会因为不可抗拒的网络问题导致下载镜像失败。在测试过程中，我们用的是中国香港地域的节点，所以在拉取镜像时没有遇到问题，若在部署过程中遇到下载镜像失败，可通过其他方式拉取到镜像，再推送到国内的镜像仓库中，手动替换 workload 中 image 的配置。

2）证书配置的问题。Harbor 的 HTTPS 证书是可以使用用户自己申请的，默认 Helm Chart 中也有一个证书，若没有指定证书，则使用 Chart 中提供的。若使用用户自带的 HTTPS 证书，还须先将其转换成 secret，并在 value 中指定 secret namevalue.yaml。

```
tls:
    # Enable the tls or not. Note: if the type is "ingress" and the tls
    # is disabled, the port must be included in the command when pull/push
    # images. Refer to https://github.com/goHarbor/Harbor/issues/5291
    # for the detail.
    enabled: true
        # 如果要使用自己的TLS证书,请填写secret名称
        # 机密必须包含证书tls.crt、私钥tls.key、CA的证书ca.crt
        # 如果未设置secretName,这些文件将自动生成
    secretName: "Harbor-tls-secret"
```

在创建 Harbor 前先创建好 secret。

```
$ kubectl create secret generic Harbor-tls-secret --from-file=tls.crt=tls.crt \
    --from-file=tls.key=tls.key --from-file=ca.cre=ca.crt
```

注意，如果 storageClass 没有申请到存储资源，Pod 无法正常启动。

另外，如果容器环境对镜像使用的要求比较高，强烈建议使用腾讯云 TCR 镜像服务，TCR 具备以下特性。

1）安全管理：支持 Docker 镜像、Helm Chart 存储分发及镜像安全扫描功能，为企业级客户提供了细颗粒度的访问权限管理和网络访问控制。

2）业务拓展：支持镜像全球同步及触发器功能，可满足企业级客户使用容器 CI/CD 工作流拓展全球业务的需求。

3）极速部署：支持具有上千节点的大规模容器集群，并发拉取数兆字节级别的大镜像，可保障极速部署容器业务。

如果不想手动搭建 Harbor 这样的服务，直接用云上产品也是不错的选择！

第 6 章 *Chapter 6*

腾讯云 TKE 运维和排障

在生产环境中，若出现容器业务故障，轻则影响业务访问，重则影响公司收入和口碑。云上环境不能保证 100% 稳定，当出现一些常见故障时，我们在申请云服务支持的同时应尽量先尝试处理，以快速恢复正常运行，把损失降到最低。相关的运维和排障知识需要重点掌握，希望读者能够重视并仔细学习本章的内容。

6.1 容器服务高危操作

业务部署或运行过程中，用户操作不当可能会触发高危操作，导致不同程度的业务故障。为了更好地帮助用户预估并避免操作风险，本节将从集群、网络与负载均衡、日志、云硬盘等多个维度出发，展示高危操作会导致的后果，并提供相应的解决方案。

1. 集群高危操作

在使用 TKE 集群时，会因为误操作导致容器业务出现异常，现针对集群高危操作进行总结，如表 6-1 所示。

表 6-1　集群高危操作

分　类	高 危 操 作	导 致 后 果	误操作解决方案
master 及 etcd 节点	修改集群内节点安全组	可能导致 master 节点无法使用	按照官网推荐配置放通安全组防火墙
	节点到期或被销毁	该 master 节点不可用	不可恢复
	重装操作系统	master 组件被删除	不可恢复
	自行升级 master 或者 etcd 组件版本	可能导致集群无法使用	回退到原始版本

（续）

分　类	高 危 操 作	导 致 后 果	误操作解决方案
master 及 etcd 节点	删除或格式化节点 /etc/kubernetes 等核心目录数据	该 master 节点不可用	不可恢复
	更改节点 IP	该 master 节点不可用	改回原 IP
	自行修改核心组件（etcd、kube-apiserver、docker 等）参数	可能导致 master 节点不可用	按照官网推荐配置参数
	自行更换 master 或 etcd 证书	可能导致集群不可用	不可恢复
worker 节点	修改集群内节点安全组	可能导致节点无法使用	按照官网推荐配置放通安全组防火墙
	节点到期或被销毁	该节点不可用	不可恢复
	重装操作系统	节点组件被删除	节点移出再加入集群
	自行升级节点组件版本	可能导致节点无法使用	回退到原始版本
	更改节点 IP	节点不可用	改回原 IP
	自行修改核心组件（etcd、kube-apiserver、docker 等）参数	可能导致节点不可用	按照官网推荐配置参数
	修改操作系统配置	可能导致节点不可用	尝试还原配置项或删除节点重新购买
其他	在 CAM 中运行权限变更或修改的操作	集群部分资源如负载均衡可能无法创建成功	恢复权限

2. 网络与负载均衡高危操作

现针对网络与负载均衡高危操作进行总结，如表 6-2 所示。

表 6-2　网络与负载均衡高危操作

高 危 操 作	导 致 后 果	误操作解决方案
修改内核参数 net.ipv4.ip_forward=0	网络不通	修改内核参数 net.ipv4.ip_forward=1
修改内核参数 net.ipv4.tcp_tw_recycle=1	导致 NAT 异常	修改内核参数 net.ipv4.tcp_tw_recycle=0
节点安全组配置未放通容器 CIDR 的 53 端口 UDP	集群内 DNS 无法正常工作	按照官网推荐配置放通安全组防火墙
修改或者删除 TKE 添加的标签	需购买新的标签	恢复标签
通过 LB 控制台在 TKE 管理的 LB 创建自定义的监听器	所做修改被 TKE 侧重置	通过 Service 的 YAML 来自动创建监听器
通过 LB 控制台在 TKE 管理的 LB 绑定自定义的后端 RS		禁止手动绑定后端 RS
通过 LB 控制台修改 TKE 管理的 LB 证书		通过 Ingress 的 YAML 来自动管理证书
通过 LB 控制台修改 TKE 管理的 LB 监听器名称		禁止修改 TKE 管理的 LB 监听器名称

3. 日志高危操作

现针对日志高危操作进行总结，如表 6-3 所示。

表 6-3　日志高危操作

高 危 操 作	导 致 后 果	误操作解决方案
删除宿主机 /tmp/ccs-log-collector/pos 目录	日志重复采集	无
删除宿主机 /tmp/ccs-log-collector/buffer 目录	日志丢失	无

4. 云硬盘高危操作

现针对云硬盘高危操作进行总结，如表 6-4 所示。

表 6-4　云硬盘高危操作

高 危 操 作	导 致 后 果	误操作解决方案	备　注
控制台手动解挂 CBS	Pod 写入 io error 方面的错误	删掉节点上的 mount 目录，重新调度 Pod	Pod 里面的文件记录了文件的采集位置
节点上磁盘挂载路径	Pod 写入本地磁盘	重新挂载对应目录到 Pod 中	Buffer 里面是待消费的日志缓存文件
节点上直接操作 CBS 块设备	Pod 写入本地磁盘	无	无

6.2　WordPress 容器化业务操作排错总结

5.2 节对 WordPress 进行了容器化，现针对 WordPress 容器化过程中可能遇到的问题进行总结，如表 6-5 所示。

表 6-5　WordPress 容器化排错

问 题 描 述	排 查 步 骤
docker push 提示没有上传 Nginx 基础镜像至腾讯云 Docker 仓库的权限	运行 docker login 登录仓库成功后，再上传
一直显示正在构建镜像，且控制台显示空白，没有提示	检查 GitLab 或 GitHub 是否授权成功
WordPress 下的 Nginx 容器挂载宿主机目录后，启动失败，工作负载中的事件日志提示：找不到 /data/logs/nginx 目录	• 修改 YAML 文件，将 "-mountPath: /data/logs" 修改为 "-mountPath: /data/logs/nginx"，单击完成即可； • 在新建工作负载时，Nginx 实例中挂载路径要填写 /data/logs/nginx，子路径填写 nginx
Nginx 容器启动失败，在事件日志中看到容器一直在不断重启	容器服务要以守护进程的方式启动，检查基础镜像中的 /etc/nginx.conf 配置文件，添加 daemon off 配置
PHP 容器启动失败，在事件日志中看到容器一直在不断重启	容器服务要以守护进程的方式启动，检查基础镜像中的 /etc/php-fpm.conf 配置文件，修改 daemonize=no
WordPress 容器服务部署成功，但是在浏览器中访问时 PHP 页面未更新	登录 WordPress 容器控制台，检查 PHP 代码是否更新

6.3 腾讯云 TKE 排障之节点与网络异常

在使用 TKE 平台的过程中，需要掌握节点及网络层面的排障技巧，本节我们一起学习腾讯云 TKE 常见的节点及网络层面排障技巧。

1. 腾讯云 TKE 集群节点异常问题

我们在使用 TKE 的过程中，可能会遇到因节点异常导致容器业务异常的问题，现针对节点类异常问题进行排障总结，如表 6-6 所示。

表 6-6　腾讯云 TKE 集群节点排障

问题描述	排查步骤
节点负载高导致容器业务访问异常	**节点高负载或资源异常：** • 在节点上使用 top 命令检查节点 CPU、内存、磁盘 IO 监控是否跑满，找出具体是哪个进程导致负载高； • 检查节点系统盘空间余量，剩余空间不能低于 10%，inodes 不能低于 5%； • 检查节点内存余量，free 不能低于 830M； • 如果节点负载异常高，也可能是系统被入侵了，可以运行 ps axu | grep udevs 命令。如果返回结果中有进程占用非常多 CPU，则系统疑似被入侵，应停止对应进程，并运行安全组封堵 **节点正常但宿主机异常：** • 节点 CPU、内存、磁盘 IO 监控等均正常，检查节点所在物理宿主机是否正常
节点状态显示异常	**Kubernetes 关键组件或 Docker 异常：** • 建议先使用 systemctl status kubelet 命令检查 kubelet 服务是否正常启动，若 kubelet 服务启动正常，则查看 kubelet 事件日志；若 kubelet 主动上报不健康，可从 yaml 和 event 中查看原因，一般是磁盘空间满了，或内存满了等，需要配置调整 Pod 请求； • 检查 Kubernetes 组件及 Docker 运行是否异常 **节点侧异常：** • 检查节点 CPU 负载是否过高、内存是否不足、磁盘空间是否不足等； • 可通过 dmesg 命令进行检查，根据报错信息进行排查
节点与节点之间通信异常	**安全组异常：** • 检查节点安全组配置是否正常，安全组配置参考：https://cloud.tencent.com/document/product/457/9084 **master 节点负载高超时响应导致异常：** • 检查 master 节点是否高负载，查看 apiserver 控制台日志，若提示 Unable to connect to the server: net/http: TLShandshake timeout，则说明 master 节点高负载 **开启代理导致异常：** • 若节点配置了代理，会导致访问异常，因此要检查节点上是否配置了代理
驱逐节点不生效	**DaemonSet Pod 导致驱逐失败：** • DaemonSet 类型的 Pod 阻止了驱逐，理论上来说，驱逐会绕过这种类型的 Pod 驱逐其他类型的 Pod，但是在 TKE 集群中没有生效，需要在执行驱逐命令时加上 --ignore-daemonsets 参数才能实现驱逐操作
集群节点（CVM）更改 IP 后集群节点信息异常	**节点更改 IP 集群节点信息异常：** • TKE 的节点名称是根据 IP 来命名的，用户更换 IP 后，只会按照当前的内网 IP 执行删除操作，所以用之前的 IP 命名的节点不会被清理掉。这时需要手动在命令行中删除旧节点信息：kubectl delete node <node name>

（续）

问 题 描 述	排 查 步 骤
集群节点（CVM）更改 IP 后集群节点信息异常	• 不建议更换集群中的节点 IP 或正在进行初始化的节点 IP，如果需要更换，最好将节点移出集群再操作
新添加的节点 Docker 版本不一致	**新添加的节点 Docker 版本不一致：** • 目前 GPU 机型的 NVIDIA GPU 驱动只支持 Docker 17.12 版本，如果选 GPU 机型，只能使用 17.12 这个 Docker 版本。机型不一样，其对应的 Docker 版本也不一样
控制台添加节点失败	**新添加节点加入集群失败：** • 检查节点是否满足集群的基本要求（同一 VPC 内的节点才能加入集群）； • 云主机如果需要数据盘，需要先确认能购买到数据盘，因为 CBS 可能会售罄； • 节点加入集群后，如果集群中的节点一直处于灰色状态，无法选中，可能是因为节点初始化失败、系统重装失败、网络通信异常所致，请联系腾讯云客服或提交工单反馈 **添加节点后集群实际未新增节点：** • 如果用户使用的是子账户，并且 CAM 权限不足，则会导致这种情况出现。若账户无权限，请提示用户配置相关的 TKE 权限。请根据实际情况判断缺少的权限，并给子账号授权； • 若子账号添加权限失败，请联系腾讯云客服或提交工单反馈 **添加节点后 CVM 发货失败：** 添加节点时若收到如下通知 Dear Tencent Cloud user, you (Account ID: 100010129356, Name:gerasim@picsart.com) have tried to create 1 CVMs (0 successful, 1 failed due to a high number of requests). You will receive a refund for the failed CVMs. 说明 CVM 发货失败，请联系腾讯云客服或提交工单反馈 **添加节点一直处于创建中状态（控制台显示灰色状态）：** • 登录节点查询日志 /var/log/message，查看日志内的 container_cluster_agent 有没有成功下载到节点中（var/log/message 是 centos 系统下的日志文件，如果是 Ubuntu 系统，则需要查看 syslog 文件）。如果没有下载成功，则尝试运行 cd /var/lib/cloud/instances/$INSTANCEID && bash user-data.txt 命令（$INSTANCEID 就是 cvm ins-xxxx id 号），再运行 kubectl get nodes 命令看看节点是否都是 ready 状态； • 若节点还不是 ready 状态，请联系腾讯云客服或提交工单反馈 **添加节点一直处于创建中状态（控制台显示转圈状态）：** • 检查 CVM 账户是否欠费； • 在节点上查看 message 日志，如果报错 Get etcd auth failed，则检查是否将 service kube-dns 误改为了 coredns，导致初始化过程中获取 kube-dns IP 失败，最终导致节点初始化失败。将 coredns service 修改回 kube-dns； • 若还未恢复正常，请联系腾讯云客服或提交工单反馈 **添加已有节点时失败：** • 添加现有节点 CVM 时，该 CVM 是有数据盘的，将 Docker 数据与镜像存放至数据盘，出现节点初始化异常提示。这是因为添加节点初始化时使用了已有的 CBS 盘，且该数据盘早期格式化时没有支持 ext3、ext4 或 xfs 格式，导致出现异常。这时需要在已有节点将数据盘格式化成 ext3、ext4 或 xfs 格式，然后重新添加节点； • 检查是否修改了 CVM 侧配置，如转网等，导致数据库状态不一致，须自行恢复 CVM 侧配置。从 CVM 侧排查状态，如果一切正常，可以尝试重启 CVM，刷新一下状态。如果重启后还是不生效，请联系腾讯云客服或提交工单反馈

2. TKE 集群网络问题

现针对网络类异常问题进行排障总结，如表 6-7 所示。

表 6-7　TKE 集群节点排障

问 题 描 述	排 查 步 骤
容器内无法解析	**节点 DNS 异常：** • 检查是否修改了节点上的 DNS 信息 **安全组异常：** • DNS TCP 和 UDP 端口都要放通，检查安全组配置是否正常 **容器 DNS 异常：** • 若 DNS 报错，请检查 kube-system 命名空间下的 kube-dns 是否被修改或状态异常，观察 kube-dns 是否有报错日志，根据报错日志的提示进行排查； • 若 DNS 未报错，请查看 kube-dns 运行在什么节点上，其他节点与 kube-dns 所在的节点通信是否正常。若通信正常，则说明 kube-dns 正常；若通信异常，就要检查三层网络和四层网络的连通性 **域名解析异常：** • 域名解析异常，但是用户并没有做任何修改，并且 kube-dns Pod 的状态是 running。原因可能是 kube-dns Pod 异常，可以通过 deploy 生成新的 kube-dns Pod，具体方法是执行 kubectl edit deploy/kube-dns -n kube-system 命令，进入编辑模式，把 replicas 的数量调大（或调小），生成新的 Pod。异常的 Pod 可以通过 kubectl delete pod 命令删除
容器与容器（节点）或者 IDC 无法通信	**同集群不同节点上的容器无法互相访问（一个节点上的 Pod 无法访问其他节点上的 Pod）：** • 检查节点之间是否可以互访； • 节点安全组须放通容器网段和对端节点的 VPC 网段或 VPC 子网网段； • 若安全组配置正确，可通过 tcpdump 工具抓包定位 **同 VPC 下容器无法和对端节点互访：** • 检查容器所在节点是否可以与对端节点互访； • 容器所在节点须放通对端节点容器和 VPC 网段，对端节点须放通节点容器和 VPC 网段； • 若安全组配置正确，可通过 tcpdump 工具抓包定位 **不同 VPC 下的容器与对端容器无法互访（需要配置云联网或对等连接）：** • 检查容器所在节点与对端容器所在的对端节点是否可以互访； • 容器所在节点安全组须放通对端容器网段和 VPC 网段，对端容器所在对端节点安全组须放通容器网段和 VPC 网段； • 若安全组配置正确，可通过 tcpdump 工具抓包定位 **容器与 IDC 无法访问（需要配置云联网或对等连接）：** • 容器所在节点须放通 IDC 网段，IDC 防火墙须放通容器和 VPC 网段； • IDC 若使用 BGP 协议，除非 IDC 有特殊的静态配置，则可联系运维人员配置访问容器网段跳转到专线网关；若未使用 BGP 协议，则须在 IDC 侧配置访问容器网段跳转到专线网关
容器服务无法 ping 通内网 Pod、ClusterIP	**Pod IP 无法 ping 通：** • 检查安全组是否放通了容器的 30000～32767 端口 **ClusterIP 无法 ping 通：** • ClusterIP 是通过 iptables 规则实现的，不是绑定在网络接口上的，所以无法 ping 通； • 不能用 ping 来测试，应用 curl 方式确认 curl 能否正常访问服务

跨节点容器无法通信	**防火墙异常：**
	• 检查是否装有防火墙
	　$ ps -aux | grep firewall
	• 若装有防火墙，检查用户是否开启了 masquerade 功能
	　$ firewall-cmd --list-all
	　若 masquerade 为 no，则需要改为 yes，则开启 IP 伪装模式

Pod 无法访问同 VPC 下的 Redis、My-SQL 等资源	**安全组异常：** • 检查 Redis、MySQL 等第三方资源的安全组是否放通了 TKE 集群网段； • 检查 TKE 节点安全组

（续）

问 题 描 述	排 查 步 骤
Pod 无法访问同 VPC 下的 Redis、My-SQL 等资源	**防火墙异常：** • 检查 TKE ip-masq-agent-config 的 nonMasqueradeCIDRs 配置网段（有集群网段和 VPC 网段即可）； • 以上全部正常，则在 Pod 内进行抓包访问测试
总共 7 个 Pod，所有的请求只落到其中 3 个 Pod 上	**参数配置异常：** • 检查 Service 中的 ExternalTrafficPolicy 是否设置了 Local； • 检查 Service 中的 Session Affinity 是否设置了 Client
开启集群凭证后无法访问	**在集群凭证中开启内网访问却无法访问：** • 若是托管集群，则节点的安全组须放通 30000～32768 端口区间； • 若是独立集群，则节点的安全组须放通 30000～32768 端口区间；master 节点须正确放通 VPC 子网网段（开启内网访问时设置的子网网段）；master 节点的安全组须放通节点所在的 VPC 网段或 VPC 子网网段 **在集群凭证中开启外网访问却无法访问：** • 若是托管集群，则节点的安全组须放通来源 IP； • 若是独立集群，则 master 节点的安全组须放通 30000～32768 端口区间；master 节点的安全组须放通节点所在的 VPC 网段或 VPC 子网网段；default 命名空间下的 Service kubelb-internet 所在的 CLB 须配置正确的安全组（默认不绑定安全组）
集群 DNS 解析错误	**集群内 DNS 解析错误：** • 测试 kube-dns 53 端口是否放通，参考命令：telnet kube-dns service ip 53； • 测试 kube-dns 服务 Endpoint 的 53 端口是否放通，若端口不通，可参考表 6-7 中的内容做相应处理 • 检查当前 Pod 所在节点上的 iptables 或者 ipvs 转发规则是否完整

6.4　腾讯云 TKE 排障之 Helm 与镜像仓库

在使用腾讯云 TKE 平台 Helm 与镜像仓库的过程中，会涉及 Helm 与镜像仓库排障，本节我们一起学习常见的 Helm 及镜像仓库排障。

1. 腾讯云 TKE 集群的 Helm 问题

在使用腾讯云 TKE 过程中，可能会因为 Helm 异常导致容器业务异常，现针对 Helm 侧的异常问题进行排障总结，如表 6-8 所示。

表 6-8　Helm 侧排障

问 题 描 述	排 查 步 骤

Helm 控制台应用页面加载失败	**tiller-deploy 服务异常：**
	• 检查用户集群 kube-system 下面的 tiller-deploy 服务是否正常
	$ kubectl get all -n kube-system
	$ kubectl describe -n kube-system pod tiller-deploy-xxx（tiller-deploy-xxx 为 Pod 名称）
	一般情况下是由于更新镜像导致，比如使用 gcr.io 镜像导致拉取失败而启动异常。这时可将 tiller-deploy 镜像地址配置为 TKE 镜像仓库地址，比如 ccr.ccs.tencentyun.com/library/tiller:v2.10.0

（续）

问 题 描 述	排 查 步 骤
Helm 控制台报错 InvalidParameter	**swift 服务异常：** • 尝试手动重建 swift 这个 deployment，重新拉取镜像就可以了
控制台开通 Helm 显示 helm is not heal-thy	**安全组异常：** • 已成功部署 tiller-deploy swift，但是 Helm 开通失败； • 登录集群后经排查发现，Helm 服务无法连接。用户安全组未放通对应的规则
控制台使用 Helm 部署不生效	**Helm 个性化定制异常：** • TKE 控制台开通 Helm 后有默认的版本，若卸载默认的 Helm 版本，安装第三方 Helm 版本，则控制台不生效，这时卸载第三方 Helm 版本，重新开通即可

2. TKE 集群的镜像仓库问题

现针对镜像仓库类问题进行排障总结，如表 6-9 所示。

表 6-9　镜像仓库侧排障

问 题 描 述	排 查 步 骤
构建镜像失败	**Dockerfile 语法异常：** • 确认 Dockerfile 编写正确，特别是语法和字母拼写，建议把相同的 Dockerfile 放到命令行里通过 docker build 直接构建，看是否有同样的报错，观察报错的具体提示一般能找到问题点 **ccr 协议异常：** • 确认 ccr 触发规则协议是 HTTP 还是 HTTPS **本地开启代理异常：** • 确认是否本地开启了 VPN
镜像构建一直处于排队状态	**构建任务繁忙异常：** • 一个用户只允许同时构建 2 个任务，如果用户之前有 2 个构建任务处于排队状态，则后续会一直处于排队状态
构建镜像报错空间不足	**镜像配额异常：** • 请联系腾讯云客服或提交工单反馈
镜像一直处于构建中，且无构建日志显示	**源代码授权异常：** • 检查源码授权是否正常
镜像构建触发器异常	**触发器语法异常：** • 检查触发器配置及表达式是否正确； • 若确认是正常的，请联系腾讯云客服或提交工单反馈
子账户没有权限开通镜像仓库	**子账户权限异常：** • 请联系主账户先开通镜像仓库，并授予当前协作者镜像仓库权限

6.5　腾讯云 TKE 排障之 Service 和 Ingress 异常

在使用 TKE 平台时，也需要掌握 Service 和 Ingress 的使用及排障，本节我们一起学习 Service 和 Ingress 的常见排障方法。

1. 腾讯云 TKE 集群的 Service 异常

现针对 Service 异常问题进行排障总结，如表 6-10 所示。

表 6-10　Service 侧异常排障

问 题 描 述	排 查 步 骤
Service 创建 CLB 异常	**CLB 配额异常：** • CLB 默认有配额，公网和内网型 CLB 默认配额为 100，如果 CLB 创建失败，可以先排查是否超出了配额，若超出配额，请联系腾讯云客服或提交工单反馈 **YAML 语法异常：** • 如果通过 YAML 文件命令行创建 Service 失败，需要确保 service yaml 中的 LoadBalancer 无误 **账户余额异常：** • 检查账户余额是否充足
Service 是 Load-Balancer 类型，且创建一直处于 pending 状态	**service-controller 组件异常：** • 如果 Service 刚创建时没有 event 报错，可能是 service-controller 有问题，service-controller 组件在 master 节点上，需要联系腾讯云售后工程师或提交工单反馈
Service 对应的 CLB 健康检查异常	**externalTrafficPolicy 参数异常：** • TKE 默认绑定所有节点，Kubernetes 本身的设计就是如此，如果在 Service 中配置 externalTrafficPolicy: Local 会导致健康检查失败，若 externalTrafficPolicy: Cluster，则健康检查全部正常。如果配置为 LOCAL 时没有运行 Pod 的实例节点，就会让 CLB 健康检查失败
Service 提供的内网和公网服务无法访问	**Service 提供内网服务但无法访问：** • 检查安全组是否放通了容器的 30000～32767 端口区间 **Service 提供公网服务但无法访问：** • 确保 Service 有公网带宽，若 Service 是 loadbalancer 类型，则采用 NodeIP+NodePort 的方式访问； • 检查 Service 是否可以在集群内正常访问
集群内 Service 无法访问	**Service 内网 DNS 域名无法访问：** • 检查 Service 的 spec.ports 是否配置正确； • 检查 Service 的 cluster IP 是否可 ping 通，若不通，说明是 DNS 侧问题，则参考表 6-7 中集群内 DNS 解析错误的相关处理方法； • 检查 Service 的 endpoint IP 是否可 ping 通，若不通，则参考表 6-7 中同集群不同节点上的容器无法互相访问的相关处理方法； • 检查当前 Pod 所在节点上的 iptables（命令：iptables-save）或者 ipvs（命令：ipvasdm -Ln -t/-u ip:port）转发规则是否完整
Service 对应的容器业务无法访问	**Service 所在的 Pod 异常导致：** • 检查 Service 所在的 Pod 是否启动正常，在 Pod 内部通过 curl localhost 以本地的形式访问业务，若无法访问，则说明是 Pod 自身业务的问题，需要用户检查自身业务； • 若 Pod 访问正常，由于 Kubernetes 会根据 Service 关联到 Pod 的 IP 信息组合成一个 endpoint，则检查 Service 中的 selector 和 pod selector 字段是否一致且关联

2. 腾讯云 TKE 集群的 Service 排障流程

针对 Service 异常，现总结排障流程如图 6-1 所示，用户可根据该图处理基本的 Service 异常问题，提升运维技术与效率。

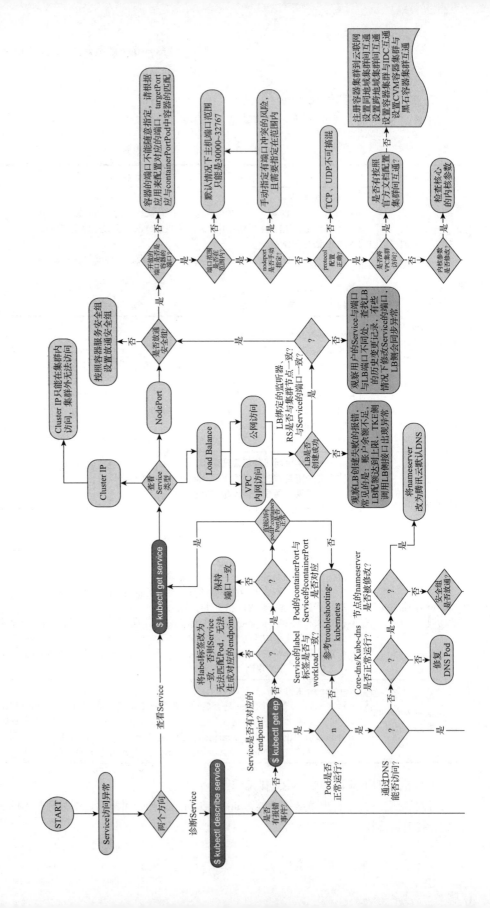

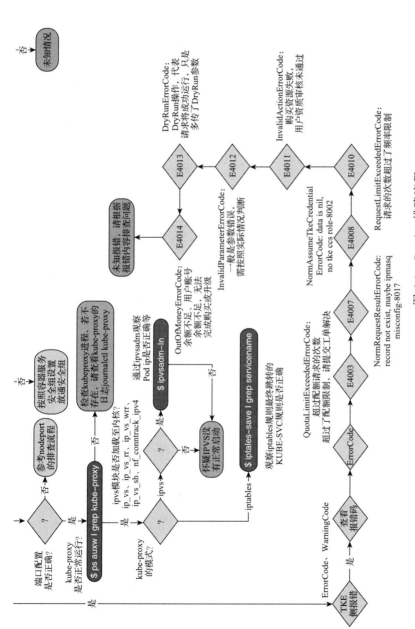

图 6-1　Service 排障流程

3. 腾讯云 TKE 集群的 Ingress 异常

现针对 Ingress 异常问题进行排障总结，如表 6-11 所示。

表 6-11 Ingress 侧异常排障

问 题 描 述	排 查 步 骤
创建 Ingress 异常出错	• 创建 Ingress 失败，需要排查 YAML 文件中申明部分是否正确，参考链接：https://cloud. tencent.com/document/product/457/31711
通过控制台创建 Ingress，一直处于创建中的状态	**l7-lb-controller 组件异常：** • 查看 kube-system 中 l7-controller 的日志，若有报错日志，则请联系腾讯云售后工程师或提交工单反馈 **节点异常导致 l7-lb-controller 组件异常：** • 需要排查节点的状态是否正常，创建 Ingress 依赖 l7-lb-controller，如果节点状态不正常（关机、集群无节点、节点 notready 等），会导致 l7-lb-controller Pod 启动失败，Ingress 创建失败 **ip-masq-agent 异常：** • 排查 ip-masq-agent Pod 状态是否正常，如果异常，将导致 l7-lb-controller Pod 访问 CLB 的时候 IP 异常（由于没有做 snat，后台鉴权失败，从而创建失败）； • 只要 l7-lb-controller 日志中出现 record not exist 报错，就是鉴权失败，大概率是因为 ip-masq-agent 出现问题，重启 ip-masq-agent 和 l7-lb-controller 两个 Pod 就可以了
Ingress 配置了转发规则，但在对应的 CLB 中看不到	**CLB 配额异常：** • 有些用户的 Ingress 配置了较多转发规则，但是在 CLB 监听器中没有对应的配置，这是因为目前 Ingress 只支持 50 个转发规则； • 先检查用户的转发规则是否超过 50 个，若超过 50 个，须联系腾讯云售后工程师或提交工单反馈
Ingress 创建出来的 CLB 不停解绑和绑定	**节点侧异常：** • 排查节点 status 是否正常（Ready/NotReady） **CLB 侧异常：** • 排查 LB 对应的 Service/Ingress 是否正常（Service 对应传统型 LB，Ingress 对应应用型 LB）； • 若 CLB 异常，请联系腾讯云客服或提交工单进行反馈 **Docker 侧异常：** • 重启节点（需要得到用户确认）； • 进入节点重启 Docker 服务，命令如下： systemctl restart dockerd.service
l7-lb-collector 异常	**l7-lb-collector 日志报错 i/o timeout：** • 请联系腾讯云客服或提交工单反馈 **l7-lb-controller 频繁重启：** • ipmasq nonMasquerade 设置了 0.0.0.0/0 导致 Ingress 的请求没有被 snat 到 norm 组件，所以获取不到 token
创建的 Ingress 规则不生效	**证书异常：** • Ingress 事件日志提示证书过期，检查发现 Ingress 对应的 CLB 证书没有对应上，这是因为用户单独在 CLB 侧更换了证书，现在将 Ingress 侧和 CLB 侧的证书对应上即可。这里要说明一下，所有的操作都应该以 TKE 平台为入口去操作

（续）

问 题 描 述	排 查 步 骤
Ingress 提供的公网服务无法访问	Service 提供内网服务但无法访问： • 若访问返回 504 错误，则检查安全组是否放通了容器的 30000～32767 端口区间； • 若是 HTTPS 业务，Ingress 绑定的 CLB 需放通 443 端口的安全组； • 检查 Ingress 的后端 Service 服务是否可正常访问； • 若访问请求返回 404 错误，则检查 Ingress 配置规则是否正确

4. 腾讯云 TKE 集群的 Ingress 排障流程

针对 Ingress 异常，现总结排障流程如图 6-2 所示，用户可根据该图处理基本的 Ingress 异常问题，提升运维技术与效率。

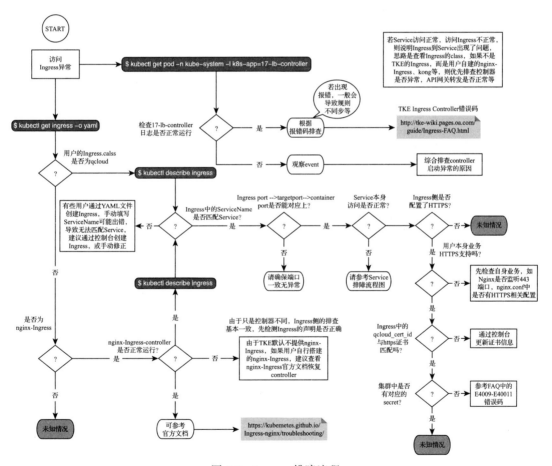

图 6-2　Ingress 排障流程

6.6 腾讯云 TKE 排障之 Pod 异常

现针对 Pod 启动异常问题进行排障总结，如表 6-12 所示。

表 6-12 Pod 启动异常排障

问 题 描 述	排 查 步 骤
Pod 状态一直处于 Pending 状态	**容器侧异常：** • 可以通过 TKE 控制台事件日志或 kubectl describe pod 命令查看当前 Pod 的事件，判断启动异常的原因； • 若是由于节点资源不足导致异常，则需要对节点进行横向扩容；（添加 CPU 和内存等资源） • 检查主机端口是否被占用； • 更多原因请参考：https://cloud.tencent.com/document/product/457/42948
Pod 一直处于 Waiting 或 ContainerCreating 状态	**容器侧异常：** • 可以通过 TKE 控制台事件日志或 kubectl describe pod 命令查看当前 Pod 的事件，判断启动异常的原因； • 若是镜像侧异常，则检查镜像侧配置，异常原因可能是镜像拉取失败。其中镜像拉取失败又包括：镜像地址配置错误、无法拉取国外镜像源、镜像密钥配置错误、因镜像体积大导致拉取超时等； • 若是 CNI 侧配置导致异常，则检查 CNI 网络插件的配置，如：是否配置 Pod 网络、是否分配 IP 地址（用户不要修改 TKE 默认的网络）； • 若是启动命令错误导致，则检查容器是否配置了正确的启动参数 **node 侧异常：** • 若容器内启动确定无异常，则需要登录该 Pod 所在的节点查看 kubelet 日志，异常可能是由于磁盘损坏（input/output error）导致的 • 更多原因请参考：https://cloud.tencent.com/document/product/457/42946
Pod 一直处于 ImagePullBackOff 状态	**node 侧异常：** • 在 Pod 所在的节点上使用 docker pull 命令验证镜像是否可以正常拉取 • 更多原因请参考：https://cloud.tencent.com/document/product/457/42947
Pod 一直处于 CrashLoopBackOff 状态	**业务侧异常：** • CrashLoopBackOff 状态说明容器启动成功后又立即退出了； • 最简单的检查方法是通过容器调试模式（容器启动命令使用 sleep 3600）进入容器内，手动启动应用或业务程序，查看报错日志，根据报错日志排查； • 若不想通过调试模式进入容器内进行排查，可以通过 kubectl logs 和 kubectl logs --previous 命令找出容器退出的原因，比如：容器进程退出、健康检查失败退出 **node 侧异常：** • 若容器内启动确定无异常，则需要登录该 Pod 所在的节点，查看 kubelet 或者 Docker 的日志进一步排查 更多原因请参考：https://cloud.tencent.com/document/product/457/43130
Pod 处于 Error 状态	**容器侧异常：** • 可以通过 TKE 控制台事件日志或 kubectl describe pod 命令查看当前 Pod 的事件日志，判断启动异常的原因； • 可能是由于资源不存在导致异常，如缺少 ConfigMap、Secret、PV 等资源； • 可能是 Pod 创建请求的资源超过了管理员设置的限制； • 违反集群的安全策略，比如 PodSecurityPolicy 等； • 容器无权操作集群内的资源（比如鉴权使用 RBAC，需要为 ServiceAccount 配置角色绑定）

（续）

问 题 描 述	排 查 步 骤
Pod 处于 Terminating 或 Unknown 状态	**容器侧异常：** • 若异常 Pod 所在节点不在容器集群内，需要运行 kubectl delete node 命令手动删除该节点； • 若异常 Pod 所在节点在容器集群内，且非 statefulset 工作负载，可通过 kubectl delete pods --grace-period=0 --force 命令强制删除 Pod； • 若异常 Pod 所在节点在容器集群内，是 statefulset 工作负载，强制删除可能导致脑裂或者数据丢失，这里不建议进行强制删除； • 使用 kubectl delete 命令删除异常 Pod（例如，没有运行 podSpec 里面设置的参数）后，Pod 会自动重建 **节点通信导致容器异常：** • Unknown 状态说明 Pod 不能上报给 apiserver，这可能是由于主节点 apiserver 与从节点 kubelet 通信异常导致的 　更多原因请参考：https://cloud.tencent.com/document/product/457/43238
Java Pod 在控制台启动参数如何配置	如果 Java 程序启动命令是 　/usr/bin/Java -Xmx1024m -Xms512m -Duser.timezone=GMT+8 -Djava.security.egd=file:/dev/./urandom 　　-jar /app/my.jar --server.port=80 则在控制台填写如下参数 • 运行命令：/usr/bin/java • 运行参数： 　-Xmx1024m 　-Xms512m 　-Duser.timezone=GMT+8 　-Djava.security.egd=file:/dev/./urandom 　-jar 　/app/my.jar 　--server.port=80 备注：运行参数要换行
Pod 启动事件提示：Back-off restarting failed docker container	**容器内没有常驻进程导致 Pod 不断重启：** • 检查镜像中运行的 Docker 进程是否因异常退出，若镜像内没有持续运行的进程，则可在创建服务的页面中添加运行脚本
Pod 启动事件提示：fit failure on node: Insufficient cpu	**节点 CPU 资源不足导致 Pod 启动失败：** • 请在服务页面修改 CPU 限制或者对集群进行扩容
Pod 启动事件提示：no nodes available to schedule pods	**节点 CPU 资源不足导致 Pod 启动失败：** • 若没有足够的节点承载实例，则可在服务页面减少实例数量或者限制 CPU
Pod 启动事件中提示：Liveness probe failed	**节点 CPU 资源不足导致 Pod 启动失败：** • Pod 存活探针侧配置参数不正确导致
启动服务报错显示：failed to get memory utilization, missing request for memory	如果容器刚启动时有这个报错属于正常情况，刚启动时没有监控数据，等几分钟有数据就正常了，不影响服务正常运行。自动扩缩容组件（HPA）是一个旁路组件，会定时拉取监控信息判断容器是否需要扩容，有几次没拉取到数据或者报错，只是因为扩容灵敏度慢了一点，不影响业务使用
Pod 扩容失败	**节点侧资源不足或者节点状态异常导致扩容失败：** • 确认节点资源是否充足，节点资源不充足将导致扩容失败； • 确认集群节点状态是否正常，节点状态异常将导致扩容失败

6.7 腾讯云 TKE 排障之数据卷异常

现针对数据卷异常问题进行排障总结，如表 6-13 所示。

表 6-13　数据卷异常排障

问 题 描 述	排 查 步 骤
云硬盘挂载提示超时	**非同一可用区导致挂载异常：** • 该云硬盘和 TKE CVM 不在同一可用区，所以无法挂载 **云硬盘重复挂载导致异常：** • 云硬盘不可重复挂载，也不可跨可用区挂载
NFS 挂载提示超时	**非同一可用区导致挂载异常：** • NFS 和 TKE CVM 不在同一可用区，所以无法挂载
云硬盘挂载提示，该云硬盘没有 umount	**云硬盘未 unmount 导致挂载异常：** • 检查该云硬盘和 TKE CVM 是否在同一可用区； • 若云硬盘和 TKE CVM 在同一可用区，则检查该云硬盘是否已被其他 CVM 挂载，需要提前进行 umount 操作
安装 Prometheus 时，deployment 状态一直异常，卡在 storage-volume 处，查看节点系统 /var/log/message，提示 volume plugin 不匹配。TKE 界面 PVC 状态都是正常的	**底层异常：** • 请联系腾讯云客服或提交工单反馈

6.8 腾讯云 TKE 排障之控制台和监控异常

1. 控制台异常

现针对控制台异常问题进行排障总结，如表 6-14 所示。

表 6-14　数据卷异常排障

问 题 描 述	排 查 步 骤
控制台显示 SERVER_TIMEOUT	**本地网络异常：** • 用户本地网络较差，导致访问超时 **负载高导致异常：** • master 负载较高无法响应，导致访问超时
远程连接容器显示 connection closed	**镜像侧异常：** • 通过 web console 登录容器时，如果容器内没有 /bin/bash，将导致连接容器的时候显示 connection closed。此时，在工作负载中的 command 处填写 /bin/sh 可临时解决异常问题； • 彻底解决问题需要在制作镜像时确定有 /bin/sh 或 /bin/bash 命令
控制台 YAML 文件无法显示完整信息	**命令行方式部署导致控制台显示异常：** • 控制台可能无法识别通过命令行配置在 YAML 文件中的字段，这是因为控制台 UI 界面和 YAML 的配置不完全匹配，如果通过控制台更新服务，可能导致字段丢失，建议控制台和命令行不要混用

（续）

问 题 描 述	排 查 步 骤
控制台集群节点已分配的值显示为 "_"	**节点已分配显示为 "-"：** • 控制台依据集群内所有节点的 Allocated resources 中的 request 值分配资源，若用户的 YAML 里没有设置 request，则不会分配 • 已分配资源是指集群中所有工作负载（Deploy、StatefulSet 等）已经分配出去的资源（CPU、内存），不代表节点已使用资源。请用户勿根据 CVM 层面的监控对比 TKE 控制台已分配资源

2. 监控异常

现针对监控异常问题进行排障总结，如表 6-15 所示。

表 6-15　监控异常排障

问 题 描 述	排 查 步 骤
集群监控无数据	**安全组侧导致监控异常：** • 控制台没有数据，需要判断子机上的安全组出口是否正常放通，若出口只放通了单 IP，会导致数据上传失败
在节点内运行 kubectl top Pod/node 命令会报错	**未安装 metrics-server：** • 如果用户想使用 top 指令，可安装 metrics-server； • Kubernetes 集群中默认安装了 cadvisor，通过 cadvisor 收集监控数据，并上报至监控数据中台； • 可直接通过 curl 127.0.0.1:4194/api/v2.0/machine 获取 cadvisor 的监控数据，或通过 docker stats 查看监控数据。建议用户通过控制台查看 Pod 的资源使用情况
Pod 监控显示断点	**Pod 监控出现断点异常：** • 可收集节点 /usr/local/qcloud/monitor/barad/log 下的所有日志，使用 date -R @xxx（xxx 为文件名）查看日期输出，采集的时间点刚好位于临界值，barad 的数据是向上取整的（即 00:00:01～00:01:00 的数据都算 00:01:00 的数据、20:41:00 算 20:41 的数据、20:42:01 算 20:43 的数据、20:43:00 也算 20:43 的数据），所以导致 20:42 看起来没数据，这种情况一般都是由临界值造成的，监控只要不是连续没有值，就没有问题 • 若监控是断续连接，没有值，请联系腾讯云客服或提交工单进行反馈
在节点内运行 kubectl top 返回监控数据和控制台不匹配	**算法差异导致获取监控数据不一致：** • kubectl top 收集的是 metrics-server 数据，TKE 控制台收集的是 cadvisor 数据。二者对资源监控统计的算法是不一样的（理论上 kubectl top 的值大于控制台的值）

6.9　腾讯云 TKE 健康检查

腾讯云 TKE 健康检查是指利用脚本或者控制台自助的形式，对集群进行检查，提示、发现和暴露容器业务风险，保证容器业务高可用及稳定性，提高容器系统健壮性。

6.9.1　脚本功能及使用

使用 Kubernetes 时经常会出现一些小问题，故腾讯云 TKE 在早期便推出了一项自助脚本工具用于排查 Kubernetes，此脚本可收集 Kubernetes 层面、主机层面、网络层面的基础信息。收集完毕后统一放到 tmp 目录下，在排查 Kubernetes 问题时可参考脚本日志。

我们运行如下命令检查健康脚本。

```
$ wget http://static.ccs.tencentyun.com/TKE_info_check.sh
$ sh TKE_info_check.sh
```

脚本运行过程及返回结果如图 6-3 所示。

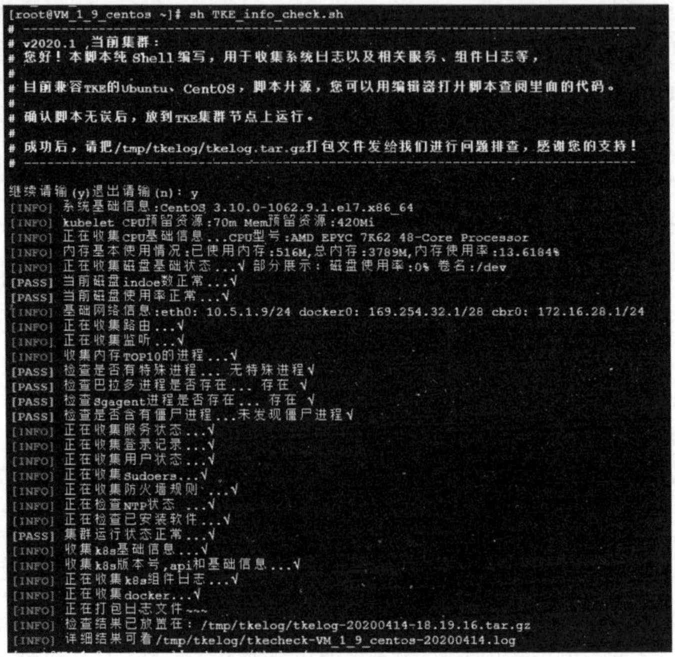

图 6-3　脚本运行过程及返回结果

运行如下命令查看收集的日志文件。

```
$ cd /tmp/tkelog
$ ls -l
```

收集的日志文件是 tkelog-20200414-18.19.16.tar.gz，如图 6-4 所示。

图 6-4　收集的日志文件

解压后的日志文件说明如下（日志名组成格式：组件名 - 主机名 - 时间）。

❏ dmesg：保存主机的内核信息。

❏ sysctl：保存主机的内核参数配置。

❏ docker：保存 Docker 层面的日志。

❏ netstat：保存主机运行脚本时的网络情况。

❏ kubelet：保存 kubelet 组件的日志。

❏ messages：保存 CentOS 的主机日志。

❏ iptables：保存运行主机上的 iptables。

❏ tkecheck：保存综合信息。

❏ kube-proxy：保存 kube-proxy 组件的 log 日志。

❏ describeNode：保存 describe node 的全部信息。

❏ cluster-dump：保存 kube-system 下 Pod 的基础信息。

6.9.2　自助健康检查

1. 自助健康检查概述

为了增强运维性，腾讯云 TKE 推出了集群健康检查功能，并且后期会不断加强，功能如下。

1）能够对资源状态（包括组件状态、节点状态、工作负载状态）和运行情况（包括集群参数、节点配置、工作负载配置、伸缩配置）进行检查。

2）支持按天或按周定时扫描集群。

2. 自助健康检查使用

登录 TKE 控制台，在运维中心可看到此功能，单击右下角的"健康检查"→"立即检查"，开始对 test 集群进行健康检查，如图 6-5 所示。

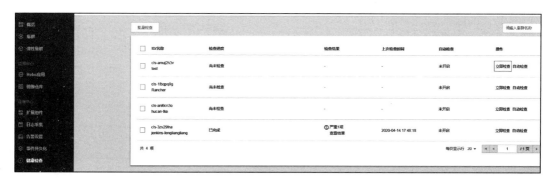

图 6-5　对 test 集群进行健康检查

等待集群运行检查，且检查进度是已完成状态，然后单击"查看结果"，如图 6-6 所示。

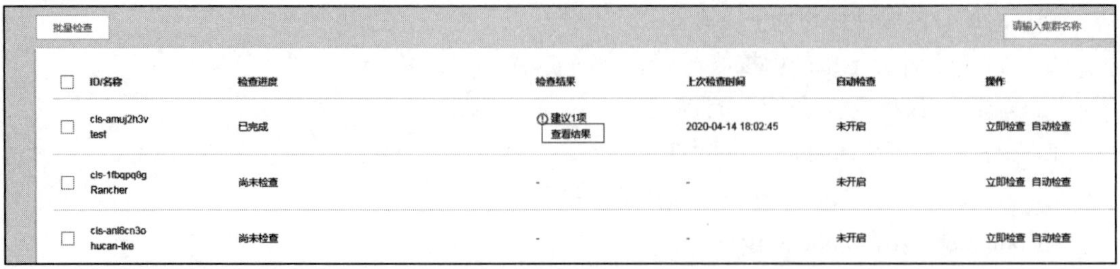

图 6-6　查看检查结果

可以看到检查报告资源状态，如图 6-7 所示。通过检查报告资源状态，可以看到 node 高可用显示异常，针对异常，我们单击"检查内容"，如图 6-8 所示。可以看到弹出的异常详情如图 6-9 所示。

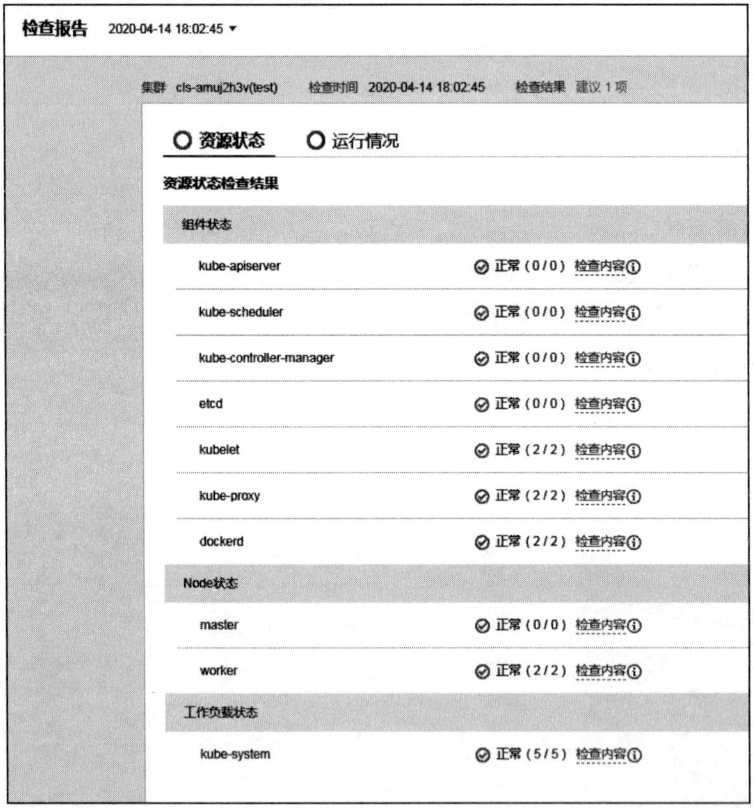

图 6-7　检查报告资源状态

根据提示可知：test 集群虽然有两台节点，但是都部署在同一可用区，并没有保证 node 高可用。根据修复建议，我们要以合理的比例在多个可用区添加节点。

图 6-8　node 高可用异常

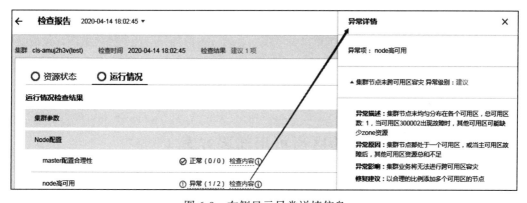

图 6-9　右侧显示异常详情信息

3. 自助健康检查新版本说明

1）支持以短信的形式将扫描后的结果发送给用户，且在扫描到严重问题时提醒用户，支持邮件发送报告；

2）对接 NPD（Node Problem Detector），未安装也不影响检测 TKE 集群部署。部署 NPD 组件后，支持扩展检测项目；

3）运维优化：修改描述文字方便，NPD 是后端检测项，前端展示三者解耦；

4）支持数值评分和数值类检测；

5）体验优化：在集群列表增加巡检结果，增加功能曝光率。

Chapter 7

第 7 章

腾讯云 TKE 经典实践案例

前面我们学习了容器的基础知识以及 TKE 的特性和应用，如果想尽快让业务容器化上云，可以按照本书介绍的方法一步步进行。如果在部署的过程中遇到了问题，也可以通过腾讯云售后技术支持得到帮助。

如果想进一步优化容器环境，或者应对规模更大、场景更复杂的业务模式，该如何进一步操作？有没有高级、成熟的落地案例可以参考呢？有的，本章将分享几个经典案例，包括高可用部署、腾讯自研上云业务、游戏业务、异构计算、AI、微服务化等，希望读者选择了 TKE 后信心满满，顺利完成大规模业务场景的容器化落地。

7.1 腾讯云 TKE 应用跨区高可用部署方案（一）

跨区域部署是很多高稳定性业务的刚需，理论上，当一个 IDC 因不可抗力导致崩溃，另外一个地域的 IDC 应能迅速代替。本节将介绍跨区域高可用的部署方法。

7.1.1 高可用部署架构

IDC 在全球范围内针对多个行业的中小型企业（员工数小于 1000 名）进行调研，结果显示，近 80% 的公司云服务器每小时停机带来的损失在 2 万美元以上，而另外超过 20% 的企业云服务器的停机损失超过每小时 10 万美元。

由此可见，云服务器停机对于云上企业的损失不容小觑，云服务商高可用方案逐渐成为企业上云的重要选择标准。在上云成为共识之后，如何进行高可用部署呢？

传统模式下，使用云主机实现高可用部署的架构如图 7-1 所示。

将云主机分散在不同的可用区，利用负载均衡（CLB）支持跨可用区分发的特性，实现业务流量跨可用区分发。当一个可用区（AZ1）出现故障时，流量切换到另一个可用区（AZ2），由此实现高可用部署。

使用云主机搭建业务环境，需要在云主机上部署 Web 服务器（Nginx、Tomcat 等），然后再部署业务代码，随着业务规模的增大，发布、部署时间会变长。

随着容器的盛行，越来越多的企业采用 DevOps 容器部署业务。本节将介绍如何使用腾讯云 TKE 进行业务高可用部署，部署架构如图 7-2 所示。

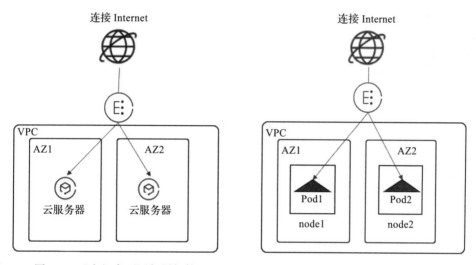

图 7-1　云主机高可用部署架构　　　　图 7-2　TKE 业务高可用部署架构

两个节点分布在同一个地域的两个可用区，两个业务的 Pod 分布在这两个节点上，使用 CLB 实现流量负载均衡。下面详细介绍如何使用腾讯云容器快速实现应用的高可用部署。

7.1.2　使用腾讯云 TKE 进行高可用部署

下面我们以一个简单的 swagger 应用作为示例，实现高可用部署。

swagger-ui 的下载地址为：

https://github.com/swagger-api/swagger-ui/blob/master/docs/usage/installation.md

在 Docker 镜像仓库里已经有制作好的 swagger-ui 镜像，可以直接使用。我们也可以自己下载源码制作镜像。登录 TKE 控制台，创建一个容器集群，如图 7-3 所示。容器集群创建成功后，创建新的节点，如图 7-4 所示。

这里添加 2 个节点，分别分布到 2 个可用区：北京二区和北京三区，如图 7-5 所示。

图 7-3　创建容器集群

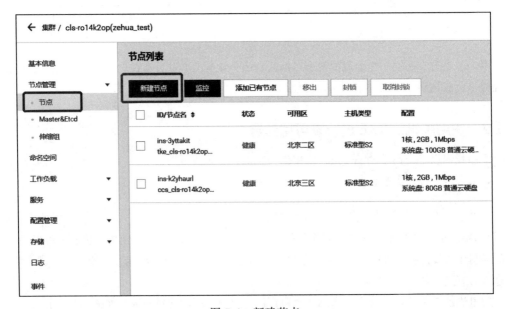

图 7-4　新建节点

添加成功后如图 7-6 所示。集群创建成功后制作镜像。

图 7-5　可用区信息

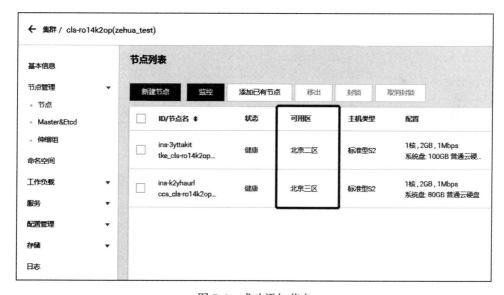

图 7-6　成功添加节点

1. 制作镜像

首先创建一个镜像仓库，设置为公有类型，如图 7-7 所示。

图 7-7　创建公有镜像仓库

腾讯云 Registry 使用方法如下。

登录腾讯云 docker registry：

```
$ sudo docker login --username=100002678805 ccr.ccs.tencentyun.com
```

从 registry 拉取镜像：

```
$ sudo docker pull ccr.ccs.tencentyun.com/zehua/swaggerui:[tag]
```

将镜像推送到 registry：

```
$ sudo docker login --username=100002678805 ccr.ccs.tencentyun.com
$ sudo docker tag [ImageId] ccr.ccs.tencentyun.com/zehua/swaggerui:[tag]
$ sudo docker push ccr.ccs.tencentyun.com/zehua/swaggerui:[tag]
```

我们按照上面的方法将 swagger 的镜像推送到新创建的镜像仓库。

运行如下命令，SSH 登录到其中一台容器节点，拉取 swaggerui 镜像：

```
$ docker pull swaggerapi/swagger-ui
```

登录腾讯云镜像仓库：

```
$ docker login --username=100002678805 ccr.ccs.tencentyun.com
```

给上一步拉取的 swaggerui 镜像打标签：

```
$ docker tag swaggerapi/swagger-ui ccr.ccs.tencentyun.com/zehua/swaggerui:1.2
```

将 swaggerui 镜像推送到腾讯云镜像仓库：

```
$ docker push ccr.ccs.tencentyun.com/zehua/swaggerui:1.2
```

2.高可用部署

下面进行高可用部署，首先创建 Deployment，创建时选择合适的命名空间，如图 7-8 所示。

图 7-8　新建 Deployment 工作负载

本例将 swagger 部署到 zehua-ns 命名空间下，如图 7-9 所示。

图 7-9　部署 swagger 到 zehua-ns 命名空间

选择刚才创建的 swaggerui 镜像，如图 7-10 所示。

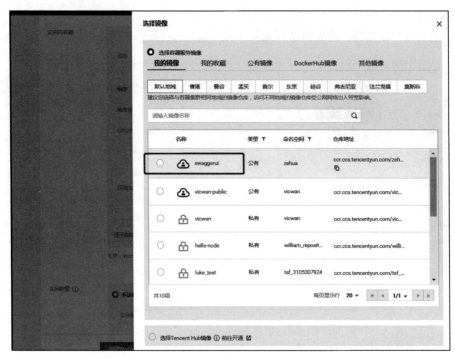

图 7-10　选择 swaggerui 镜像

注意，这里的端口号是 8080，如图 7-11 所示。

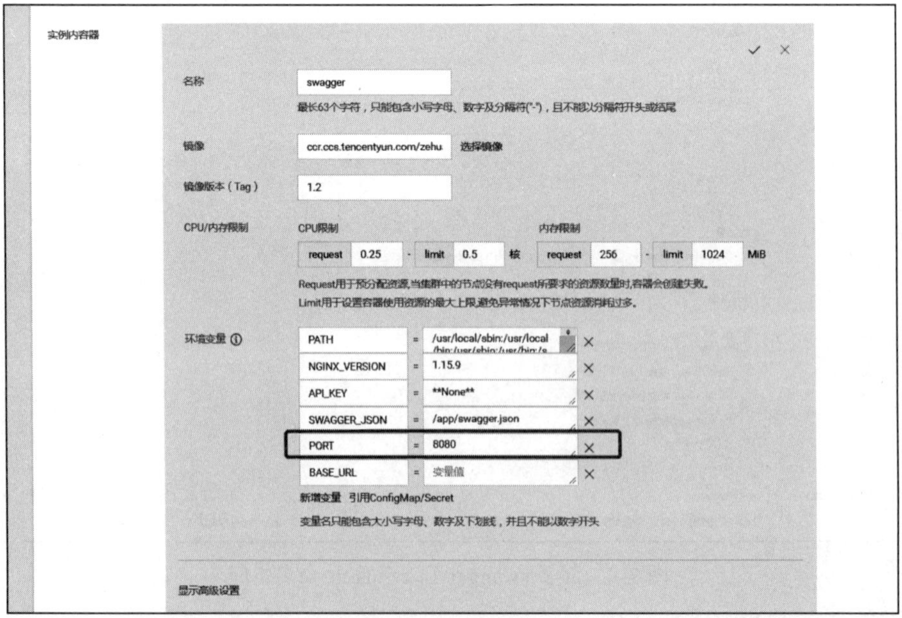

图 7-11　端口号 8080

为了演示，将实例数量设置为 2，将这 2 个实例分发到不同的可用区中。我们也可以根据实际情况选择合适的实例数量，如图 7-12 所示。

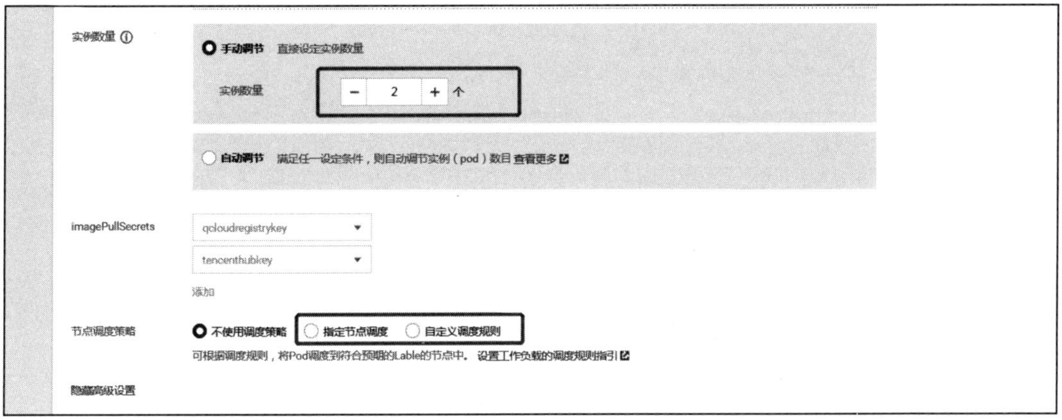

图 7-12　指定 Pod 调度策略

节点调度策略有 3 个选择：不使用调度策略、按指定节点调度和自定义调度规则，可以选择任意一种方式进行调度。

如果选择按"指定节点调度"，可以选择当前容器集群的节点，TKE 会将 Pod 均匀调度到这些节点上。例如，本示例中创建 2 个 Pod，TKE 会将 2 个 Pod 分别调度到这 2 个节点上，如图 7-13 所示。

图 7-13　指定节点调度

如果选择"自定义调度规则"，需要指定节点的标签，如图 7-14 所示。

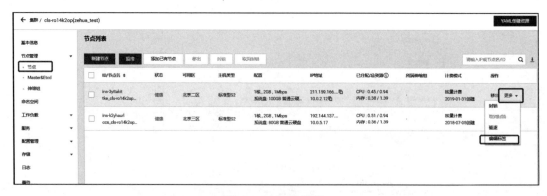

图 7-14　自定义调度规则

我们给 2 个节点打了 az 的标签，分别是 bj2、bj3，如图 7-15 所示。

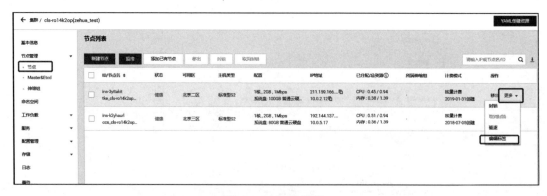

图 7-15　编辑标签

分别给 2 个节点新增标签，该步骤如图 7-16 所示。

也可以使用命令行的方式打标签。查看节点标签的命令如下，返回结果如图 7-17 所示。

```
$ kubectl get nodes --show-labels
$ kubectl label nodes 10.0.2.12 az=bj2
$ kubectl label nodes 10.0.5.17 az=bj3
```

图 7-16　新增标签

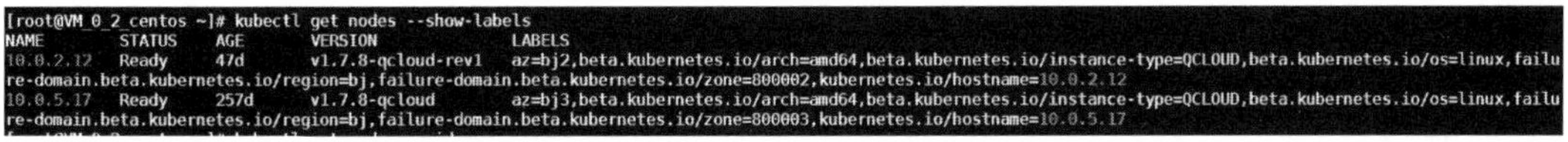

图 7-17　查看节点标签

通过以上命令设置高可用部署后进行访问设置。开启公网访问，注意端口映射的设置，该步骤如图 7-18 所示。

图 7-18　开启公网访问

完成后单击"创建 Workload"，创建成功，如图 7-19 所示。

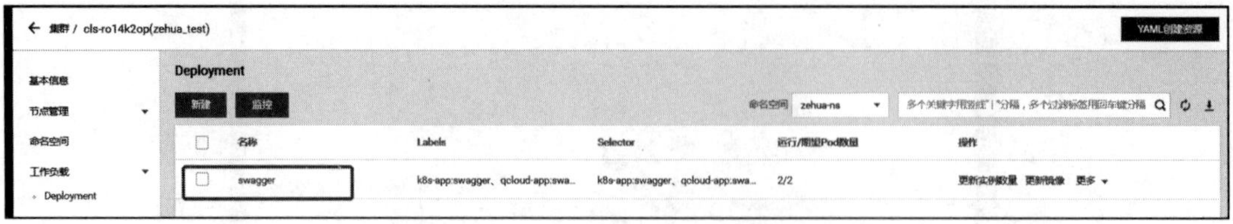

图 7-19　工作负载 swagger 创建成功

创建完成后，可以在"Service"里面看到创建的服务，该步骤如图 7-20 所示。

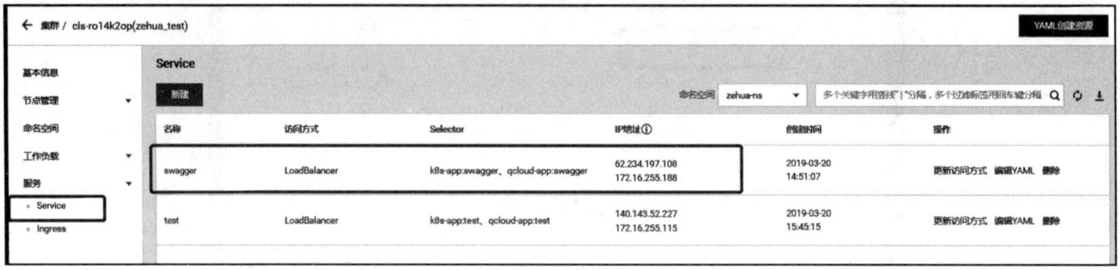

图 7-20　swagger Service 创建成功

在"Pod 管理"里可以看到 2 个 Pod 被调度到了 2 个节点上，如图 7-21 所示。

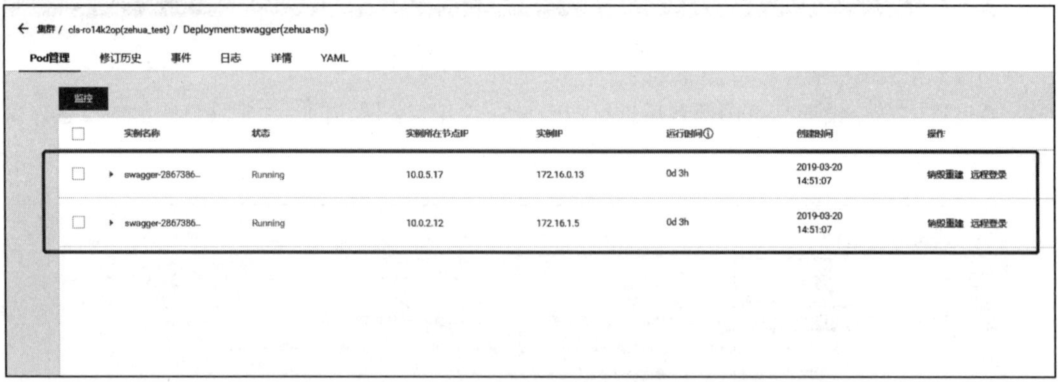

图 7-21　swagger 的 2 个 Pod 被调度到了 2 个节点上

访问"Service"里的负载均衡 IP，可以看到部署成功，如图 7-22 所示。
至此我们完成了业务高可用部署。

3. 关于亲和性和反亲和性

通过腾讯云 TKE 控制台查看 swagger 应用的 YAML 文件，可以看到，控制台实现 Pod 调度是通过节点的亲和性来实现的，如图 7-23 所示。

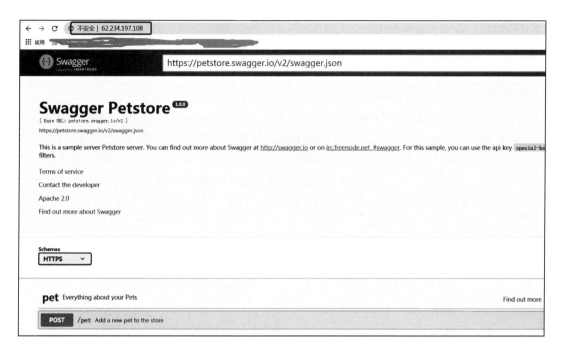

图 7-22　浏览器访问 Swagger

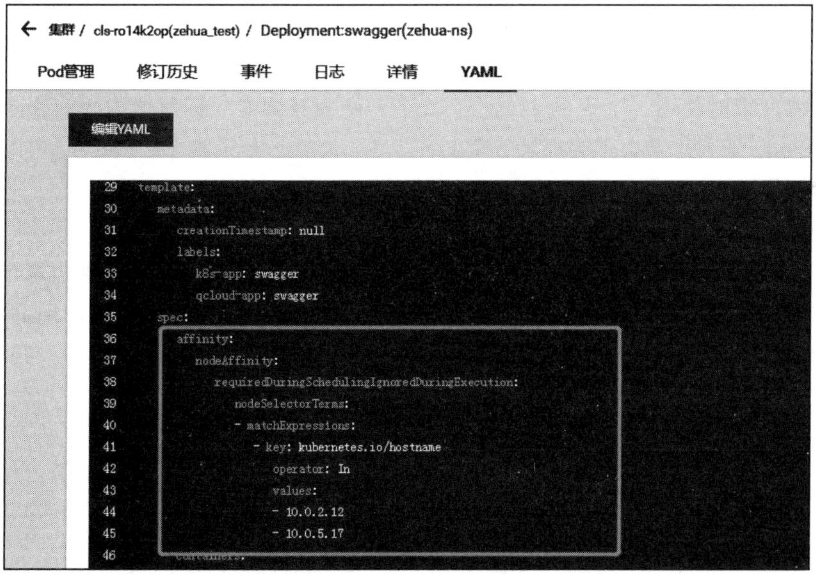

图 7-23　节点亲和性 YAML 文件的内容

```
spec:
    affinity:
  nodeAffinity:
```

```
            requiredDuringSchedulingIgnoredDuringExecution:
nodeSelectorTerms:
- matchExpressions:
      - key: kubernetes.io/hostname
operator: In
values:- 10.0.2.12- 10.0.5.17
```

节点亲和性通过指定 preferredDuringSchedulingIgnoredDuringExecution 和 requiredDuring-SchedulingIgnoredDuringExecution 来实现亲和性的软限制与硬限制。节点亲和性的语法支持：In、NotIn、Exists、DoesNotExist、Gt、Lt。通过这些语法，可以灵活地控制节点亲和性。本例中使用了 kubernetes.io/hostname 这个默认标签，调度到 hostname 为 10.0.2.12 和 10.0.5.17 的两个节点上。

如果在节点调度策略里选择了"自定义调度规则"，亲和性的实现如下所示。

```
spec:
    affinity:
nodeAffinity:
    preferredDuringSchedulingIgnoredDuringExecution:
    - preference:
    matchExpressions:
    - key: failure-domain.beta.kubernetes.io/zone
operator: In
values:- "800002"- "800003"
weight: 1
        requiredDuringSchedulingIgnoredDuringExecution:
nodeSelectorTerms:- matchExpressions:
    - key: az
operator: In
values:- bj2- bj3
```

这里的调度策略使用了节点的 az 标签，2 个 Pod 会被调度到标签值为 bj2、bj3 的节点上。如果有 3 个 Pod，某一个节点上会部署 2 个 Pod，另一个节点上部署一个 Pod。

如果希望使用 Pod 亲和性的特性，可以通过自己编写 YAML 的方式实现。下一节中将会给出 Pod 亲和性的示例。

至此，我们完成了通过腾讯云 TKE 实现业务跨可用区的高可用部署。通过腾讯云 TKE 控制台，使用 Kubernetes 节点亲和性的特性，可以快速实现业务跨可用区的高可用部署。通过节点亲和性的语法规则，可以实现复杂的部署逻辑。腾讯云 TKE 控制台大大简化了跨可用区部署的复杂性，可帮助用户快速实现业务的高可用。

7.2 腾讯云 TKE 应用跨区高可用部署方案（二）

在 7.1 节中，我们介绍了如何使用腾讯云 TKE 的亲和性实现业务跨区高可用部署。控制台是通过节点亲和性来实现亲和性和反亲和性的。

Kubernetes 还支持 Pod 亲和性。在 Kubernetes 1.4 中引入了 Inter-pod affinity 和 anti-affinity。通过 Pod 间的亲和性和反亲和性，用户可以根据 K8s 集群节点上运行的 Pod 上的标签进行调度，而不是基于节点上的标签来约束 Pod 可以调度到哪些节点上。调度规则的形式是：一个 Pod 应该

（或不应该）运行在节点 X 上，如果节点 X 上已经运行了其他 Pod，并且符合规则 Y，规则 Y 可以通过 LabelSelector 语法来表示，LabelSelector 是有关联的命名空间列表。与节点不同，Pod 是运行在命名空间中的（因此 Pod 上的标签也有命名空间属性），Pod 标签上的 Lable Selector（标签选择器）也必须指定适用于哪些命名空间。从概念上讲，X 是一个拓扑域，比如节点、机架、云可用区 AZ 和云 region。我们可以使用 topologyKey 表示拓扑域，这是系统用于表示此类拓扑域的节点标签的关键字。

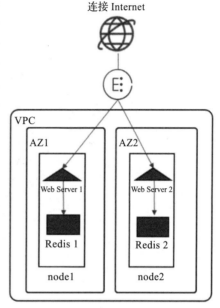

7.2.1　使用 Pod 亲和性实现跨可用区部署

下面我们通过一个例子具体演示如何通过腾讯云 TKE，使用 Pod 亲和性实现业务亲和性部署。本例节选自腾讯云 TKE 官网文档。Web Server 通常会有缓存，如果 Web Server 使用容器服务做跨可用区分布式部署，那么通常 Redis 能跟随 Web Server 一起部署，部署的架构如图 7-24 所示。

由图 7-24 可知，Web Server 1 和 Redis 1 部署在 node1 上，Web Server 2 和 Redis 2 部署在 node2 上，如表 7-1 所示。

图 7-24　业务跨可用区高可用部署架构

表 7-1　业务跨可用区详情

node1	node2	node1	node2
Web Server 1	Web Server 2	Redis 1	Redis 2

下面我们在腾讯云 TKE 上实现上述部署。创建容器集群、镜像仓库等步骤不再赘述。

在 Deployment 中，选择"YAML 创建资源"，如图 7-25 所示。

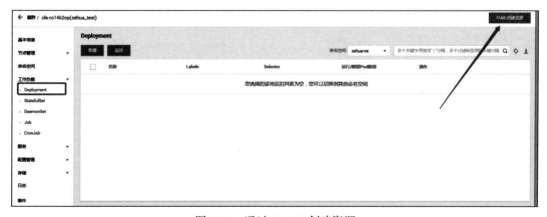

图 7-25　通过 YAML 创建资源

首先创建 Redis，将其命名为 swagger-cache，如图 7-26 所示。

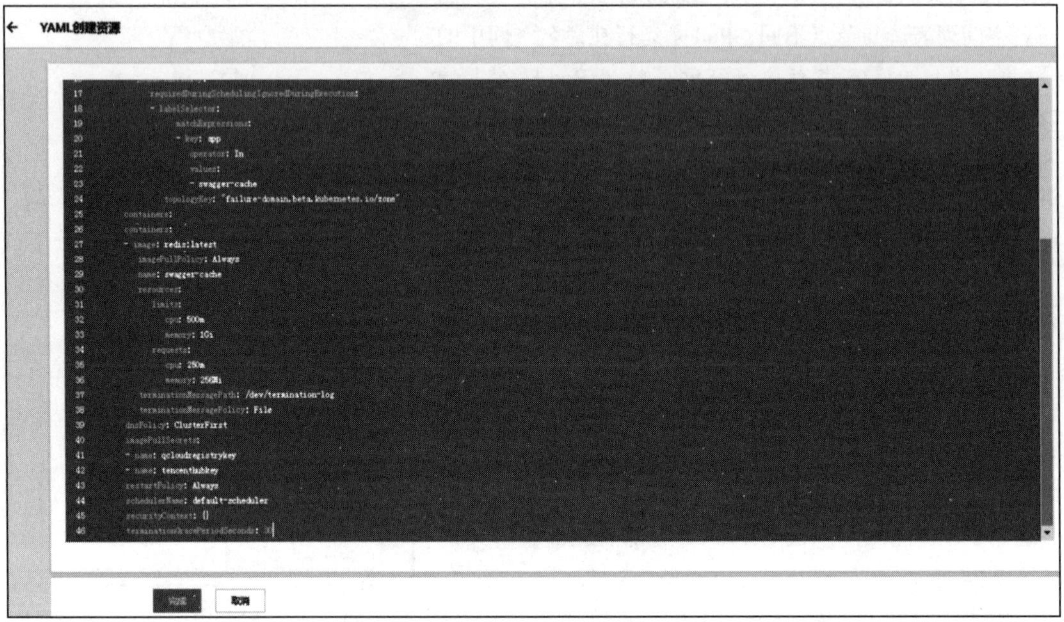

图 7-26　通过 YAML 创建 Redis

YAML 代码如下所示。

```
apiVersion: apps/v1beta1
kind: Deployment
metadata:
    name: redis-cache
spec:
    selector:
matchLabels:
    app: swagger-cache
    replicas: 2
    template:
metadata:
    labels:
app: swagger-cache
spec:
    affinity:
podAntiAffinity:
    requiredDuringSchedulingIgnoredDuringExecution:
    - labelSelector:
    matchExpressions:
    - key: app
operator: In
values:
- swagger-cache
topologyKey: "failure-domain.beta.kubernetes.io/zone"
    containers:
```

```
    containers:
    - image: redis:latest
imagePullPolicy: Always
name: swagger-cache
resources:
    limits:
cpu: 500m
memory: 1Gi
    requests:
cpu: 250m
memory: 256Mi
terminationMessagePath: /dev/termination-log
terminationMessagePolicy: File
    dnsPolicy: ClusterFirst
    imagePullSecrets:
    - name: qcloudregistrykey
    - name: tencenthubkey
    restartPolicy: Always
    schedulerName: default-scheduler
    securityContext: {}
    terminationGracePeriodSeconds: 30
```

创建 Redis 之后查看 Pod 管理，可以看到两个 Pod 分布到了两个节点上，如图 7-27 所示。

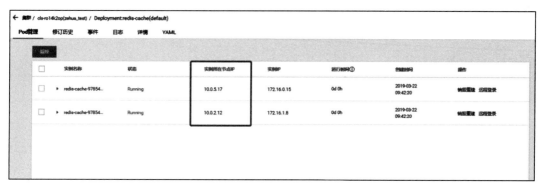

图 7-27　Pod 分布到了两个节点上

然后创建 swaggerui 应用，同样使用 YAML 创建，如图 7-28 所示。
创建 swaggerui 的代码如下。

```
apiVersion: apps/v1beta1
kind: Deployment
metadata:
    name: swagger-web
spec:
    selector:
matchLabels:
    app: swagger-web
    replicas: 2
    template:
metadata:
    labels:
```

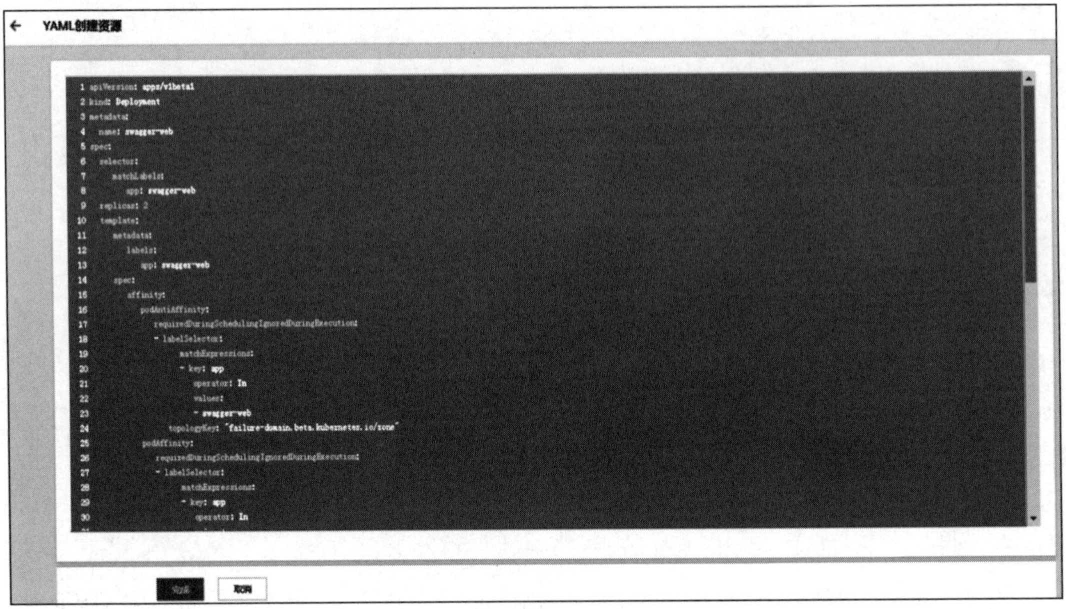

图 7-28　swaggerui 应用使用 YAML 创建

```
app: swagger-web
spec:
    affinity:
podAntiAffinity:
    requiredDuringSchedulingIgnoredDuringExecution:
    - labelSelector:
    matchExpressions:
    - key: app
operator: In
values:
- swagger-web
topologyKey: "failure-domain.beta.kubernetes.io/zone"
podAffinity:
    requiredDuringSchedulingIgnoredDuringExecution:
    - labelSelector:
    matchExpressions:
    - key: app
operator: In
values:
- swagger-cache
topologyKey: "failure-domain.beta.kubernetes.io/zone"
    containers:
    - env:
- name: PATH
  value: /usr/local/sbin:/usr/local/bin:/usr/sbin:/usr/bin:/sbin:/bin
- name: nginx_VERSION
  value: 1.15.9
- name: API_KEY
  value: '**None**'
- name: SWAGGER_JSON
  value: /app/swagger.json
```

```
    - name: PORT
      value: "8080"
    - name: BASE_URL
  image: ccr.ccs.tencentyun.com/zehua/swaggerui:1.2
  imagePullPolicy: IfNotPresent
  name: swagger-ui
  resources:
      limits:
cpu: 500m
memory: 1Gi
      requests:
cpu: 250m
memory: 256Mi
terminationMessagePath: /dev/termination-log
terminationMessagePolicy: File
      dnsPolicy: ClusterFirst
      imagePullSecrets:
      - name: qcloudregistrykey
      - name: tencenthubkey
      restartPolicy: Always
      schedulerName: default-scheduler
      securityContext: {}
      terminationGracePeriodSeconds: 30
```

创建完成之后查看 Pod 管理，如图 7-29 所示。

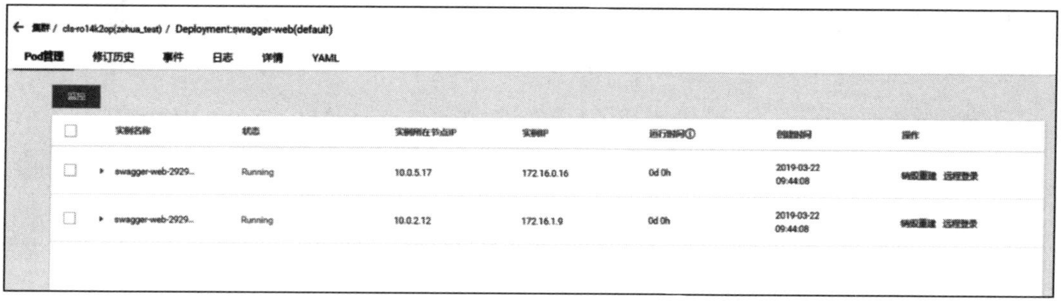

图 7-29　查看 swaggerui Pod 管理

可以看到两个 swaggerui 也分布到了跨可用区的两个节点上。使用 kubectl 查看 Pod 的分布情况。

```
$ kubectl get pods -o wide
```

查看结果，如图 7-30 所示。

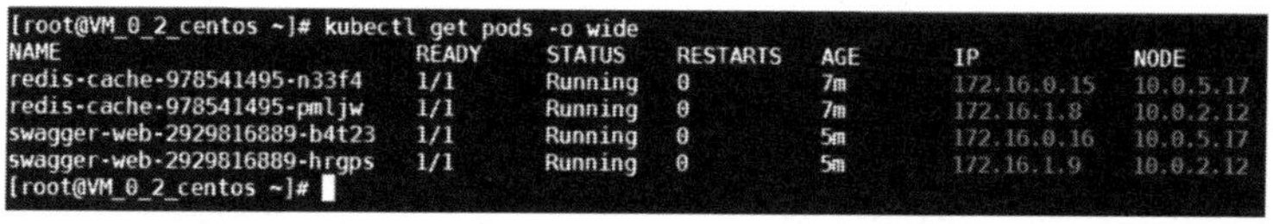

图 7-30　swaggerui Pod 分布在跨可用区的两个节点上

至此，我们完成了利用 Pod 亲和性实现跨可用区的高可用部署。下面我们具体解释一下实现原理。

7.2.2 部署原理分析

在创建 Redis 时，我们使用了 Pod 反亲和性的特性，代码如下所示。

```
    spec:
        affinity:
podAntiAffinity:
    requiredDuringSchedulingIgnoredDuringExecution:
    - labelSelector:
    matchExpressions:
    - key: app
operator: In
values:- swagger-cache
topologyKey: "failure-domain.beta.kubernetes.io/zone"
```

podAntiAffinity 指定了 Redis 的两个 Pod 的反亲和性，部署到标签为 app=swagger-cache 的不同节点上，并且 topologyKey: "failure-domain.beta.kubernetes.io/zone" 有两个值：800002 和 800003，分别对应腾讯云北京二区、北京三区。这样保证了两个 Pod 分布到不同的可用区。

```
$ kubectl get nodes --show-labels
```

查看 node 标签，如图 7-31 所示。

图 7-31 查看 node 标签

在创建 swagger-cache 时，我们使用了参数 podAffinity 和 podAntiAffinity，代码如下。

```
    spec:
        affinity:
podAntiAffinity:
    requiredDuringSchedulingIgnoredDuringExecution:
    - labelSelector:
    matchExpressions:
    - key: app
operator: In
values:- swagger-web
topologyKey: "failure-domain.beta.kubernetes.io/zone"
podAffinity:
    requiredDuringSchedulingIgnoredDuringExecution:
    - labelSelector:
    matchExpressions:
    - key: app
operator: In
values:- swagger-cache
topologyKey: "failure-domain.beta.kubernetes.io/zone"
```

首先 podAntiAffinity 指定了两个 swagger-web 的反亲和性，部署到标签为 App=swagger-web 的两个不同节点上。然后使用 podAffinity 指定 swagger-web 和 swagger-cache 的亲和性部署。

在实际应用中，可以使用 podAntiAffinity 和 podAffinity 实现复杂的部署关系。TKE 大大简化了容器的使用，是实现快速部署服务的利器。

7.3　腾讯自研业务上云：优化 Kubernetes 集群负载的技术方案探讨

　　Kubernetes 的资源编排调度使用的是静态调度，将 Pod Request Resource 与 Node Allocatable Resource 进行比较来决定节点是否有足够资源容纳该 Pod。静态调度带来的问题是，集群资源很快被业务容器分配完，但是集群的整体负载非常低，各个节点的负载也不均衡。本节将介绍优化 Kubernetes 集群负载的多种技术方案。

　　静态调度是根据容器请求的资源进行装箱调度，而不考虑节点的实际负载。静态调度最大的优点就是调度简单高效、集群资源管理方便。缺点也很明显，就是不考虑节点实际负载，极容易导致集群负载过低。

　　Kubernetes 为什么会使用静态调度呢？因为要做好通用的动态调度几乎是不可能的，通用的动态调度很难满足不同企业不同业务的诉求。那是不是我们就没必要再使用动态调度技术了呢？未必！根据托管的业务属性，平台可以通过 scheduler extender 方式扩展 Kubernetes Scheduler 进行一定权重的动态调度决策。

　　以 CPU 资源为例，大规模 Kubernetes 集群 CPU 资源利用如图 7-32 所示。

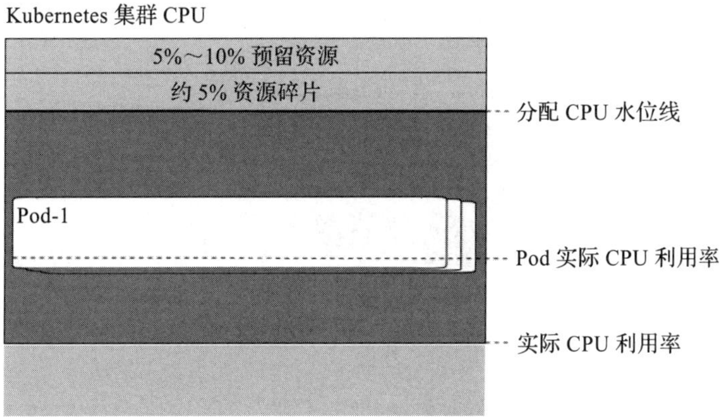

图 7-32　Kubernetes 集群的资源之 CPU

集群资源由以下几部分组成。

　　1）每个节点的预留资源等于 kubelet 的 system-reserved、kube-reserved、eviction-hard 所配置的资源之和，Kubernetes 计算节点的可分配资源会减去这部分预留资源。

　　2）目前集群的平均资源碎片为 5%～10%，不同规格的 CVM 机型略有不同。这些资源碎片分散在集群的各个节点，以 1c1g、2c2g、3cxg 为主，平台提供给用户选择的容器规格都很难收集到这些碎片，经常在调度某个 Pod 时发现某个节点上的 CPU 足够，但是 MEM 不足，或者相反。

　　3）剩下的就是可以被业务 Pod 真正分配和使用的资源了，业务在选择容器规格时带有一定的主观性和盲目性，导致业务容器的负载很低，这样的业务占比如果较多，就容易导致集群低负载，但是集群按照 Kubernetes 静态调度策略又无法再容纳更多的业务容器。图 7-32 中集群的分配 CPU 水位线很高，但是 CPU 的实际利用率不高就是这个原因。

提升集群负载的方案

除了借助强大的容器监控数据做一定权重的动态调度决策外，是否还有其他方案可以解决静态调度带来的集群低负载问题呢？下面介绍一整套技术方案，从多个技术维度提升 Kubernetes 集群负载，技术方案如图 7-33 所示。

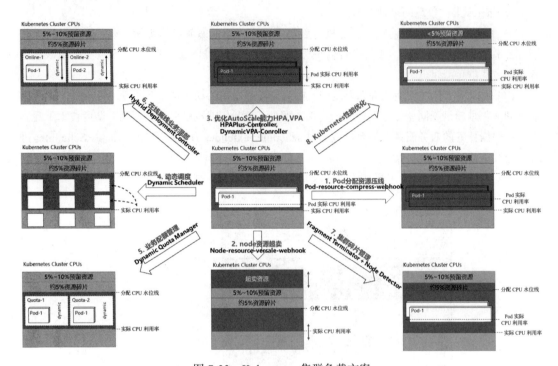

图 7-33　Kubernetes 集群负载方案

1. Pod 分配资源压缩

前面提到，研发人员部署业务选择容器资源规格时有一定的盲目性，而且 Kubernetes 原生也不支持实时无感知地修改容器规格（虽然这可以通过 Static VPA 方案解决），导致业务容器负载低。为了解决这个问题，我们可以对 Pod Request Resource 进行一定比例的压缩（Pod Limit Resource 不压缩）。注意，压缩 Pod Request Resource 只发生在 Pod 创建或者重建的时候，比如业务做变更发布时，对正常运行中的 Pod 不能执行这一操作，否则可能导致对应的 Workload Controller 重建 Pod（取决于 Workload 的 UpdateStrategy）给业务带来影响。

需要注意如下几点。

1）每个负载的变动规律不同，Pod 分配资源时的压缩比例也不一样，需要支持每个负载的自定义配置，而且配置的影响对用户是无感知的。我们把压缩比设置到负载的 Annotation 中，比如 CPU 资源压缩对应 Annotation stke.platform/cpu-requests-ratio 的设置。

2）自研组件（Pod-Resource-Compress-Ratio-Reconciler）可以基于负载的历史监控数据，动

态 / 周期性地调整压缩比。比如某负载连续 7d/1M（7 天或 1 个月）的负载持续很低，那么可以把压缩比设置得更大，以此让集群有更多的可分配资源，容纳更多的业务容器。当然，实际上压缩比的调整策略没有这么简单，需要更多的监控数据来辅助。

3）Pod 分配压缩特性一定要是可以关闭和恢复的，通过 Workload Annotation stke.platform/enable-resource-compress: "n" 针对负载级别 disable，通过将压缩比设为 1 进行压缩恢复；

4）何时通过压缩比调整 Pod Spec 中的 Request Resource？ Kubernetes 发展到现阶段，直接改 Kubernetes 代码是最笨的方式，我们要充分利用 Kubernetes 的扩展功能。这里，我们通过 kube-apiserver 的 Mutating Admission Webhook 对 Pod 的 Create 事件进行拦截，自研环境中 webhook（pod-resource-compress-webhook）会检查 Pod Annotations 中是否设置为 enable 来打开压缩特性。如果打开并配置压缩比，则根据压缩比重新计算该 Pod 的 Request Resource，通过补丁方式上传到 APIServer。

通过压缩比重新计算该 Pod 的 Request Resource，流程如图 7-34 所示。

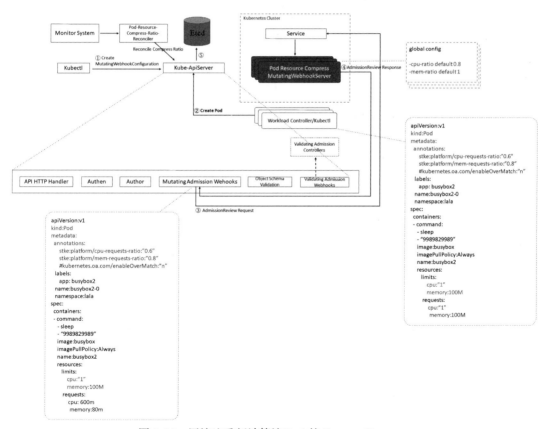

图 7-34　压缩比重新计算该 Pod 的 Request Resource

2. 节点资源超卖

Pod 资源压缩方案是针对每个负载级别的资源动态调整方案，优点是细化到每个负载，能做到有的放矢；缺点是如果业务不做变更发布，就没有效果，见效慢。

节点资源超卖方案是针对节点级别的资源动态调整方案，根据每个节点的真实历史负载数据进行不同比例的资源超卖。

1）我们将每个节点的资源超卖比例设置到节点的 Annotation 中，比如 CPU 超卖对应 Annotation stke.platform/cpu-oversale-ratio。

2）自研组件（Node-Resource-Oversale-Ratio-Reconciler）可以基于节点历史监控数据动态 / 周期性地调整超卖比例。比如，某个节点连续 7d/1M 持续低负载并且节点已分配资源水位线很高，那么可以把超卖比例适当调高，以使此节点能容纳更多的业务 Pod。

3）通过 Node Annotation stke.platform/mutate: "false" 关闭节点超卖，节点在下一个心跳检测会完成资源复原。

4）何时通过压缩比调整节点状态中的 Allocatable&Capacity Resource？同样，我们通过 kube-apiserver 的 Mutating Admission Webhook 对节点的 Create 和 Status Update 事件进行拦截，自研 webhook（node-resource-oversale-webhook）检查节点 Annotations 中是否启用了超卖设置并且配置了超卖比，如果配置了，则根据超卖比重新计算该节点的 Allocatable&Capacity Resource 的状态。

3. 需要考虑的细节

1）kubelet 把节点注册到 APIServer 的实现原理是什么？通过 webhook 直接修复和更新节点状态是否可行？

2）节点资源超卖后，Kubernetes 对应的 Cgroup 动态调整机制是否能继续正常工作？

3）节点状态更新太频繁，每次状态更新都会触发 webhook，如何解决大规模集群对 API-Server 造成的性能问题？

4）节点资源超卖对 kubelet 驱逐的配置是否也有超配效果？还是仍然按照实际节点配置和负载进行驱逐？如果对驱逐有影响，又该如何解决？

5）超卖比例从大往小调时，存在节点上 Pod 的 Request Resource 之和大于节点的可分配资源的情况，这里是否有风险，该如何处理？

6）监控系统对节点的监控与 Node Allocatable & Capacity Resource 有关，超卖后，意味着监控系统将无法准确监控节点的各方面，需要做修正，如何让监控系统也能动态感知超卖比例进行数据和视图的动态修正？

7）Node Allocatable 和 Capacity 分别该如何超卖？超卖对节点预留资源的影响如何？

这里涉及的 Kubernetes 技术细节比较多，感兴趣的读者可以自行扩展。

通过压缩比重新计算节点的 Request Resource，其流程如图 7-35 所示。

4. 优化 AutoScale 能力

提起 Kubernetes 的弹性伸缩，大家比较熟悉的是 HPA 和 HNA，HPA 是对工作负载的 Pod 进行横向伸缩，HNA 是对集群的节点进行横向伸缩。Kubernetes 社区还有一个 VPA 项目，用来对 Pod 的资源进行调整，但是需要重建 Pod 才能生效。VPA 存在的意义就是快速扩容，如果像 HPA 一样，需要重建 Pod 来启动应用才能扩容，其实已经失去了存在的价值。

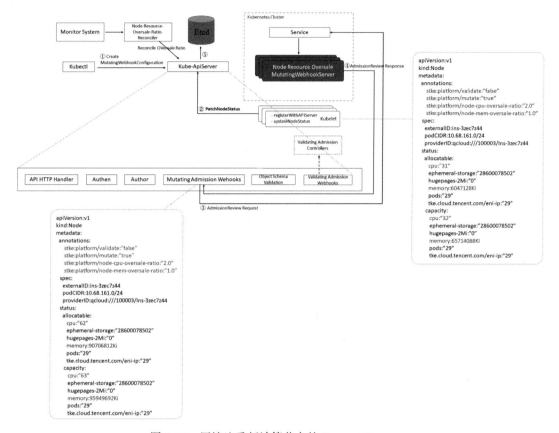

图 7-35　压缩比重新计算节点的 Request Resource

5. Kube-controller-manager 内置的 HPA-Controller 存在的问题

1）在 goroutine 中循环遍历集群中所有的 HPA 对象，针对每个 HPA 对象获取对应的 Pod 监控数据、计算新的 Replicas，处理大型业务是比较耗时的。

2）核心配置不支持负载自定义，每个业务的 HPA 伸缩响应时间可能不一样，有些业务期望能在 5s 内响应，有些业务 60s 内响应即可，而内置的 HPA Controller 在响应时间控制上只能配置全局的启动参数 horizontal-pod-autoscaler-sync-period。另外，每个业务对负载的抖动容忍是不一样的，在内置的 HPA Controller 中只能通过 horizontal-pod-autoscaler-tolerance 做全局配置，无法提供业务级的个性化自定义配置。

3）Kubernetes 目前只支持 custom metrics 注册一个后端监控服务，如果集群中有业务通过 Prometheus 来暴露应用自定义指标，还有业务通过 Monitor 监控应用自定义指标，这个时候就做不到全方位考虑了。

6. 自研 HPAPlus-Controller 组件

1）每个 HPA 对象会启动一个 goroutine 协程专门负责该 HPA 对象的管理和计算工作，各个协程并行运行，极大地优化了性能。HPAPlus-Controller 独立部署，其资源需求可以对集群规模和 HPA 数量进行合理调整，相对于内置的 HPA-Controller 有更好的灵活性。

2）HPAPlus-Controller 支持各个 HPA 对象自定义伸缩响应时间，支持自动感应业务变更发布及禁用 HPA（某些业务有这样的需求：升级时禁止触发弹性伸缩），支持以 pod resource limit 为基数进行 Pod 资源利用率计算，从而推导出扩缩容后的期望 replicas，这一点对于节点超卖和 Pod 资源压缩后的集群非常重要。

3）支持个性化配置业务级别对负载抖动的容忍度。

4）支持基于更多维度的监控数据进行 Scale 决策。

5）支持 CronHPA，满足规律性扩缩容的业务诉求。

6）通过 Extension APIServer 的方式对接公司的 Monitor 监控，通过保留 Prometheus-Adaptor 的方式来支持 Prometheus 里的应用监控，满足基于多种应用监控系统的 custom metrics 进行 HPA。

注意：HPAPlus-Controller 与 Kubernetes buit-in HPA-Controller 存在功能冲突，上线前需要 disable kube-controller-manager 的 HPA-Controller 控制器。

HPAPlus-Controller 的工作流程如图 7-36 所示。

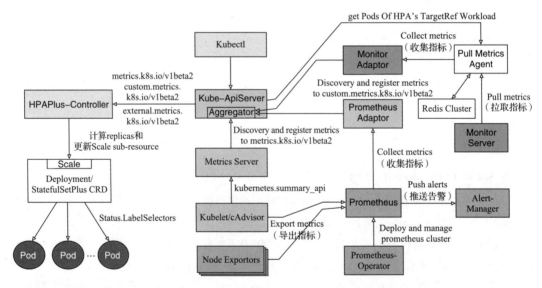

图 7-36　HPAPlus-Controller 工作流程

7. 其他技术方案

通过 scheduler extender 的方式开发动态调度器；基于业务级的配额动态管理组件；基于业务优先级和配额管理的在线离线业务混部能力；主动探测节点资源碎片信息并上报到控制器；根据节点实际负载和节点可靠性指标重新调度 Pod；集群资源碎片化管理和优化等。

本节对 Kubernetes 静态调度集群资源分配水位线高但实际负载低的问题进行了技术方向的探讨，详细介绍了 Pod 资源动态压缩、节点资源动态超卖、优化 AutoScale 能力的技术方案。所有这些集群负载提升方案，要做到动态调整，都强依赖于容器监控系统。腾讯云 TKE 正与腾讯云监控产品团队深入合作，更好地服务于腾讯自研业务上云。

7.4　腾讯 IEG 游戏营销活动在腾讯云 TKE 中的实践

腾讯内部的一些业务都纷纷选择了上云，本节介绍 IEG 游戏部门使用腾讯云 TKE 支撑游戏营销业务的方法和效果。

1. 实践背景

Pandora 营销解决方案（以下简称：潘多拉）为游戏提供专业的营销解决方案，将原生体验植入游戏中，精准地向游戏玩家推送营销服务，从活跃、留存、收入等多方面助力游戏运营。近年来，潘多拉凭借原生 UI 体验好、热更新便捷、配置发布灵活等特点，得到越来越多游戏研发、运营公司的认可，现已支撑腾讯的 40 余款游戏。

潘多拉的营销方式和电商平台类似，也有大量秒杀类业务场景。随着《刺激战场》《王者荣耀》《飞车手游》等游戏出口到海外，特色营销活动也一起出海。与国内的研发环境相比，海外环境在资源使用上有很大的差异，运营体系也有很大不同。在服务于海外业务的过程中，潘多拉使用了各种非 IDC 本地资源，如各种云上资源。大部分云上资源的成本都高于国内的云上资源成本。潘多拉对海外资源的管理与国内一样，那就是弹性扩容。因为在某些秒杀场景，访问量时高时低，毛刺化比较严重的营销场景中，资源的弹性管理非常重要。

目前，游戏《王者荣耀》海外版的潘多拉模块成功迁移至腾讯云 TKE 中，打通了蜘蛛平台（营销活动项目管理平台）和腾讯云 TKE 的接口。这样就可以在不改变开发习惯的前提下，实现便捷代码发布、快速更新迭代，目前已经稳定运行近半年。

2. 选型过程

（1）使用腾讯云容器服务 TKE

简单地说，就是在腾讯云购买虚拟机（CVM），加入腾讯云 TKE 集群中，TKE 支持容器编排，支持大部分常见的 Kubernetes 功能。

（2）使用腾讯云容器实例服务 CIS

直接购买腾讯云 TKE 集群生产的容器，相当于购买了容器当作虚拟机，不支持容器编排，不需要预先购置虚拟机，这种方式成本最低。

（3）购买虚拟机自己搭建 Kubernetes 集群

购买 CVM 虚拟机，然后在 CVM 虚拟机上自行搭建开源版的 Kubernetes 集群。这种方式需要有较强的 Kubernetes 技术，一旦出现 Kubernetes 运维相关的问题需要自行解决。

3. 性能测试

在相同资源配置的情况下，集群虚拟机安装 unixbench 进行测试，测试结果如表 7-2 所示。

表 7-2 测试结果

环　境	腾讯云 TKE	腾讯云容器实例 CIS	自建 Kubernetes 环境
分数	1268	1173	646

可以看出直接用腾讯云 TKE 服务性能分数是最高的，CIS 由于存在资源共享，有一点性能损耗，自建 Kubernetes 模式因为没有对相关参数进行调优，所以分数自然会低些，而且后期还需要自己运维。

4.系统架构

潘多拉营销活动解决方案架构如图 7-37 所示。

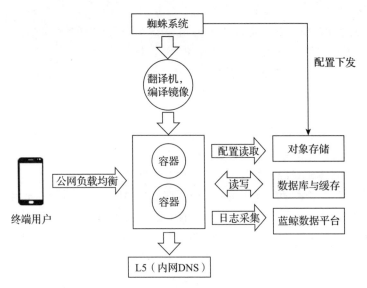

图 7-37 潘多拉营销活动解决方案架构

架构说明如下。

1）容器镜像集成了海外的一些基本组件，比如 L5（腾讯内部使用的负载均衡系统）和网管系统 agent。

为了降低国内代码迁移到海外环境的难度，我们开发了 L5 的海外版本。容器镜像里面安装了 l5agent，测试结果如图 7-38 所示。

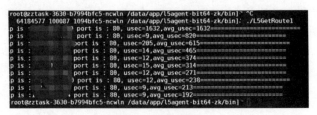

图 7-38 测试结果

此外，海外版本的网管系统实现了国内代码的无缝迁移。

2）打通蜘蛛系统和腾讯云镜像仓库接口，配置项通过蜘蛛系统接口注入容器环境变量，如图 7-39 所示。

图 7-39　配置环境变量

读取系统环境变量，如图 7-40 所示。

图 7-40　系统读取环境变量

3）以往我们的配置文件都采用文件下发模式，在本例中，我们将原本下发到机器的配置文件上传至腾讯云对象存储 COS，改造程序功能，从腾讯云对象存储中自动拉取配置文件保存到本地缓存里。

考虑到安全性，有如下 4 点建议。

1）访问对象存储时候需要使用独立的密钥验证，该密钥设置为仅能访问对象存储，无其他资源访问权限，这样可以降低密钥丢失带来的风险；

2）对象存储的存储桶需要设置为私有读写模式；

3）考虑到容器通过公网连接和调用腾讯云对象存储，因此建议增加本地缓存，隔绝外网；

4）因为腾讯云部分节点还没上线 Kafka 服务，所以目前通过蓝鲸数据平台采集日志。

蓝鲸日志平台需要设置采集日志的目录，我们这里采用的方式是在 Docker 母机上安装蓝鲸 agent。在母机上找到容器挂载点的方式进行日志上报。

腾讯云默认使用 overlay2 的文件存储驱动，如图 7-41 所示。

图 7-41　overlay2 文件存储驱动

蓝鲸支持文件路径的通配设置，如图 7-42 所示。

文件路径为 /var/lib/docker/overlay2//merged/data/ log/nginx/.log，使用以上的路径配置可以采集该服务器里所有容器内的 /data/log/nginx/*.log 文件。

以上措施大大降低了将传统应用迁移到容器云的改造成本。

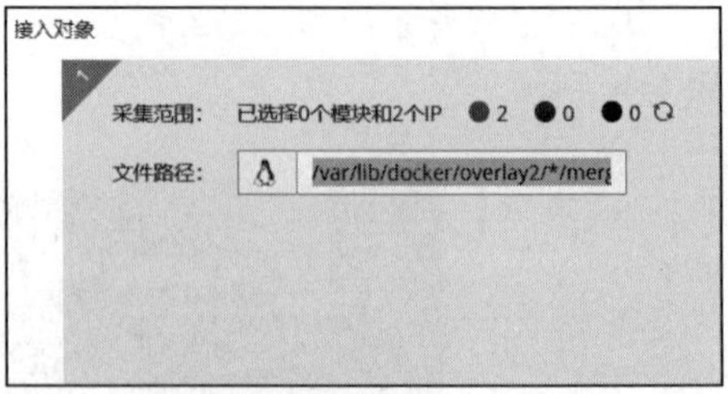

5. 经验心得

（1）开箱即用，用完立刻抛弃

图 7-42　文件路径的通配设置

在 Docker 的世界里，程序通过重新编译新镜像并发布的方式完成更新，而不是更新已有容器实例中的文件。

（2）节约成本，按量付费

按量付费是指按照实际资源使用时间来计算腾讯云账单。营销活动的业务高峰压力趋势有别于游戏服务器的负载压力，往往峰谷差别更为明显，并且有一定规律性。以下为某营销活动的访问量趋势图，如图 7-43 所示。

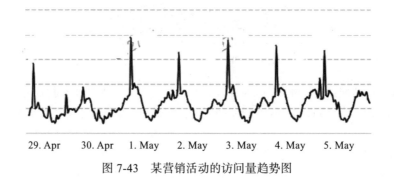

29. Apr　30. Apr　1. May　2. May　3. May　4. May　5. May

图 7-43　某营销活动的访问量趋势图

可以看到每天晚上的某个整点时间有一波比平时大 3 倍的访问量。我们这里采用的应对方法是，每天提前 20 分钟自动租用多台服务器加入集群，并增加容器副本数，在高峰期之后 30 分钟降低容器副本数，并将租用的多余服务器退还。每天支付的费用仅仅是 n×1 小时的服务器租赁费用。

（3）监控工具

我们采用的监控方案是基础数据监控 + 蓝鲸日志采集平台。业务数据上报采用海外网管系统接口，需要在容器里面安装海外网管系统的 agent，监控的实际效果如图 7-44 所示。

（4）镜像版本控制

默认情况下，腾讯云只能存放 100 个版本的镜像，并且不会自动删除旧版镜像，用完镜像配额之后会报错，如图 7-45 所示。

这种情况需要人为设置镜像的自动滚动更新机制，用打包时间作为版本控制的索引，如图 7-46 所示。

针对镜像管理，腾讯云 TKE 后续会推出新的 TCR 解决方案，欢迎读者关注。

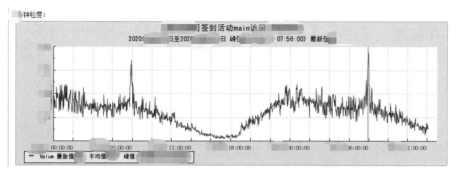

图 7-44　签到活动 main 访问监控图

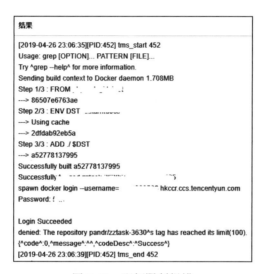

结果

[2019-04-26 23:06:35][PID:452] tms_start 452
Usage: grep [OPTION]... PATTERN [FILE]...
Try ^grep --help^ for more information.
Sending build context to Docker daemon 1.708MB
Step 1/3 : FROM
---> 86507e6763ae
Step 2/3 : ENV DST
---> Using cache
---> 2dfdab92eb5a
Step 3/3 : ADD ./ $DST
---> a52778137995
Successfully built a52778137995
Successfully
spawn docker login --username= hkccr.ccs.tencentyun.com
Password:

Login Succeeded
denied: The repository pandr/zztask-3630^s tag has reached its limit(100).
{^code^:0,^message^:^^,^codeDesc^:^Success^}
[2019-04-26 23:06:39][PID:452] tms_end 452

图 7-45　配额限制报错

镜像版本	创建时间	修改时间	镜像ID（SHA256）	大小	操作
20190428200443	2019-04-28 20:05:12 +080...	2019-04-28 20:05:12 +0800 CST	sha256:40b9426a163a109f732482ddeaaf19e8751b634daf4d940bd0dddf167f171965	1 GB	删除
20190428200039	2019-04-28 20:00:51 +080...	2019-04-28 20:00:51 +0800 CST	sha256:477c519b90f137f3dc94380edaefe7e6fd918c056d04f26977d8f1c940ce20a5	1 GB	删除
20190428194211	2019-04-28 19:42:39 +080...	2019-04-28 19:42:39 +0800 CST	sha256:477c519b90f137f3dc94380edaefe7e6fd918c056d04f26977d8f1c940ce20a5	1 GB	删除

图 7-46　镜像版本

（5）版本迭代

TKE 支持滚动更新，也就是在一台机器完全没有流量后自动停止容器，然后启动新的镜像。实际运用下来，基本能满足无状态短连接的无损发布需求。

（6）操作系统选择

项目初期，TKE 集群使用标准最小化安装的 CentOS7 系统，后期更换为 tlinux2.2（腾讯内部 Linux 系统）镜像，系统镜像大小为 2.2g。因为 Docker 镜像采用增量发布方式，所以只会在第一次发布的时候上传整个镜像。

（7）自动扩容

在腾讯云 TKE 上设置了根据 CPU 使用率来自动调节容器副本数，如图 7-47 所示。

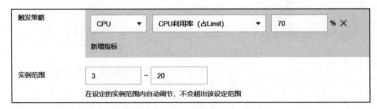

图 7-47　CPU 使用率调节副本数

以上设置表示：在 3～20 个容器数量中，尽可能保持总 CPU 使用率为 70%。

举例：当有 14 台机器，CPU 平均使用率为 50 的时候，设置以上规则会导致系统自动调配的实例数量达到 14×50/70 = 10。

实际使用效果如图 7-48 所示。

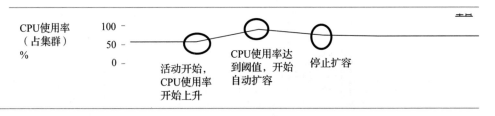

图 7-48　CPU 使用率

我们可以看到，活动发布后，CPU 使用率由 50 迅速飙升到 90，触发了扩容的阈值，系统扩容之后，CPU 使用率开始下降，低于阈值之后停止扩容。

在实际应用环境中，我们使用的规则会比较复杂，需要用户根据业务实际情况进行调整。

注意事项：

❏ 必须为容器设置 CPU Request；

❏ 策略指标的目标设置要合理，如 70% 的 CPU 给容器和应用，预留 30% 的余量；

❏ 保持 Pod 和节点健康（避免 Pod 频繁重建）；

❏ 保证用户请求的是负载均衡，而不是直接请求容器 IP；

❏ 在计算目标副本数时会有一个 10% 的波动因子，如果在波动范围内，并不会调整副本数目；

❏ 如果服务对应的 deployment.spec.replicas 值为 0，弹性伸缩将不起作用。

通过腾讯云 TKE 使整个项目上云容器化，我们感受到了容器化带来的各种好处，也省去了很多成本。

传统模式下，开发和运维各司其职的时代将要过去，用好容器、用好上云资源、走向云原生是必然趋势。

7.5　基于腾讯云 TKE 的大规模强化学习实践

大规模的强化学习需要海量的异构计算资源、批量快速启停训练任务、高频更新模型参数、跨机跨进程共享模型数据等。传统的手工管理模式操作烦琐，面临诸多不确定性，无法支撑大规模强化学习场景。本节将介绍腾讯内部某业务基于 TKE 构建的大规模强化学习解决方案，以及与传统手工模式对比，该方案的优势。

7.5.1　项目挑战

在传统的手工管理模式下，大规模的强化学习面临诸多问题。

1. 经费预算受限

单次全量实验需要多达数万个 CPU 核心和数百个 GPU 卡。单次全量实验需要持续一周到两周，连续两次全量实验时间间隔从几天到几周不等。从整体上看资源使用率很低，实验间隔期会造成资源浪费，经费有限，无法支撑长期持有如此大量的物理机资源。

2. 大规模机器的管理复杂性

手动管理和运维几千台机器（折合几万核心）难度极高。代码更新后，发布困难，一致性难以保证。随着训练规模进一步增大，管理复杂的问题更加突出。

3. 效率问题

分布式训练代码架构要求快速批量启停数万规模的角色进程。通过脚本 SSH 的方式实现多个跨机器进程的启动和停止，效率低下，可靠性不足。

4. 进程的容错性

训练需要运行海量的进程，运行过程中异常退出缺少监控和自动拉起，容错性低。

5. 训练任务运行时弹性伸缩

训练时如果生产速度不够，需要手动调整 Actor 数量，无法通过弹性伸缩提高吞吐量。

6. 代码的版本管理

项目有多个模块，部署不同版本的代码步骤烦琐、易出错，不利于排查问题和保障程序版本的一致性。

7.5.2　训练架构

使用基于 Actor-Learner 架构的分布式强化学习训练，包括以下几种角色的进程。

1）Actor：负责产生一系列观测数据（trajectory unroll）。

2）Learner：从 Actor 获取观测数据，使用下降梯度更新神经网络模型。

3）ModelPool：神经网络模型中转。Learner 会定期推入神经网络模型，Actor 会定期从这中拉取最新神经网络模型。

4）Manager：训练管理，包括安排自对弈比赛、变异超参数、保存模型的 checkpoint 等。

Actor 通常部署在较便宜的 CPU 机器上，每个 Actor 需要 3 到 4 个 CPU cores；Learner 部署在 GPU 机器上，每个 Learner 需要 1 个 GPU 卡；ModelPool 和 Manager 部署在网卡带宽较大（≥25Gbps）的机器上。

一次实验中，各个角色的进程的典型数量如下。

1）Actor：几十个到上万个。

2）Learner：几个到几百个。

3）ModelPool：一个到十个。

4）Manager：一个。

整个训练框架的结构如图 7-49 所示。

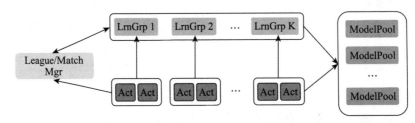

图 7-49　训练框架结构

7.5.3　业务需求

业务要求具备以下能力。

1）可以批量启动、批量停止多个不同角色的进程。

2）无须手动管理集群机器的 IP、账号、密码，只须关注每个进程需要多少 CPU、内存、GPU 卡等计算资源。

3）数据生产者进程的容错性（出现不可恢复的底层错误进程时能自动重启）和进程个数的横向伸缩（以此来调节数据生产速度）。

4）训练（training）和评测（evaluation）角色之间共享网盘存储，方便交换神经网络模型数据。

5）成熟的日志解决方案，包括无侵入的日志采集、快速的日志检索 / 搜索，仪表盘式的集群资源监控等，方便调试代码、评估训练代码。

6）支持浏览器访问基于 Web 方式的训练、评测结果。

7）能够弹性使用资源，仅在使用时计费，控制研发成本。

7.5.4　基于腾讯云 TKE 的大规模分布式强化学习解决方案

1. 腾讯云 TKE 整体架构

腾讯云 TKE 的整体架构如图 7-50 所示。

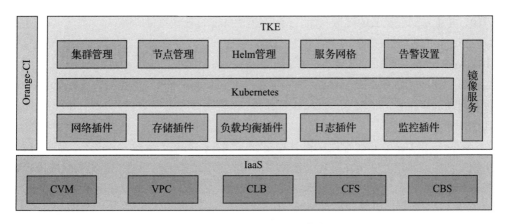

图 7-50　腾讯云 TKE 的整体架构

该解决方案通过 TKE 整合云上 CVM 资源，提供强化学习需要的 CPU 和 GPU 资源；通过 CLB 创建 LoadBalance 类型的 Service，暴露训练代码的 tensorboard 和评测代码的 AI 胜率曲线绘图；通过 Web 查看训练结果；通过 CFS 创建存储共享卷，方便各个 Pod 之间在训练、评测时能共享神经网络模型、评测准确率数据、AI 对战胜率数据等。

同时，借助腾讯内部的代码管理平台提供的 Webhook 功能，与内部的 CI 组件结合实现代码提交自动构建镜像，并推送到 TKE 镜像仓库，提升研发效率。

此外，Webhook 还支持通过 jinjia 模板调整参数并快速生成 YAML，一键部署到 Kubernetes 集群，快速启动训练任务。代码更新时，无须逐台机器手动发布，只须修改镜像 tag。训练任务结束后，使用"一键删除"功能可快速停止训练任务。

2. 使用方式

腾讯内部的代码管理平台结合腾讯云 TKE 的整体发布流程如图 7-51 所示。

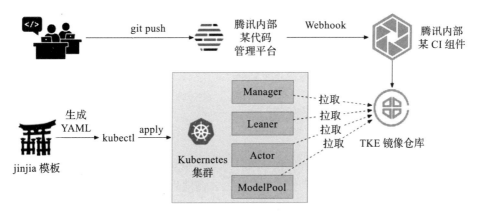

图 7-51　腾讯内部的代码管理平台结合腾讯云 TKE 的整体发布流程

1）使用 Orange-CI，结合腾讯内部的代码管理平台提供的 Webhook 功能，代码提交后自动构建镜像，并推送到腾讯云的镜像仓库，使用镜像的 tag 有效管理代码版本。

2）通过 jinjia 模板快速生成并部署 YAML。每次训练仅须修改模板文件的参数配置，即可快速生成 Kubernetes 集群的 YAML 文件。

3）使用 kubectl 命令提交 YAML 文件实现批量启动、停止操作。比如，使用 kubectl apply 快速批量启动训练任务；使用 kubectl delete 快速批量停止实验任务；使用 kubectl edit 可以快速更新训练任务。

4）Actor 使用 ReplicaSet 管理和提升稳定性。例如，当某个 Actor 中的《星际争霸 II》出现无法恢复的底层错误时，所在进程会挂掉，但相应的 Pod 会自动重启，不影响继续生产数据；如果观察到数据生产速度没有达到预期，可以直接使用 kubectl edit 命令编辑相应的 ReplicaSet，调整期望的 Actor 数量，以得到更快的生产速度。

5）使用腾讯云、CFS 作为网络共享云盘。一方面，我们将其配置为 Kubernetes 的 PV（Persistent Volume）和 PVC（Persistent Volume Claim），方便在 AI 训练、评测场景中的各个 Pod 之间共享神经网络模型、评测准确率、AI 对战胜率等数据；另一方面，我们也将其 mount 到某台母机上，方便离线查看数据。

6）我们使用 TKE 提供的 LoadBalancer 或者 kubectl proxy 方案暴露训练代码的 tensorboard 和评测代码的 AI 胜率曲线绘图（自有代码），在办公机的浏览器上查看结果。

7）为 Kubernetes 集群配置好伸缩组，弹性使用机器资源，按需计费。当向 Kubernetes 集群提交任务时，发现现有的集群中有 pod pending，伸缩组会自动买入机器，当集群资源过剩时，伸缩组会自动退还机器，节省资源，无须人工干预。该策略避免了因资源预估不准而买入过多资源造成资源浪费。

7.5.5 创新性

基于 Kubernetes 云原生使用方式进行大规模分布式强化学习训练，主要创新点如下。

1）以资源需求为中心，管理和调度一次实验所需的集群机器，简化编程模型。

2）弹性使用资源，自动伸缩集群中的机器，按需、按时计费，节省研发成本。

3）部分进程的容错性增强（出现不可恢复错误时能自动重启容器）和具备横向扩容机制。

4）依托腾讯云，使用附加产品避免重复造轮子。

7.5.6 使用腾讯云 TKE 带来的价值

1. 大幅提升实验效率

不再需要手动管理和运维大批量机器，节省了机器环境初始化、密码管理和进程部署的时间。

与传统购买物理机耗时几个月相比，借助腾讯云提供的海量资源和快速创建能力，可以在短时间内提供大规模强化学习需要的资源。

2. 提升发布效率

传统模式下，代码更新后需要手动逐台通过 rsync/scp 的方式更新程序。容器化以后，仅需一条命令一键更新容器镜像，集群就会自动滚动更新，更新升级周期从小时级别缩短到分钟级别。

3. 节约成本

与传统模式相比，上云不再需要长期持有大批量的 CPU 和 GPU 设备。

训练任务开始，根据预估的云上环境规模购买 CPU 和 GPU 设备。训练结束后，退还所有设备，设备可以提供给其他公有云客户使用，极大节省资源和成本。综合考虑使用周期、使用规模、GPU 机器折旧等因素，使用腾讯云 TKE 的弹性资源方案预计可以节省 2/3 的成本。

4. 集群弹性伸缩

集群自动扩缩容（Cluster Autoscaler）可以动态调整集群的节点数量。当集群中出现由于资源不足而无法调度的 Pod 时，会自动触发扩容，从而减少人力成本。当满足节点空闲等缩容条件时，会自动触发缩容，节约资源和成本，如图 7-52 所示。

Scale-UP

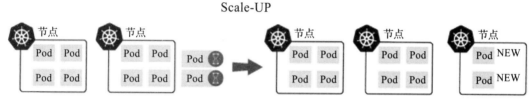

图 7-52　集群自动扩缩容

5. 面向资源，简化管理

训练任务从面向机器变成面向资源，只须声明不同角色需要的资源，无须关心具体运行在哪一台机器上。

6. 动态调度，提升资源利用率

1）支持最基本的资源调度，如 CPU、内存、GPU 资源等。

2）声明训练任务需要的资源后，Kubernetes 的调度器负责自动调度，通过预选和优选二级调度算法选择合适的节点运行训练任务。

3）TKE 集群支持亲和性调度。比如，给节点打上 GPU、CPU、网络等不同类型的标签，可以实现 ModelPool 和 Manager 调度到网络型节点，Actor 部署到 CPU 节点，Learner 部署到 GPU 节点。

4）节点发生故障时，会重新调度到健康的节点，保障训练任务正常运行。

7. 容器化保证环境一致性

把训练所依赖的环境打包到镜像中，Docker 容器可以在不同的开发与产品发布生命周期中确保一致性，进而使环境标准化。

除此之外，Docker 容器还可以像 Git 仓库一样，用镜像标签管理不同的代码版本。通过修改镜像标签，可以非常方便地完成代码的发布和回滚。

8. 接入 CI，提升研发效率

通过接入 CI 平台，实现持续集成，代码推送到腾讯内部的代码管理平台，并通过 Webhook 通知 CI，自动完成镜像编译并推送到镜像仓库，提升研发效率。

9. 发布高效，回滚简单

通过简单地修改训练任务的 Docker 镜像标签，即可快速完成发布和回滚。与传统的手动发布方式相比，更加高效和可靠。通过镜像回滚也可省下传统方式下备份所需的额外运维成本。

10. 持久化存储，方便数据共享和保存训练结果

TKE 支持云上的 CFS、CBS 存储卷，通过创建 PV/PVC，可以非常方便地在训练、评测时在各个 Pod 之间共享神经网络模型、评测准确率、AI 对战胜率等数据，以及实现训练结果的持久化保存，总结如表 7-3 所示。

表 7-3　传统模式与 TKE 原生模式的对比

模 式 类 型	传 统 模 式	TKE 原生模式	备　注
机器资源	采购周期以月为单位	公有云快速满足	从月缩短到小时级别
成本	空置率高，成本高	按需购买，用完销毁	节约 2/3 上云经费
资源需求量	提前人工评估	动态伸缩	
实验环境	脚本手动安装	TKE 自动配置	
代码发布、回滚	rsync、scp 手动发布	一键自动更新	从小时缩短到分钟级别
环境一致性	难以保证	高度一致	
进程可靠性	nohup 运行，异常退出须手动拉起	Kubernetes 保证副本数，自动拉起	
数据共享	手动搭建 NFS	CFS/CBS 开箱即用	

7.5.7　遇到的问题

由于训练集群规模较大，使用过程中可能遇到以下问题。

1. etcd 性能瓶颈

由于训练需要多达数万个 CPU 核心和数百个 GPU 卡，折合几千台服务器，接近 Kubernetes 官方设定的单集群上限 5000 个节点。集群节点数量较多，对集群的 etcd 性能要求很高。腾讯云 TKE 目前支持根据以下指标自动扩容 etcd。

（1）集群的节点数量

etcd 管理平台会不断探测集群节点数量的变化，根据集群的节点规模，整个平台需要有动态修改 etcd 集群的配置的机制。

（2）集群 APIServer 的时延

当 APIServer 的时延达到一定阈值时会影响用户体验，这里也需要自动触发扩容和升级配置的机制。

（3）手动扩容

除了自动化处理，在某些场景下也需要进行手动扩容，这里是通过指定用户的 AppID（腾讯云账号 ID）和集群 ID 手动执行 etcd 扩容。

2. 镜像仓库并发

集群中数万个 Pod 并发拉取镜像，会对镜像仓库造成较大压力，可以通过预先拉取和分批拉取镜像的方式满足数万个 Pod 同时并发创建的需求。

7.6　云智天枢 AI 中台在腾讯云 TKE 中的实践

AI 非常火爆，本节将详细介绍腾讯云 TKE 如何与 AI 场景结合。

7.6.1　云智天枢平台架构

云智天枢平台支持快速接入各种算法、数据和智能设备，并提供可视化的编排工具进行服务和资源的管理和调度。进一步通过 AI 服务组件持续集成和标准化接口，帮助开发者快速构建 AI 应用。云智天枢平台的产品架构如图 7-53 所示。

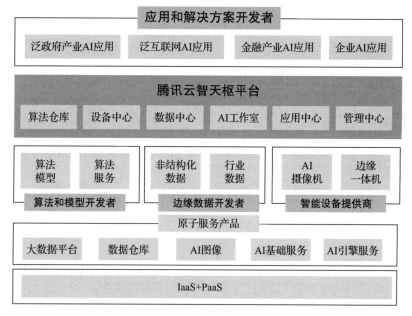

图 7-53　云智天枢平台产品架构

云智天枢平台的定位是全栈式人工智能服务平台，实现应用、算法、设备完美结合，接入者只需要实现应用层逻辑开发。

如图 7-54 所示，以人脸结构化场景为例介绍云智天枢平台的基本功能。应用会通过 API 网关调用任务管理。任务管理器根据负载均衡策略，根据人脸结构化引擎，实现实例化创建人脸结构化的任务。任务首先会通过设备中心的人脸抓拍机服务获取图片，然后调用人脸属性服务来提取属性，同时通过数据中心让结构化数据落地，并推送给消息组件。应用可以通过消息网关订阅这些任务运行之后生产的结构化数据。

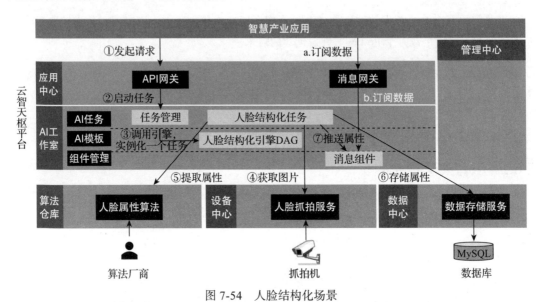

图 7-54　人脸结构化场景

云智天枢平台架构如图 7-55 所示。

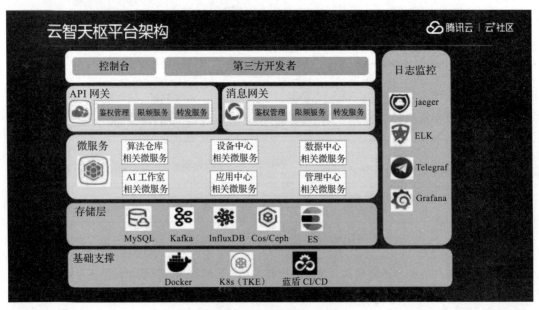

图 7-55　云智天枢平台架构

架构说明

（1）整体架构

云智天枢是典型的三层架构。从下往上看，基础设施基于 Docker、Kubernetes、蓝盾 CICD。最下层是存储层，用到了一些组件，如 MySQL、Kafka、InfluxDB、Cos/Ceph、ES 等。

（2）中间层是微服务

1）算法仓库：主要提供自助接入、自助打包镜像的能力，可快速把可运行程序的安装包、模型文件等容器化为算法服务。目前接入超过 50 个算法种类，涵盖人脸识别、车辆识别、语音识别、文字识别、语义识别等。

2）设备中心：搭建设备自助接入平台，主要对接各个厂商不同型号的设备，比如普通摄像机、抓拍机、AI 相机，等等。设备是平台比较重要的数据来源。

3）数据中心：主要负责平台数据接入、推送、转换、存储等，同时负责屏蔽私有化项目的结构化与非结构化数据存储介质的差异。

4）AI 工作室：主要实现了任务调度、流程与服务的编排能力。已经沉淀超过 12 个行业应用案例、30 余个通用组件。

5）应用中心：主要用来创建应用、密钥、订阅管理、视图库等。

6）管理中心：主要管理账号系统、角色权限、镜像仓库、操作日志等。各个窗口之间是联动的，通过消息队列 Kafka 解耦。

（3）最上层是网关

1）API 网关：采用腾讯云 API 3.0 标准。网关主要用于鉴权、限频、转发等。

2）消息网关：支持 gRPC 和 HTTP 推送能力。监控系统用了 Telegraf、InfluxDB 和 Grafana，日记系统使用 ELK。

7.6.2　各核心窗口的架构设计

1. AI 工作室的组成

AI 工作室的总体架构如图 7-56 所示。AI 工作室主要由三大块组成：

❑ 平台对接系统

❑ 流程引擎系统

❑ 函数服务系统

AI 工作室提供流程与服务的编排能力。平台主要是为了打通与其他平台的各个窗口（比如数据中心、设备中心等窗口）的联动。这里用 Python 实现了函数服务。因为流程服务编排的过程中，A 服务的输出不一定满足下一个节点 B 服务的输入，所以要做数据转换，这个流程就交给了函数服务来做。

通常，我们在开发业务功能的过程中会写一些相似的代码逻辑，比如调用 A 服务，A 服务回来之后会做数据处理，处理完并发 B、C 服务，之后等 B、C 服务回包后再做数据处理，这里有很多相似的业务逻辑，通过流程编排能力可以实现并发分支、条件分支、合并分支等功能，减少重复的代码逻辑。

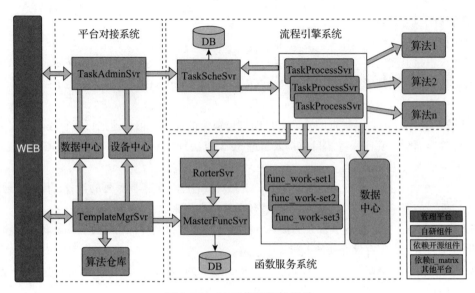

图 7-56 AI 工作室架构设计

服务编排方面支持直接调用服务，用户可以不用关心网络层的调用，只需要用 Python 写 A 服务和 B 服务之间的数据转换代码。AI 工作室架构的流程服务编排引擎如图 7-57 所示。

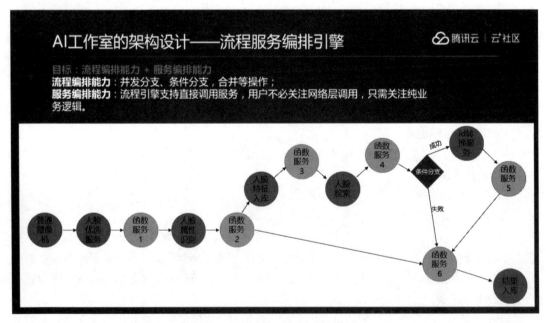

图 7-57 流程服务编排引擎

函数服务是为了解决 A 服务与 B 服务之间的数据输出与输入功能不完善的问题，具体做法是通过 Python 做数据转换，这样就可以把流程打通。函数做了安全措施，我们可以静态和动态扫描漏洞。AI 工作室架构的函数服务如图 7-58 所示。

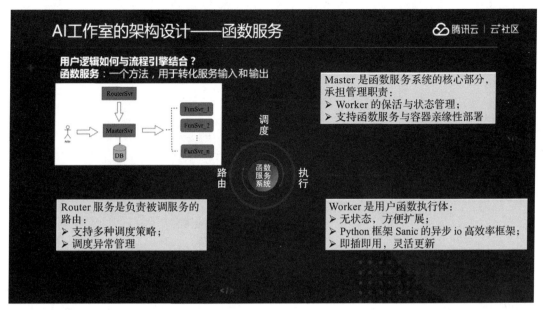

图 7-58　函数服务

2. 算法接入过程中遇到的一些问题

制作镜像对于算法开发者来说有一定的门槛，比如需要熟悉 Docker 命令等，腾讯云 TKE 搭建了接入平台，可统一接入镜像，不懂 Docker 的人通过页面操作也能轻松制作算法的微服务。

目前该项目已经支持接入安装包、镜像仓库、镜像文件、模型文件。通过模型镜像功能，用户可以把基础镜像里安装的常用组件打印出来做成模型镜像，之后安装类似组件场景就可以快速复用，缩短制作镜像的时间。算法仓库的架构设计如图 7-59 所示。

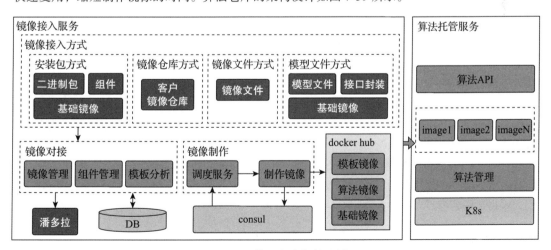

图 7-59　算法仓库架构设计

镜像仓库缩小镜像的过程十分耗时，比如 GCC 编译或者 CUDA 和 Boost 库编译。另外，镜像普遍比较大，需要通过一定的处理来减小镜像，相关解决方案如图 7-60 所示。

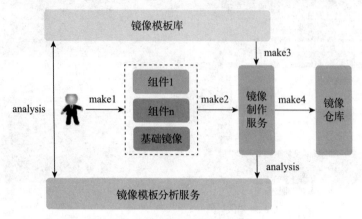

图 7-60　镜像制作解决方案

镜像制作解决方案会把常用的 GCC 版本、CUDA 与操作系统版本做成基础镜像。常用的组件会预先编译成模板镜像。通过动态分析镜像制作任务，把使用频率高、耗时长的组件通过空间换时间的思想提前沉淀。使用 Alpine 操作系统优化镜像大小，优化后的镜像只有几兆字节。Dockerfile 里把 RUN 命令写成一行，以减少镜像的层数，分别构建镜像和运行镜像。

3. 设备中心的功能差异

设备中心主要用来自助接入设备，各个厂商的协议都有差异，很难统一。设备中心的架构设计如图 7-61 所示。

私有化 SDK 分为三层微服务：

❑ 上层服务逻辑（做成基础镜像）

❑ 适配逻辑 SDK（so 插件）

❑ 私有化 SDK（so 插件）

各个类型的设备通过设备适配层的 so 插件把私有化协议转化为内部统一协议。腾讯云 TKE 把上层服务逻辑做成基础镜像，设备厂商自主接入的时候只要实现适配逻辑 SDK，就可以快速接入设备。

对于 HTTP 接口，每个厂商的地址不一样、接口能力不一样、输出 / 输入能力也不一样，设备中心复用了在 AI 工作室里沉淀的函数服务能力，支持动态指定 HTTP 接口名和输入 / 输出参数的转换。

通过云边端混合部署能力，可以解决算力不足、带宽、延时等问题。例如，把算法解码服务或者优选算法服务部署在边端进行处理，处理之后通过加密数据通道把图片、结构化数据送到云端做后续处理。

4. 数据中心窗口

数据中心窗口提供平台数据的接入、外部推送、转换、存储以及屏蔽读写等能力。

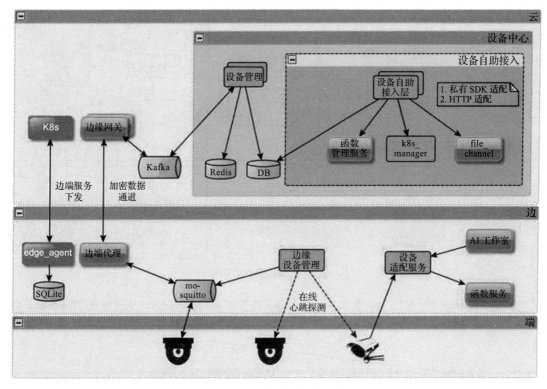

图 7-61　设备中心架构设计

数据中心窗口通过消息队列 Kafka 解耦窗口，比如要给 AI 工作室布置任务，会把元数据写到消息队列里，任务调度器会消费元数据通道，调度拉起任务，运行编排好的流程引擎执行相应的任务。

数据中心会拉取一些文件，把地址写到数据通道里，任务运行器会不断从数据通道消费数据做逻辑。在部署过程中，私有化落地时存储介质不一样，数据中心会抽象为 FileAgent 容器，提供给每个窗口，屏蔽所有底层存储介质，部署的时候以边车模式和业务容器部署在一起。

5. 监控系统

监控系统是通过开源组件 Telegraf+InfluxDB+Grafana 搭建起来的。每个节点会部署一个 DaemonSet 的容器 monitor_agent。业务容器通过 unix socket 与 monitor_agent 通信。monitor_agent 每分钟汇总并上报数据给 InfluxDB 存储，Grafana 通过读取 InfluxDB 进行视图展示和告警设置。监控系统的架构设计如图 7-62 所示。

当然，业界也有其他解决方案，比如 Prometheus，下面进行选型对比。

1）Prometheus 的采集器是以 exporter 的方式运行的，每一个要监控的组件都要安装一个 exporter，Prometheus 再从多个 exporter 里面拉取数据。

2）Prometheus 自带的展示界面比较简易，即使采用 Prometheus，也要配合 Grafana 才能使用。

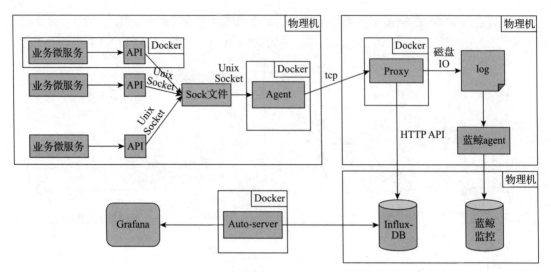

图 7-62　监控系统的架构设计

3）Prometheus 是通过拉取模式搜集数据的，需要安装代理 pushgateway 才能上报数据。数据先推送到代理，然后再等 Prometheus 拉取，实时性和性能都比推模式略差一点。

7.7　某视频公司基于腾讯云 TKE 的微服务实践

本节将介绍某视频公司在微服务化和云原生领域的一些心得。目前，该公司的很多技术栈都在朝着主流的方向发展。因为任何技术最后都是要支撑业务的，所以我们在关注最新技术的同时也要考虑现有系统的问题以及技术储备的情况。实践微服务和云原生的方式有多种，这里介绍的只是其中一种，希望可以给大家一个参考。

目前，腾讯云 TKE 完成了超过 50 个微服务化改造的应用系统，微服务化带来的好处正在被越来越多的人认可，市面上也存在多种微服务架构方案。微服务架构的核心功能包含服务注册 / 发现、配置中心、负载均衡、API 网关、熔断限流、链路跟踪等，但是不同的微服务架构各有优劣，到底哪种更适合我们的业务呢？接下来我们分享一些在微服务实践方面的经验和心得。

7.7.1　Spring Cloud 微服务架构介绍

Spring Cloud 微服务框架图

Spring Cloud 微服务框架如图 7-63 所示，各组件架构说明如下。

（1）Consul 和 Eureka

这两种组件主要用于注册服务和发现服务。每个微服务启动时会向服务注册中心发送注册请求，注册中心会存储所有服务的信息。服务会周期性地向注册中心发送心跳检测，注册中心会检查超时且没有更新的服务，并注销该服务。因此，要访问其他服务时，可以先到服务注册中心查询被调用者的地址是否存在。

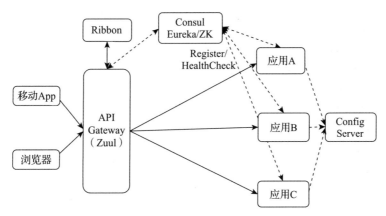

图 7-63　Spring Cloud 微服务框架

目前，Consul 已经取代 Eureka 成为 Spring Cloud 的默认服务注册发现组件。Consul 内置注册发现框架、一致性协议、健康检查、KV 存储。

（2）服务网关的功能

❏ 认证、鉴权

❏ 安全

❏ 金丝雀测试（灰度）

❏ 动态路由

❏ 限流

❏ 聚合

Spring Cloud Gateway 作为 Spring Cloud 生态系统中的网关，目标是替代 Netflix Zuul，不仅提供统一的路由方式，还以基于 Filer 链的方式提供安全、监控 / 埋点、限流功能。

（3）熔断器（Hystrix）

在分布式架构中，当某个服务单元发生故障（类似电器发生短路）时，会通过断路器的故障监控（类似熔断保险丝）向调用方返回一个错误响应。这样就不会因调用线程故障让服务被长时间占用，避免故障在分布式系统中蔓延。

Hystrix 负责监控服务之间的调用情况，连续多次失败会开启熔断保护，其主要工作流程如下。

❏ 检查缓存

❏ 检查 circuit breaker 状态

❏ 运行相应指令

❏ 记录数据，计算失败比率

Spring Cloud Hystrix 在微服务治理中扮演着重要角色，通过对它做二次开发，可以实现更加灵活的故障隔离、降级和熔断策略，满足 API 网关等服务的特殊业务需求。进程内的故障隔离仅是服务治理的一方面，另一方面，在应用混部的主机上，应用间应该互相隔离，避免进程互抢资源。比如，一定要避免离线应用失控，占用大量 CPU 资源，使得同主机的在线应用受影响。通过 Kubernetes 限制容器运行时的资源配额（以 CPU 和内存限制为主），可以实现进程间的故障和异常隔离。Kubernetes 提供的集群容错、高可用、进程隔离配合 Spring Cloud Hystrix 提供的故障隔离和熔断，能够很好地实践"Design for Failure"设计哲学。

（4）负载均衡（Ribbon）

不论是客户端实现还是服务器端实现，都逃不开负载均衡的常见算法。常见的服务端均衡实现方式有：Nginx、HA Proxy 等。这里我们主要介绍客户端的实现，采用 Netflix Ribbon 方式，它的负载均衡策略比较丰富，包含以下几点。

❑ 随机选择（RandomRule）

❑ 线性轮询（RoundRobinRule）

❑ 重试机制（RetryRule）

❑ 加权响应（WeightedResponseTimeRule）

❑ 最小并发数（BestAvailableRule）

（5）服务追踪（sleuth）

微服务架构是一个分布式架构，按照业务划分服务单元，一个分布式系统往往有很多个服务单元。由于服务单元数量众多以及业务的复杂性，如果出现了错误和异常，就很难找出问题原因。一个请求可能需要调用很多个服务，而内部服务的调用复杂性导致问题难以定位。所以，在微服务架构中，必须实现分布式链路追踪，知道有哪些服务参与了运行，另外，参与的顺序是怎样的，让每个请求的步骤清晰可见，出了问题也可以很快定位。

（6）分布式配置中心

配置中心很重要，特别是在业务调用错综复杂的情况下，不可能对单个应用单独配置文件，Spring Cloud Config 可以用来解决微服务场景下的配置问题。

基于 Spring Cloud 的微服务架构有很多好处。

❑ 服务简单，业务功能单一，易理解、开放、维护。

❑ 每个微服务可由不同团队开发。

❑ 微服务是松散耦合的。

❑ 微服务持续集成、持续部署，服务独立部署、扩展。

但是也有一些问题是 Spring Cloud 不能解决的。

❑ 资源管理以及应用的编排、部署与调度。

❑ 根据负载动态自动扩容和缩容。

❑ 服务间进程资源的隔离。

7.7.2　Spring Cloud 与 Kubernetes 的优势互补

当前越来越多的应用走在了通往应用容器化的道路上，容器化会成为应用部署的标准形态，而 Kubernetes 已经成为容器编排技术的代表。下面我们看看在 Kubernetes 上如何解决上面的问题。

1. 服务注册和发现

Kubernetes 系统用于名称解析和服务发现的 ClusterDNS 是集群的核心附件之一，集群中创建的每个 Service 对象都会由其自动生成相关的资源记录。默认情况下，集群内各 Pod 资源会自动配置其作为名称解析服务器，并在 DNS 搜索列表中包含它所属名称空间的域名后缀。

无论使用 kubeDNS 还是 CoreDNS，它们提供的基于 DNS 的服务发现解决方案都会解析以下资源记录（Resource Record）类型以实现服务发现。

1）拥有 ClusterIP 的 Service 资源。

2）Headless 类型的 Service 资源。

3）ExternalName 类型的 Service 资源。

名称解析和服务发现是 Kubernetes 系统其他很多功能的基础，它通常是集群安装完成后立即部署的附加组件。

创建 Service 资源对象时，ClusterDNS 会为它自动创建资源记录，用于名称解析和服务注册。Pod 资源可直接使用标准的 DNS 名称来访问这些 Service 资源。基于 DNS 的服务发现不受 Service 资源所在的命名空间和创建时间的限制。

2. 负载均衡

每个节点都有一个组件 kube-proxy，实际上是为 Service 服务的。通过 kube-proxy，实现流量从 Service 到 Pod 的转发，kube-proxy 会监控集群中 Service 和 Pod 的变化，及时更新 iptables 或 ipvs 规则，基于这些规则可以实现简单轮询的负载均衡功能。

3. 配置中心

通过创建 ConfigMap，包含对应工作负载、Pod 的配置文件、环境变量信息、工作负载 Deployment/DaemonSet 等，引用并挂载 ConfigMap 到对应的容器中。

4. 限流灰度发布

Deployment 工作负载类型支持多副本以及滚动升级机制，借助 traefik 可以实现一些简单的灰度发布和流量控制，但是只能是 instance 副本级别的控制，粒度比较大。

IaaS、Spring Cloud、Kubernetes 之间的关系如图 7-64 所示。

1）从应用的生命周期角度来看，Kubernetes 覆盖范围更广，特别是资源管理、应用编排、部署与调度等，Spring Cloud 则对此无能为力。

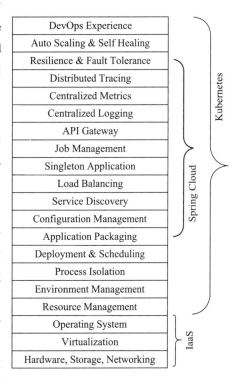

图 7-64　IaaS、Spring Cloud、Kubernetes 之间的关系

2）从功能上看，虽然两者存在一定程度的重叠，比如服务发现、负载均衡、配置管理、集群容错，但两者解决问题的思路完全不同。Spring Cloud 面向的是开发者，开发者需要从代码级别考虑微服务架构的方方面面；而 Kubernetes 面向的是 DevOps 人员，提供的是通用解决方案，它试图在平台层解决微服务相关的问题，对开发者屏蔽复杂性。

举个简单的例子，关于服务发现，Spring Cloud 给出的是传统的带注册中心 Eureka 的解决方案，需要开发者在维护 Eureka 服务器的同时，改造服务调用方与服务提供方的代码以接入服务注册中心，开发者须关心基于 Eureka 实现服务发现的所有细节。虽然可以通过 Java 注解降低代码量，但是本质上还是代码侵入方式。而 Kubernetes 提供的是一种去中心化方案，抽象了服务，通过 DNS+ClusterIP+iptables 解决服务暴露和发现问题，对服务提供方和服务调用方而言完全没有侵入。

Kubernetes 虽然可以实现部分微服务框架的功能，但是对限流、服务熔断、链路跟踪等功能的支持就比较有限了。考虑到上述问题以及我们业务系统的现状、技术积累，对于主要编程语言是 Java 的容器服务来说，选择 Spring Cloud 去搭配 Kubernetes 是一件很自然的事情。因此，我们采用了 Spring Cloud+Kubernetes 组合的方式来实现微服务化改造。

7.7.3 业务部署模式

基于腾讯云 TKE 的业务部署架构如图 7-65 所示。

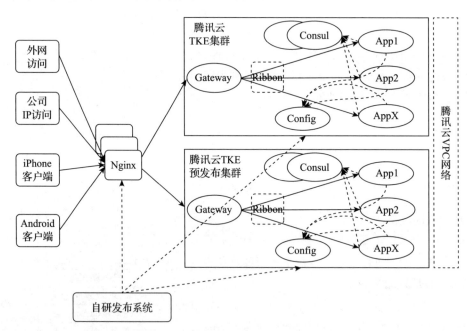

图 7-65 腾讯云 TKE 业务部署架构

腾讯云 TKE 业务部署架构说明如下。

1）所有生产环境都部署在公有云环境上，以腾讯云 TKE 为主，使用 TKE 部署了多套容器集群。

2）每个 TKE 集群里部署 Spring Cloud 相应的组件运行业务 Pod。

3）外部访问流量首先到达 Nginx 集群，根据路由规则被发送到相应 TKE 集群的 API Gateway 服务，再转发到对应的服务后端。

4）腾讯自研的发布系统会根据业务需求更新集群以及 Nginx 集群路由配置。通过这种方式实现蓝绿发布，要发布新版本时先更新预发布集群的业务版本，再更新 Nginx 路由规则。

7.7.4　未来规划

Spring Cloud 官方目前推出了 spring-cloud-kubernetes 开源项目，用于将 Spring Cloud 和 Spring Boot 应用运行在 Kubernetes 环境中，并且提供了通用的接口来调用 Kubernetes 服务。比如 spring-cloud-kubernetes 的 Discovery Client 服务将 Kubernetes 中的服务资源与 Spring Cloud 中的服务对应起来，在 Kubernetes 环境中就不需要 Eureka 做服务注册和发现了；利用 spring-cloud-kubernetes-config 可以借助 Kubernetes 原生的 ConfigMap 配置服务，不用部署 Spring Cloud config server。